21 世纪交通版高等学校试用教材

# Gonglu Suidao Yunying Guanli
# 公路隧道运营管理

吕康成　主编
李永盛　主审



人民交通出版社

## 内 容 提 要

本教材系统地介绍了公路隧道运营管理的基础理论、运营设施设计方法和隧道养护管理技术。全书共分六章，内容包括隧道通风、隧道照明、隧道交通监控、隧道防火、隧道给排水和隧道供配电、隧道养护与安全管理等。本教材适用于公路、桥梁与隧道、交通工程及地下工程等专业的教学，亦可供有关工程技术人员参考。

图书在版编目（CIP）数据

公路隧道运营管理/吕康成主编．—北京：人民交通出版社，2006.6(2014.8 重印)
ISBN 978－7－114－06019－9

Ⅰ.公…　Ⅱ.吕…　Ⅲ.公路隧道－交通运输管理
Ⅳ.U459.2

中国版本图书馆 CIP 数据核字(2006)第 051771 号

21 世纪交通版高等学校试用教材

书　　名：公路隧道运营管理
著 作 者：吕康成
责任编辑：岑　瑜
出版发行：人民交通出版社
地　　址：(100011)北京市朝阳区安定门外外馆斜街 3 号
网　　址：http://www.ccpress.com.cn
销售电话：(010)59757973
总 经 销：人民交通出版社发行部
经　　销：各地新华书店
印　　刷：北京盈盛恒通印刷有限公司
开　　本：787×1092　1/16
印　　张：16.25
字　　数：387 千
版　　次：2006 年 6 月第 1 版
印　　次：2016 年 1 月第 3 次印刷
书　　号：ISBN 978－7－114－06019－9
印　　数：4601－5600 册
定　　价：28.00 元

**21 世纪交通版**

**高等学校教材(公路与交通工程)编写委员会**

# 总　序

当今世界,科学技术突飞猛进,全球经济一体化趋势进一步加强,科技对于经济增长的作用日益显著,教育在国家经济与社会发展中所处的地位日益重要。进入新世纪,面对国际国内经济与社会发展所出现的新特点,我国的高等教育迎来了良好的发展机遇,同时也面临着巨大的挑战,高等教育的发展处在一个前所未有的重要时期。其一,加入WTO,中国经济已融入到世界经济发展的进程之中,国家间的竞争更趋激烈,竞争的焦点已更多地体现在高素质人才的竞争上,因此,高等教育所面临的是全球化条件下的综合竞争。其二,我国正处在由计划经济向社会主义市场经济过渡的重要历史时期,这一时期,我国经济结构调整将进一步深化,对外开放将进一步扩大,改革与实践必将提出许多过去不曾遇到的新问题,高等教育面临加速改革以适应国民经济进一步发展的需要。面对这样的形势与要求,党中央国务院提出扩大高等教育规模,着力提高高等教育的水平与质量。这是为中华民族自立于世界民族之林而采取的极其重大的战略步骤,同时,也是为国家未来的发展提供基础性的保证。

为适应高等教育改革与发展的需要,早在1998年7月,教育部就对高等学校本科专业目录进行了第四次全面修订。在新的专业目录中,土木工程专业扩大了涵盖面,原先的公路与城市道路工程,桥梁工程,隧道与地下工程等专业均纳入土木工程专业。本科专业目录的调整是为满足培养"宽口径"复合型人才的要求,对原有相关专业本科教学产生了积极的影响。这一调整是着眼于培养21世纪社会主义现代化建设人才的需要而进行的,面对新的变化,要求我们对人才的培养规格、培养模式、课程体系和内容都应作出适时调整,以适应要求。

根据形势的变化与高等教育所提出的新的要求,同时,也考虑到近些年来公路交通大发展所引发的需求,人民交通出版社通过对"八五"、"九五"期间的路桥及交通工程专业高校教材体系的分析,提出了组织编写一套面向21世纪的具有鲜明交通特色的高等学校教材的设想。这一设想,得到了原路桥教学指导委员会几乎所有成员学校的广泛响应与支持。2000年6月,由人民交通出版社发起组织全国面向交通办学的12所高校的专家学者组成面向21世纪交通版高等学校教材(公路类)编审委员会,并召开第一次会议,会议决定着手组织编写土木工程专业具有交通特色的**道路专业方向、桥梁专业方向以及交通工程专业**教材。会议经过充分研讨,确定了包括**基本知识技能培养层次、知识技能拓宽与提高层次**以及**教学辅助层次**在内的约130种教材,范围涵盖**本科**与**研究生用**教材。会后,人民交通出版社开始了细致的教材编写组织工作,经过自由申报及专家推荐的方式,近20所高校的百余名教授承担约130种教材的主编工作。2001年6月,教材编委会召开第二次会议,全面审定了各门教材主编院校提交的教学大纲,之后,编写工作全面展开。

面向21世纪交通版高等学校教材编写工作是在本科专业目录调整及交通大发展的背景下展开的。教材编写的基本思路是:(1)顺应高等教育改革的形势,专业基础课教学内容实现与土木工程专业打通,同时保留原专业的主干课程,既顺应向土木工程专业过渡的需要,又保持服务公路交通的特色,适应宽口径复合型人才培养的需要。(2)注重学生基本素质、基本能力的培养，为学生知识、能力、素质的综合协调发展创造条件。基于这样的考虑，将教材区分为二个主层次与一个辅助层次，即基本知识技能培养层次与知识技能拓宽与提高层次，辅助层次为教学参考用书。工作的着力点放在基本知识技能培养层次教材的编写上。(3)目前，中国的经济发展存在地区间的不平衡，各高校之间的发展也不平衡，因此，教材的编写要充分考虑各校人才培养规格及教学需求多样性的要求，尽可能为各校教学的开展提供一个多层次、系统而全面的教材供给平台。(4)教材的编写在总结"八五"、"九五"工作经验的基础上，注意体现原创性内容，把握好技术发展与教学需要的关系，努力体现教育面向现代化、面向世界、面向未来的要求，着力提高学生的创新思维能力，使所编教材达到先进性与实用性兼备。(5)配合现代化教学手段的发展，积极配套相应的教学辅件，便利教学。

教材建设是教学改革的重要环节之一，全面做好教材建设工作，是提高教学质量的重要保证。本套教材是由人民交通出版社组织，由原全国高等学校路桥与交通工程教学指导委员会成员学校相互协作编写的一套具有交通出版社品牌的教材，教材力求反映交通科技发展的先进水平，力求符合高等教育的基本规律。各门教材的主编均通过自由申报与专家推荐相结合的方式确定，他们都是各校相关学科的骨干，在长期的教学与科研实践中积累了丰富的经验。由他们担纲主编，能够充分体现教材的先进性与实用性。本套教材预计在二年内完全出齐，随后，将根据情况的变化而适时更新。相信这批教材的出版，对于土木工程框架下道路工程、桥梁工程专业方向与交通工程专业教材的建设将起到有力的促进作用，同时，也使各校在教材选用方面具有更大的空间。需要指出的是，该批教材中研究生教材占有较大比例，研究生教材多具有较高的理论水平，因此，该套教材不仅对在校学生，同时对于在职学习人员及工程技术人员也具有很好的参考价值。

21世纪初叶，是我国社会经济发展的重要时期，同时也是我国公路交通从紧张和制约状况实现全面改善的关键时期，公路基础设施的建设仍是今后一项重要而艰巨的任务，希望通过各相关院校及所有参编人员的共同努力，尽快使全套面向21世纪交通版高等学校教材(公路类)尽早面世，为我国交通事业的发展做出贡献。

面向21世纪交通版

高等学校教材(公路类)编审委员会

人民交通出版社

2001年12月

# 前　言

本教材是在1999年出版的《公路隧道运营设施》的基础上，总结多年来隧道运营设施课程的教学经验，并广泛吸收近几年国内外在隧道运营管理方面的研究成果修订而成。鉴于我国公路隧道建设迅速发展，隧道运营管理日益重要，考虑到社会对隧道运营管理技术人员的需要，在本次修订中，听取了有关专家和隧道管理单位的意见，增加了隧道日常管理与隧道养护方面的内容，并更名为《公路隧道运营管理》。

在修订过程中，力求内容系统全面、取材先进。全书内容分运营设施与运营管理两大部分。前者包括通风设施、照明设施、交通监控设施、防火设施、给排水和供配电设施等，涉及到隧道运营设施的各个方面；后者包括隧道通风、照明和交通的日常监控，以及隧道土建工程与交通工程的维修养护。删去了原教材中过时的和目前极少用到的理论与方法，补充了大量的新理念与新技术。例如，增加了先排后送组合通风方式；以新规范的要求为基础，更新了隧道需风量的计算方法，更新了隧道照明区段划分方法，并给出各段的亮度标准等。

在修订的过程中，还特别注意理论与实践并重，围绕公路隧道运营设施的设计，重点突出基本概念、原理和方法。对柴油车的烟雾基本排放量的概念进行了澄清；对隧道烟雾浓度的概念进行了仔细说明，并指出了通常在计算稀释烟雾所需通风量时存在的问题；在隧道照明一章，系统地介绍了照明工程中的光通、光强、照度和亮度等基本概念，并对各种光度量的具体确定方法进行了大量讨论。教材中，结合我国隧道运营管理的发展趋势，注意强调运营设施的设计方法，并通过工程实例介绍设计计算过程。通过学习，使学生既可掌握扎实的理论基础，又能较快地掌握解决工程实际问题的方法。

本教材由长安大学吕康成主编，长安大学伍毅敏、安徽省公路勘测设计院王飞、陕西省公路勘察设计院曹振等参加编写，具体分工是：绪论和第二章由吕康成编写，第一章由吕康成、伍毅敏、曹振编写，第三章由伍毅敏编写，第四、第五章由王飞编写，第六章由吕康成、伍毅敏编写。全书由吕康成统稿。

本教材由同济大学李永盛教授主审。同济大学黄宏伟教授审阅了编写大纲和书稿，并对本教材的修订提出了宝贵意见和建议，在此深表谢意。甄浩宇、宁忠贤、陈金玉参加了资料收集与整理，杜坤参加了有关算例的检算，在此也一并致谢。

由于编者水平有限，书中错误与不妥之处在所难免，恳请读者批评指正。

编　者

2006年4月

# 目　录

# 绪　论

## 一、公路隧道运营管理的产生与发展

1. 运营管理的产生

汽车工业的发展带动了公路交通的发展，公路隧道作为公路路线的基本组成部分，与公路建设同步发展。隧道在山岭地区可用于克服地形与高程障碍，改善线形，缩短里程，减少对植被的破坏，从而提高车速，节约燃料，节省时间并保护生态环境；在山岭地区，隧道还可避免落石、坍方、雪崩、雪堆和冰冻等对路线造成的危害。在城市，隧道可用于减少道路用地，构成立体交叉，疏导交通。在江河、海峡和港湾地区，可用隧道"涉水"，既能保证路线平顺，又不影响航道畅通。由于隧道在特定条件下具有其他路线方案难以替代的作用，所以隧道在高等级公路建设中广泛应用。随着隧道施工技术的进步，隧道的适用环境越来越复杂，隧道越建越长。隧道工程的这些发展趋势，在给公路交通创造有利条件的同时，也给隧道的运营管理带来了一系列问题。

(1)通风

汽车通过隧道时，要不断地向隧道内排放废气。对于短隧道，由于受自然风和交通风的影响，一般来说有害气体的浓度不会积聚得太高，不会对驾驶员的身体和行车安全构成威胁。但是，对于长大隧道情况就不同了，自然风和交通风对隧道内空气的置换作用相对减小，如不采取措施，隧道内有害气体的浓度就会逐渐升高，其中的 CO 浓度达到一定量值时会使人感到不适以至窒息；柴油车排出的烟雾将不断恶化行车环境，使隧道内能见度降低，因此，必须根据长大隧道的具体条件，采用适当的通风方式，将新鲜空气随风流一起送入隧道，稀释淡化有害气体，使其浓度降至规定的指标以内。

(2)照明

高速行驶的车辆穿过长大隧道时，生理基础决定了驾驶员的视觉要发生微妙的变化。尤其在白天，车辆接近隧道时，由于环境亮度突然由高变低，驾驶员视觉上要出现"黑洞效应"，对安全行车极为不利；相反在出洞时，亮度迅速由弱变强，视觉上出现眩光而倍感不适。因此，为了减轻驾驶员的心理与生理压力，有利安全行车，需视具体情况，对长大公路隧道进行合理有效的照明。

(3)防火

隧道内空间狭长，能见度通常较低，加上入洞时的黑洞、黑框效应，以及洞内的墙效应，加之有时路面湿滑，隧道全长常为事故多发段，并诱发各种各样的火灾。由于空间结构上的特殊性，隧道内火灾烟气难以垂直向上排出，而只能从有限的通风口排出，所以极易沿隧道纵向水平扩散，给扑救带来不便。往往很小的火情，也可能诱发大的火灾，所以，必须根据隧道结构上的特殊性，采用适宜的防灭火系统。

(4)交通监控

高等级公路上的长大隧道，其交通管理十分重要。一旦隧道内发生某种交通事故，不仅要及时发现、迅速处理和救援,而且对洞内、外的交通还要进行疏导和管制。为了避免混乱,要求隧道的交通监控与指挥系统尽量自动化,以便救援工作紧张而有序地进行,尽快恢复正常交通。

为了解决上述问题,需要在公路隧道主体结构内外建设和安装相应的附属设施,包括通风设施、照明设施、防火设施、交通监控设施、供配电设施和给排水设施等,这些附属设施通称为隧道运营设施。隧道运营管理是利用运营设施对隧道日常管理和土建工程等进行养护维修的总称。

2. 国外隧道运营管理的发展

隧道运营设施随着长大隧道的出现而出现,对于它的研究也随着长大隧道的发展而不断深入。1919 年,美国修建横穿纽约哈得孙河的霍兰隧道时,以美国矿山局为主,在一些大学和研究所的协助下,对当时美国汽车的 CO 发生量进行了比较彻底的研究,同时还就人体对 CO 浓度的容许值进行了研究,并以此作为隧道通风计算的基础依据。后来,他们又发现,当大马力柴油机货车在交通流中所占比例增大时,排烟量会增大,烟尘使隧道内空气透明度降低,从而影响安全行车,稀释烟尘所需风量,有时会超过稀释 CO 所需风量。20 世纪 60 年代以后,在新建和改建隧道时,通常按稀释 CO 和稀释烟尘分别计算风量,并取其较大值作为设计依据。以所需风量计算为基础,霍兰隧道采用了人工通风,新鲜空气由通风机从车道两侧下方吹入,污染空气由通风机从车道中央的顶棚抽出,从而形成了世界上最早的人工全横向通风方式。采用这种通风方式后,隧道内空气中的 CO 浓度小于容许浓度时,烟雾浓度也比较小。这种通风方式至今在大交通量的长大隧道中仍在采用。而且采用这种通风方式,隧道全长的供风比较均匀,能见度好,有利于防止火灾。由于全横向通风投资大,耗电量高,在探索减少投资的过程中,主要是试图减少造价昂贵的通风道。1934 年,英国修建的墨尔西隧道($L=3226$m)首先采用了半横向通风,将通风技术向前推进了一步。

20 世纪 40 年代初,德国人梅氏对 CO 毒性作了更加深入的研究,结果表明人的 CO 中毒程度与人的活动状态有关。同时他得出 CO 浓度、人吸入的时间以及活动状态与 CO-Hb 饱和率之间的关系曲线。

日本多山多水,长大公路隧道较多。其隧道通风技术与西方发达国家相比起步较晚,但是发展很快。1958 年修建的关门隧道($L=3461$m),1975 年修建的惠那山一线隧道($L=8489$m)均采用了全横向通风。1963 年建成的天王山隧道($L=1435$m),采用半横向通风。在石油危机的年代,日本开始研究试验长大隧道能否采用节能的纵向通风。1984 年建设的关越一线隧道、惠那山二线隧道($L=8625$m)采用了结合电集尘器的竖井送排风纵向通风,使隧道通风技术又有了长足进步。其中,惠那山二线隧道的防灾和交通监控设施的现代化程度也很高,隧道的安全服务设施造价占隧道总造价的 60%。

隧道照明是在一般道路照明的基础上发展起来的。围绕如何经济有效地解决驾驶员视觉的暗适应与明适应问题,各国都进行了不同的试验研究,并就隧道的照明问题提出了各自的观点与设计参数。日本认为短隧道照明应比长隧道加强;CIE(国际照明委员会)认为凡长度超过 50m 的直线隧道,弯道上超过 25m 的隧道都需要照明。隧道照明分为白天和夜间两种情况来确定不同的亮度值,这是各国共同遵守的原则。隧道照明困难主要在白天,因此国外在洞外露天的一段距离采用减光措施,逐步将视野环境亮度降低,并在洞口加强照明缓和亮度的下降比例。为此,国外采取的做法是将隧道内外分成几个区段,根据行车速度提供不同的亮度值。以下是美国与日本的区段划分情况。

(1)美国。无露天减光格栅时，入口区应划分为二个或二个以上区段，当洞外亮度为 5000cd/m$^2$ 时，入口亮度至少为 500cd/m$^2$，第二区段至少为 50cd/m$^2$。这两个区段的通过时间应大于 2s。如有露天减光格栅，则入口区的亮度为格栅区亮度的 50%，入口区段通过时间应为 2s。

(2)日本。区段划分为引入段、适应段和过渡段。引入段为驶向隧道洞口的汽车驾驶员能辨认出洞口外有无障碍物时的必要照明区段；适应段是驾驶员由更接近隧道到进入隧道所必要的照明区段；过渡段是驾驶员进入隧道适应隧道内部照明的必要照明区段。此外，在试验研究的基础上给出了各段的长度与车速的关系。1979 年日本出版了《隧道照明设计指南》，对隧道照明设计理论与方法进行了系统介绍。

发达国家公路隧道的迅速发展，大大地推动了对隧道运营管理的研究，从而使其作为一项重要工程技术不断得以发展与完善。

## 二、我国公路隧道运营管理的发展概况与前景展望

### 1. 发展概况

改革开放以前，我国公路等级普遍较低，仅在个别公路上设置了长度较小的隧道，隧道内一般采用自然通风，不设人工照明或仅挂几盏为行人照明的电灯。改革开放之后，随着我国经济的迅速发展，公路建设日新月异，公路等级普遍提高，长大公路隧道大量涌现，隧道运营管理也应运而生。

由于缺少修建长大公路隧道的经验，初期修建的梧桐山隧道（$L = 2257$m）采用了横向通风方式，在山岭上设置了两座送排风竖井。经过多年的运营经验表明，这种通风方式效果好，但能耗较大。洞内照明灯具为低压钠灯，其穿雾的能力较强，但洞内亮度不高。梧桐山隧道的设计与管理为我国后来的隧道设计提供了有益的经验。

20 世纪 80 年代中期，我国的一些新建公路隧道，如太原某隧道（$L = 961$m）和沈阳某隧道（$L = 1487$m）采用半横向通风，隧道的运营费用较全横向通风有所降低。20 世纪 80 年代后期修建的甘肃七道梁隧道（$L = 1560$m），首次在我国的长大公路隧道中采用射流风机纵向通风，为这种较为经济的通风方式在我国的广泛应用奠定了基础。

20 世纪 90 年代初，重庆修建的中梁山隧道（$L = 3160$m），初步设计采用半横向通风，其投资大，运营费用高，为了降低工程造价并确保建成后隧道可靠、经济地运营，工程技术人员查阅了国外的大量资料并对国外的类似工程进行了重点考察，吸取国内有关隧道通风设计的经验与教训，经过反复试验和科学论证，最终在该特长公路隧道中采用射流风机加竖井吸出式纵向通风。多年来的运营实践经验表明，这种通风方式投资小，运营费用低，通风效果能满足有关规范与标准的要求。中梁山隧道的通风技术不仅为国内特长隧道的运营通风创出了一条新途径，其某些技术环节在世界范围内也属首例。此外，以中梁山隧道为代表的我国新建隧道，其防火设施、交通监控系统等均已接近国际先进水平。这些隧道采用各种感温、感烟和感光探测器探测洞内火情；闭路电视系统监视隧道内外交通；声、光及无线电交通指挥系统控制隧道交通；洞外设有完备的隧道监控中心与救援车辆。

1994 年建成通车的珠江隧道是我国大陆的第一座大型沉管隧道，该隧道的顺利建成，标志着我国水下隧道的设计与施工技术水平又上了一个新台阶。特别值得指出的是，为了解决珠江隧道的照明问题，广州市地下铁道设计研究院、广州城建学院和浙江大学联合对该隧道的照明进行了一系列研究。

珠江隧道在入口段采用人工加强照明，方法是采用大功率的照明灯具，使入口段路面亮度达到行车要求。在隧道洞口采用遮光棚，一方面可减弱太阳光射到入口段的亮度，另一方面通过调整建筑高度减弱驾驶员在进入隧道入口段前的视野亮度。研究人员按隧道的初步设计尺寸，以15:10的比例制作了黄沙洞口遮光棚模型，并进行了为期一年的模型实测工作。试验分析报告指出：当晴天视野亮度为5000cd/m$^2$时，要消除“黑洞效应”，隧道入口段亮度必须在250cd/m$^2$以上，而且地处亚热带的广州一年四季晴天时间相当长，这么高的亮度如果完全采用电气照明来实现，势必带来运营成本高的问题。所以，采用建筑遮光棚代替入口段的灯光照明，无论从经济上，还是从节能角度考虑都是极为有利的。根据不同的天气情况和时间区段，珠江隧道将过渡亮度调节分为六级，其中过渡段四级，基本段二级。过渡段调节以洞口视野亮度为100%，根据洞口视野亮度调节过渡段路面亮度。两端洞口装有视野亮度检测装置，并将检测结果输入计算机，经分析后发出指令，由控制装置自动调节过渡段路面亮度。

重庆交通科研设计院在隧道通风与照明方面做了大量的研究，建立了长度100m的1:1的试验隧道，并先后主持编写了《公路隧道通风照明设计规范》(JTJ 026.1—1999)和《公路隧道交通工程设计规范》(JTG/T D71—2004)，把我国的隧道通风照明、监控等交通工程设施的设计纳入了规范轨道。浙江省交通规划设计院等单位合作完成了《大溪岭—湖雾岭隧道营运照明与通风关键技术研究》项目，在我国首次将竖井送、排风与射流风机组合方式应用于隧道通风实践。西南交通大学在公路隧道通风防灾方面也做过大量的工作，曾用自行开发的隧道通风网络计算程序，对二郎山隧道通风、秦岭终南山隧道火灾模式通风等进行了研究。长安大学为了配合西安—安康秦岭终南山特长($L=18$km)隧道的建设，开展了特长公路隧道通风技术的研究，采用了三竖井四区段组合通风方案，解决了该隧道的通风难题，把我国的公路隧道通风理论与技术研究又提高到一个新水平。

2. 前景展望

我国是一个多山的国家，75%的国土是山地或重丘，随着山岭重丘区高等级公路建设在我国广泛展开，公路隧道修筑规模正以空前的速度发展。此外，随着隧道技术的不断发展，一些大型海底隧道会在特定条件下显示其优越性。这些都将给运营管理提出特殊的要求，同时也为其发展提供了契机。为了今后能更好地发挥隧道的优势与作用，要着重研究解决公路隧道运营中的以下问题：

(1)特长隧道的通风方法和控制方式

随着隧道方案优越性的逐步被认识以及隧道技术储备的日益增加，我国公路隧道的长度记录不断被刷新，目前已修建和规划建设多座长度超过6km的特长隧道。这些隧道的运营通风将是工程设计的焦点与难点，研究中需要综合考虑各种工程因素，参考国外同类工程的经验，结合我国国情，选择合理的通风方法与控制方式，开发有关的新技术。

(2)特长隧道的防火与救援

目前，隧道的防火系统设计要么是参考国外隧道，要么是借鉴一般工业与民用建筑，国内对此尚未进行深入系统的研究。特长隧道与一般隧道相比，火灾出现概率较大，扑救更难。所以，应结合工程具体情况，将隧道全长分成若干防火区段，根据各段出现火灾的可能性大小以及扑救的难易程度，分别布置火灾探测系统和自动灭火系统。此外，应根据需要开发研制隧道专用消防器材。

(3)严寒地区隧道的通风与供暖

我国幅员辽阔，西高东低，北冷南热，地理特征迥异，将有不少长大隧道修筑在严寒地区。

实践证明,严寒地区的隧道极易出现渗漏与冻胀问题。该问题的解决办法之一是向隧道内供热送暖,保持隧道排水系统在严寒季节仍畅通无阻,从而避免渗漏与路面冰滑。为此,需要将进入隧道的新鲜空气预热,然后借助通风系统送入隧道。

(4)长寿命高性能隧道照明灯具的研制

隧道内空间狭小,交通繁忙,若照明灯具寿命短,维修量大,势必影响隧道正常运营。另外,隧道内的照明日夜运营,灯具工作时间长,有些灯具甚至需要连续不断地工作,所以灯具光效的高低对运营费用影响很大。隧道内空气中烟尘浓度较大,这又要求照明灯具具有一定的抗污染能力。目前隧道内普遍采用发光效率较高的高压钠灯,其性能与寿命比较理想,如果能结合隧道内的特定环境条件,调整灯具的配光特性,则其使用效果更佳。

(5)隧道内空气的降尘与降毒

隧道内空气的特点是含烟尘、粉尘和 CO 等毒性气体,降低尘埃浓度和有害气体浓度不仅对提高隧道内空气质量有利,而且还减少了排放物对洞外空气的污染。降尘可采用静电吸尘或其他空气过滤系统,降毒则必须采用某些触媒来中和有毒气体的毒性,前者实施较易,后者实现较难。

(6)隧道智能化综合监控系统

随着隧道长度的增加和修筑环境的复杂化,隧道的运营管理更显重要。隧道的通风系统、照明系统、防火系统和交通监控系统等都是隧道综合监控系统的子系统,既有相对独立性,各子系统间又有一定的联系。例如,通风系统在正常情况下,要根据隧道内外的空气状况,控制风机的工作状态,使空气质量既能满足卫生标准,又能降低电耗。在出现火灾时,通风系统又与防火系统发生联系,根据火点的位置和火情大小,确定风机工作状态。这样的管理操作过程都应事先编好控制软件,设计好主控机的接口电路,由计算机自动完成。

与发达国家相比,我国的公路隧道建设起步晚,尽管近年来取得了可喜的成绩,但在设计理论和运营设施等方面和发达国家相比还有很大的差距。只要我们勤于学习,善于创新,不断进取,相信一定会在不久的将来,在隧道设计理论与运营管理等方面赶超世界先进水平。

## 三、课程内容与特点

1. 课程的性质与内容

《公路隧道运营管理》是隧道与地下工程专业的必修课,它主要以高等级公路上长大隧道的运营管理为研究对象。基本内容包括:

(1)隧道通风量的计算;

(2)通风方式及其工作原理;

(3)隧道通风阻力与风压计算;

(4)隧道通风系统的设计;

(5)隧道照明标准;

(6)照明基本计算方法;

(7)隧道照明光源与灯具的选择、布置;

(8)隧道交通检测系统的组成;

(9)隧道交通控制系统;

(10)隧道通风照明控制系统;

(11)隧道中央控制管理系统;

(12)隧道防火系统的构成和布置标准；

(13)火灾报警系统的组成与工作原理；

(14)隧道常用灭火设施；

(15)隧道供配电；

(16)隧道给排水；

(17)隧道养护维修。

围绕以上内容，介绍有关基本概念和基础知识，并结合我国现行的《公路隧道通风照明设计规范》(JTJ 026.1—1999)、《公路隧道交通工程设计规范》(JTG/T D71—2004)和《公路隧道养护技术规范》(JTG H12—2003)，介绍有关标准。此外参照国内外隧道设计与运营中的成功经验，阐述运营设施的设计步骤与布设方法。

2．课程特点与学习方法

本课程是一门综合性很强的专业课，它涉及学科较多，内容面广。它与空气动力学、电工学、电气照明、消防工程、自动控制、交通工程学、通信和给排水等课程密切相关。全书编排为板块结构，各章之间具有相对独立性。在学习中，应掌握基本概念，抓住重点，熟悉计算方法，了解设计步骤，注意归纳总结，注意理论联系实际。

《公路隧道运营管理》是一新设课程，在很多方面还不够成熟。随着我国公路隧道建设的不断发展，相信经过大家的共同努力，在安全、经济、适用原则的指导下，不论是这门课程的理论体系还是实用的设施系统都将逐渐得到完善与提高。

# 第一章　隧道通风

在隧道运营期间，为了有效降低隧道内有害气体与烟雾的浓度，保证司乘人员及洞内工作人员身体健康，提高行车的安全性和舒适性，通常需要按一定的方式不断地向隧道内送入新鲜空气，此即隧道通风。搞好隧道通风设计是取得理想通风效果的前提。隧道通风设计一般按下列步骤进行：

(1)根据隧道长度和交通量，初步确定通风方式。

(2)收集交通、气象、环境、地质、地形、地物等通风设计基础资料。

(3)根据有关调查资料尤其是车辆情况，计算需风量。

(4)从安全、技术、经济等方面进行通风方式比较，选择最佳通风方式。

(5)计算通风压力、风量和风速等。

(6)确定风机的规格和配置，并对风道和风机房等进行结构设计。

本章围绕隧道通风设计，介绍通风工程的有关知识。

## 第一节　空气的物理状态参数

通风是指通过一定的方式使空气有规律地流动。空气是一种混合气体，隧道通风工程所涉及到的空气的主要成分是 $O_2$、$CO_2$、$N_2$ 和水蒸气等，其中 $O_2$、$CO_2$、$N_2$ 之间的比例相对比较固定，而水蒸气的含量则变化较大。所以在讨论中常将 $O_2$、$CO_2$ 和 $N_2$ 的混合物看作一个整体，并称它为干空气，而将干空气与水蒸气的混合物称湿空气。在以后的讨论中，若不特别说明，所提到的空气是指湿空气。在通风理论分析与设计计算中，经常用到空气的物理状态参数。本节简要介绍压力、比容、密度、湿度、粘性等状态参数的基本概念。

### 一、压力

#### (一)压力的概念

气体的压力是指气体垂直作用于容器壁单位面积上的力。即：

$$P = \frac{F}{A}$$

式中：$F$——气体垂直作用于容器壁上的力，N；

$A$——$F$ 作用的面积，$m^2$；

$P$——气体的压力，Pa。

我国法定计量单位中的压力单位用 Pa 表示，其他表示式为 $N/m^2$ 即：

$$1Pa = 1N/m^2$$

在一些技术资料中曾用到的压力单位有 atm(标准大气压)、mmHg(毫米汞柱)、$mmH_2O$(毫米水柱)和 at(工程大气压)等，均为非法定计量单位(属常见的废除单位)。它们与单位 Pa 之间的换算关系见表 1-1-1。

压力单位换算表 表 1-1-1

| 压力单位 | Pa | atm | mmHg | $mmH_2O$ | at |
|---|---|---|---|---|---|
| Pa | 1 | $0.99\times10^{-5}$ | 0.0075 | 0.102 | $1.02\times10^{-5}$ |
| atm | 101325 | 1 | 760 | 10332 | 1.033 |
| mmHg | 133.32 | 0.00132 | 1 | 13.6 | 0.00136 |
| $mmH_2O$ | 9.807 | $0.9678\times10^{-4}$ | 0.0736 | 1 | 0.0001 |
| at | 98067 | 0.9678 | 735.6 | $10^4$ | 1 |

**(二)压力的量测**

1. 绝对压力、表压力

气体的压力可用各种仪表来测量,在隧道通风中,常用的仪表为U型压差计。U型压差计是装有液体(水或者水银)的U型玻璃管,如图1-1-1所示。测量时将一端与待测压力的容器相连,另一端与大气相通。在容器内气体压力作用下,U型管两液面就会出现高差 $h$(m)。若U型管内液体密度为 $\rho$(kg/m³),大气压力为 $P_0$(Pa),则容器内气体的压力 $P$ 为:

$$P = P_0 + \rho gh \quad (1\text{-}1\text{-}1a)$$

或者

$$P - P_0 = \rho gh \quad (1\text{-}1\text{-}1b)$$

这里 $P$ 称为绝对压力,$\rho gh$ 是绝对压力与大气压力之差,即气体相对于大气的压力,也叫相对压力。相对压力可以从表上直接得到,故又叫表压力,并用 $P_m$ 表示。绝对压力和表压力的关系是:

$$P = P_m + P_0 \quad (1\text{-}1\text{-}2)$$

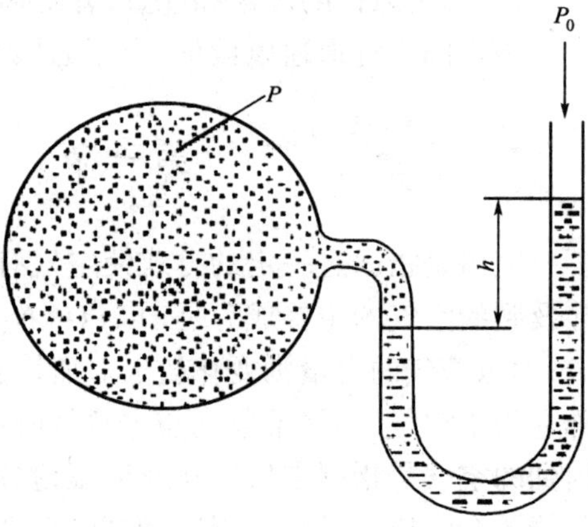

图 1-1-1 U型压差计

若规定,当绝对压力高于大气压力时,相对压力(表压力)为正,那么,绝对压力低于大气压力时,相对压力(表压力)就为负。

当表压力为负时,绝对压力 $P$ 为:

$$P = P_0 - \rho gh \quad (1\text{-}1\text{-}3)$$

**【例 1-1-1】** 某气体表压力为 $1000mmH_2O$,大气压力为 760mmHg,绝对压力为多少 Pa?

**解**:由表 1-1-1 查得:

$$1000mmH_2O = 9807 \text{ Pa}$$

$$760mmHg = 101325 \text{ Pa}$$

由式(1-1-2)得:

$$P = P_m + P_0 = 101325 + 9807 = 111132 \text{ Pa}$$

2. 静压、动压和全压

装在容器内的气体作用在容器壁上的压力叫静压,用 $P_{st}$ 表示,静压是单位体积气体所具有的内能。在隧道内以速度 $v$(m/s)流动的气体,除有内能外,还因其流动而具有对外做功的

能力,即动能。单位体积气体所具有的动能称为气体的动压,用 $P_d$ 表示:

$$P_d = \rho \frac{v^2}{2} \tag{1-1-4}$$

式中:$\rho$——气流的密度,kg/m³;

$v$——气体流动速度,m/s。

流动气体的静压与动压的代数和,称为气体的全压,用 $P$ 表示:

$$P = P_{st} + P_d \tag{1-1-5}$$

隧道通风中气体压力的测量分静压、动压和全压,它们可以用仪器直接测量。测量的仪器为 U 型压差计和皮托管(如图 1-1-2),各种压力测定及其相互关系如图 1-1-3 所示。

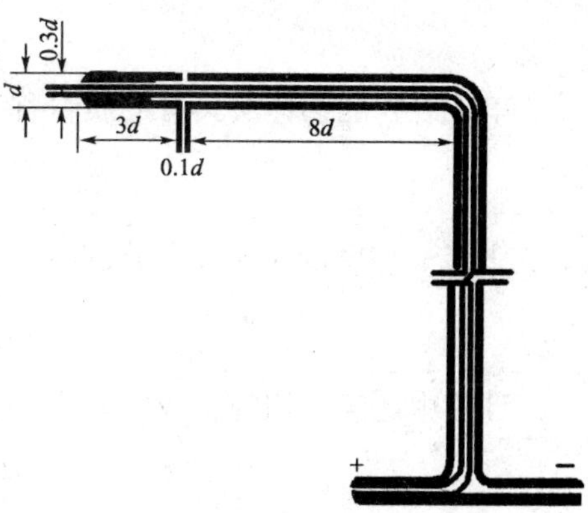


图 1-1-2　皮托管的构造

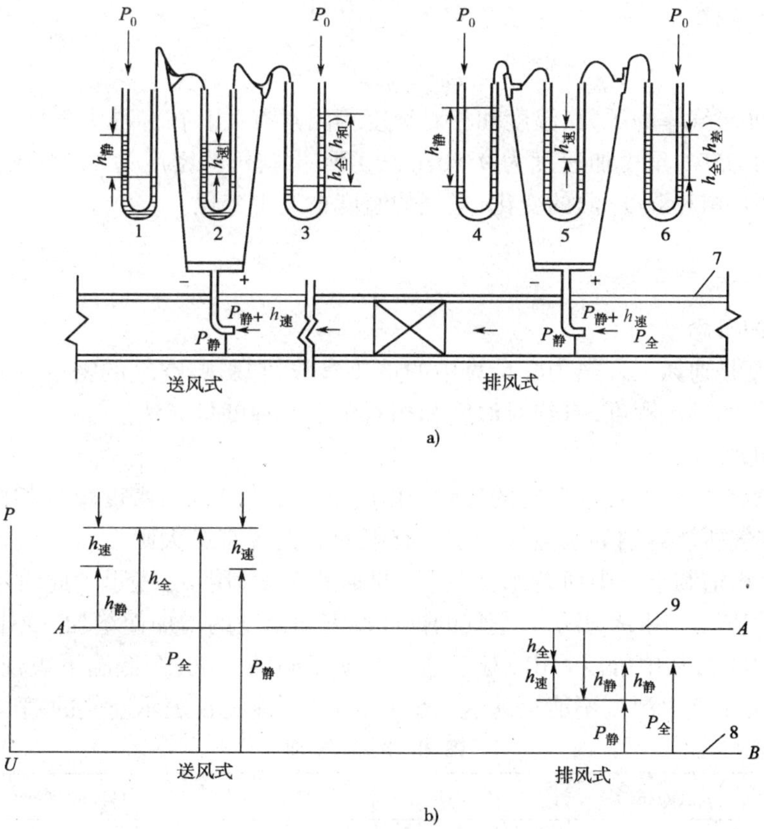


图 1-1-3　各种压力测定及相互关系

a)测定布置及具体表示;b)坐标表示

1~6-U 型垂直水柱计;7-风筒;8-零压线;9-大气压线

## 二、比容、密度和容重

单位质量物质所占的容积称为比容,用 $\nu$($m^3$/kg)表示。如质量为 $M$(kg)的气体占有容积为 $V$($m^3$),则比容为:

$$\nu = \frac{V}{M} \tag{1-1-6}$$

单位容积的物体所具有的质量称为密度，用 $\rho$(kg/m³)表示，即：

$$\rho = \frac{M}{V} \tag{1-1-7}$$

比容 $\nu$ 与密度 $\rho$ 互成倒数，即：

$$\nu = \frac{1}{\rho} \quad 或 \quad \rho = \frac{1}{\nu}$$

计算中还经常用容重 $\gamma$(N/m³)，它是单位容积物质所具有的重力：

$$\gamma = \frac{G}{V} \quad (\mathrm{N/m^3}) \tag{1-1-8}$$

式中：$G$——物体的重力，N。

$\because$ $$G = mg$$

$\therefore$ $$\rho = \frac{G}{g}/V = \frac{G}{V}\frac{1}{g} = \frac{\gamma}{g}$$

或 $$\gamma = \rho g \tag{1-1-9}$$

气体的密度与气体的压力、温度和相对湿度等因素有关。在标准大气状态(温度为 273K，绝对压力为 101325Pa，重力加速度为 9.807m/s²)下，干空气的密度为 1.2931kg/m³。随着大气状态(温度、压力、相对湿度等)的变化，空气的密度也发生变化。

## 三、湿度

### (一)湿度的概念

空气的湿度是通风工程热力学计算中的重要参数，它影响空气的密度等其他参数。空气的湿度是指空气的潮湿程度，有绝对湿度和相对湿度两种度量方法。

1. 绝对湿度

指单位体积空气中所含水蒸气的质量，用 $\rho_v$ 表示，其单位与密度单位相同。在给定温度下，单位体积空气所能容纳的水蒸气分子是有限的。把含有最大限度水蒸气量的空气叫做饱和空气，单位体积饱和空气中所含水蒸气量，叫饱和湿度，用 $\rho_{sat}$ 表示。此时水蒸气的分压力叫做饱和水蒸气压力，用 $P_{st}$ 表示。空气的饱和湿度随温度的增加而增加。不同温度下空气的饱和湿度见表 1-1-2，从中可以看出，对于绝对湿度相同的空气，在低温下表现潮湿，在高温下则表现干燥。由于绝对湿度不能反映这一事实，因此不能真正表示空气的潮湿程度。

饱和水蒸气表　　表 1-1-2

| $t$(℃) | $\rho_{sat}$(kg/m³) | $P_{st}$(Pa) | $t$(℃) | $\rho_{sat}$(kg/m³) | $P_{st}$(Pa) |
|---|---|---|---|---|---|
| -20 | 0.0011 | 127.99 | 3 | 0.0060 | 757.27 |
| -15 | 0.0016 | 193.32 | 4 | 0.0064 | 811.93 |
| -10 | 0.0023 | 287.97 | 5 | 0.0068 | 870.60 |
| -5 | 0.0034 | 422.63 | 6 | 0.0073 | 933.25 |
| 0 | 0.0049 | 610.61 | 7 | 0.0077 | 998.58 |
| 1 | 0.0052 | 655.94 | 8 | 0.0083 | 1069.24 |
| 2 | 0.0056 | 705.27 | 9 | 0.0088 | 1143.90 |

续上表

| $t$(℃) | $\rho_{sat}$(kg/m³) | $P_{st}$(Pa) | $t$(℃) | $\rho_{sat}$(kg/m³) | $P_{st}$(Pa) |
|---|---|---|---|---|---|
| 10 | 0.0094 | 1227.89 | 21 | 0.0182 | 2493.12 |
| 11 | 0.0099 | 1311.89 | 22 | 0.0193 | 2639.77 |
| 12 | 0.0100 | 1402.54 | 23 | 0.0204 | 2813.09 |
| 13 | 0.0113 | 1497.21 | 24 | 0.0216 | 2986.41 |
| 14 | 0.0120 | 1598.53 | 25 | 0.0229 | 3173.06 |
| 15 | 0.0128 | 1705.19 | 26 | 0.0242 | 3359.71 |
| 16 | 0.0136 | 1818.51 | 27 | 0.0256 | 3559.70 |
| 17 | 0.0144 | 1933.17 | 28 | 0.0270 | 3786.34 |
| 18 | 0.0153 | 2066.49 | 29 | 0.0285 | 4013.00 |
| 19 | 0.0162 | 2199.81 | 30 | 0.0301 | 4239.64 |
| 20 | 0.0172 | 2333.14 | 31 | 0.0318 | 4492.95 |

2. 相对湿度

是绝对湿度与同温度下饱和湿度之比,用符号 $\Phi$ 表示:

$$\Phi = \frac{\rho_v}{\rho_{sat}} \tag{1-1-10}$$

相对湿度也叫饱和度,它反映了空气中所含水蒸气量接近饱和的程度。$\Phi$ 值小,空气干燥,吸水能力强,$\Phi=0$ 为干空气;$\Phi$ 值大,空气潮湿,吸水的能力弱,$\Phi=1$ 为饱和空气。

**【例 1-1-2】** 已知甲地点气温为 18℃,绝对湿度为 0.0107kg/m³,乙地点气温为 30℃,绝对湿度为 0.0153kg/m³,试求两地点的相对湿度,并指出何者吸湿能力强。

**解:**由表 1-1-2 查得 18℃时饱和湿度为 0.0153,故甲地的相对湿度为:

$$\Phi = \frac{0.0107}{0.0153} = 0.7 \text{ 或 } 70\%$$

而 30℃时之饱和湿度为 0.0301,故乙地点的相对湿度为:

$$\Phi = \frac{0.0153}{0.0301} = 0.51 \text{ 或 } 51\%$$

根据相对湿度值可知,乙地点的绝对湿度虽大于甲地点,但相对湿度较小,故其吸湿能力比甲地点强。

**(二)空气湿度的测量**

图 1-1-4 为干—湿球温度计示意图,湿温度计 $B$ 与干温度计 $A$ 的不同是在温度计的球形部分包有湿布,当固定干 $A$、湿 $B$ 两温度计的木板绕手柄 $C$ 旋转时,空气自由吹过 $B$ 的球部,湿布上水分蒸发,$B$ 球温度下降,导致湿温度计读数低于干温度计,用 $t$ 表示干温度计读数,即干温度,$\Delta t$ 表示干、湿温度计读数差。$\Delta t$ 与湿布上水分的蒸发速度有关,取决于待测气体的温度 $t$ 和湿度 $\Phi$,即:

$$\Delta t = F_1(\Phi, t)$$

所以有

$$\Phi = F_2(\Delta t, t)$$

可见,通过干—湿球温度计测量 $\Delta t$ 和 $t$,可以得到空气的相对湿

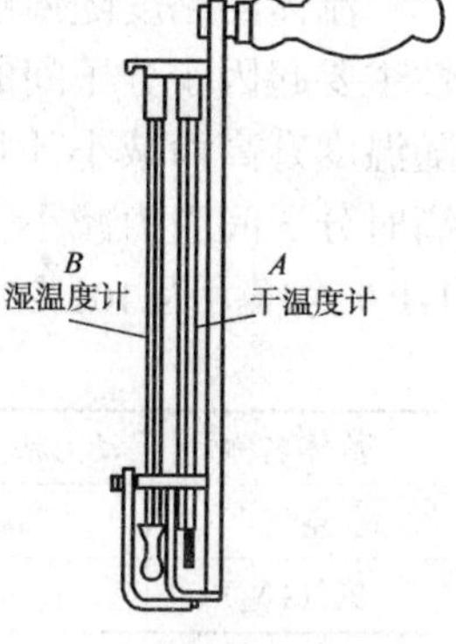

图 1-1-4　干—湿球温度计

度。$\Phi$ 与 $\Delta t$、$t$ 的函数关系见表 1-1-3，使用时只需直接查表。

**由干、湿温度计读数查相对湿度 $\Phi$**　　　　表 1-1-3

| 干温度计读数(℃) | 干、湿温度计读数差(℃) | | | | | | | | 干温度计读数(℃) | 干、湿温度计读数差(℃) | | | | | | | |
|---|---|---|---|---|---|---|---|---|---|---|---|---|---|---|---|---|---|
| | 0 | 1 | 2 | 3 | 4 | 5 | 6 | 7 | | 0 | 1 | 2 | 3 | 4 | 5 | 6 | 7 |
| | 相对湿度(%) | | | | | | | | | 相对湿度(%) | | | | | | | |
| 0 | 100 | 81 | 63 | 46 | 28 | 12 | — | — | 18 | 100 | 90 | 80 | 72 | 63 | 55 | 48 | 41 |
| 5 | 100 | 86 | 71 | 58 | 43 | 31 | 17 | 4 | 19 | 100 | 91 | 81 | 72 | 64 | 57 | 50 | 41 |
| 6 | 100 | 86 | 72 | 59 | 46 | 33 | 21 | 8 | 20 | 100 | 91 | 81 | 73 | 65 | 58 | 50 | 42 |
| 7 | 100 | 87 | 74 | 60 | 48 | 36 | 24 | 14 | 21 | 100 | 91 | 82 | 74 | 66 | 58 | 50 | 44 |
| 8 | 100 | 87 | 74 | 62 | 50 | 39 | 27 | 16 | 22 | 100 | 91 | 82 | 74 | 66 | 58 | 51 | 45 |
| 9 | 100 | 88 | 75 | 63 | 52 | 41 | 30 | 19 | 23 | 100 | 91 | 83 | 75 | 67 | 59 | 52 | 46 |
| 10 | 100 | 88 | 77 | 64 | 53 | 43 | 32 | 22 | 24 | 100 | 91 | 83 | 75 | 67 | 59 | 53 | 47 |
| 11 | 100 | 88 | 79 | 65 | 55 | 45 | 35 | 25 | 25 | 100 | 92 | 84 | 76 | 68 | 60 | 54 | 48 |
| 12 | 100 | 89 | 79 | 67 | 57 | 47 | 37 | 27 | 26 | 100 | 92 | 84 | 76 | 69 | 62 | 55 | 50 |
| 13 | 100 | 89 | 79 | 68 | 58 | 49 | 39 | 30 | 27 | 100 | 92 | 84 | 77 | 69 | 62 | 56 | 51 |
| 14 | 100 | 89 | 79 | 69 | 59 | 50 | 41 | 32 | 28 | 100 | 92 | 84 | 77 | 70 | 64 | 57 | 52 |
| 15 | 100 | 90 | 80 | 70 | 61 | 51 | 43 | 34 | 29 | 100 | 92 | 85 | 78 | 71 | 65 | 58 | 53 |
| 16 | 100 | 90 | 80 | 70 | 61 | 53 | 45 | 37 | 30 | 100 | 92 | 85 | 79 | 72 | 66 | 59 | 53 |
| 17 | 100 | 90 | 80 | 71 | 62 | 55 | 47 | 40 | | | | | | | | | |

## 四、粘度

图 1-1-5 为某管道空气层流速分布图。由图可见，在管道不同位置，空气流速不同，说明空气具有抗剪切的能力(存在内摩擦力)。实验表明：流动空气所受内摩擦阻力 $F$(N)正比于空气间接触面积 $S$($m^2$)和速度梯度 $du/dy$($s^{-1}$)，即：

$$F = \mu S \frac{du}{dy} \tag{1-1-11}$$

式中：$\mu$——比例系数，称为动力粘度(或绝对粘度)，也叫粘滞系数(或内摩擦系数)，单位 Pa·s；动力粘度 $\mu$ 与密度 $\rho$ 的比值称运动粘度(或称运动粘性系数)，用符号 $\nu$ 表示，其单位为 $m^2/s$。

$$\nu = \frac{\mu}{\rho} \tag{1-1-12}$$

流体的粘度随温度变化。气体的粘度随温度升高而增加，因为气体的分子间距较大，其粘性主要起因于分子间的动量交换，当温度增高时动量交换增加，因而粘性增大。液体的粘性则随温度升高而减小，因为液体的分子间距较小，其粘性主要起因于分子之间的引力，当温度升高时分子间引力减小，因而粘性减小。表 1-1-4 为几种流体的粘度($t = 20$℃，$P = 0.1$MPa)。图 1-1-6 为压力为 101325Pa 时，不同温度下空气和水的运动粘度。

**几种流体的粘度($t = 20$℃，$P = 0.1$MPa)**　　　　表 1-1-4

| 流体名称 | 动力粘度 $\mu$(Pa·s) | 运动粘度 $\nu$($m^2/s$) | 流体名称 | 动力粘度 $\mu$(Pa·s) | 运动粘度 $\nu$($m^2/s$) |
|---|---|---|---|---|---|
| 空气 | $1.808 \times 10^{-5}$ | $1.501 \times 10^{-5}$ | 氧气($O_2$) | $2.04 \times 10^{-5}$ | $1.43 \times 10^{-5}$ |
| 氮气($N_2$) | $1.76 \times 10^{-5}$ | $1.41 \times 10^{-5}$ | 水 | $1.005 \times 10^{-5}$ | $1.007 \times 10^{-5}$ |

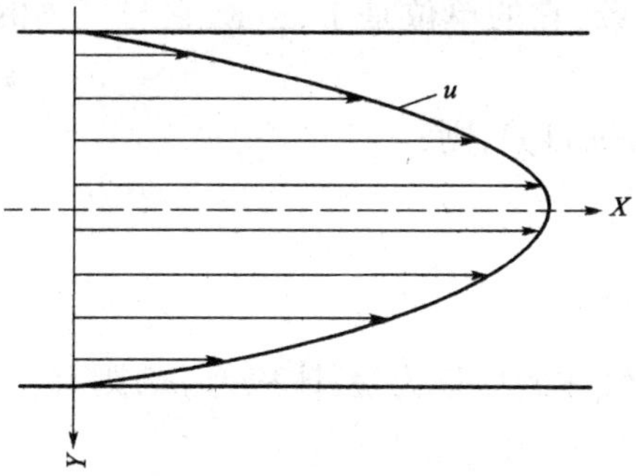


图 1-1-5　层流流速分布

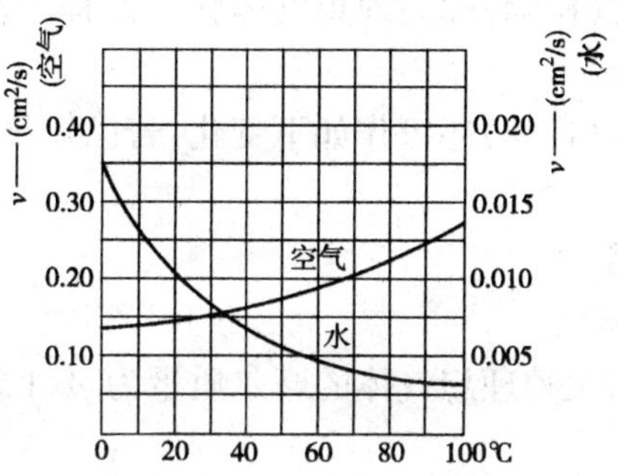


图 1-1-6　空气与水的运动粘度

## 第二节　理想气体的状态方程

气体的压力、温度和比容三个物理量，表示了气体的基本状态，所以它们被称为气体的基本状态参数。在气体压力较低，而温度又不太低的状况下研究气体时，可以不考虑气体分子之间的作用力及分子本身的大小，在热力学上，这种气体被看作理想气体。在隧道通风中所涉及的气体可以看成理想气体。

理想气体的三个基本状态参数之间存在一定的关系，这种关系用方程表示就是理想气体的状态方程。

### 一、理想气体的状态方程

1. 波义耳(Boyle)定律

单位质量的气体在温度一定时，其压力与比容的乘积为定值。即：

$$P_1\nu_1 = P_2\nu_2 = \text{Const} \tag{1-2-1}$$

2. 盖·吕萨克(Gay-Lussac)定律

单位质量的气体在压力不变时，比容和绝对温度成正比。即：

$$\frac{\nu_1}{T_1} = \frac{\nu_2}{T_2} \tag{1-2-2}$$

3. 理想气体的状态方程

设气体的初始状态为 $P_1$、$T_1$、$\nu_1$，当 $T_1$ 不变时，压力变为 $P_2$，比容变为 $\nu'_2$，由波义耳定律得：

$$P_1\nu_1 = P_2\nu'_2 \tag{1-2-3a}$$

又设 $P_2$ 一定，气体的状态由 $P_2$、$T_1$、$\nu'_2$ 变为 $P_2$、$T_2$、$\nu_2$，由盖·吕萨克定律知：

$$\frac{\nu'_2}{T_1} = \frac{\nu_2}{T_2} \tag{1-2-3b}$$

(1-2-3a)和(1-2-3b)两式相乘得：

$$\frac{P_1\nu_2}{T_1} = \frac{P_2\nu_2}{T_2} = \text{Const}$$

或者

$$P\nu = RT \tag{1-2-4}$$

式(1-2-4)称为理想气体状态方程。$R$ 为气体常数，它的单位是 J/kg·K，它与气体的状态无关。

式(1-2-4)还可作如下变化：若已知气体的质量为 $m$(kg)，则：

$$mP\nu = mRT$$

因

$$m\nu = V$$

所以

$$PV = mRT \tag{1-2-4a}$$

若某种理想气体的摩尔质量为 $\mu$，1 摩尔该理想气体的质量为 $\mu$，体积为 $\mu\nu$，则有：

$$P\mu\nu = \mu RT \tag{1-2-4b}$$

由物理学知，当压力、温度相同时，1 摩尔的各种理想气体的容积 $\mu\nu$ 都相等，在标准状态（$P_0$ = 101325Pa，$T$ = 273K）下，各种气体的摩尔容积均等于 22.4m³。把 $\mu\nu = 22.4\text{m}^3$，$P$ = 101325Pa，$T$ = 273K 代入(1-2-4b)中得：

$$\mu R = \frac{22.4 \times 101325}{273} = 8314(\text{J/mol} \cdot \text{K})$$

$\mu R$ 称为通用气体常数，它与气体性质无关。把 $\mu R$ 值代入式(1-2-4b)得：

$$\mu\nu P = 8314T \tag{1-2-4c}$$

## 二、理想气体状态方程的应用

### (一)非标准状态下空气密度的计算

1. 干空气的密度

已知标准态，即 $T$ = 273K、$P$ = 101325Pa 时，空气的密度为 1.2931kg/m³，根据式(1-2-1)知，当空气处在温度为 $T$，压力为 $P$ 的任意状态时，比容 $\nu$ 为：

$$\nu = \frac{101325}{273 \times 1.2931} \frac{T}{P}$$

密度 $\rho$ 为：

$$\rho = \frac{273 \times 1.2931}{101325} \frac{P}{T} = 0.003484 \frac{P}{T}(\text{kg/m}^3)$$

**【例 1-2-1】** 已知干空气的表压力为 40mmHg，大气压是 735mmHg，温度 25℃，求此状态下空气的比容？（干空气 $R$ = 287.0 J/kg·K）

**解**：绝对压力为：

$$P = P_m + P_0 = 735 + 40 = 775(\text{mmHg})$$

将 $P$ 单位由 mmHg 换算为 Pa：

$$P = 133.32 \times 775 = 103323(\text{Pa})$$

$$T = 273 + 25 = 298(\text{K})$$

$$\nu = \frac{RT}{P} = \frac{287 \times 298}{103323} = 0.828(\text{m}^3/\text{kg})$$

2. 湿空气的密度

湿空气的密度是 1m³ 中所含干空气的质量和水蒸气的质量之和，即：

$$\rho = \rho_{d \cdot a} + \rho_\nu \tag{1-2-5}$$

式中：$\rho_{d \cdot a}$、$\rho_\nu$——分别为干空气和水蒸气的密度。

干空气可视为理想气体。存在于湿空气中的水蒸气，由于其分压力很低，密度很小，也可视为理想气体。所以由干空气和水蒸气所组成的湿空气,也可用式(1-2-4)来表示其状态参数间的关系。

按照道尔顿定律,湿空气的总压力,即大气压力 $P$ 等于干空气分压力 $P_{d\cdot a}$和水蒸气分压力 $P_\nu$ 之和,即:

$$P = P_{d\cdot a} + P_\nu \tag{1-2-6}$$

而且 $P_\nu = \Phi P_{sat}$, $P_{d\cdot a} = P - \Phi P_{sat}$; $P_{sat}$为对应于干球温度 $t$ 的饱和水蒸气压力。

由式(1-2-4)可得:

$$\rho = \frac{1}{\nu} = \frac{P}{RT}$$

$$\rho_{d\cdot a} = \frac{P_{d\cdot a}}{R_{d\cdot a}T} = \frac{P - \Phi P_{sat}}{287T} \quad (287\text{ 为干空气的气体常数})$$

$$\rho_\nu = \frac{P_\nu}{R_\nu T} = \frac{\Phi P_{sat}}{461T} \quad (461\text{ 为水蒸气的气体常数})$$

将上式代入式(1-2-5),得:

$$\rho = \frac{P - \Phi P_{sat}}{287T} + \frac{\Phi P_{sat}}{461T} = \frac{P}{287T} - \frac{\Phi P_{sat}}{T}\left(\frac{1}{287} - \frac{1}{461}\right)$$

$$= \frac{P}{287T}\left(1 - \frac{0.378\Phi P_{sat}}{P}\right)$$

即

$$\rho = 0.003484\frac{P}{T}\left(1 - \frac{0.378\Phi P_{sat}}{P}\right) \tag{1-2-7}$$

式中 $P$ 及 $P_{sat}$的单位为 Pa。

**【例 1-2-2】** 测知某隧道内空气压力 $P = 104065$Pa,温度 $t = 17$℃,相对湿度 $\Phi = 0.6$,已知,17℃时 $P_{sat} = 1936$Pa,求空气密度。

**解**:将 $t = 17$℃时的 $P_{sat} = 1936$Pa 代入式(1-2-7)得:

$$\rho = 0.003484 \times \frac{104065}{273 + 17} \times \left(1 - \frac{0.378 \times 0.6 \times 1936}{104065}\right) = 1.245(\text{kg/m}^3)$$

当空气中不含水蒸气时,相对湿度 $\Phi = 0$,这时有:

$$\rho = 0.003484\frac{P}{T} \tag{1-2-8}$$

比较式(1-2-7)与式(1-2-8)可见,当气压 $P$ 及温度 $T$ 相同时,干空气($\Phi = 0$)的密度比湿空气大。

在进行近似计算时,可使用下式计算 $\rho$,即

$$\rho = (0.003458 \sim 0.003473)\frac{P}{T} \tag{1-2-9}$$

式中压力 $P$ 的单位为 Pa。

### (二)大气压力的计算

从前面讨论中知道绝对压力 $P$ 与大气压力 $P_0$ 有关,下面具体叙述大气压力的计算。

大气压力简称气压,它实质上是水平单位面积上空气柱的重力。在不同海拔高度上,空气柱的重力不同,气压不同。气压随海拔高度增大而减小,它们之间的关系讨论如下:

从大气中取出一个边长分别为 $dx$、$dy$、$dz$ 的微小立方体,如图1-2-1所示,当大气处于静止状态时,作用在微小立方体侧面积的压力

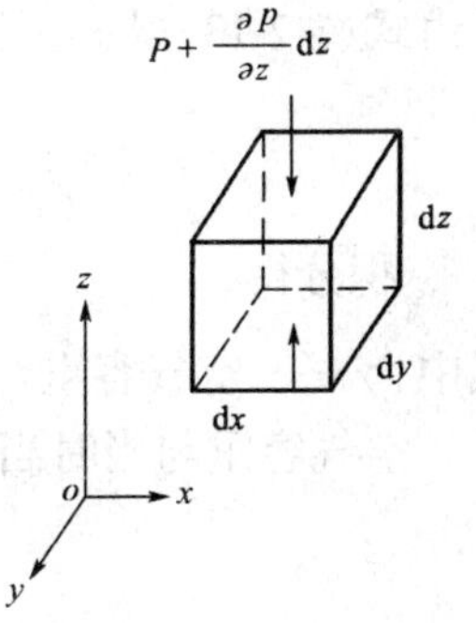

图 1-2-1 作用在微小立方体上的压力

互相平衡，即：

$$\sum F_x = 0, \sum F_y = 0$$

由此得：
$$\frac{\partial P}{\partial x} = 0 \tag{1-2-10}$$

及
$$\frac{\partial P}{\partial y} = 0 \tag{1-2-11}$$

作用在微小立方体上下两面的压力则不同，根据 $z$ 方向的力的平衡条件有：

$$\sum F_z = P\mathrm{d}x\mathrm{d}y - \left(P + \frac{\partial P}{\partial z}\mathrm{d}z\right)\mathrm{d}x\mathrm{d}y - \rho g\mathrm{d}x\mathrm{d}y\mathrm{d}z = 0$$

得
$$\frac{\partial P}{\partial z} = -\rho g \tag{1-2-12}$$

式(1-2-10)及式(1-2-11)表示静止大气的水平气压梯度为零，于是，式(1-2-12)可写为：

$$\frac{\mathrm{d}P}{\mathrm{d}z} = -\rho g \tag{1-2-13}$$

忽略湿度的影响，把式(1-2-4)代入式(1-2-12)得：

$$\frac{\mathrm{d}P}{P} = -\frac{g}{RT}\mathrm{d}z \tag{1-2-14}$$

设 $P_1$ 和 $P_2$ 分别为 $Z_1$ 和 $Z_2$ 高度上的气压，对式(1-2-14)积分可得：

$$\int_{P_1}^{P_2}\frac{\mathrm{d}P}{P} = -\int_{Z_1}^{Z_2}\frac{g}{RT}\mathrm{d}z$$

$$P_2 = P_1 e^{-\int_{Z_1}^{Z_2}\frac{g}{RT}\mathrm{d}z} \tag{1-2-15}$$

式(1-2-15)中的重力加速度 $g$ 和绝对温度 $T$ 严格说都是海拔高度 $Z$ 的函数。现为计算方便起见，可取 $T$ 为 $Z_1$ 到 $Z_2$ 间的空气柱的平均温度 $t_m$，并以 $g = 9.807\text{m/s}^2$，$R = 287\text{J/kg·K}$，代入式(1-2-15)得：

$$Z_2 - Z_1 \approx 18400\left(1 + \frac{t_m}{273.16}\right)\lg\frac{P_1}{P_2} \tag{1-2-16}$$

式中：$t_m$——$Z_1$、$Z_2$ 高度之间的平均温度，℃。

式(1-2-16)在气象学上称为气压高度公式。

如海拔高度 $Z_1$ 和 $Z_2$ 相差不大，则可认为在$(Z_1 - Z_2)$的范围内空气的密度 $\rho$ 为常量，于是由式(1-2-13)得：

$$\frac{\partial P}{\partial z} = -\rho g = -\gamma$$

积分得：
$$P_2 - P_1 = -\gamma(Z_2 - Z_1) \tag{1-2-17}$$

式中：$\gamma$——空气容重。

空气容重与当时当地的气压、气温和相对湿度有关：

$$\gamma = \left(\frac{0.003484P}{T} - \frac{0.132\Phi P_{\text{sat}}}{100T}\right)g \tag{1-2-18}$$

**【例 1-2-3】** 某隧道低洞口处的大气压力为 $P_1 = 98657\text{Pa}$，高洞口对低洞口的地形高差

$Z_2 - Z_1 = 30$m，两洞口外平均气温 $t_m = 10$℃，试求空气静止不动时高洞口处的大气压 $P_2$。

**解**：由式(1-2-16)得：

$$\lg \frac{P_1}{P_2} = \frac{Z_2 - Z_1}{18400\left(1 + \frac{t_m}{273.16}\right)} = 0.001573$$

则

$$P_2 = \frac{P_1}{10^{0.001573}} = 98300\text{Pa}$$

**【例 1-2-4】** 同上例，按式(1-2-17)计算高洞口处气压 $P_2$。

**解**：忽略湿度对空气容重的影响，由式(1-2-18)得：

$$\gamma = \frac{0.003484 P_1 g}{273.16 + t_m} = 11.89\text{N/m}^3$$

由式(1-2-17)得：

$$P_2 = P_1 - \gamma(Z_2 - Z_1) = 98657 - 11.89 \times 30 = 98300\text{Pa}$$

比较【例 1-2-3】与【例 1-2-4】可见，当两点高差 $Z_2 - Z_1$ 不大时，用式(1-2-16)与用式(1-2-17)的计算结果相近。但将气象站的当地气压换算为海平面气压时，必需按式(1-2-16)进行计算。

## 第三节 隧道内空气流动的基本方程

空气流动是受自然规律支配的，隧道内空气的流动亦不例外。这些规律包括物理学和理论力学中的质量守恒定律、牛顿第二运动定律、能量守恒与转换定律、动量定理和动量矩定理等。在分析计算中，主要应用根据这些定理定律建立的空气动力学基本方程。其中最常用的基本方程是连续性方程、能量方程和动量方程。

### 一、气体的连续性方程

#### (一)连续性假设

在标准状态下，气体分子间的平均距离为 $3.4 \times 10^{-7}$cm；气体分子运动时相互之间存在内摩擦阻力，即存在粘性；在压力增大时，气体分子间的距离会变小，即体积要压缩。从宏观讲气体是具有粘性，且可以压缩的离散介质。若按此对气体进行动力学研究会十分困难，研究的结果也将十分复杂。为了使问题简化，可设定两个假设：

(1)空气流动时，不存在内摩擦力；

(2)空气不可压缩。

这种没有内摩擦又没有压缩性的流体，叫理想流体。它的实质是假设空气是由无数无间隙的空气质点连续组成，而且空气质点的物理参数(如压力、速度、密度等)都是空间坐标和时间的连续函数。这就是空气的连续性假设。

在通风工程领域内，由于和气体宏观运动的尺度相比，气体分子的间距十分微小，所以按连续性假设把空气作为理想流体，运用连续介质理论进行研究所得结果与实验相符。

#### (二)连续性方程

当空气可视为连续介质时，它在运动中将保持质量守恒，根据这一原则可以推出运动过程中空气的密度和速度的变化规律。

取一段长度为 d$x$ 的管段，如图 1-3-1 所示，断面 1-1 的过流面积为 $A$，断面 2-2 的过流面积为$\left(A+\frac{\partial A}{\partial x}\mathrm{d}x\right)$，断面 1-1 上的气流平均速度为 $v$，密度为 $\rho$；在断面 2-2 上为$\left(v+\frac{\partial v}{\partial x}\mathrm{d}x\right)$和$\left(\rho+\frac{\partial \rho}{\partial x}\mathrm{d}x\right)$。由于管段的侧壁没有气体流入和流出，所以根据质量守恒条件，在 d$t$ 时间间隔内，所研究管段中气体质量的增量应等于在该时间间隔内通过断面 1-1 流入的质量与通过断面 2-2 流出的质量之差。即

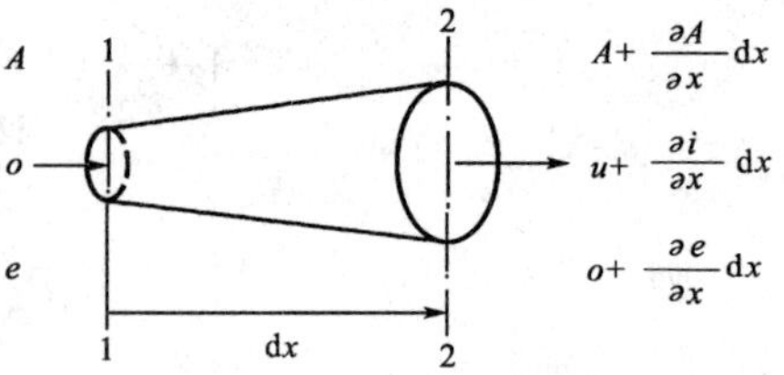

图 1-3-1　推导连续性方程简图

$$\frac{\partial}{\partial t}\left[\frac{\rho+\left(\rho+\frac{\partial \rho}{\partial x}\mathrm{d}x\right)}{2}\cdot\frac{A+\left(A+\frac{\partial A}{\partial x}\mathrm{d}x\right)}{2}\cdot\mathrm{d}x\right]\mathrm{d}t=\rho Av\mathrm{d}t-\left(\rho+\frac{\partial \rho}{\partial x}\mathrm{d}x\right)\left(A+\frac{\partial A}{\partial x}\mathrm{d}x\right)\left(v+\frac{\partial v}{\partial x}\mathrm{d}x\right)\mathrm{d}t$$

略去高阶微量，整理得：

$$\frac{\partial(\rho A)}{\partial t}+\frac{\partial(\rho Av)}{\partial x}=0 \tag{1-3-1}$$

式(1-3-1)称为气体一维运动连续性微分方程。对横断面积不变的隧道，式中 $A$ 为常量，则

$$\frac{\partial \rho}{\partial t}+v\frac{\partial \rho}{\partial x}+\rho\frac{\partial v}{\partial x}=0 \tag{1-3-2}$$

在研究隧道通风问题时，如隧道中的空气密度和速度不随时间而变，即恒定流动，则式(1-3-1)中，$\frac{\partial(\rho A)}{\partial t}=0$，于是$\frac{\partial(\rho Av)}{\partial x}=0$。

则

$$\rho_1A_1v_1=\rho_2A_2v_2=\rho Av \tag{1-3-3}$$

在气流的速度 $v$ 小于 50m/s 的情况下，气体流动过程的密度变化可以忽略，即 $\rho_1=\rho_2$，此时式(1-3-3)变为

$$A_1v_1=A_2v_2=Av=Q \tag{1-3-4}$$

式中：$Q$——气流的流量，$m^3/s$。

如管道分流，如图 1-3-2a)所示，则恒定气流的连续性方程应写为

$$A_1v_1=A_2v_2+A_3v_3 \tag{1-3-5a}$$

对图 1-3-2b)所示的汇流管道，则

$$A_1v_1+A_3v_3=A_2v_2 \tag{1-3-5b}$$

**【例 1-3-1】** 图 1-3-3 为某隧道通风系统的平面图，实测风道断面 0-0 处的气流平均流速 $v_0=22$m/s，隧道右段在断面 1-1 处的气流平均流速 $v_1=6$m/s，风道的直径 $D=6$m/s，隧道的断面积 $A_1=A_2=65.3\text{m}^2$，设空气的密度不变，试求隧道左段在断面 2-2 处气流平均流速 $v_2$。

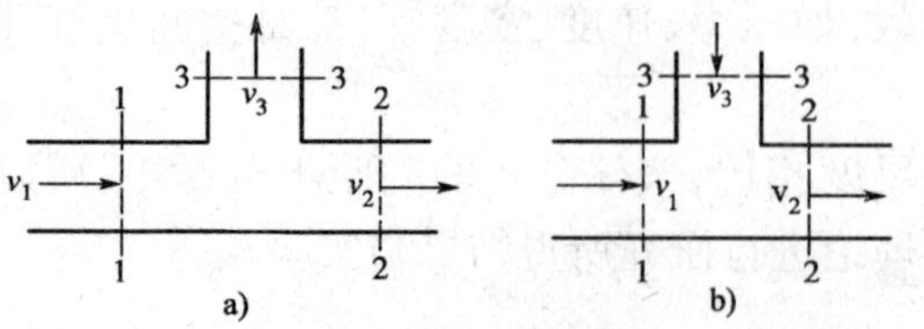

图 1-3-2　分流及汇流

a)分流管道；b)汇流管道

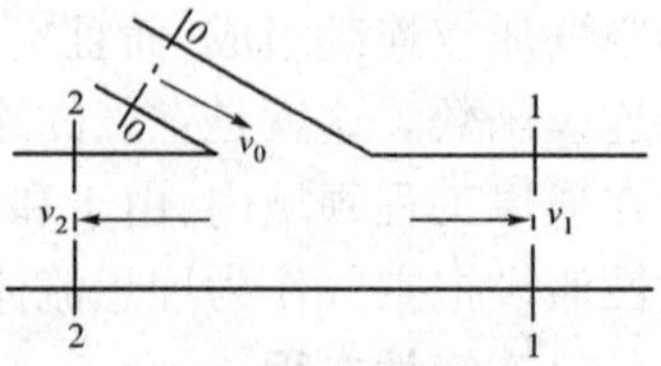
图 1-3-3　分流计算示例

**解：**
$$A_0v_0=\frac{1}{4}\pi D^2v_0=621.7\text{m}^3/\text{s}$$
$$A_1v_1=391.8\text{m}^3/\text{s}$$

因 $A_0v_0>A_1v_1$，所以由分流的连续性方程为：

$$A_0v_0 = A_1v_1 + A_2v_2$$

得
$$v_2 = \frac{1}{A_2}(A_0v_0 - A_1v_1) = 3.5\text{m/s}$$

方向向左。

## 二、理想流体的能量方程

### （一）流体一维运动方程

沿流体的流线方向取一微柱体，如图 1-3-4 所示，微柱体的长度为 ds，端面面积为 $\text{d}A$，质量为 $\text{d}m$，单位质量所受阻力为 $F$，微柱体两端面所受压力分别为 $P\text{d}A$ 和$\left(P+\frac{\partial P}{\partial s}\text{d}s\right)\text{d}A$，微柱体的速度为 $v'$。

根据牛顿第二定律，可写出沿流线方向的力与加速度关系式：

$$P\text{d}A - \left(P + \frac{\partial P}{\partial s}\text{d}s\right)\text{d}A - g\text{d}m\sin\theta - F\text{d}m = \text{d}m\frac{\text{d}v'}{\text{d}t} \tag{1-3-6}$$

将
$$\sin\theta = \frac{\partial z}{\partial s}$$
$$\frac{\text{d}v'}{\text{d}t} = \frac{\partial v'}{\partial t} + \frac{\partial v'}{\partial s}\frac{\text{d}s}{\text{d}t} = \frac{\partial v'}{\partial t} + v\frac{\partial v'}{\partial s}$$
$$\text{d}m = \rho\text{d}s\text{d}A$$

三式代入式（1-3-6）中，并以 $\rho\text{d}s\text{d}A$ 除全式，整理得：

$$\frac{\partial v'}{\partial t} + v'\frac{\partial v'}{\partial s} + \frac{1}{\rho}\frac{\partial P}{\partial s} + g\frac{\partial z}{\partial s} + F = 0 \tag{1-3-7}$$

式（1-3-7）称为流体一维运动的能量方程，它对气体和液体都适用。

### （二）恒定流动的伯诺里方程

在隧道通风中，气流的密度变化可以忽略，可认为 $\rho=$常量。当风机正常工作时隧道中气流为恒定流动，于是有$\frac{\partial v'}{\partial t}=0$、$\frac{\partial v'}{\partial s}=\frac{\text{d}v'}{\text{d}s}$、$\frac{\partial P}{\partial s}=\frac{\text{d}P}{\text{d}s}$，从而式（1-3-7）可写成为：

$$v'\frac{\text{d}v'}{\text{d}s} + \frac{1}{\rho}\frac{\partial P}{\partial s} + g\frac{\partial z}{\partial s} + F = 0$$

或
$$v'\text{d}v' + \frac{\text{d}P}{\rho} + g\text{d}z = -F\text{d}s$$

如将上式沿流线 $s$ 由 1 点积分到 2 点（图 1-3-5），并令 $\int_s F\text{d}s = h'_{\text{f}}$，则有：

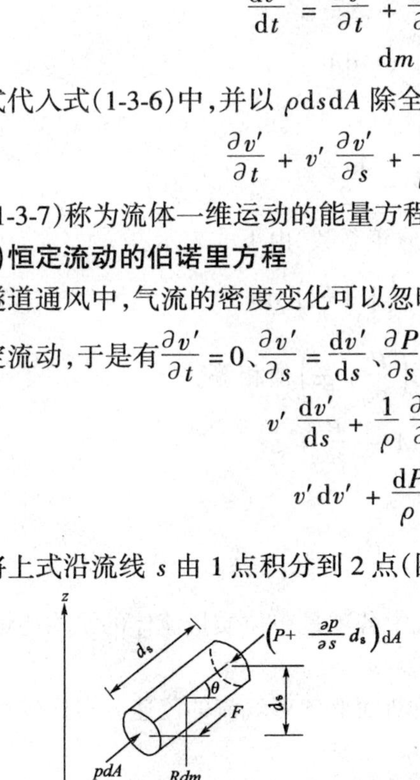


图 1-3-4　一维运动方程简图

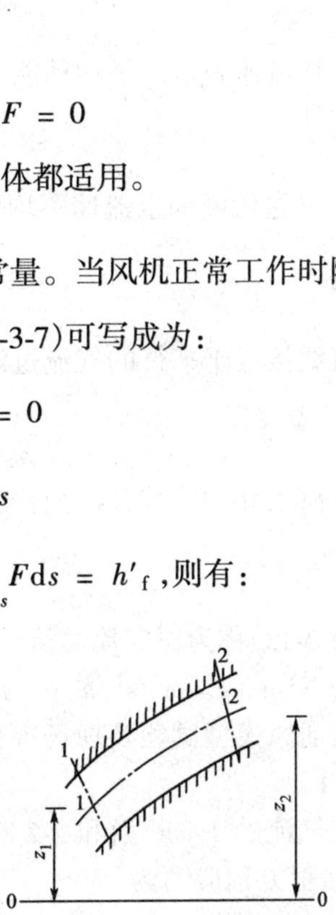


图 1-3-5　推导恒定流动的伯诺里方程简图

$$\frac{v'^2_1}{2} + \frac{P_1}{\rho} + gz_1 = \frac{v'^2_2}{2} + \frac{P_2}{\rho} + gz_2 + h'_f \tag{1-3-8}$$

式(1-3-8)称为恒定流沿流线的伯诺里方程。它只适用于沿同一流线的各点。式中$\frac{v'^2}{2}$、$\frac{P_1}{\rho}$、$gz_1$ 各项分别表示单位质量流体所具有的动能、压力能和位能；$h'_f$ 表示阻力 $F$ 所作的功，它引起机械能损失并转化为热能。式(1-3-8)的物理含义是流体在流动过程中保持能量守恒，所以伯诺里方程又称为不可压缩流体的能量方程。

由于在同一过流断面上气流各点的流速 $v$、压力 $P$ 及位置高度 $z$ 各不相同，所以要求出上述各量在过流断面上的平均值，以便导出适用于总流各断面之间能量关系的伯诺里方程。为此，可将式(1-3-8)各项乘以 $\rho dv'dA$，然后对整个过流面积分，再以 $\rho Q$ 除全式，即得出过流断面上单位质量气体所具有的平均能量。

$$\frac{1}{\rho Q}\int_{A_1}\left(\frac{v'^2_1}{2} + \frac{P_1}{\rho} + gz_1\right)\rho dv'_1 dA_1 = \frac{1}{\rho Q}\int_{A_2}\left(\frac{v'^2_2}{2} + \frac{P_2}{\rho} + gz_2\right)\rho dv'_2 dA_2 + \frac{1}{\rho Q}\int_{A_2} h'_f \rho dv' dA \tag{1-3-9}$$

注意整个过流断面的气流流量为

$$Q = \int_A dv' dA$$

于是过流断面的平均流速为

$$v = \frac{Q}{A} = \frac{1}{A}\int_A dv' dA$$

以平均流速表示的平均动能为

$$\frac{1}{\rho Q}\int_A \frac{v'^2}{2}\rho v' dA = \frac{\alpha v'^2}{2} \tag{1-3-10}$$

式中：$\alpha$——过流断面上流速不均匀所引起的动能修正系数，由下式表示：

$$\alpha = \frac{1}{Qv^2}\int_A \rho v'^3 dA = \frac{1}{A}\int_A \left(\frac{v'}{v}\right)^3 dA \tag{1-3-11}$$

在流线接近于平行的气流过流断面上，各点的$\left(\frac{P}{\rho} + gz\right)$值相等。

即

$$\frac{1}{\rho Q}\int_A \left(\frac{P}{\rho} + gz\right)\rho v' dA = \frac{P}{\rho} + gz \tag{1-3-12}$$

将式(1-3-10)及式(1-3-12)代入式(1-3-9)得

$$\frac{\alpha v_1^2}{2} + \frac{P_1}{\rho} + gz_1 = \frac{\alpha v_2^2}{2} + \frac{P_2}{\rho} + gz_2 + h_f \tag{1-3-13}$$

式(1-3-13)称为恒定流总流的伯诺里方程。式中各项是单位质量流体的平均能量，各项的单位均为 $N \cdot m/kg = m^2/s^2$；$h_f$ 称为压头损失。

隧道通风模型试验及现场观测表明，在隧道横断面上各点气流的流速分布比较均匀，因此可取 $\alpha \approx 1$。

如在气流的 1-1 断面和 2-2 断面之间有通风机工作，通风机输给单位体积气体的能量为 $H$，则伯诺里方程应写为

$$\frac{\rho v_1^2}{2} + P_1 + \gamma z_1 + H = \frac{\rho v_2^2}{2} + P_2 + \gamma z_2 + \rho h_f \tag{1-3-14}$$

式中：$H$——风机的全压，单位为 Pa。

若令 $\rho h_f = H_f$，它表示单位体积流体克服阻力所做的功，单位与 $H$ 同，是通风设计中常用的量。则

$$\frac{\rho v_1^2}{2} + P_1 + \gamma z_1 + H = \frac{\rho v_2^2}{2} + P_2 + \gamma z_2 + H_f \tag{1-3-15}$$

**（三）风流的能量与压力**

由前面讨论知，$\frac{1}{2}\rho v_i^2$、$\gamma z_i$ 和 $P_i$ 分别为 1m$^3$ 空气在 $i$ 点所具有的动能、位能和压能。其中压能反映了该点空气分子热运动的能量，呈现为静压，静压在任何方向表现相同的数值，即各向同值，$i$ 点的静压用 $P_i$ 表示；动能反映了空气定向流动的动能，呈现为动压（或称速压），$i$ 点的动压用 $P_i$ 表示，动压只在垂直于空气流动方向的平面上呈现正值，即动压是个矢量。$i$ 点的静压 $P_i$ 和动压 $P_{vi}$ 之和称为全压。

## 三、动量方程

动量方程是理论力学中的动量定理在流体力学中的具体体现，它反映了流体运动的动量变化与作用力之间的关系，其特点在于不必知道流动范围内部的流动特征，而只需知道其边界面上的流动情况即可，因此，它可用来方便地解决急变流动中流体与边界面之间的相互作用问题，以及通风工程中分流与汇流处的静压差与流量、风速之间的关系问题。

**（一）欧拉型积分形式的动量方程**

从理论力学中知道，质点系的动量定理可表述为：在 $dt$ 时间内，作用于质点系外的合外力等于同一时间间隔内该质点系在外力作用方向上的动量变化率，即

$$\sum \vec{F} = \frac{d(\sum m \cdot \vec{u})}{dt} \tag{1-3-16}$$

上式是针对流体系统（即质点系）而言的，通常称为拉格朗日型动量方程。由于流体运动的复杂性，在流体力学中一般采用欧拉法研究流体流动的问题，因此，需引入控制体及控制面的概念，将拉格朗日型的动量方程转换成为欧拉型动量方程。欧拉法中控制体是指在某一特定坐标系下，有流体流过的固定不变的任何空间的体积，而占据控制体的流体质点是随着时间而改变的。控制体的边界表面称为控制面，它总是封闭表面。流体控制面有以下几个特点：控制面相对于坐标系是固定的；在控制面上可以有质量交换，即可以有流体流进或流出控制面；在控制面上受到控制体以外物体施加在控制体内流体上的力；在控制面上可以有能量交换，即可以有能量输入或输出控制面。

在流场中针对具体问题，有目的地选择一个控制体，如图 1-3-6 中虚线所示。使其一部分控制面与要计算作用力的边界重合，其余控制面则视取值方便而定。控制体一经选定，其形状、体积和位置相对于坐标系是不变的。

设 $t$ 时刻流体系统与控制体 $V$ 重合，且控制体内任意空间点上的流体质点速度为 $\vec{u}$，密度为 $\rho$，则流体系统在 $t$ 时刻的初动量为 $[\int_V \rho \vec{u} dV]_t$。经过 $\Delta t$ 时段后，原流体系统运动到实线所示位置，这个流体系统在

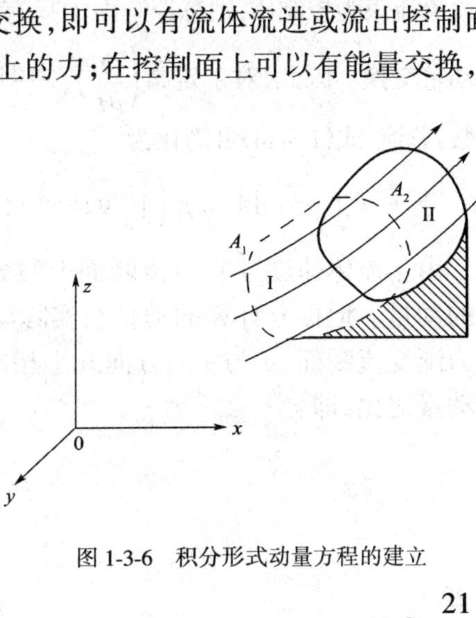

图 1-3-6　积分形式动量方程的建立

$t+\Delta t$ 时刻的末动量可以用以下三部分动量相加减表示出来。即 $t+\Delta t$ 时刻控制体中所有质点的动量 $[\int_V \rho\vec{u}\mathrm{d}V]_{t+\Delta t}$ 减去由原流体系统经控制面 $A_1$ 流入的动量 $\Delta t \cdot \int_{A_1} \rho\vec{u}u\mathrm{d}A$（即图 1-3-6 中的部分 I），再加上原流体系统经控制面 $A_2$ 流出的动量 $\Delta t \cdot \int_{A_2} \rho\vec{u}u\mathrm{d}A$（即图 1-3-6 中的部分 II）。也就是说流体系统在 $t+\Delta t$ 时刻的末动量为

$$\left[\int_V \rho\vec{u}\mathrm{d}V\right]_{t+\Delta t} - \Delta t \cdot \int_{A_1} \rho\vec{u}u\mathrm{d}A + \Delta t \cdot \int_{A_2} \rho\vec{u}u\mathrm{d}A = \left[\int_V \rho\vec{u}\mathrm{d}V\right]_{t+\Delta t} + \Delta t \cdot \int_A \rho\vec{u}u\mathrm{d}A$$

式中 $A = A_1 + A_2$ 为控制体的全部控制面。于是

$$\sum\vec{F} = \frac{\mathrm{d}(\sum m\cdot\vec{u})}{\mathrm{d}t} = \lim_{\Delta t\to 0}\frac{1}{\Delta t}\left\{\left[\int_V \rho\vec{u}\mathrm{d}V\right]_{t+\Delta t} - \left[\int_V \rho\vec{u}\mathrm{d}V\right]_t + \Delta t \cdot \int_A \rho\vec{u}u\mathrm{d}A\right\}$$

即

$$\sum\vec{F} = \frac{\partial}{\partial t}\int_V \rho\vec{u}\mathrm{d}V + \int_A \rho\vec{u}u\mathrm{d}A \tag{1-3-17}$$

这就是欧拉型积分形式的动量方程。式中 $\sum\vec{F}$ 是作用在控制体内流体上所有外力的合力；$\frac{\partial}{\partial t}\int_V \rho\vec{u}\mathrm{d}V$ 是控制体内的流体动量对时间的变化率，当为定常流动时，这一项为零，它反映了流体运动的非定常性；$\int_A \rho\vec{u}u\mathrm{d}A$ 是单位时间内通过全部控制面的动量代数和，因为从控制体流出的动量为正，流入控制体的动量为负，所以这一项也可以说是单位时间内控制体流出动量和流入动量之差（或称净流出的流体动量）。因此，对控制体而言，动量定理可表述为：在 $\mathrm{d}t$ 时间内，作用在控制体内流体上的合外力等于同一时间间隔内从控制体净流出的流体动量与控制体内流体动量对时间的变化率之和。

**（二）定常不可压缩总流的动量方程**

动量方程式(1-3-17)从表面上看好像是一种比较复杂的矢量积分方程，但是明确了它每一项的含义后，应用起来并不困难，尤其是对常见的定常不可压缩总流，方程式可以简化非常简单。

定常不可压缩总流流束如图 1-3-7 所示。流动方向取为自然坐标 $s$ 的正向，取图中 1-1 和 2-2 两过流断面之间的虚线所示的总流流束为控制体，则总控制面中只有 $A_1$、$A_2$ 两过流断面上有动量交换。因此，对于定常$\left(\frac{\partial}{\partial t}\int_V \rho\vec{u}\mathrm{d}V = 0\right)$不可压缩（$\rho =$ 常数）总流，式(1-3-14)可简化为

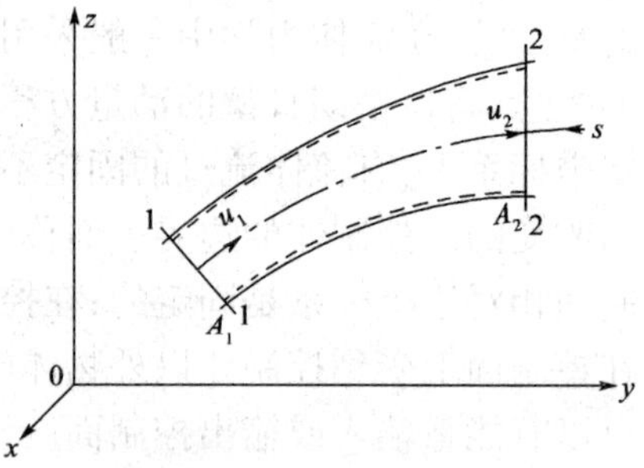

图 1-3-7 导出总流的动量方程

$$\sum\vec{F} = \int_A \rho\vec{u}u\mathrm{d}A = \rho\left(\int_{A_2}\vec{u}_2 u_2\mathrm{d}A_2 - \int_{A_1}\vec{u}_1 u_1\mathrm{d}A_1\right)$$

由于流体速度 $u$ 在过流断面上的分布一般难以确定，需用断面平均速度 $v$ 代替 $u$ 计算总流的动量。但按 $v$ 计算的动量与实际动量存有差异，为此需要修正。若 1-1 和 2-2 两过流断面均为渐变流断面，$u$ 与 $v$ 的方向几乎相同，则可引入动量修正系数 $\beta$——实际动量与按 $v$ 计算的动量之比，即

$$\beta = \frac{\int_A u^2\mathrm{d}A}{v^2 A} \tag{1-3-18}$$

$\beta$ 值的大小与总流过流断面上的速度分布有关，一般流动的 $\beta = 1.02 \sim 1.05$，但有时可达到 1.33 或更大，在工程计算中常取 $\beta = 1.0$。这样

$$\sum \vec{F} = \rho(\beta_2 \vec{v}_2 v_2 A_2 - \beta_1 \vec{v}_1 v_1 A_1)$$

考虑定常不可压缩总流的连续性方程 $v_1 A_1 = v_2 A_2 = Q$，则上式成为

$$\sum \vec{F} = \rho Q(\beta_2 \vec{v}_2 - \beta_1 \vec{v}_1) \tag{1-3-19}$$

这就是定常不可压缩总流的动量方程。

因为动量方程是矢量方程，所以应用时通常是利用它在坐标轴上的投影式。为方便起见，建立坐标系时常将不要求的作用力或动量与某坐标轴垂直。另外，写投影式时应特别注意各项的正负号。

## 第四节　通风阻力

所谓通风阻力，是指气体流动时需要克服气体层间或气体与管道壁面的阻力 $F$。但在工程实践中，直接计算通风阻力既没有必要，也很不方便。所以上面导出了气体流动的伯诺里方程(1-3-8)和式(1-3-13)、式(1-3-14)、式(1-3-15)，前两式为单位质量流体的能量方程，式中 $h'_f$ 和 $h_f$ 分别为单位质量流体沿某一流线或管道流动一段距离后，阻力所做的功，单位为 $N \cdot m/kg = m^2/s^2$；后两式为单位体积流体的能量方程，式中 $H_f$ 为单位体积流体沿管道流动一段距离所做的功，单位为 $N \cdot m/m^3 = Pa$。$h_f$ 和 $H_f$ 是通风工程中常用的物理量，习惯上称它们为通风阻力。以后所提到的通风阻力，指的都是 $H_f$ 或 $h_f$。

研究通风阻力对通风设备选型、风道设计及通风管理具有十分重要的意义。在给定隧道(风道)条件及通风量时，所计算的通风阻力就是通风机应具备的最小通风压力；相反在给定通风压力和通风量时，通风阻力又可作为风道设计的依据。下面介绍隧道内摩擦阻力和局部阻力的计算。

### 一、风流的流动状态与阻力定律

#### (一)风流的流动状态

液体流动时有两种状态：一种是液体呈层状流动，各层间液体互不混合，液体质点流动的轨迹为直线或有规则的平滑曲线，这一状态称为层流；流速很小，管径很小，或粘性较大的液体流动时会发生层流。另一种是液体流动时，各部分液体强烈地互相混合，液体质点的流动轨迹极不规则，除了有沿液流总方向的位移外，还有垂直于液流总方向的位移，液流内部存在着时而产生时而消失的漩涡，这种状态称为紊流。在河流或给水管道中，绝大部分的水流是这种状态。

试验证明，液体的流动状态与液体的密度 $\rho$、粘性系数 $\mu$、液流的平均速度 $v$ 及管道水力直径 $D$ 有关，这些因素的综合影响表现为一无因次参数——雷诺数，用 $Re$ 表示：

$$Re = \frac{\rho v D}{\mu}$$

或

$$Re = \frac{vD}{\nu} \tag{1-4-1}$$

式中：$\nu$——运动粘性系数，$\nu = \dfrac{\mu}{\rho}$，$m^2/s$；

$\rho$——密度，kg/m$^3$；

$\mu$——动力粘性系数，Pa·s；

$v$——平均速度，m/s；

$D$——管道水力直径。对圆形管道，$D$ 为管道直径；对非圆形管道，$D=4\frac{S}{U}$（其中 $S$ 为管道断面积，$U$ 为管道的周界长度）。

当 $Re<2320$ 时，液体呈层流流动；当 $Re>2320$ 时，液体开始向紊流流动过渡，因此称 $Re=2320$ 为临界雷诺数。

由于风流与液流有相似的物理特性，故以上关于液流流动所得的结论也适用于风流的流动。

在式(1-4-1)中，代入临界雷诺数 $Re=2320$，可求得临界风速 $v_{cr}$

$$v_{cr}=\frac{2320\nu}{D} \tag{1-4-2}$$

空气的运动粘性系数 $\nu=1.5\times10^{-5}m^2/s$。

在隧道通风中，风道断面都比较大，由式(1-4-2)算得临界风速很小（取水力直径 $D=8m$，临界风速为 $4.35\times10^{-3}m/s$），远小于实际风速。因此，在隧道通风中，很少有层流。

**（二）阻力定律**

风流流动时，由于空气分子间的内摩擦，风流与风道周壁的外摩擦以及风道断面、方向的变化和风道内车辆、设备等物体引起风流的冲击、漩涡等，都对风流产生阻力。实验和理论都证明，风流所受的阻力与风流流动的速度的 $n$ 次方成正比，即：

$$H_{阻}=Cv^n \tag{1-4-3}$$

式中：$C$——由流体特性、管道尺寸等参数决定的常数；

$v$——平均流速；

$n$——由流体的流态所决定的指数，层流时 $n=1$，紊流时 $n=2$。

式(1-4-3)就是风流阻力定律的表达式。

在隧道通风中，由于风流为紊流，把 $n=2$ 代入式(1-4-3)得：

$$H_{阻}=Cv^2 \tag{1-4-4}$$

式(1-4-4)称为紊流阻力定律，是隧道通风中基本的公式。

## 二、隧道通风阻力计算

利用式(1-4-4)计算通风阻力，关键是通过实验确定常数 $C$。在研究中，为了方便，把通风阻力按产生的地点和原因分为摩擦阻力和局部阻力。

**（一）摩擦阻力**

1. 摩擦阻力的概念

摩擦阻力是管道（风道）周壁与风流互相摩擦以及风流中空气分子间的扰动和摩擦而产生的阻力。它与风流流程有关，所以也叫沿程阻力。由摩擦阻力引起的风压损失称为摩擦阻力损失，也叫沿程阻力损失。

2. 摩擦阻力计算公式

水力学中的达西公式也适用于隧道通风。达西公式为：

$$H_f=\lambda\cdot\frac{L}{D}\cdot\frac{\rho v^2}{2} \tag{1-4-5}$$

式中：$H_f$——摩擦阻力，Pa；

$L$——管道长度，m；

$v$——流体在管道中的平均流速，m/s；

$\rho$——空气密度，$kg/m^3$；

$\lambda$——达西系数，决定于管道粗糙度，无因次；

$D$——管道水力直径，m。

由于空气密度 $\rho$ 一般变化不大，隧道通风阻力主要由风速 $v$、隧道几何尺寸 $L$ 与 $D$、达西系数 $\lambda$ 决定。根据尼古拉兹试验，$\lambda$ 与管道的粗糙度和雷诺数 $Re$ 有关。

管道的粗糙度可用相对粗糙度 $n$ 表示，管道相对粗糙度是管道上突起处的平均高度 $\Delta$(m)与管道直径 $d$(m)之比，即

$$n = \frac{\Delta}{d}$$

尼古拉兹试验结果可简单描述为：

①当 $\lg Re \leqslant 3.3$（即 $Re \leqslant 2320$）时，$\lambda$ 随 $Re$ 增大而沿一条斜直线减小，且与 $n$ 无关；

②当 $3.3 < \lg Re < 3.5$ 时，$\lambda$ 随 $Re$ 增大而增大，且与 $n$ 无关；

③当 $Re$ 继续增大时，对于完全光滑的管道，即 $n = 0$，$\lambda$ 随 $Re$ 增大而沿另一斜直线减小；对于 $n$ 较小的管道，$\lambda$ 在一定范围内也沿这条斜线变化，而且 $n$ 越小，沿这一条斜线变化的范围越大；当 $n$ 足够大时，$\lambda$ 与这条斜直线无关。

④当 $Re$ 达到一定值时，不论 $n$ 大小，$\lambda$ 都会脱离这条斜直线而沿一条水平直线变化，即 $\lambda$ 不再与 $Re$ 有关，而仅与 $n$ 有关，且 $\lambda$ 与 $n$ 呈正变关系。

在隧道通风中，由于 $Re$ 较大，一般都大于100000，故 $\lambda$ 值受 $Re$ 影响不大，主要与风道的相对粗糙度 $n$ 有关。对于混凝土衬砌的隧道，一般可取 $\lambda = 0.025$。

**(二)局部阻力**

1. 局部阻力的概念

风流流经隧道的某些局部地点如有突然扩大或缩小、转弯、分岔以及障碍物等，由于速度或方向发生突然变化，导致风流产生剧烈的冲击，形成涡流，从而损失能量。造成这种冲击与涡流的阻力称为局部阻力，由此阻力所产生的风压损失就叫局部阻力损失。

2. 局部阻力分析

风流突然扩大时的物理现象可以解释大多数局部阻力导致风流能量损失的原因，故对此加以分析。

当因风道的突然扩大而引起风流的扩大时，空气自小断面 $S_1$ 流向大断面 $S_2$，小断面中的风速 $v_1$ 必然降至大断面中风速 $v_2$。这种减速非常迅速并且是在较短的长度上进行的，其情况与以不同速度运动的两种物体相碰撞的现象相似，叫做“冲击”现象。冲击时产生的能量损失按包尔达—卡尔诺公式计算：

$$H_{大} = \frac{\rho(v_1 - v_2)^2}{2} \tag{1-4-6}$$

式中：$v_1$——风流在突然扩大前的风速，m/s；

$v_2$——风流在突然扩大后的风速，m/s；

$H_{大}$——风流的局部阻力，Pa。

因风量 $$Q_1 = Q_2$$

即
$$S_1 v_1 = S_2 v_2$$
式中：$S_1$、$S_2$——风道的小断面面积与大断面面积，$m^2$。

则
$$v_2 = \frac{S_1 v_1}{S_2}$$

代入(1-4-6)式，得

$$H_{大} = \left(1 - \frac{S_1}{S_2}\right)^2 \cdot \frac{\rho v_1^2}{2} \tag{1-4-7}$$

令
$$\xi_{大} = \left(1 - \frac{S_1}{S_2}\right)^2$$

则
$$H_{大} = \xi_{大} \frac{\rho v_1^2}{2} \tag{1-4-8}$$

式中：$\xi_{大}$——突然扩大的局部阻力系数(无因次)，对于光滑管道的突然扩大，可以按管道的大小断面积算出。

其余符号意义同上。

3. 常见的几种局部阻力计算

对类似于风流突然扩大时局部阻力分析，可得到其他几种不同局部阻力的计算公式。

(1)隧道进口

$$H_{入} = 0.5 \cdot \frac{\rho v^2}{2} \tag{1-4-9}$$

式中：$v$——隧道中气流速度，m/s。

(2)隧道出口

$$H_{出} = 1.0 \cdot \frac{\rho v^2}{2} \tag{1-4-10}$$

式中：$v$——隧道出口断面的气流速度，m/s。

(3)气流断面突然缩小

气流断面突然缩小，由断面积：$S_1(m^2)$缩小到断面积 $S_2(m^2)$。

$$H_{小} = 0.5\left(1 - \frac{S_2}{S_1}\right)^{3/4} \cdot \frac{\rho v_2^2}{2} \tag{1-4-11}$$

式中：符号意义同上。

4. 局部阻力计算

由上述分析，局部阻力可用通式表示如下：

$$H_i = \xi_i \frac{\rho v_i^2}{2} \tag{1-4-12}$$

对一段风道，总的局部阻力为各处局部阻力之和，即

$$\sum H_i = \sum\left(\xi_i \cdot \frac{\rho v_i^2}{2}\right) \tag{1-4-13}$$

## 第五节 隧道内空气、气候与通风要求

隧道内空气是地表大气(新鲜空气)经隧道与地表的有限通道进入隧道并和隧道内的有害

气体混合形成的混合气体(污染空气)。在没有采取有效通风措施的情况下,隧道内空气和地表大气有明显差异,主要表现在氧含量低,有害气体含量高,烟雾浓度大,以及温度、湿度和风速的变化等。当采取通风措施后,隧道内空气的有害气体含量、烟雾浓度以及温度、湿度和风速等与隧道的实际通风量有关。隧道通风的目的就是通过通风改变隧道内空气的化学组成和气候条件,使之满足人员工作和车辆运行的卫生和安全要求,以保证隧道正常运营;当隧道内发生火灾时,以限制火灾蔓延,为扑救工作创造条件。

## 一、隧道内空气的组成

1. 新鲜空气

新鲜空气来自大气,主要成分见表1-5-1。新鲜空气是隧道空气的主要成分。单位时间内进入隧道新鲜空气的体积,称为隧道通风量,用 $Q$ 表示,单位为 $m^3/s$ 或 $m^3/h$。隧道通风量影响到隧道内空气中氧和有害气体的相对含量及隧道内气候。隧道通风量按隧道内要求的环境指标计算确定。

**空气的主要成分及所占百分比** 表1-5-1

| 主要成分 | 占百分比(体积)(%) |
|---|---|
| 氧 | 20.96 |
| 氮 | 79.00 |
| 二氧化碳 | 0.04 |

2. 有害气体

隧道内产生的有害气体使隧道内空气和地表大气出现差异。有害气体产生量越大,这种差异就愈明显。隧道内有害气体主要来自运行车辆、隧道围岩和火灾,其中运行车辆产生的有害气体是日常性的,是隧道内空气的主要污染源。

(1)运行车辆排放的废气

汽油车排出的气体含有一氧化碳、氧化氢、碳化氢、氧化硫、醛等对人体有害的成分。其中,一氧化碳具有高度毒性,且在排气中所占比例很大,是最危险的成分。柴油车除排放对人体有害的气体外,还排放大量的游离碳素(煤烟),严重影响隧道内的能见度和舒适性。

(2)隧道围岩中排放的有害气体

在山岭隧道中,有的隧道围岩会放出有害气体,如 $CH_4$、$H_2S$ 等。这些气体的散放量与围岩中有害气体的含量及衬砌结构对围岩的封闭性有关。一般隧道围岩中有害气体含量低、散放量小,所以,目前在隧道的运营通风中很少考虑围岩排放的有害气体的影响。

(3)火灾产生的有害气体和烟尘

火灾会产生大量的CO和烟尘。隧道内火灾会使隧道环境急剧恶化,造成人员伤亡、交通中断或引发恶性交通事故。正常通风不可能避免火灾产生的危害。一旦火灾发生,需通过改变通风方式和加大风量,使环境暂时得到改善,可以起到控制火灾蔓延,减少灾害损失,缩小事故范围的效果,同时也为灭火创造条件。

## 二、有害气体与烟雾浓度

1. 有害气体浓度的概念

被污染空气中有害气体的含量用有害气体的浓度表示。有害气体的浓度有两种表示方法:一种是单位体积被污染空气中含某种有害气体的质量($mg/m^3$);另一种是单位体积被污染空气中含某种有害气体的体积,常采用百万分体积浓度(ppm)计量。1ppm是指在常温常压下,$1m^3$ 被污染的空气中含有 $10^{-6}m^3$ 有害气体,即按体积计算的浓度为百万分之一。1克分子(摩尔)气体在常温常压(25℃,101325Pa)下占有24.45L的体积,因此ppm和 $mg/m^3$ 之间的换算关系为:

$$1\text{ppm} = \frac{M}{24.45}\text{mg/m}^3 \tag{1-5-1}$$

式中：$M$——该气体的分子量。

2. 烟雾浓度的概念

烟雾浓度是烟雾对空气的污染程度。烟雾浓度可通过测定光线在烟雾中的透过率来确定。光线在烟雾中的透过率用 $\tau$ 表示。

$$\tau = \frac{E}{E_V} \tag{1-5-2}$$

式中：$E$、$E_V$——分别表示同一光源通过污染空气和洁净空气后的照度，详见第二章。

透过率 $\tau$ 与烟雾的厚度 $L$(m)和烟雾浓度 $k$($m^{-1}$)决定，即

$$\tau = \exp(-kL)$$

或者

$$k = -\frac{\ln\tau}{L} \tag{1-5-3}$$

在隧道通风中，取 $L = 100$m，测定 $\tau_{100}$后确定 $k$，并用 $K$ 代替 $k$，则

$$K = -\frac{\ln\tau_{100}}{100} \tag{1-5-4}$$

式中：$K$——烟雾浓度，$m^{-1}$；

$\tau$——100m 厚烟雾的光线透过率。

由式(1-5-4)可见，烟雾浓度是通过测定 100m 厚烟雾的光线透过率来确定的，所以有人也将烟雾浓度称作 100m 透过率；但需注意，烟雾浓度和 100m 透过率在物理概念上和数值上都不相同。

## 三、污染空气的稀释标准

1. CO 对人体的危害

在隧道内有害气体中，CO 的排放量最大，对人体的危害最严重。CO 之所以有害于人体健康，是因为 CO 与血液中的血红蛋白 Hb 形成 CO-Hb(氧碳血红蛋白)的结合力很强，达 300 倍于氧气和血红蛋白形成 $O_2$-Hb 的结合力。一旦 CO 进入人体过多，氧气在血液中的输送量就不足。CO-Hb 饱和度（CO-Hb 取代 $O_2$-Hb的百分率)超过 10%后，就会引起不同程度的中毒症状；饱和度为 10% ~ 20%时，就会引起轻度头痛；饱和度达到 20% ~ 30%时，将引起剧烈头痛。德国人 May 进行过人在不同活动状态下对 CO 浓度和接触时间的反应试验(图 1-5-1)。

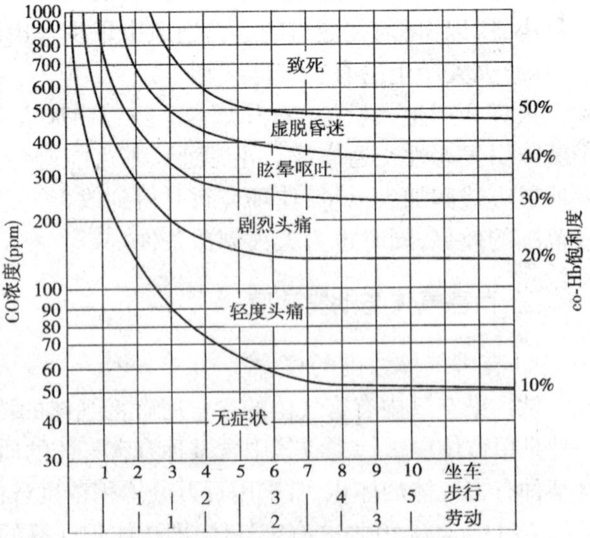

图 1-5-1 May 氏曲线

由图 1-5-1 可以看出，在血液中 CO-Hb 饱和度达到相同值时，空气中 CO 浓度、人的活动状态和人在该环境中所经历的时间的组合状态是不同的。特别需要强调的是人的活动状态对中毒症状有重要影响。例如，当污染空气中 CO 浓度为 60ppm 时，如果限

定血液中 CO-Hb 饱和度不超过 10%，则人在坐车、步行和劳动状态下需要经历的时间分别 6h、3h 和 2h。考虑到这一点，在确定隧道的行车空间与辅助洞室的 CO 浓度标准时，就应注意人的活动状态的区别。

2. CO 的稀释标准

隧道的通风是一项环境保护工程，包括隧道内的环境保护与隧道外的环境保护，由于公路隧道一般地处野外，所以主要是隧道内的环境保护。为了防止隧道内 CO 影响人的健康，消除因 CO 等有害气体产生的各种异味，许多国家都开展了隧道内 CO 稀释标准的研究。需要说明的是，隧道内 CO 的稀释标准是隧道通风设计的最基本指标之一。一般来说，如果隧道内 CO 的允许浓度低，则隧道内的空气质量高，隧道内的行车环境舒适，但隧道的工程造价和运营费用高；反之，如果隧道内 CO 的允许浓度高，则隧道内的空气质量低，隧道内的行车环境较差，而隧道的工程造价和运营费用低。关于 CO 的稀释标准的研究结果都是在保证不影响人的健康并能基本消除 CO 产生的异味的前提下，在隧道内空气质量与工程造价及运营费用之间寻求某种平衡。

(1)国外隧道的 CO 稀释标准

研究表明，当血液中 CO-Hb 饱和度达到 10%时，只会引起人的轻度头痛，当人返回正常空气中后，能完全消除头痛并不留后遗症。但有些发达国家仍对隧道的 CO 稀释标准提出了很高的要求。例如，荷兰规定隧道的 CO 浓度不能超越 CO 设计浓度—经历时间曲线(图 1-5-2)，以确保人在乘车通过隧道时，CO-Hb 饱和度不超过 5%，希望隧道环境不对人体造成任何不良影响。

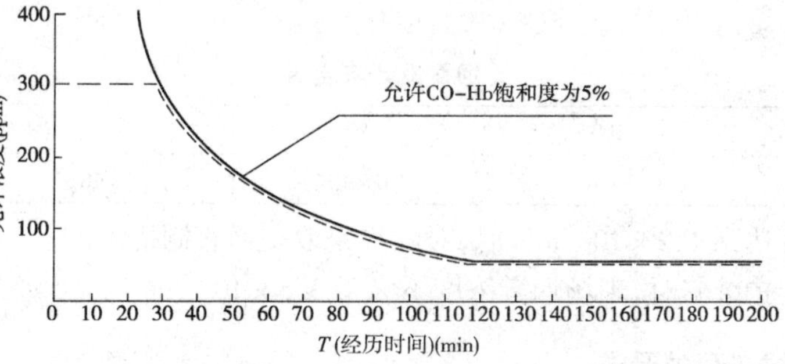


图 1-5-2 荷兰隧道的 CO 设计浓度—经历时间曲线

此外，一些国家采用的隧道 CO 允许浓度如下：

①瑞士短于 1km 隧道，CO 浓度低于 250ppm；长于 3km 隧道，CO 浓度低于 200ppm。

②英国要求隧道 CO 浓度低于 250ppm。

③日本要求隧道内 CO 浓度低于 100ppm。

1971 年国际道路协会常设委员会(PIARC)推荐的 CO 允许浓度为：

山岭隧道　正常状态下 150ppm

　　　　　阻塞状态下 250ppm(15min)

(2)我国隧道的 CO 稀释标准

我国的公路隧道起步晚，但发展较快，在参考国外隧道的 CO 稀释标准并在一些运营隧道 CO 浓度实测数据的基础上，结合我国的具体国情，在《公路隧道通风照明设计规范》(JTJ 026.1—1999)中对隧道 CO 的稀释标准作了如下规定：

①全横向与半横向通风(见第九节)的隧道，CO 设计浓度按表 1-5-2 取值；纵向通风的隧道，CO 设计浓度按表 1-5-2 所列各值提高 50ppm 取值。

②交通阻塞(隧道内车辆均以怠速行驶,平均车速不大于10km/h)时,阻滞段的平均CO设计浓度可取300ppm,经历时间不超过20min。阻滞段的计算长度不宜大于1km。

③人车混和通行的隧道,CO设计浓度应按表1-5-3取值。

**CO设计浓度 $\delta$** 表1-5-2

| 隧道长度 $l$(m) | ≤1000m | ≥3000m |
|---|---|---|
| $\delta$(ppm) | 250 | 200 |

注:隧道长度为1000~3000m时,可按插值法取值。

**人车混行隧道CO设计浓度 $\delta$** 表1-5-3

| 隧道长度 $l$(m) | ≤1000m | ≥2000m |
|---|---|---|
| $\delta$(ppm) | 150 | 100 |

注:隧道长度为1000~2000m时,可按插值法取值。

3. 烟雾的稀释标准

烟雾浓度是影响隧道内能见度的重要指标之一。一些国家规定的隧道内烟雾浓度分别为:

法国 $5\times10^{-3}\ m^{-1}$

日本 $(7.5\sim9)\times10^{-3}\ m^{-1}$

瑞士 $9\times10^{-3}\ m^{-1}$

英国 $10\times10^{-3}\ m^{-1}$

随着我国公路交通的日益增长,大型的载重柴油车将会越来越多,柴油车所占交通量达到整个交通量的10%~13%,已经接近发达国家的水平。因此,在公路隧道内也应严格控制烟雾的浓度。考虑到不同的光源具有不同的穿雾能力,我国《公路隧道通风照明设计规范》(JTJ 026.1—1999)对隧道内的烟雾设计浓度作了如下规定:

①采用钠灯光源时,正常情况下烟雾设计浓度按表1-5-4取值,若采用荧光灯光源时,烟雾设计浓度应提高一级。

**烟雾设计浓度 $K$** 表1-5-4

| 计算行车速度(km/h) | 100 | 80 | 60 | 40 |
|---|---|---|---|---|
| 钠灯光源 $K$(1/m) | $6.5\times10^{-3}$ | $7.0\times10^{-3}$ | $7.5\times10^{-3}$ | $9.0\times10^{-3}$ |

②当烟雾浓度达到 $1.2\times10^{-2}m^{-1}$ 时,对隧道采取交通管制措施。

③进行隧道养护维修时,现场烟雾浓度不大于 $3.5\times10^{-3}\ m^{-1}$。

## 四、隧道内气候与有关要求

隧道内气候是隧道内温度、风速和湿度等的总称。

1. 温度

山体中埋深较大的隧道受地热影响,隧道内空气温度可能明显高于地表大气温度。或者,埋深较小的隧道,由于受风流的影响,隧道内空气温度可能明显低于地表大气温度。当隧道内空气温度与地表气温差别很大时,会引起洞内工作人员身体出现不良反应。

隧道内空气的降温可通过增大风量来实现,增温则需要采取空气加热方式。在我国,大部分隧道受地热影响不大,只在少数深埋特长隧道专门考虑了地热的影响。如18km长的秦岭终南山公路隧道曾在贯通后专门开展了隧道内气温测试,图1-5-3为9月份测得的隧道洞内气温和岩体温度分布曲线。

2. 风速

隧道内空气和大气的交换是通过空气流动来实现的,空气流动的速度(风速)直接影响到通风的效果。风流速度与通风量成正比。在机械通风中,靠提高风速增大风量,因此,隧道内的风速经常大于地表大气的自然风速。

隧道内风速大是隧道气候特征。风速大会引起以下不良后果：

(1)扬起隧道内积聚的和车辆上附着的尘粒,形成扬尘,影响隧道内能见度和舒适感,因此,要求隧道内要做好防尘和降尘工作。防尘应做好隧道的定期清扫和对携尘(如煤、土等)车辆的管理;降尘则需洒水降尘或安装专门的除尘设备。

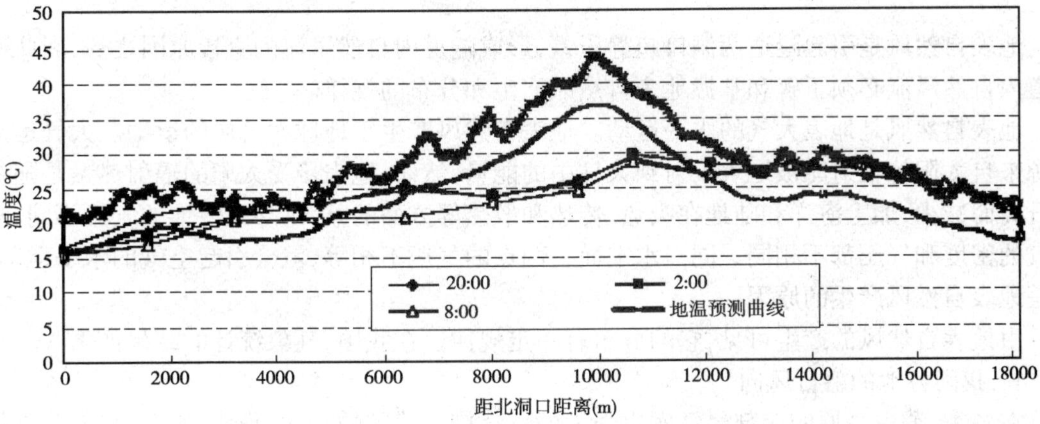


图 1-5-3　秦岭终南山公路隧道 9 月份隧道内气温与岩体温度分布图

(2)加快隧道内水分蒸发,使空气干燥。

(3)引起人体不适。

(4)增大风阻,从而增加通风费用。

在满足通风要求的情况下,风速越小越好。我国《公路隧道通风照明设计规范》(JTJ 026.1—1999)对隧道内的设计风速做了规定:单向交通的隧道设计风速不宜大于 10m/s,特殊情况下可取 12m/s;双向交通的隧道设计风速不应大于 8m/s;人车混合通行的隧道设计风速不应大于 7m/s。

3. 湿度

对于地下水贫乏、衬砌不出现渗漏的隧道,由于通风风速大,水分蒸发速度快,空气湿度比洞外小;而如果地下水丰富或衬砌出现渗漏,隧道内空气湿度则比洞外大。空气湿度过大或过小,人在隧道内工作都会感到不适,因而需要采取措施调节空气湿度。增加空气湿度的办法是在隧道内洒水,可结合防尘、降尘综合考虑;降低空气湿度的办法有衬砌防渗堵漏、加强隧道通风等。

总之,隧道内气候和地表气候有明显不同,主要表现为风速、湿度和温度变化上。隧道内的这些气候变化会引起人体的种种不适甚至致病,因此改善隧道内气候条件也是隧道特别是长大隧道运营管理的一个重要课题。

## 第六节　隧道内自然风流

隧道内自然风流是指在无机械通风的条件下,隧道内空气定向流动的一种现象。隧道内自然风流受隧道内外自然条件控制。隧道内、外的自然条件主要是指:隧道外的自然风和隧道所穿越的山体形态;隧道内、外温度差和进、出风口高差,前者引起隧道两洞口的超静压差,后者引起进两洞口的热位差。它们控制着隧道内自然风流的大小和方向。

当隧道内自然风流稳定时,就可以利用自然风流进行隧道通风,称之隧道自然通风。隧道自然通风是一种最经济的通风方式。相反,如果隧道内自然风流不稳定且风量小,则需要利用通风机械进行隧道通风,称之隧道机械通风。在机械通风情况下,隧道内自然风流可能给机械通风提供帮助,也可能给机械通风带来麻烦。因此,研究和认识隧道内自然风流对搞好隧道通风有重要意义。

## 一、地表自然风

地表自然风是引起隧道两洞口超静压差,形成隧道内自然风流的直接原因之一,因此研究隧道内自然风流必须了解和掌握地表自然风产生和分布的规律。

地表自然风是地表大气的水平运动。地表自然风产生于地球大气层的运动。大气运动的能源来自太阳的辐射能被地表反射到大气中的能量,然而,地表接受太阳的辐射热量是随纬度的升高而减少,加上海洋和陆地在吸热、传热和散热等方面的差异,导致各地的气温不同,从而空气的密度和气压都不相同。同一水平面上两点的气压不相等,就会引起空气的水平运动,这就是地表自然风产生的原因。

由地表自然风的产生可见,它的分布有一定规律。在我国,气象统计的结果如下。

1. 我国各地的盛行风向

在冬季,蒙古高原的南部经常发生强大的反气旋。我国的东北、华北、华东、华南分别处于反气旋的东方或东南方,所以上述各地冬季盛行风向偏北。由于各地相对于反气旋中心的位置不同,因而风向偏北的角度有所区别。东北地区在反气旋中心的东方,冬季盛行风向以西北为主。但在松嫩平原上,因其西部是大兴安岭,由西北方向吹来的风受大兴安岭阻挡,风向改变为以西南风与西风居多。华北平原、河套盆地、长江下游直至浙江沿海,冬季盛行风向在北和西北之间,但从南京到武汉及南岭山区,处于高压脊的转角地位,风向又偏向北和东北之间。黄河上游在反气旋中心的南部,冬季风向不稳定,无风机会多,例如,兰州冬季静风频率占31.4%。云南高原海拔2000m以上,西南风与西风为冬季主要风向。

春季各地风向不如冬季稳定。东北的松嫩平原,春季风向比较凌乱。山东半岛以南包括长江下游直到广东沿海,以南风至东南风为主。黄河上游近于大陆高压的东南角,风向多为北至东之间。云南高原仍以西南风为主。

夏季的全国气压场形势和冬季相反。各地盛行风改变成以偏南至东南为主。东南风的频率以华东沿海为最大。华南内陆夏季盛行风向为南至西南,长江中游风向偏向南,云南高原偏西南更多。四川盆地夏季偏北和偏南风的频率几乎相等。黄河中、下游在夏季风向主要是在东北至南之间,河套以西地区则以东南风至东北风居多。

秋季各地的盛行风向已接近于冬季状态,各地都以偏北风为主。云南高原秋季东北风和西南风的频率几乎相等。

2. 我国各地的风速分布

根据全国各地风速的年平均值,可分成以下几个相对的大风区和小风区。

(1)沿海大风区。包括从辽东半岛到北部湾,风速都比内陆大。年平均风速都在2.5m/s以上。

(2)武夷山及其以西的赣江流域小风区。从沿海向内陆,风速逐步减小,但该区两侧都有山岭,平原形状呈漏斗形,冬季从北流来的气流到了该区会加速,因而风速可达1.5m/s以上。夏季该区处于背风地位,风速较小。

(3)洞庭湖湘江流域内陆大风区。该地区风速又增大到2.0m/s以上,形成内陆大风区。

(4)长江三峡为中心的全国风速最小区。其范围北自秦岭,南至黔鄂山地,东自宜昌西至邛崃山东坡，包括四川中部、贵州北部、湘西、鄂西等地。该区地形闭塞又崎岖不平，是有名的东亚大气环流的“死水区”，年平均风速很小。

(5)西南高原大风区。西南高原的平均海拔达1000~2000m，风速显著增大，和四川相比，形成一个风速较大区域。例如，贵阳年平均风速为3.0m/s，昆明为2.7m/s，大理为2.0m/s。此外，云南高原和横断山脉的山谷风很显著。

(6)广西山地小风区。和南方沿海相比，广西山地年平均风速在2.0m/s以下。

(7)青藏高原风速较大区。这一地区大风主要是海拔高度较高所造成。

(8)华北平原大风区。受西部太行山的约束，又是南北气流交换的孔道，所以华北平原冬春两季风速很大。该地区年平均风速在2.5~3.5m/s之间。

(9)黄土高原小风区。该地区风速比较小，一般在2.0m/s以下。过了陇山黄河上游，风速增大，河西走廊风速更大。

(10)松辽平原大风区。松辽平原的年平均风速在3.0m/s左右，该区山地风速则减到3.0m/s以下。

由于地形的因素，我国还有几个有名的局部性大风区。

(1)新疆乌鲁木齐的东南大风区。由于天山山脉被乌鲁木齐南面的柴窝堡谷地切割成喇叭状缺口，呈东南—西北方向，乌鲁木齐位于北口，当天山南的气压比天山北的气压高时，谷地中出现偏南风，由于喇叭管的作用使风速加大，到了喇叭管北端的乌鲁木齐，形成了强劲的东南风。

(2)新疆的阿拉山口的西北大风区。该山口两边的山峰相对高度为2000~3000m，而且是冷空气侵入新疆的重要通道，喇叭状地形使风速加大。

(3)新疆喀什的春季大风区。该区也是由于地形条件形成的。

(4)云南大理的雪风区。雪风多发生在冬春两季，这种风是沿高山山坡吹下的较寒冷的强风。

(5)四川西部康定、小金一带的偏东大风区。该区位于大雪山和邛崃山的东西向峡谷里，由于地形影响以及川西高原与四川盆地受热不同，容易发生偏东大风。

## 二、隧道内自然风的产生

### (一)隧道两洞口的超静压差

1. 超静压差的概念

如果隧道两洞口的高差不大，则在 $H$ 高度的范围内，大气容重 $\gamma$ 可认为是常量。在静止的大气中，低洞口的气压 $P_1$ 与高洞口的气压 $P_2$ 的压差称为静压差。

$$P_1 - P_2 = \gamma H$$

当隧道内有由隧道外自然风引起的风流时，必定是：

$$P_1 - P_2 \neq \gamma H$$

并将隧道进风洞口与出风洞口的气流压差称为超静压差，用 $\Delta P$ 表示，

当隧道内风流由低洞口流向高洞口时：

$$\Delta P = P_1 - P_2 - \gamma H \tag{1-6-1a}$$

当隧道内风流由高洞口流向低洞口时：

$$\Delta P = P_2 - P_1 + \gamma H \tag{1-6-1b}$$

2. 山岭隧道两洞口的超静压差

隧道两洞口的超静压差产生于地表自然风。地表自然风由地表大气水平气压梯度引起。

水平气压梯度数值很小,一般约为 100 ~ 300Pa/km,而且气压的等压线不一定与隧道相垂直,因而它所形成的两洞口间水平气压差(静压)很小。但是,水平气压梯度是大气水平运动的起动力,一旦隧道外有自然风吹动,速度为 $v$ 的风,绕流过高山时在山前形成正压,在山后形成负压,两者压差就是超静压差。超静压差的大小与山体的形状有关。国外有人提出山前正压为 $+0.9\rho v^2/2$,山后负压为 $-0.3\rho v^2/2$,如图 1-6-1 所示。据此,山岭隧道两洞口的超静压差为

$$\Delta P = 0.9\frac{\rho v^2}{2} + 0.3\frac{\rho v^2}{2} = 1.2\frac{\rho v^2}{2} \tag{1-6-2}$$

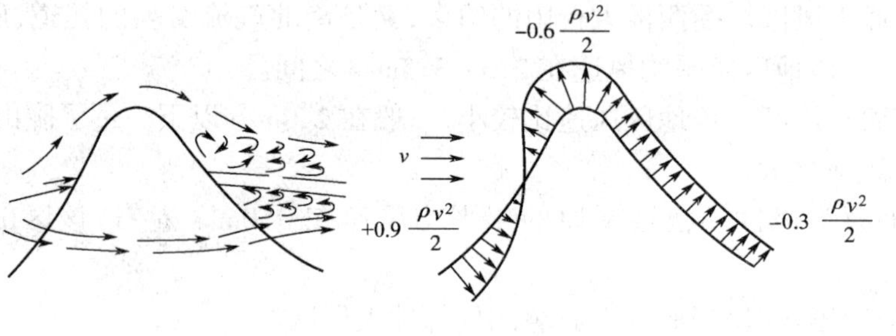


图 1-6-1　大气绕流山体的压差

例如,洞外吹三级风,风速为 $v = 4.5\text{m/s}$,空气密度 $\rho = 1.2\text{kg/m}^3$,则山前和山后的超静压差 $\Delta P = 14.6\text{Pa}$。

对于某一具体隧道,欲求得两洞口的超静压差,需要知道隧道外自然风的风向与风速。但隧道外自然风的风向与风速经常发生变化,因此只能根据长期的气象观测资料求得出现频率最大的风向和平均风速,作为设计的依据。为此,要分析研究隧道所在地区大面积范围的气象资料,判断隧道所在地区是属于大风区还是小风区,进而研究隧道所在山区的控制风流是地转风还是山谷风。由于现有气象台站多设在平地,所以要通过隧道洞口附近的山区气象与平地气象的对比观测,来寻找山区风向、风速与平地风向、风速的相关关系,借助平地气象台站长期的观测资料来延伸隧道洞口附近的短期气象观测资料,从而求得隧道洞口附近频率最大的风向及平均风速。然后建立隧道所穿越的山体的模型,由空气动力学分析或风洞试验来确定两洞口的超静压差。当然只有对特殊重要的长大隧道才有必要进行如此细致的观测和研究。

**(二)隧道进、出风口的热位差**

1. 热位差的概念

隧道内、外的温度差,造成隧道内、外空气的容重不同。当隧道进出风口有高程差时,如果洞内气温高于洞外气温,则洞内空气的容重比洞外空气的容重小,洞外空气有从低洞口流入洞内并将洞内空气从高洞口推出的趋势,即浮升效应。反之,如果洞内气温低于洞外气温,则洞内空气容重比洞外空气容重大,在这种情况下,洞外空气有从高洞口流入洞内并将洞内空气从低洞口推出的趋势,即沉降效应。这种由于洞内外的气温差及两洞口的高程差所引起空气流动的压力差称为热位差。

2. 进出风口的热位差

假设洞内气温为 $T_i$,洞外气温为 $T_o$,洞内外空气密度分别为 $\rho_i$ 和 $\rho_o$,两洞口的高程差为 $H$,则热位差($\Delta h$)按下式计算:

$$\Delta h = (\rho_o - \rho_i)gH \tag{1-6-3}$$

为了求得热位差,先要获得洞外气温 $T_o$ 和洞内气温 $T_i$。前者可从气象资料查出,后者对已通车的隧道可以实测。对未通车的隧道,则应先计算出车辆通过隧道时消耗的功率所转变

的热量、隧道中各种电力设备所散发的热量以及隧道周围岩体传导的热量，而这些热量应与隧道中流动的空气所带走的热量相平衡。根据这一原理，用迭代法试算求得隧道内的气温，再由气体状态方程算出洞内外的空气密度，从而求得热位差。

**(三)隧道两洞口等效压差**

隧道两洞口超静压差和热位差的叠加，就是自然压差。自然压差引起隧道内自然风流。假设隧道内自然风速为 $v_i$，下面将通过讨论隧道两洞口间的能量方程引出等效压差的概念，并给出计算公式。

当洞内气温高于洞外气温，空气由洞外流入洞内时要受热而膨胀，这是隧道壁把热量传递给气流的结果。因此只要计算出气流膨胀所做的功，就可算出隧道壁传递给气流的热量所转变的机械能部分。由于隧道内洞口附近的气压几乎等于洞外的气压，因此气流的热力过程可看作是等压过程。单位质量(1kg)空气的膨胀功($W_1$)为

$$W_1 = P_1\left(\frac{1}{\rho_i} - \frac{1}{\rho_o}\right)$$

式中：$P_1$——隧道进风洞口附近的大气压力；

$\rho_i$——洞内空气的密度；

$\rho_o$——洞外空气的密度。

现写出隧道两洞口间的气流能量方程，所有的符号意义见图 1-6-2。

$$\frac{v_o^2}{2} + \frac{P_1}{\rho_o} + P_1\left(\frac{1}{\rho_i} - \frac{1}{\rho_o}\right) = \frac{P_2}{\rho_i} + \frac{v_i^2}{2} + gH + \left(\lambda\frac{L}{D} + \xi\right)\frac{v_i^2}{2}$$

式中：$v_o$——流向隧道的气流在洞外的风速；

$H$——两洞口的高差；

$\lambda$——隧道沿程阻力系数；

$\xi$——隧道局部阻力系数；

$L$——隧道的长度；

$D$——隧道的水力直径；

$v_i$——隧道内的自然风速。

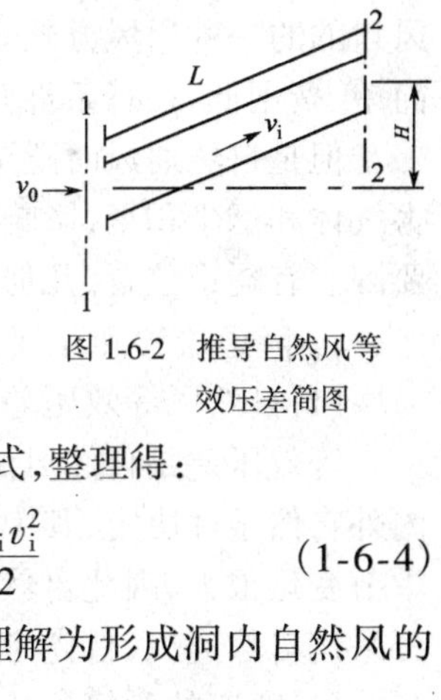


图 1-6-2　推导自然风等效压差简图

由式(1-6-1a)知，将 $P_2 = P_1 - \lambda H - \Delta P = P_1 - \rho_o gH - \Delta P$ 代入上式，整理得：

$$\Delta P + \frac{\rho_i v_o^2}{2} + (\rho_o - \rho_i)gH = \left(\lambda\frac{L}{D} + \xi + 1\right)\frac{\rho_i v_i^2}{2} \tag{1-6-4}$$

式(1-6-4)右边是自然风在隧道内流动过程中的阻力，而左边可理解为形成洞内自然风的动力，称为等效压差，用 $\Delta P_n$ 表示：

$$\Delta P_n = \Delta P + \frac{\rho_i v_o^2}{2} + (\rho_o - \rho_i)gH \tag{1-6-5}$$

于是式(1-6-4)可写成：

$$\Delta P_n = \left(\lambda\frac{l}{D} + \xi + 1\right)\frac{\rho_i v_i^2}{2} \tag{1-6-6}$$

上式说明隧道内自然风的等效压差 $\Delta P_n$ 与隧道内自然风速 $v_i$ 相对应。另外，由式(1-6-5)可见洞内自然风等效压差由三部分组成：

(1)两洞口的大气超静压差 $\Delta P$；

(2)洞外的动压 $\rho_i v_o^2/2$，它是在两洞口超静压差作用下进入隧道的气流所带入的动能，当

自然通风时，$\rho_i v_o^2/2$ 与 $\Delta P$ 同时存在（即 $\Delta P=0$，则 $v_o=0,\rho_i v_o^2/2=0$）；

(3)热位差 $(\rho_o-\rho_i)gH$，它是由洞内外气温差引起的，当 $\rho_o<\rho_i$ 时，热位差自动显示为负值，表示热位差将促使隧道内空气由高洞口流向低洞口。

应当指出的是，要应用式(1-6-6)计算隧道两洞口的等效压差，必须先知道隧道内的自然风速 $v_i$，而不同的环境和不同几何尺寸（长度和断面形式）的隧道内自然风速是不同的，需要通过实测得到。在进行隧道通风计算时，隧道尚未建设，无法实测自然风速，因而也就无法用式(1-6-6)计算等效压差。考虑到一般隧道的热位差不大，隧道两洞口的等效压差主要是由超静压差引起的，因此，建议在通风计算中，参考式(1-6-2)计算 $\Delta P_n$ 的近似值。

对于断面积为 $S(\mathrm{m}^2)$ 的隧道，自然风流量 $Q_n$ 可按下式计算：

$$Q_n = Sv_i \tag{1-6-7}$$

由式(1-6-6)得

$$v_n = \left(\frac{\Delta P_n}{\lambda\dfrac{l}{D}+\xi+1}\cdot\frac{2}{\rho_i}\right)^{\frac{1}{2}} \tag{1-6-8}$$

所以

$$Q_n = \left(\frac{\Delta P_n}{\lambda\dfrac{l}{D}+\xi+1}\cdot\frac{2}{\rho_i}\right)^{\frac{1}{2}}\cdot S \tag{1-6-9}$$

## 三、隧道自然通风

隧道自然通风，就是利用隧道内自然风流实现隧道内空气与地表大气交换，以达到隧道通风目的的一种通风方式。隧道自然通风无需建设专门的通风设施，因而隧道建设和运营管理简单、费用低，在有条件时应优先采用。

但是自然通风时隧道内空气受自然条件影响，风流变化大，当风流小时，隧道内环境差，有害气体和烟尘积聚，影响隧道正常运营。自然通风都为纵向通风，因此影响隧道自然通风的主要因素有隧道位置、几何参数和隧道中车辆运行情况。

1. 隧道位置和几何参数

(1)自然风等效压差

等效压差是自然风流产生的动力，它控制着自然风流量的大小。自然风等效压差由隧道内外自然条件决定，其中隧道外的气象条件起主导作用，而气象条件（如风速、风向、气温等）随季节变化很大，因此自然风流也就不稳定，风速忽大忽小，甚至风向可能忽左忽右，所以隧道能否采用自然通风，首先考虑的应该是隧道所处位置的气象条件。

(2)隧道的几何参数

隧道长度、断面积和断面形状等影响隧道通风的阻力（摩擦阻力和局部阻力）。当等效压差一定时，自然风流量的平方与隧道风阻成反比，风阻越大，自然风流量就越小，因此，自然通风多用在短直的隧道中。

(3)隧道两洞口的高程差

隧道两洞口的高程差对自然风流的影响是通过等效压差表现出来的。高程差较大，热位差也较大，当热位差与超静压差方向相同时，表现出等效压差增大。对于短隧道，两洞口的高程差一般较小，热位差也较小，等效压差中超静压差所占比重较大。

在一些山岭隧道中，为了方便施工，设有施工竖（斜）井。若利用这些竖（斜）井作为隧道通风井，就会使进、出风口的高程差明显加大，从而使热位差加大。也有专门为通风而设置竖

(斜)井的情况，一般在超静压差较小，而隧道内外温度差较大，可能产生较大热位差的条件下采用。原因是通风井多设在隧道中段，热位差所引起的风流在通风井两侧流向不同，与超静压差引起的风流在风井一侧互相加强，在另一侧互相削弱。

2. 隧道中车辆运行情况

(1)车流量

车流量决定隧道内有害气体产生量，而有害气体产生量是隧道通风量计算的主要依据，隧道能否采用自然通风要看隧道自然风流量是否达到隧道所需通风量。对于车流量较小的非重要隧道，采用自然通风较多，自然通风适用的隧道长度也较大，但对车流量较大的重要隧道，自然通风适用的长度较短。

(2)单向交通与双向交通

单向交通的隧道，车流会带动隧道中空气顺着车辆前进的方向流动，这种风流叫活塞风(概念见本章第七节)，当活塞风与自然风流向相同时，活塞风加强了自然通风，在这种情况下，自然通风隧道可以相应加长。当活塞风与自然风流向相反时，两者互相削弱，对自然通风不利。

我国《公路隧道通风照明设计规范》(JTJ 026.1—1999)中规定：对于单向交通的隧道，当下式满足时，宜采用机械通风。即

$$L \cdot N \geqslant 2 \times 10^6 \qquad (\text{辆} \cdot \text{m/h})$$

式中：$L$——隧道长度，m；

$N$——设计交通量，辆/h。

对于双向交通的隧道，双向交通的隧道则不存在活塞风，当下式满足时，宜采用机械通风。即

$$L \cdot N \geqslant 6 \times 10^5 \qquad (\text{辆} \cdot \text{m/h})$$

式中：$L$、$N$ 的意义同上。

## 四、隧道自然风对隧道机械通风的影响

隧道自然风流受隧道内外自然条件控制，经常会发生忽大忽小、忽左忽右的变化，在机械通风的隧道中，自然风会对隧道正常通风造成不良影响。

(1)当自然风与机械风流向相反时，会使隧道中通风量减小，停风或风向反转，使隧道通风条件恶化。

(2)当自然风变化较大时，会影响风机的正常工作。自然风超静压差的变化影响到风机的工况点变化。当工况点不合理时，可能会造成较大电能浪费，严重者会造成风机损坏。为了使风机的工况点始终处于合理的范围内，需要随自然风的变化对风机工况点做及时调整，这给通风管理带来较大麻烦。

在机械通风的隧道设计中，考虑到自然风的上述不利影响，在设计计算中将自然风的等效压差视作一种通风阻力，借以适当增加通风系统的装机容量，保证系统正常运行。国外经常根据隧道所在位置的风向、风速和气温等条件，将自然风的等效压差取作常值，如 10Pa 等。

认识自然风流对机械通风的影响对隧道通风设计和运营管理十分重要。在实践中，要合理利用自然风，例如，当自然风与机械风同向时，可以通过调节风机减少电耗；此外，更要注意自然风可能造成的危害，如使通风条件恶化或造成风机损坏，影响正常通风。要利用好自然风，避免它可能带来的危害，就要了解和掌握当地自然风产生和变化的规律，并根据自然风的变化及时调节风机。

## 第七节 隧道内交通风流

隧道内行驶的车辆会带动隧道内空气沿隧道流动，这种由交通车辆引起的风流叫交通风，由于它类似于活塞的作用，所以也叫活塞风。

交通风的大小由交通通风力决定。交通通风力是车辆活塞作用产生的压差，故也叫交通风压，按下式计算：

$$\Delta P_t = \frac{A_m}{A_r} \cdot \frac{\rho}{2} \cdot n_+ \cdot (v_{t(+)} - v_r)^2 - \frac{A_m}{A_r} \cdot \frac{\rho}{2} \cdot n_- \cdot (v_{t(-)} + v_r)^2 \tag{1-7-1}$$

式中：$\Delta P_t$——交通风压，Pa；

$\rho$——隧道内空气密度，kg/m$^3$；

$n_+$——隧道内与 $v_r$ 同向行驶的车辆数，辆，$n_+ = \frac{N_+ \cdot L}{3600 \times v_{t(+)}}$，其中 $N_+$ 为与 $v_r$ 同向的高峰小时交通量，辆/h，$L$ 为隧道长度，m；

$n_-$——隧道内与 $v_r$ 反向行驶的车辆数，辆，$n_- = \frac{N_- \cdot L}{3600 \times v_{t(-)}}$，其中 $N_-$ 为与 $v_r$ 反向的高峰小时交通量，辆/h；

$v_r$——隧道内设计风速，m/s，一般情况 $v_r = \frac{Q_{req}}{A_r}$；

$v_{t(+)}$——与 $v_r$ 同向的各工况车速，m/s；

$v_{t(-)}$——与 $v_r$ 反向的各工况车速，m/s；

$A_r$——隧道内净空断面积，m$^2$；

$A_m$——汽车等效阻抗面积，m$^2$，可按下式计算：

$$A_m = (1 - r_1) \cdot A_{cs} \cdot \xi_{cs} + r_1 \cdot A_{cl} \cdot \xi_{cl}$$

其中：$A_{cs}$——小型车正面投影面积，m$^2$，可取 2.13 m$^2$，或参照规范取值；

$\xi_{cs}$——小型车空气阻力系数，可取 0.5，或参照规范取值；

$A_{cl}$——大型车正面投影面积，m$^2$，可取 5.37 m$^2$，或参照规范取值；

$\xi_{cl}$——大型车空气阻力系数，可取 1.0，或参照规范取值；

$r_1$——大型车比例。

在单向行车纵向通风（概念见本章第九节）的隧道中，交通风与自然风共同作用对隧道通风产生影响。

用 $\Delta P$ 表示自然风压和交通风压所产生的隧道机械通风压力以外的附加风压，则：

$$\Delta P = \pm \Delta P_t \pm \Delta P_n \tag{1-7-2}$$

式中：$\Delta P_t$——交通风压，当交通风与隧道内风流方向相同时取正号，否则取负号；

$\Delta P_n$——自然风压，当自然风与隧道内风流方向一致时取正号，否则取负号。

附加风速可用下式计算：

$$\left(1 + \xi_e + \lambda_r \frac{L}{D_r}\right) \frac{\rho}{2} v_r^2 = \pm \Delta P_t \pm \Delta P_n \tag{1-7-3}$$

式中：$v_r$——由自然风压和交通风压共同作用产生的附加风速，m/s。

$\xi_e$——隧道入口局部阻力系数；

$\lambda_r$——隧道摩擦阻力系数；

$L$——隧道长度，m；

$D_r$——车道断面当量直径，m。

## 第八节 隧道需风量

### 一、隧道需风量计算

隧道需风量即隧道所需的新鲜空气量，要求新鲜空气量能稀释隧道内的有害气体与烟尘，使隧道内空气质量达到安全卫生标准。隧道需风量与隧道交通量、交通组成、车速、车况、隧道长度、允许的有害气体浓度与能见度、坡度等因素有关，它是隧道通风设计计算的核心。隧道需风量计算是一项实践性很强的工作，设计计算中确定的通风量由于受诸多因素的影响，需要在长期运营管理中进行调整。在我国《公路隧道通风照明设计规范》(JTJ 026.1—1999)中，通风量按照稀释隧道内空气中的 CO 和烟雾达到通风标准分别计算，取其中较大者作为隧道需风量。按照规范方法计算需风量时，应注意以下几点：

(1)通风设计中，车辆有害气体的排放量以及与之对应的交通量，都应有明确的远景设计年限，两者应相匹配。计算近期的需风量及交通通风力时应采用相应年份的交通量。

(2)确定需风量时，应对计算行车速度以下各工况车速按 20km/h 为一档分别进行计算，并考虑交通阻滞状态，取其较大者作为设计需风量。

(3)在双向交通隧道中，上坡较长方向的交通量按设计交通量的 60%进行计算。

1. CO 排放量

隧道中 CO 的排放量应按式(1-8-1)计算：

$$Q_{CO}=\frac{1}{3.6\times10^6}\cdot q_{CO}\cdot f_a\cdot f_d\cdot f_h\cdot f_{iv}\cdot L\cdot\sum_{m=1}^{n}(N_m\cdot f_m) \tag{1-8-1}$$

式中：$Q_{CO}$——隧道全长 CO 排放量，$m^3/s$；

$q_{CO}$——1 辆标准车行驶 1km 所排放的 CO 体积，$m^3$/辆·km，可取 0.01 $m^3$/辆·km；

$f_a$——考虑 CO 的车况系数，按表 1-8-1 取值；

$f_d$——车密度系数，按表 1-8-2 取值；

$f_h$——考虑 CO 的海拔高度系数，按图 1-8-1 取值；

$f_m$——考虑 CO 的车型系数，按表 1-8-3 取值；

$f_{iv}$——考虑 CO 的纵坡—车速系数，按表 1-8-4 取值；

$n$——车型类别数；

$N_m$——相应车型的设计交通量，辆/h；

$L$——隧道长度，m。

**考虑 CO 的车况系数 $f_a$** 表 1-8-1

| 适用道路等级 | $f_a$ | 适用道路等级 | $f_a$ |
|---|---|---|---|
| 高速公路、一级公路 | 1.0 | 二、三、四级公路 | 1.1～1.2 |

**车密度系数 $f_d$** 表 1-8-2

| 工况车速(km/h) | 100 | 80 | 70 | 60 | 50 | 40 | 30 | 20 | 10 |
|---|---|---|---|---|---|---|---|---|---|
| $f_d$ | 0.6 | 0.75 | 0.85 | 1 | 1.2 | 1.5 | 2 | 3 | 6 |

**考虑 CO 的车型系数 $f_m$** 表 1-8-3

| 车型 | 各种柴油车 | 汽油车 | | | |
|---|---|---|---|---|---|
| | | 小客车 | 旅行车、轻型货车 | 中型货车 | 大型货车、拖挂车 |
| $f_m$ | 1.0 | 1.0 | 2.5 | 5.0 | 7.0 |

**考虑 CO 的纵坡—车速系数 $f_{iv}$** 表 1-8-4

| $v_t$(km/h) \ $i$(%) | -4 | -3 | -2 | -1 | 0 | 1 | 2 | 3 | 4 |
|---|---|---|---|---|---|---|---|---|---|
| 100 | 1.2 | 1.2 | 1.2 | 1.2 | 1.2 | 1.4 | 1.4 | 1.4 | 1.4 |
| 80 | 1.0 | 1.0 | 1.0 | 1.0 | 1.0 | 1.0 | 1.2 | 1.2 | 1.2 |
| 70 | 1.0 | 1.0 | 1.0 | 1.0 | 1.0 | 1.0 | 1.0 | 1.2 | 1.2 |
| 60 | 1.0 | 1.0 | 1.0 | 1.0 | 1.0 | 1.0 | 1.0 | 1.0 | 1.2 |
| 50 | 1.0 | 1.0 | 1.0 | 1.0 | 1.0 | 1.0 | 1.0 | 1.0 | 1.0 |
| 40 | 1.0 | 1.0 | 1.0 | 1.0 | 1.0 | 1.0 | 1.0 | 1.0 | 1.0 |
| 30 | 0.8 | 0.8 | 0.8 | 0.8 | 0.8 | 1.0 | 1.0 | 1.0 | 1.0 |
| 20 | 0.8 | 0.8 | 0.8 | 0.8 | 0.8 | 1.0 | 1.0 | 1.0 | 1.0 |
| 10 | 0.8 | 0.8 | 0.8 | 0.8 | 0.8 | 0.8 | 0.8 | 0.8 | 0.8 |

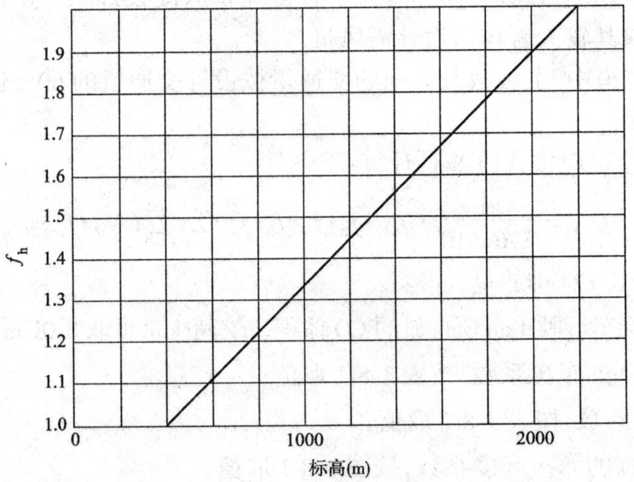


图 1-8-1 考虑 CO 的海拔高度系数 $f_h$

2. 稀释 CO 的需风量

稀释 CO 的需风量应按式(1-8-2)计算:

$$Q_{rep(CO)} = \frac{Q_{CO}}{\delta} \cdot \frac{p_0}{p} \cdot \frac{T}{T_0} \times 10^6 \tag{1-8-2}$$

式中:$Q_{req(CO)}$——隧道全长稀释 CO 的需风量,$m^3/s$;

$\delta$——隧道 CO 容许浓度,ppm,参照表 1-5-2 和表 1-5-3 取值;

$p_0$——标准大气压,$kN/m^2$,取 101.325 $kN/m^2$;

$p$——隧址设计气压,$kN/m^2$;

$T_0$——标准气温，K，取 273K；

$T$——隧道夏季的设计气温，K。

3．烟雾排放量

隧道内烟雾排放量应按式(1-8-3)计算：

$$Q_{VI}=\frac{1}{3.6\times10^6}\cdot q_{VI}\cdot f_{a(VI)}f_d\cdot f_{h(VI)}\cdot f_{iv(VI)}\cdot L\cdot\sum_{m=1}^{n_D}(N_m\cdot f_{m(VI)}) \quad (1\text{-}8\text{-}3)$$

式中：$Q_{VI}$——隧道全长烟雾排放量(一定浓度)，$m^3/s$；

$q_{VI}$——1 辆标准车行驶 1km 所排放的一定浓度的烟雾量，$m^3$/辆·km，可取 2.5 $m^3$/辆·km；

$f_{a(VI)}$——考虑烟雾的车况系数，按表 1-8-5 取值；

$f_{h(VI)}$——考虑烟雾的海拔高度系数，按图 1-8-2 取值；

$f_{iv(VI)}$——考虑烟雾的纵坡—车速系数，按表 1-8-6 取值；

$f_{m(VI)}$——考虑烟雾的车型系数，按表 1-8-7 取值；

$n_D$——柴油车车型类别数。

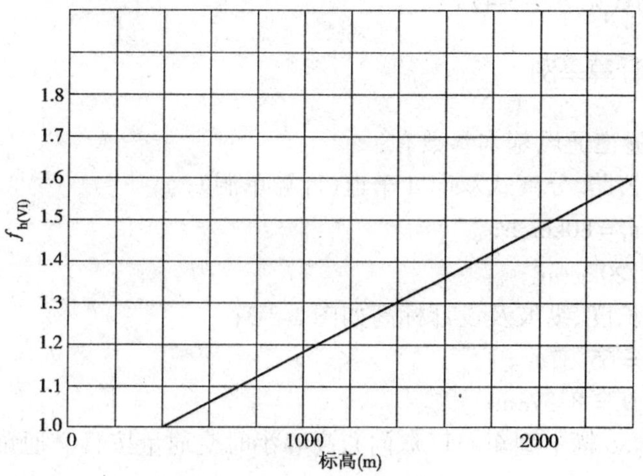


图 1-8-2　考虑烟雾的海拔高度系数 $f_{h(VI)}$

**考虑烟雾的车况系数 $f_{a(VI)}$**　表 1-8-5

| 适用道路等级 | $f_{a(VI)}$ | 适用道路等级 | $f_{a(VI)}$ |
|---|---|---|---|
| 高速公路、一级公路 | 1.0 | 二、三、四级公路 | 1.2～1.5 |

**考虑烟雾的纵坡—车速系数 $f_{iv(VI)}$**　表 1-8-6

| $i$(%) / $v_t$(km/h) | -4 | -3 | -2 | -1 | 0 | 1 | 2 | 3 | 4 |
|---|---|---|---|---|---|---|---|---|---|
| 80 | 0.3 | 0.4 | 0.55 | 0.8 | 1.3 | 2.6 | — | — | — |
| 70 | 0.3 | 0.4 | 0.55 | 0.8 | 1.1 | 1.8 | 3.1 | — | — |
| 60 | 0.3 | 0.4 | 0.55 | 0.75 | 1.0 | 1.45 | 2.2 | — | — |
| 50 | 0.3 | 0.4 | 0.55 | 0.75 | 1.0 | 1.45 | 2.2 | — | — |
| 40 | 0.3 | 0.4 | 0.55 | 0.7 | 0.85 | 1.1 | 1.45 | 2.2 | — |
| 30 | 0.3 | 0.4 | 0.5 | 0.6 | 0.72 | 0.9 | 1.1 | 1.45 | 2.0 |
| 10～20 | 0.3 | 0.36 | 0.4 | 0.5 | 0.6 | 0.72 | 0.85 | 1.03 | 1.25 |

**考虑烟雾的车型系数 $f_{m(VI)}$** 表 1-8-7

| 柴油车 | | | |
|---|---|---|---|
| 轻型货车 | 中型货车 | 重型货车、大型客车、拖挂车 | 集装箱车 |
| 0.4 | 1.0 | 1.5 | 3～4 |

4．稀释烟雾的需风量

稀释烟雾的需风量应按式(1-8-4)计算：

$$Q_{req(VI)} = \frac{Q_{VI}}{C} \tag{1-8-4}$$

式中：$Q_{req(VI)}$——隧道全长稀释烟雾的需风量，$m^3/s$；

$C$——烟雾稀释系数(无量纲)。

需要说明的是，烟雾稀释系数 $C$ 的数值应由试验确定，对于规范中要求的每一个烟雾浓度 $K_i$，都有一个与之对应的 $C_i$。由于目前尚无关于 $C_i$ 的试验资料，计算中常将其数值取为烟雾设计浓度 $K$ 的数值(见表 1-5-4)。

## 二、隧道需风量计算举例

**【例 1-8-1】** 某隧道通风基本参数有：

道路等级：高速公路，分离式双向 4 车道(计算单洞)；

计算行车速度：$v_t = 80km/h$；

空气密度：$\rho = 1.20kg/m^3$；

隧道起止桩号、长度、纵坡及设计标高如图 1-8-3；

隧道断面积：$A_r = 65.37m^2$；

隧道当量直径：$D_r = 8.378m$；

设计交通量：18486 辆中型车/日(双向)，高峰小时交通量按日交通量的 12%计算；

交通组成：

汽油车：小型客车 15%，小型货车 18%，中型货车 24%；

柴油车：中型货车 24%，大型客车 13%，大型货车 6%；

隧道内平均气温 $t_m$：$t_m = 20℃$。

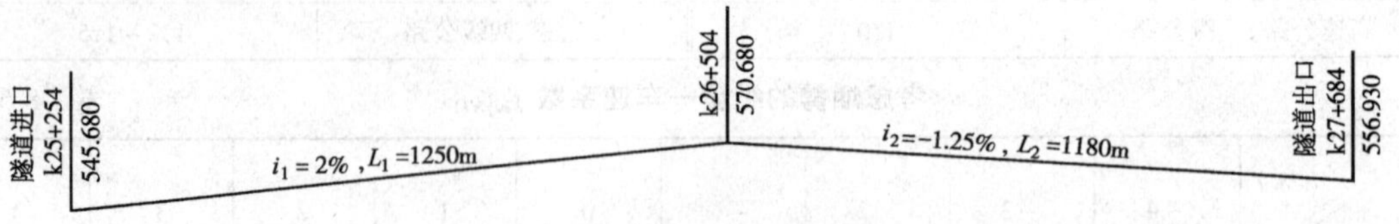


图 1-8-3 某隧道上行线示意图

试确定该隧道需风量。

**解**：1．CO 排放量

(1)取 CO 基准排放量为：$q_{CO} = 0.01\ m^3$/辆·km。

(2)考虑 CO 的车况系数为：$f_a = 1.0$。

(3)依据规范，分别考虑工况车速 80km/h，60km/h，40km/h，20km/h，10km/h(阻滞)。不同工况下的速度修正系数 $f_{iv}$和车密度修正系数 $f_d$ 如表 1-8-8 所示。

不同工况车速 $f_{iv}$、$f_d$ 值 表 1-8-8

| 工况车速(km/h) | | 80 | 60 | 40 | 20 | 10 |
|---|---|---|---|---|---|---|
| $f_{iv}$ | $i=2.5\%$ | 1.2 | 1.0 | 1.0 | 1.0 | 0.8 |
| | $i=-1.25\%$ | 1.0 | 1.0 | 1.0 | 0.8 | 0.8 |
| $f_d$ | | 0.75 | 1 | 1.5 | 3 | 6 |

(4)考虑 CO 的海拔高度修正系数:

第一段平均海拔高度:$H_1=(545.680+570.680)/2=558.180, f_{h1}=1.088$;

第二段平均海拔高度:$H_2=(570.680+556.930)/2=563.805, f_{h2}=1.091$。

(5)考虑 CO 的车型系数如表 1-8-3 所示。

(6)交通量分解:(考虑上下行交通量不均衡系数 1.1)

单洞高峰小时交通量为 $18486\times12\%\times0.5\times1.1=1220$(辆·中型车/高峰小时),

其中:

汽油车:小型客车 183,小型货车 220,中型货车 293;

柴油车:中型货车 293,大型客车 158,大型货车 73。

(7)计算各工况下全隧道 CO 排放量:

$v_t=80$km/h 时,

$$Q_{CO}=\frac{1}{3.6\times10^6}\times0.01\times1\times0.75\times(1.088\times1.2\times1250+1.091\times1.0\times1180)$$
$$\times[(293+158+73)\times1.0+183\times1.0+220\times2.5+293\times5.0]$$
$$=1.656\times10^{-2}\text{m}^3/\text{s}$$

同样可以计算其他各工况车速下 CO 排放量如表 1-8-9 所示:

**各工况车速下 CO 排放量**(单位:$10^{-2}\text{m}^3/\text{s}$) 表 1-8-9

| 工况车速(km/h) | 80 | 60 | 40 | 20 | 10 |
|---|---|---|---|---|---|
| CO 排放量 | 1.656 | 2.002 | 3.003 | 5.421 | 3.960 |

注:交通阻滞时按最长 1000m 计算,两段分别计算后取较大值。

(8)最大 CO 排放量:由上述计算可以看出,在工况车速为 20km/h 时,CO 排放量最大,为:

$$Q_{CO}=5.421\times10^{-2}\text{m}^3/\text{s}$$

2. 稀释 CO 的需风量

(1)根据规范,取 CO 设计浓度为:$\delta=250$ppm。

(2)隧址设计温度 $t_m=20$℃,换算为绝对温度 $T=273+20=293$K。

(3)隧址大气压无实测值,按下式计算:

$$P=P_0\cdot e^{\frac{gh}{RT}}$$

式中:$P_0$——标准大气压,101325Pa;

$g$——重力加速度,$9.81\text{m/s}^2$;

$h$——隧址平均海拔高度,本隧道为 560.993m;

$R$——空气气体常数,287J/kg·K。

计算可得:

$$P = 94906\text{Pa}$$

(4)稀释 CO 的需风量为:

$$Q_{\text{rep(CO)}} = \frac{5.421 \times 10^{-2}}{250} \cdot \frac{101325}{94906} \cdot \frac{293}{273} \times 10^6 = 248.47\text{m}^3/\text{s}$$

3. 烟雾排放量

(1)取烟雾基准排放量为:$q_{\text{VI}} = 2.5\ \text{m}^3/辆\cdot\text{km}$。

(2)考虑烟雾的车况系数为:$f_a = 1.0$。

(3)依据规范,分别考虑工况车速 80km/h, 60km/h, 40km/h, 20km/h, 10km/h(阻滞);不同工况下的速度修正系数 $f_{\text{iv(VI)}}$、车密度修正系数 $f_d$ 如表 1-8-10 所示。

**不同工况车速 $f_{\text{iv(VI)}}$、$f_d$ 值** 表 1-8-10

| 工况车速(km/h) | | 80 | 60 | 40 | 20 | 10 |
|---|---|---|---|---|---|---|
| $f_{\text{iv(VI)}}$ | $i = 2.5\%$ | 2.60 | 2.2 | 1.83 | 0.99 | 0.99 |
| | $i = -1.25\%$ | 0.74 | 0.7 | 0.66 | 0.48 | 0.48 |
| $f_d$ | | 0.75 | 1 | 1.5 | 3 | 6 |

(4)柴油车交通量(计算过程同 CO)如下:

中型货车 293,大型客车 158,大型货车 73。

(5)考虑烟雾的海拔高度修正系数:

第一段平均海拔高度:$H_1 = 558.180$,$f_{\text{h(VI)1}} = 1.047$;

第二段平均海拔高度:$H_2 = 563.805$,$f_{\text{h(VI)2}} = 1.049$。

(6)考虑烟雾的车型系数如表 1-8-7 所示。

(7)计算各工况下全隧道烟雾排放量:

当 $v_t = 80\text{km/h}$ 时,得:

$$Q_{\text{VI}} = \frac{1}{3.6 \times 10^6} \times 2.5 \times 1 \times 0.75 \times (1.047 \times 2.60 \times 1250 + 1.049 \times 0.74 \times 1180) \times [293 \times 1.0 + (158 + 73) \times 1.5] = 0.662\text{m}^2/\text{s}$$

同样可以计算其他各工况车速下烟雾排放量如表 1-8-11 所示。

**各工况车速下烟雾排放量(单位:m³/s)** 表 1-8-11

| 工况车速(km/h) | 80 | 60 | 40 | 20 | 10 |
|---|---|---|---|---|---|
| CO 排放量 | 1.442 | 1.667 | 2.145 | 2.524 | 2.771 |

注:交通阻滞时按最长 1000m 计算,两段分别计算后取较大值

(8)最大烟雾排放量。由上述计算可以看出,在工况车速为 10km/h(阻滞)时,烟雾排放量最大,得 $Q_{\text{VI}} = 2.771\text{m}^3/\text{s}$

4. 稀释烟雾的需风量

(1)根据规范,取烟雾设计浓度为 $K = 0.0070m^{-1}$,则烟雾稀释系数 $C = 0.0070$。

(2)稀释烟雾的需风量为:

$$Q_{\text{req(VI)}} = \frac{2.771}{0.0070} = 395.86\text{m}^3/\text{s}$$

5．稀释空气内异味的需风量

取每小时换气次数为 5 次，则有：

$$Q_{\text{req(异)}} = \frac{A_r \cdot (L_1 + L_2)}{t} \cdot n = \frac{65.37 \times (1250 + 1180)}{3600} \times 5 = 220.62\text{m}^3/\text{s}$$

6．考虑火灾时排烟的需风量

取火灾排烟风速为 $V_r = 3\text{m/s}$，则需风量为：

$$Q_{\text{req(火)}} = A_r \cdot V_r = 65.37 \times 3 = 196.11\text{m}^3/\text{s}$$

7．结论

综合以上计算可知，本隧道需风量由稀释烟雾的需风量决定，为 $Q_{\text{req}} = 395.86\text{m}^3/\text{s}$。

## 第九节　隧道通风方式

隧道通风方式是指隧道内风流在行车空间的流动方式。它包括两个方面的内容：一是风流在行车空间的流动方向；二是通风机的工作方式。按风流的流动方向划分，通风方式有纵向通风、横向通风和半横向通风三种。纵向通风风流沿隧道轴线方向（纵向）流动，横向通风风流沿垂直于隧道轴线的方向（横向）流动，半横向通风风流在行车空间既作横向流动，又作纵向流动；通风机的工作方式有送风式和排风式两种；送风式新鲜空气经风机送入隧道；排风式隧道中的污染空气则经风机排放于大气；也有在同一隧道既采用排风又采用送风的混合通风方式。当把不同的风流方向和风机工作方式相结合时就形成许多种通风方式。图 1-9-1 示出了公路隧道通风方式的分类体系。本节仅介绍其中几种，并重点讨论它们的特点和适用条件。

- 隧道通风方式
  - 自然通风
  - 机械通风
    - 纵向通风
      - 射流风机纵向通风
      - 竖（斜）井集中排风纵向通风
      - 竖（斜）井排送组合纵向通风
    - 半横向通风
      - 送风式半横向通风
      - 排风式板横向通风
    - 全横向通风
    - 混合式通风

图 1-9-1　公路隧道通风方式分类体系

### 一、纵向通风

纵向通风是一种最简单的通风方式。它只需在隧道的适当位置安装通风机，靠风机产生的通风压力迫使隧道内空气沿隧道轴线方向流动，就能达到通风的目的。由于通风系统简单，纵向通风在公路隧道中广泛应用，也研究得较多。经过长期实践，形成了多种多样的纵向通风方式。工程上常用的纵向通风方式有射流风机纵向通风、通风井集中排风纵向通风、排送组合纵向通风。

#### （一）射流风机纵向通风

在纵向通风方式中，最常用的是射流风机纵向通风。这种通风方式在隧道的顶部间隔一定距离设置射流风机（图 1-9-2），隧道需要机械通风时开启射流风机，工作的射流风机朝同一方向吹出射流，风机所产生的高速气流推动前方空气流动，同时在后方形成一个负压区，带动后方空气流动，从而在隧道内风机的前后一定范围内形成空气沿隧道轴向（纵向）的定向流动，新鲜空气从隧道的一侧洞口进入，污染空气从隧道的另一侧洞口排出，达到隧道通风的目的。

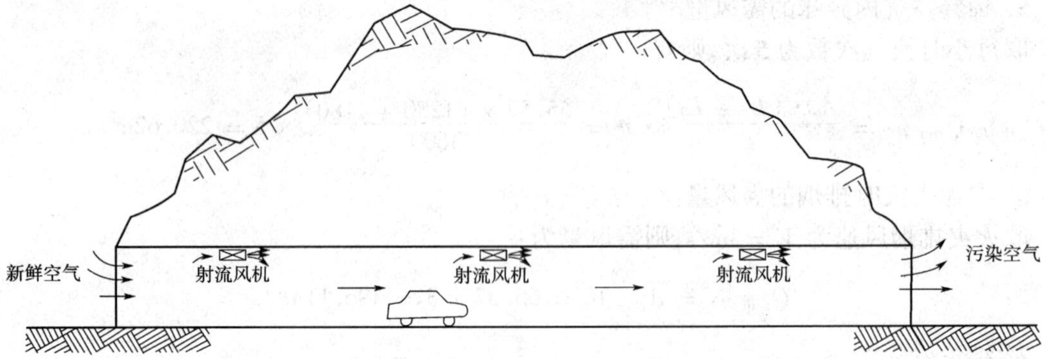


图 1-9-2　射流风机纵向通风原理

射流风机是一种特殊的通风机，图 1-9-3 所示是它的构造图。与一般通风机相比，射流风机具有风速高，风量小的特点。表 1-9-1 和图 1-9-4 所示是目前使用的射流风机技术特征和性能曲线。射流风机安装简单方便，图 1-9-5 所示为某隧道射流风机的安装图。射流风机功率小，通风距离短，一般在一座隧道中需要安装多台射流风机才能实现隧道的正常通风。

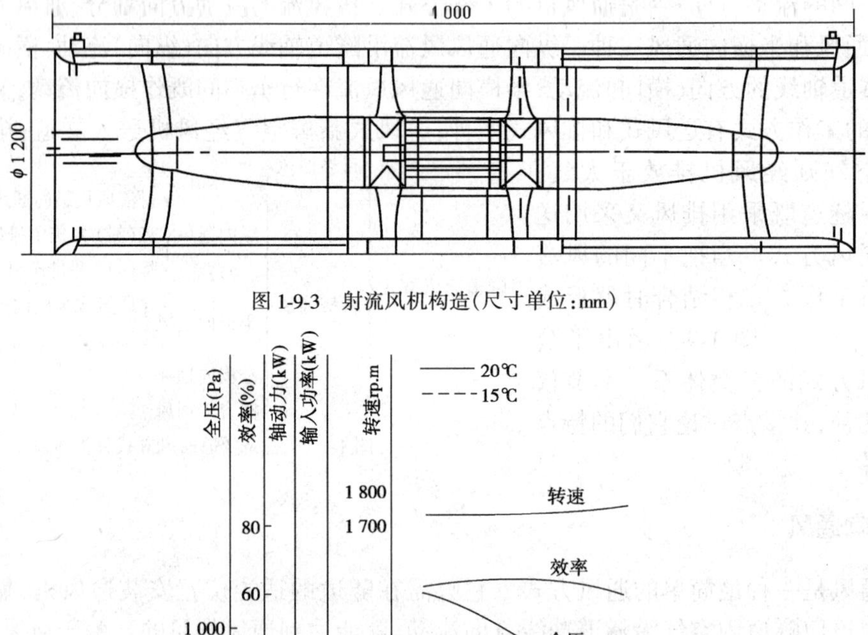


图 1-9-3　射流风机构造(尺寸单位：mm)

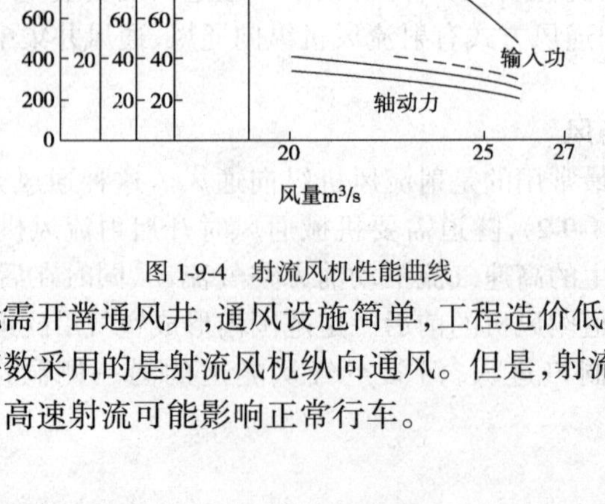


图 1-9-4　射流风机性能曲线

射流风机纵向通风无需开凿通风井，通风设施简单，工程造价低，设备费用少。我国机械通风的公路隧道中绝大多数采用的是射流风机纵向通风。但是，射流风机纵向通风的风机工作效率低，隧道内噪声大，高速射流可能影响正常行车。

射流风机的噪声随风速增大而增大。由图 1-9-4 可见,高效率的风速有一个范围,即 30~40m/s。当风速为 30m/s 时,有关试验表明,风机的噪声约为 85~90dB。从噪声要求看,风机的风速应以 30m/s 为宜。射流风机所产生的高速风流对行车的影响主要取决于风机安装高度(即风机距运行车辆的垂直距离)。日本某隧道研究表明,射流风机以安装在隧道建筑界限以外的顶部为宜。

**部分国产射流风机规格**　　表 1-9-1

| 机号(No) | 63 | 90 | 100 | 112 | 125 | 140 |
|---|---|---|---|---|---|---|
| 叶轮直径(mm) | 630 | 900 | 1000 | 1120 | 1250 | 1400 |
| 轴向推力(N) | 245~515 | 390~840 | 530~1095 | 695~1340 | 845~1655 | 645~1330 |
| 流量($m^3$/s) | 8.6~12.3 | 15.4~22.3 | 20~28.5 | 25.8~35.5 | 31.8~44 | 31~44 |
| 出口风速(m/s) | 27.6~39.5 | 24.2~35.1 | 25.5~36.3 | 26.2~36 | 25.9~35.9 | 20.1~28.6 |
| 转速(r/min) | 2900~2930 | 1440~1470 | 1460~1480 | 1460~1480 | 1470~1480 | 970~980 |
| 电机功率(kW) | 5.5~15 | 7.5~22 | 11~30 | 15~37 | 18.5~45 | 11~30 |
| 噪声(dB(A)) | 68~75 | 66~75 | 68~75 | 69~75 | 69~75 | 68~75 |
| *A*(mm) | 2980 | 3130 | 3380 | 3880 | 4480 | 3880 |
| *B*(mm) | 1215 | 1215 | 1315 | 1515 | 1815 | 1515 |
| *C*(mm) | 940 | 1180 | 1260 | 1360 | 1470 | 1740 |
| *D*(mm) | 800 | 1100 | 1200 | 1320 | 1450 | 1700 |
| *E*(mm) | 750 | 940 | 1000 | 1100 | 1160 | 1160 |
| *H*(mm) | 1100 | 1400 | 1500 | 1620 | 1750 | 2100 |
| 总重力(kN) | 450 | 770 | 985 | 1165 | 1410 | 1820 |
| 最小间距(m) | 80 | 100 | 120 | 150 | 180 | 180 |

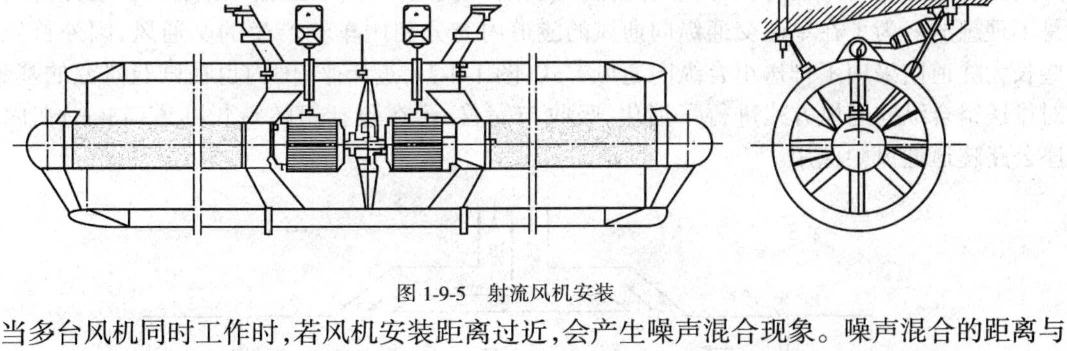

图 1-9-5　射流风机安装

当多台风机同时工作时,若风机安装距离过近,会产生噪声混合现象。噪声混合的距离与噪声大小有关,噪声大,混合距离大。为了避免噪声混合,实践中射流风机安装距离为:

(1)小口径($\phi$630mm):大于 80m

(2)大口径($\phi$1030mm):大于 140m

**(二)集中排风纵向通风**

纵向通风有一个共同特点,隧道进风口有害气体的浓度最低为零,出风口有害气体的浓度最高或局部最高,而在进风口与出风口之间有害气体的浓度呈线性分布。按此推断,对于一座较长的隧道,如果采用射流风机纵向通风并且隧道内风速已经达到了风速上限,则可能在隧道内从进风口算起的后半程某个位置之后有害气体的浓度或烟雾浓度超过规范要求的标准。当然,这种情况是不允许的。为了解决一些长大隧道的纵向通风问题,通风井集中排风纵向通风方式应运而生。

图 1-9-6 所示为一集中排风纵向通风系统图。由图可见,通风设施由通风井(竖井或斜井)、风道和风机构成。通风井设在隧道长度的中部,这样两边向通风井汇流的风量就会相等或相近,通风效果较好。若受地形条件限制,通风井不能设在隧道中部,这时要取得较好的通风效果,就需要采取其他措施(如在较长的一侧设射流风机)。通风井可利用隧道施工井,也可以专门开凿。专门开凿时需要考虑通风井的深度、开凿费用等。当然,在一些特定条件下,通风井也可能变为横洞。风道是为安装风机开凿的,工程量较小,可根据所选风机的安装要求施工;风机工作方式为排风式,新鲜空气经两端洞口进入隧道,在中央汇入通风井,污染空气经通风井、通风机集中排入大气。

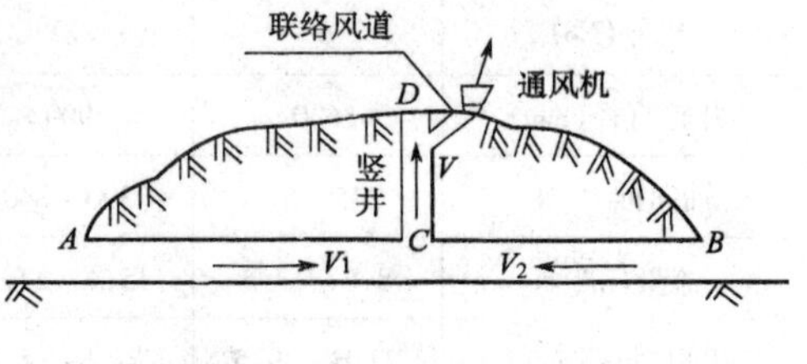

图 1-9-6　通风井集中排风纵向通风系统图

通风井集中排风的纵向通风,隧道内有害气体浓度最大的地方是通风井的底部。通风井排风式也可以变为通风井送风式,只要将风机的工作方式由排风改变为送风即可。通风井集中送风纵向通风,隧道内空气污染最严重的地方在隧道两洞口。洞口的污染空气有时会产生光幕现象,影响行车安全,所以这种方式采用较少。

由上可见,通风井集中排风纵向通风方式,通风系统简单。有条件利用施工井作通风井或开凿通风井比较方便时,可以考虑使用。

**(三)排送组合纵向通风**

高等级公路上的长大隧道都是单向交通,在单向交通并采用纵向通风的隧道内,交通风可作为隧道通风的动力而充分利用。如果在单向交通的隧道内仍采用集中排风纵向通风,则势必在排风井一侧的隧道内车辆行驶方向与风流方向一致,交通风是隧道通风的动力;而在排风井的另一侧隧道内车辆行驶方向与风流方向相反,交通风是隧道通风的阻力。这种情况显然是不理想的。为了在单向交通纵向通风的隧道内充分利用车辆产生的交通风,国外首先在一些长大隧道内采用了排送组合纵向通风方式(图 1-9-7),近年来,国内也在试验研究的基础上,对排送组合纵向通风方式进行了消化、吸收与完善,已在包括秦岭特长隧道(18km)在内的多座公路隧道通风中应用。

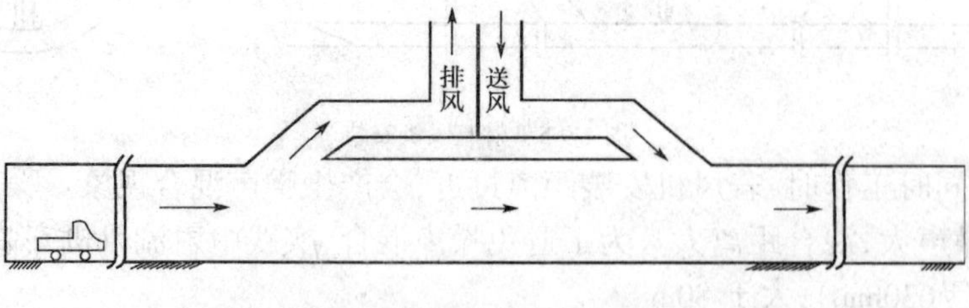

图 1-9-7　排送组合纵向通风

与通风井集中排风纵向通风相比,排送组合纵向通风的优点在于:在通风井的两侧隧道内车辆的行驶方向都与隧道内的风流方向一致,不论是对隧道通风的节能,还是对车辆本身的节能，都大有裨益。国内长度超过5km的公路隧道大多都采用这种通风方式。在工程应用中，通常将排风井与送风井合二为一进行修建，然后根据需要对通风井进行断面划分并严密分隔，形成所需要的排风井与送风井。

需要说明的是，在竖井集中排风和竖井排送组合通风中，由于地形、经济水平的限制，修建的少数几个竖井虽然能够满足降低隧道中部有害气体浓度的要求，但是竖井处安装的少量大功率风机一般都不能给隧道内空气流动提供足够的动力，因而在多数设有竖井的隧道中，仍需要在竖井之间、竖井与洞口之间设射流风机来满足隧道内空气流动的需要。我国18km的秦岭终南山公路隧道实际采用的就是竖井排送组合加射流风机的通风方式，图1-9-8为秦岭终南山公路隧道竖井纵断面布置图，图1-9-9是其竖井与射流风机分布平面示意图。

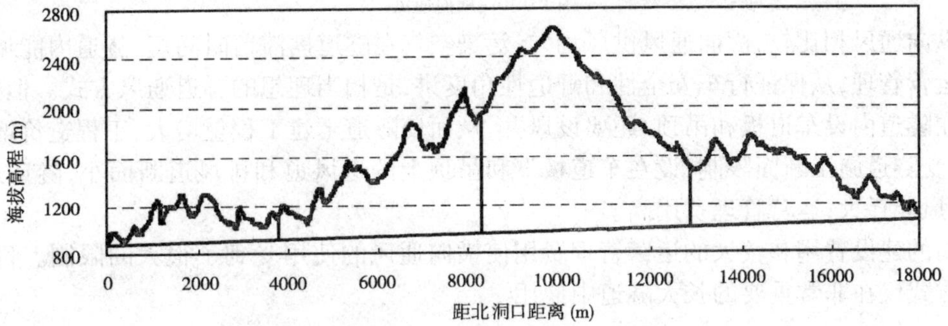


图1-9-8　秦岭终南山公路隧道竖井纵断面布置图

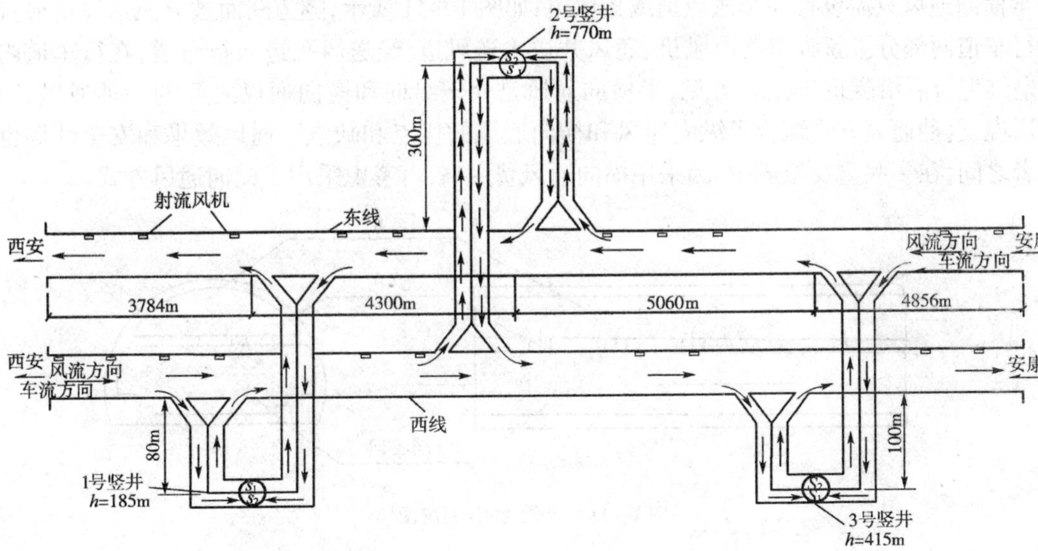


图1-9-9　秦岭终南山竖井与射流风机分布平面示意图

## 二、横向通风

图1-9-10所示为某隧道横向通风系统图。由图可见，隧道断面被分为送风道、排风道和行车道三部分。新鲜风流由风机送入送风道，经送风孔进入行车道，与污染空气混合后，横穿隧道，经排风口进入排风道，最后由风机排出。

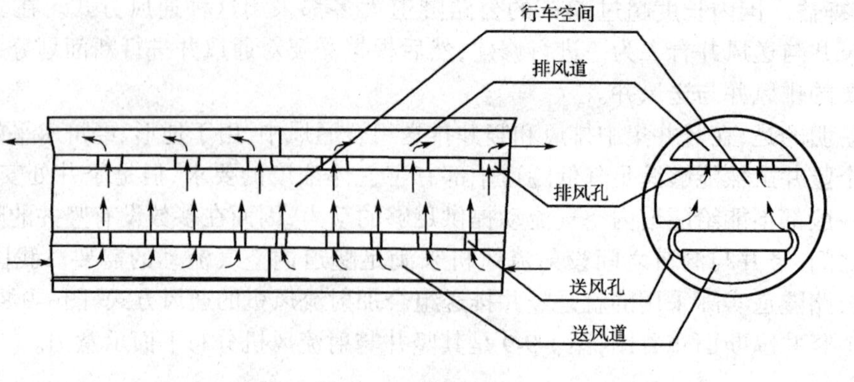


图 1-9-10 横向通风

和纵向通风相比较,横向通风供风均匀,污染空气在隧道内滞留时间短,隧道内能见度高,有利于运营管理,从保证行车安全性和舒适性角度讲,是相当理想的隧道通风方式。但横向通风需要在隧道内设车道板和吊顶,还要设风井,从而使隧道土建工程量增大,工程造价增高;另外,由于受隧道施工断面限制,设在车道板下和吊顶上的送风道和排风道断面小,隧道通风阻力大,通风能耗大,运营管理费用高。

较高的建设费用和较大的运营管理费用使横向通风的使用受到了很大的限制。目前,这种通风方式仅在非常重要的长大隧道中使用。

### 三、半横向通风

半横向通风只需设置一个送风道或排风道,如图 1-9-11 所示,隧道断面被分成送风道或排风道和行车道两部分。新鲜空气由风机、通风井送入送风道,经送风孔进入行车道,在行车道内与污染空气混合后沿隧道排出。可见,半横向通风是介于纵向和横向通风之间的一种通风方式。换句话说,这种通风方式综合了纵向通风和横向通风的优点和缺点。通风效果和安全性等也介于二者之间,在一些重要隧道中,因采用横向通风费用高,可考虑采用半横向通风方式。

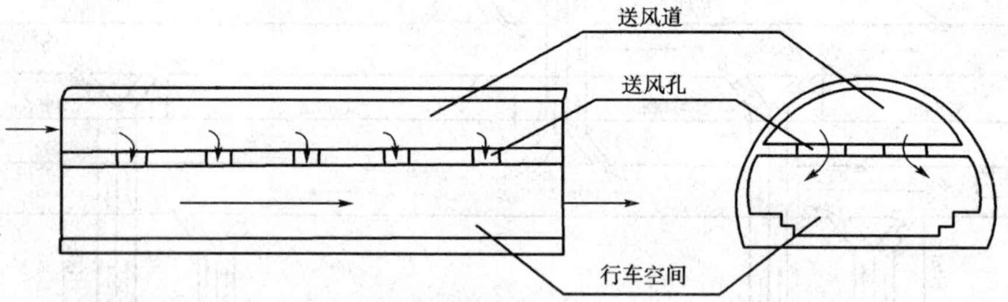


图 1-9-11 半横向通风系统图

### 四、通风方式选择

#### (一)选择隧道通风方式时应考虑的因素

通风方式种类很多,各种通风方式均有其优缺点,欲使所选择的通风方式与隧道的具体工程条件相匹配,选择隧道通风方式时应考虑的因素如下:

(1)交通条件;

(2)地形、地物、地质条件;

(3)通风要求;

(4)环境保护要求；

(5)火灾时的通风控制；

(6)维护与管理水平；

(7)分期实施的可能性；

(8)工程造价、运营电费、维护管理费。

**(二)通风方式选择**

选择通风方式时,应该综合考虑上述诸多因素。采用安全可靠性高,建设安装方便,投资小,隧道内环境好,对灾害的适应能力强,运营管理方便,运营费用低的通风方式。但是,各种通风方式都既有优点,又有缺点,一种通风方式不可能完全满足上述所有要求。所以,实际上的合理是在给定条件下尽可能做到既安全可靠又经济方便。对于任何一个隧道,可供选择的通风方式可能有几种,就同一种通风方式,其风井、风道的布置方案也会有多种。所谓经济是相对的,就是在诸多方案中选择建设安装投资少,运营管理费用低,综合经济效益最好的一个。而要做到这一点,就需要熟悉和掌握各种通风方式的特点,了解隧道所处环境及各种条件的特殊性,尽可能全面地提出各种可行方案,最后进行技术分析和经济比较。经济比较应该把建设投资和运营费用分别比较。在进行建设投资比较时要抓住主要项目,如风井、风道的建设费用,主要设备的投资等。在对建设投资和运营费用进行综合比较时,要做动态分析。

隧道通风方式的选择是一项十分复杂的工作。在选择通风方式时,考虑问题一定要认真、全面、细致。为了学习、对比方便,表 1-9-2a)和 1-9-2b) 对常用通风方式的特征进行了归纳,表 1-9-3a)和表 1-9-3b)列出了国内外一些隧道的通风方式。

各主要通风方式的特点(单向交通隧道)　　表 1-9-2a)

| 通风方式 | | 纵向式 | | | |
|---|---|---|---|---|---|
| 基本特征 | | 通风风流沿隧道纵向流动 | | | |
| 代表形式 | | 射流风机式 | 洞口集中送入式 | 集中排出式 | 竖井排送式 |
| 形式特征 | | 由射流风机群升压 | 由喷流送风升压 | 洞口两端进风、中部集中抽风 | 由喷流送风升压 |
| 通风系统略图<br>隧道内压<br>隧道风速<br>浓度分布 | | 射流风机群 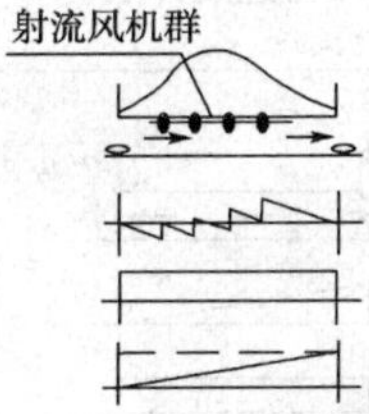 | 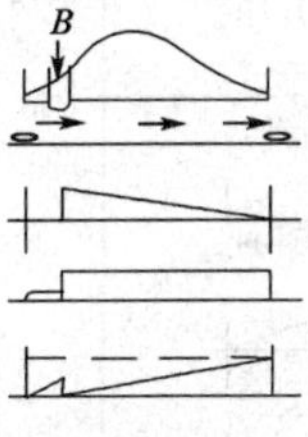  | 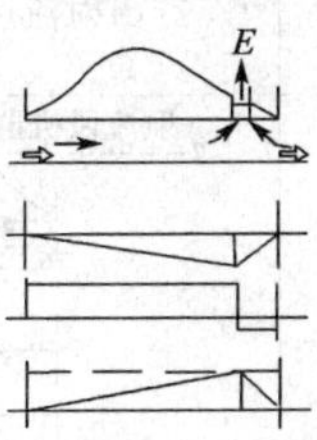  | 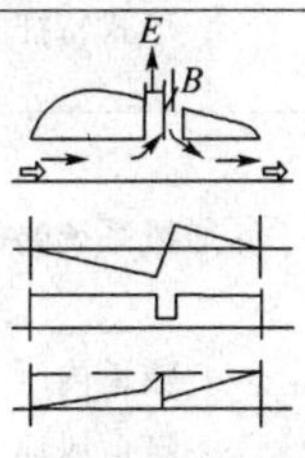  |
| 一般特征 | 适用长度 | 2500m 左右 | 2500m 左右 | 2000m 左右 | 不受限制 |
| | 活塞风利用 | 很好 | 很好 | 部分较好 | 很好 |
| | 洞内环境 | 噪声较大 | 口部噪声较大 | 噪声较小 | 噪声较小 |
| | 火灾处理 | 排烟不便 | 排烟不便 | 排烟较方便 | 排烟较方便 |
| | 工程造价 | 低 | 一般 | 一般 | 一般 |
| | 管理与维护 | 不便 | 方便 | 方便 | 方便 |
| | 分期实施 | 易 | 不易 | 不易 | 不易 |
| | 技术难度 | 不难 | 一般 | 一般 | 稍难 |
| | 运营费 | 低 | 一般 | 一般 | 一般 |
| | 洞口环保 | 不利 | 不利 | 有利 | 一般 |

续上表

| 通 风 方 式 | 半横向式 | | 全横向式 |
|---|---|---|---|
| 基本特征 | 由隧道通风道送风或排风，由洞口沿隧道纵向排风或送风 | | 分别设有送排风道，通风风流在隧道内作横向流动 |
| 代表形式 | 送风半横向式 | 排风半横向式 | |
| 形式特征 | 由送风道送风 | 由排风道排风 | |
| 通风系统略图<br>隧道内压<br>隧道风速<br>浓度分布 | 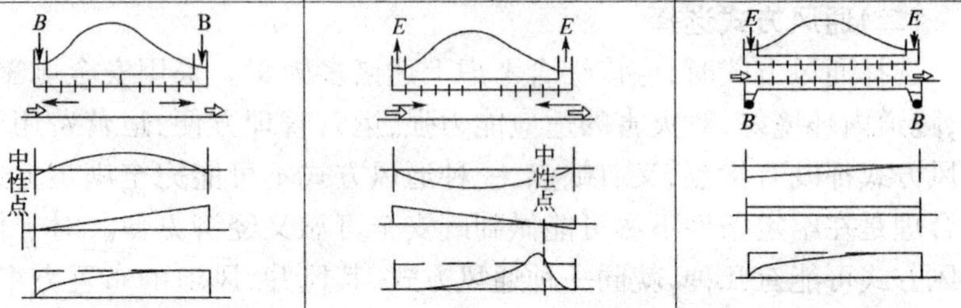 | | |
| 一般特征：适用长度 | 3000m 左右 | 3000m 左右 | 不受限制 |
| 活塞风利用 | 较好 | 不好 | 不好 |
| 洞内环境 | 噪声小 | 噪声小 | 噪声小 |
| 火灾处理 | 排烟不便 | 排烟不便 | 能有效排烟 |
| 工程造价 | 较高 | 较高 | 高 |
| 管理与维护 | 一般 | 一般 | 一般 |
| 分期实施 | 难 | 难 | 难 |
| 技术难度 | 稍难 | 稍难 | 难 |
| 运营费 | 较高 | 较高 | 高 |
| 洞口环保 | 一般 | 有利 | 有利 |

**各种通风方式的特征**(双向行车隧道) 表 1-9-2b)

| 通 风 方 式 | 纵 向 式 | | |
|---|---|---|---|
| 基本特征 | 通风风流沿隧道纵向流动 | | |
| 代表形式 | 射流风机式 | 洞口集中送入式 | 集中排出式 |
| 形式特征 | 由射流风机群升压 | 由喷流送风升压 | 洞口两端进风、中部集中抽风 |
| 通风系统略图<br>隧道内压<br>隧道风速<br>浓度分布 | 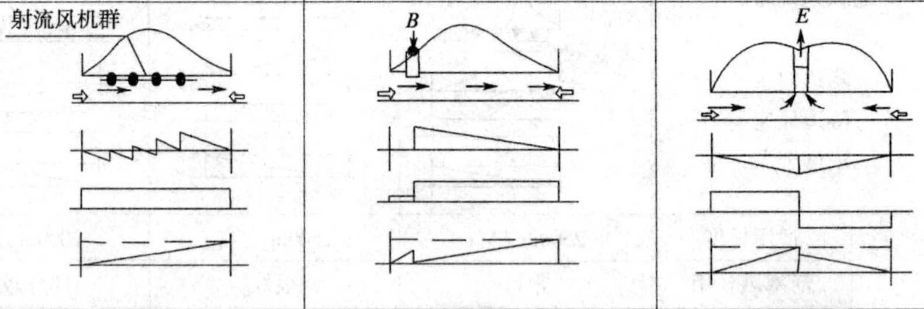 | | |
| 一般特征：适用长度 | 1500m 左右 | 1500m 左右 | 3000m 左右 |
| 活塞风利用 | 不好 | 不好 | 不好 |
| 洞内环境 | 噪声较大 | 口部噪声较大 | 噪声较小 |
| 火灾处理 | 排烟不便 | 排烟不便 | 排烟较方便 |
| 工程造价 | 低 | 一般 | 一般 |
| 管理与维护 | 不便 | 方便 | 方便 |
| 分期实施 | 易 | 不易 | 不易 |
| 技术难度 | 不难 | 一般 | 一般 |
| 运营费 | 低 | 一般 | 一般 |
| 洞口环保 | 不利 | 不利 | 有利 |

续上表

| 通风方式 | | 半横向式 | | 全横向式 |
|---|---|---|---|---|
| 基本特征 | | 由隧道通风道送风或排风，由洞口沿隧道纵向排风或送风 | | 分别设有送排风道，通风风流在隧道内做横向流动 |
| 代表形式 | | 送风半横向式 | 排风半横向式 | |
| 形式特征 | | 由送风道送风 | 由排风道排风 | |
| 通风系统略图<br>隧道内压<br>隧道风速<br>浓度分布 | | 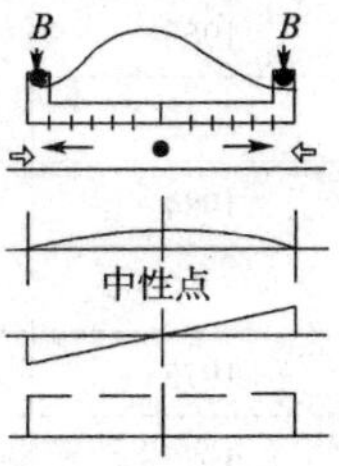 | 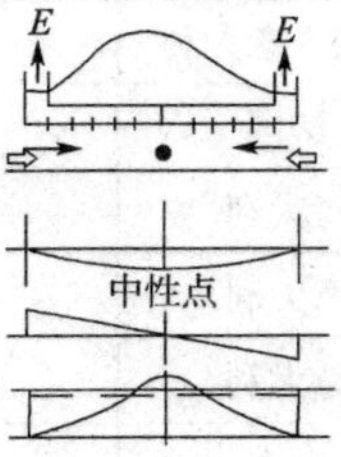 | 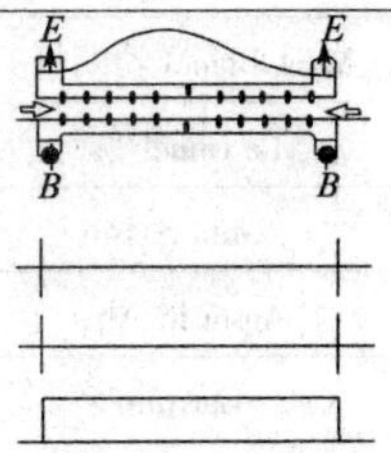 |
| 一般特征 | 适用长度 | 3000m 左右 | 3000m 左右 | 不受限制 |
| 一般特征 | 活塞风利用 | 不好 | 不好 | 不好 |
| 一般特征 | 洞内环境 | 噪声小 | 噪声小 | 噪声小 |
| 一般特征 | 火灾处理 | 排烟较方便 | 排烟较方便 | 排烟方便 |
| 一般特征 | 工程造价 | 较高 | 较高 | 高 |
| 一般特征 | 管理与维护 | 一般 | 一般 | 一般 |
| 一般特征 | 分期实施 | 难 | 难 | 难 |
| 一般特征 | 技术难度 | 稍难 | 稍难 | 难 |
| 一般特征 | 运营费 | 较高 | 较高 | 高 |
| 一般特征 | 洞口环保 | 一般 | 有利 | 有利 |

**国外主要长大公路隧道通风方式一览表**

表 1-9-3a)

| 隧道名称 | 所在国 | 长度(m) | 竣工年 | 车道宽(m) | 通风方式 |
|---|---|---|---|---|---|
| Laerdal(莱尔多) | 挪威 | 24500 | 2000 | | 纵向式 |
| Gudvanga | 挪威 | 11428 | 1991 | | 纵向式 |
| Folgefonn | 挪威 | 11130 | 2001 | | 纵向式 |
| Høyanger(霍洋格) | 挪威 | 7500 | 1982 | | 纵向式 |
| Vallavik | 挪威 | 7493 | 1985 | | 纵向式 |
| Fodness | 挪威 | 6500 | | | 纵向式 |
| Fjaerland | 挪威 | 6422 | 1986 | | 纵向式 |
| St. Gotthard(圣哥达) | 瑞士 | 16918 | 1980 | | 全横向式 |
| SeelisBerg | 瑞士 | 9280 | 1980 | 7.50 | 全横向式 |
| San Bernardino | 瑞士 | 6596 | 1966 | 7.20 | 半横向式 |
| Grandsiant | 瑞士 | 5828 | 1964 | | 半横向式 |
| Arberg(阿尔贝格) | 奥地利 | 13972 | 1978 | 7.50 | 全横向式 |
| Plabutsch(普拉布斯) | 奥地利 | 9800 | 2003 | | 全横向式 |
| Gleinalm | 奥地利 | 8320 | 1978 | 7.50 | 全横向式 |
| Pfander | 奥地利 | 6718 | 1980 | 7.50 | 全横向式 |

续上表

| 隧道名称 | 所在国 | 长度(m) | 竣工年 | 车道宽(m) | 通风方式 |
|---|---|---|---|---|---|
| Tauern(陶恩) | 奥地利 | 6401 | 1975 | 7.50 | 全横向式 |
| Katschberg | 奥地利 | 5440 | 1974 | | 全横向式 |
| Frejus | 法国　意大利 | 12868 | 1980 | 7.00 | 全横向式 |
| Mont Blanc(勃朗峰) | 法国　意大利 | 11600 | 1965 | 7.00 | 全横流式 |
| Le trnnel Est | 法国 | 10000 | 在建 | 7.50 | 纵向式 |
| Gran Sasso | 意大利 | 10175 | 1984 | 7.50 | 纵向式 |
| Aosta in Alps | 意大利 | 7600 | | | 纵向式 |
| Garruito | 意大利 | 4545 | 1975 | | 纵向式 |
| Kan-etsu(关越) | 日本 | 10926 | 1985 | 7.00 | 竖井纵向式 |
| Kan-etsu(关越) | 日本 | 11010 | 1990 | 7.00 | 竖井纵向式 |
| Hida | 日本 | 10750 | 在建 | 7.00 | 竖井纵向式 |
| 东京港海底公路 | 日本 | 9400 | 1997 | | 竖井纵向式 |
| 惠那山2号 | 日本 | 8649 | 1985 | 7.00 | 纵向式 |
| 惠那山1号 | 日本 | 0409 | 1975 | | 全横向式 |
| 第二新神户 | 日本 | 7273 | 1988 | 7.00 | 斜井纵向式 |
| 新神户 | 日本 | 6910 | 1976 | 6.50 | 全横向式 |
| 新天王山 | 日本 | 6340 | 1989 | | 纵向式 |
| 加久藤 | 日本 | 6213 | | | 纵向式 |
| 阪奈 | 日本 | 5577 | | | 纵向式 |
| 寒风山 | 日本 | 5432 | 1999 | | 纵向式 |
| 世子 | 日本 | 4784 | 1977 | | 纵向式 |
| Ste Marie aux mines | 法国 | 6872 | 1976 | 7.00 | 横向式 |
| Vielie | 西班牙 | 5075 | | | 纵向式 |

**国内部分已建和在建长大公路隧道通风方式一览表**　　表1-9-3b)

| 隧道名称 | 所在地区 | 长度(m) | 竣工/年 | 车道×车洞 | 通风方式 |
|---|---|---|---|---|---|
| 秦岭终南山隧道 | 陕西 | 18020 | 在建 | 2×2 | 竖井分段纵向式 |
| 雪山隧道(坪林) | 台湾 | 12900 | 2004 | 2×2 | 竖井分段纵向式 |
| 泥马山隧道 | 四川 | 8000 | 在建 | 2×2 | 竖井分段纵向式 |
| 雪峰山隧道 | 湖南 | 7000 | 在建 | 2×2 | 竖井分段纵向式 |
| 东通道海底隧道 | 厦门 | 7000 | 在建 | 2×2 | 竖井分段纵向式 |
| 西汉秦岭1号隧道 | 陕西 | 6100 | 2004 | 2×2 | 竖井分段纵向式 |
| 西汉秦岭2号隧道 | 陕西 | 6000 | 2004 | 2×2 | 竖井分段纵向式 |
| 美菰林隧道 | 福建 | 5580 | 2003 | 2×2 | 竖井分段纵向式 |
| 雁门关隧道 | 山西 | 5235 | 2003 | 2×2 | 竖井分段纵向式 |
| 新七道梁隧道 | 甘肃 | 5100 | 2004 | 2×2 | 竖井分段纵向式 |
| 彩虹岭隧道 | 广东 | 5068 | 在建 | 2×2 | 竖井分段纵向式 |
| 八卦山隧道 | 台湾 | 5000 | 2002 | 2×2 | 纵向式 |

续上表

| 隧道名称 | 所在地区 | 长度(m) | 竣工/年 | 车道×车洞 | 通风方式 |
|---|---|---|---|---|---|
| 西汉秦岭3号隧道 | 陕西 | 4950 | 2004 | 2×2 | 纵向式 |
| 华蓥山隧道 | 四川 | 4706 | 1999 | 2×2 | 射流纵向式 |
| 鹧鸪山隧道 | 四川 | 4430 | 2003 | 2×1 | 平导半横向 |
| 通渝隧道 | 重庆 | 4279 | 2004 | 2×1 | 纵向式 |
| 二郎山隧道 | 四川 | 4160 | 1999 | 2×1 | 平导半横向 |
| 大溪—湖雾岭隧道 | 浙江 | 4116 | 1998/1999 | 2×2 | 竖井送排式 |
| 凉风垭隧道 | 贵州 | 4085 | 2004 | 2×2 | 竖井送排式 |
| 尖山子隧道 | 重庆 | 4020 | 2001 | 2×2 | 射流纵向式 |
| 牛郎河隧道 | 山西 | 3922 | 1999 | 2×2 | 射流纵向式 |
| 南京过江隧道 | 南京 | 3825 | 在建 | 3×2 | 半横向 |
| 云台山隧道 | 江苏 | 3800 | 1992 | 2×1 | 射流纵向式 |
| 彭山隧道 | 台湾 | 3800 | 2002 | 2×2 | 纵向式 |
| 阳山隧道 | 浙江 | 3770 | 2004 | 2×2 | 纵向式 |
| 青杠哨隧道 | 贵州 | 3623 | 2004 | 2×2 | 纵向式 |
| 武汉长江隧道 | 武汉 | 3630 | 在建 | 2×2 | 半横向 |
| 木鱼槽隧道 | 三峡 | 3610 | 2000 | 2×2 | 分段纵向式 |
| 老山隧道 | 浙江 | 3610 | 在建 | 3×2 | 纵向式 |
| 猫狸岭隧道 | 浙江 | 3600 | 1999 | 2×2 | 射流纵向式 |
| 老岭隧道 | 吉林 | 3529 | 在建 | 2×2 | 纵向式 |
| 潭峪沟隧道 | 北京 | 3400 | 1997 | 3×1 | 射流纵向式 |
| 大风垭口隧道 | 云南 | 3373 | 2003 | 2×2 | 射流纵向式 |
| 大风丫口隧道 | 云南 | 3290 | 2001 | 2×2 | 射流纵向式 |
| 九顿坡隧道 | 云南 | 3200 | 1999 | 2×2 | 射流纵向式 |
| 九顶山隧道 | 云南 | 3208 | 1995 | 2×2 | 射流纵向式 |
| 中梁山隧道 | 重庆 | 3165 | 1994 | 2×2 | 射流及竖井单吸式 |
| 飞鸾岭隧道 | 福建 | 3155 | 1997/1999 | 2×2 | 射流及竖井单吸式 |
| 真武山1号隧道 | 重庆 | 3100 | 1999 | 2×2 | 纵向式 |
| 清潭隧道 | 广东 | 3021 | 1999 | 2×2 | 射流从向式 |
| 大箐隧道 | 云南 | 3000 | 2002 | 2×2 | 射流从向式 |

## 第十节　纵向通风压力计算

隧道通风压力计算(或叫通风阻力计算)是在隧道各种条件(自然条件、交通条件、长度、断面、风道布置以及风井)确定后,选择风机时必须进行的一项工作。本节介绍纵向通风的压力计算。

### 一、射流风机纵向通风设计计算

#### (一)射流风机纵向通风设计计算原理

1. 通风压力

射流风机纵向通风模式如图1-10-1。

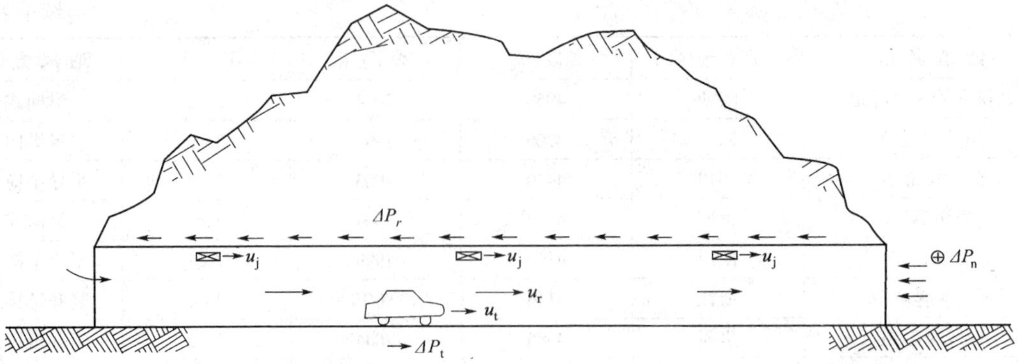


图 1-10-1　射流风机纵向通风模式

当隧道风流稳定后，隧道通风系统的总动力等于总阻力，由伯诺里方程可导出下式：

$$\Delta P = \Delta P_r \pm \Delta P_n \pm \Delta P_t \tag{1-10-1}$$

式中：$\Delta P$——射流风机提供的通风压力；

$\Delta P_r$——隧道摩擦阻力和出入口局部阻力损失；

$\Delta P_n$——自然风等效压差，当为通风阻力时为正，反之为负；

$\Delta P_t$——交通通风力，当为通风阻力时为正，反之为负。

由本章第四节可知：

$$\Delta P_r = \left(\xi_0 + \xi_e + \lambda_r \frac{L}{D_r}\right)\frac{\rho}{2} v_r^2 \tag{1-10-2}$$

式中：$\xi_0$——空气流出隧道的局部阻力系数，一般取 1；

$\xi_e$——空气流进隧道的局部阻力系数，一般取 0.6。

隧道两洞口的等效压差 $\Delta P_n$ 随隧道环境略有不同，需要通过实测得到。在没有实测值时，可取一个常数，如 10Pa、15Pa 等。

由本章第七节可知：

$$\Delta P_t = \frac{A_m}{A_r} \cdot \frac{\rho}{2} \cdot n_+ \cdot (v_{t(+)} - v_r)^2 - \frac{A_m}{A_r} \cdot \frac{\rho}{2} \cdot n_- \cdot (v_{t(-)} + v_r)^2 \tag{1-10-3}$$

当整个路线上下行交通比例为 1∶1 时，有 $n_+ = n_- = \frac{n}{2}$

对于单洞双向行车隧道：

$$\Delta P_t = -\frac{A_m}{A_r}\frac{\rho}{2} 2 n v_t v_r \tag{1-10-4a}$$

式中：$n$——上下行总交通量；

其余符号意义同前。

对于双洞单向行车隧道：

$$\Delta P_t = \frac{A_m}{A_r}\frac{\rho}{2}\frac{n}{2}(v_t - v_r)^2 \tag{1-10-4b}$$

式中：符号意义同前。

对于一般地区隧道，自然风不稳定，因而常将自然风视为阻力，对于特殊地区，可视为动力。

交通风一般较为稳定，对于可以逆转的射流风机通风，在单向交通隧道中可视为动力，在双向交通隧道为阻力。

2. 射流风机的台数

(1)每台风机所产生的压力

$$\Delta P_j = \rho \cdot v_j^2 \cdot \Phi \cdot (1 - \psi) \tag{1-10-5}$$

式中：$v_j$——射流风机吹出风速，m/s；

$\Phi$——断面积比 $A_j/A_r$；

$A_j$——射流风机风口面积，$m^2$；

$\psi$——流速比 $v_r/v_j$。

(2)风机的总台数

$$Z_{总} = \frac{\Delta P}{\Delta P_j} \tag{1-10-6}$$

**(二)射流风机纵向通风计算示例**

**【例 1-10-1】** 单向交通隧道射流风机纵向通风计算

1. 计算条件

| | |
|---|---|
| 隧道长度： | $L_r = 2430m$ |
| 隧道断面积： | $A_r = 65.37m^2$ |
| 断面当量直径： | $D_r = 8.378m$ |
| 设计交通量： | $N = 1220$ 辆/h |
| 大型车混入率： | $r_1 = 19\%$ |
| 计算行车速度： | $v_t = 80km/h = 22.22m/s$ |
| 需风量： | $Q_{req} = 395.86m^3/s$ |
| 隧道设计风速： | $v_r = \frac{Q_{req}}{A_r} = \frac{395.86}{65.37} = 6.06m/s$ |
| 隧址空气密度： | $\rho = 1.2kg/m^3$ |

2. 隧道内所需升压力

隧道内所需的升压力由以下三项决定：

(1)空气在隧道内流动受到的摩擦阻力及出入口损失为：

$$\Delta P_r = \left(1 + \xi_e + \lambda_r \cdot \frac{L_r}{D_r}\right) \cdot \frac{\rho}{2} \cdot v_r^2$$

$$= \left(1 + 0.6 + 0.025 \times \frac{2430}{8.378}\right) \times \frac{1.2}{2} \times 6.06^2$$

$$= 195.03Pa$$

(2)隧道两洞口等效压差。

由于无实测资料，引起隧道自然风流的两洞口等效压差取 $\Delta P_n = 10Pa$。

(3)交通风产生的风压为：

$$\Delta P_t = \frac{A_m}{A_r} \cdot \frac{\rho}{2} \cdot n \cdot (v_t - v_r)^2$$

汽车等效阻抗面积：$A_m = (1 - 0.19) \times 2.13 \times 0.5 + 0.19 \times 5.37 \times 1.0 = 1.88m^2$

隧道内车辆数： $n = \frac{1220 \times 2430}{3600 \times 22.22} = 37.06$ 辆

则： $\Delta P_t = \frac{1.88}{65.37} \times \frac{1.2}{2} \times 37.06 \times (22.22 - 6.06)^2 = 167.00Pa$

根据上述计算,采用可逆转射流风机,可充分利用交通风产生的风压,两洞口存在的等效压差由于较不稳定,应作为阻力计算,因此隧道内所需要的升压力为:

$$\begin{aligned}\Delta P &= P_r + P_n - P_t \\ &= 195.03 + 10 - 167.00 \\ &= 38.03\text{Pa}\end{aligned}$$

3. 900 型射流风机所需台数

900 型射流风机每台的升压力 $\Delta P_j$ 计算:

$$\Delta P_j = \rho \cdot v_j^2 \cdot \Phi \cdot (1 - \Psi)$$

$$\because A_j = 0.636\text{m}^2; \Phi = \frac{A_j}{A_r} = \frac{0.636}{65.37} = 0.010; v_j = 25m/s; \Psi = \frac{v_r}{v_j} = \frac{6.06}{25} = 0.242$$

代入得: $\Delta P_j = 1.2 \times 25^2 \times 0.010 \times (1 - 0.242) = 5.685\text{Pa}$

故 $i = \dfrac{\Delta P}{\Delta P_j} = \dfrac{38.03}{5.685} = 6.69 \approx 7$ 台

合计需要 7 台 900 型射流风机,若按每组 2 台布置,可布置 4 组共 8 台,具有一定的安全储备。

4. 1120 型射流风机所需台数

1120 型射流风机每台的升压力为 $\Delta P_j$。

$$\because \quad A_j = 0.98\text{m}^2; \Phi = \frac{A_j}{A_r} = \frac{0.98}{65.37} = 0.015; v_j = 30\text{m/s}; \Psi = \frac{v_r}{v_j} = \frac{6.06}{30} = 0.202$$

$$\therefore \quad \Delta P_j - 1.2 \times 30^2 \times 0.015 \times (1 - 0.202) = 12.928\text{Pa}$$

故 $i = \dfrac{\Delta P}{\Delta P_j} = \dfrac{38.03}{12.928} = 2.94 \approx 3$ 台

合计需要 3 台 1120 型射流风机,若按每组 2 台布置,可布置 2 组共 4 台,具有一定的安全储备。

**【例 1-10-2】** 双向交通隧道射流风机纵向通风计算

1. 计算条件

隧道长度: $L_r = 2430\text{m}$

隧道断面积: $A_r = 65.37\text{m}^2$

断面当量直径: $D_r = 8.378\text{m}$

设计交通量: $N = 560$ 辆/h

大型车混入率: $r_1 = 19\%$

计算行车速度: $v_t = 40\text{km/h} = 11.11\text{m/s}$

需风量: $Q_{req} = 220.62\text{m}^3/\text{s}$

隧道设计风速: $v_r = \dfrac{Q_{req}}{A_r} = \dfrac{220.62}{65.37} = 3.37\text{m/s}$

上行方向交通量率: $k = 60\%$

2. 隧道内所需要升压力

按射流风机喷流方向与主交通率方向一致考虑。隧道内所需的升压力由以下三项决定:

(1)空气在隧道内流动受到的摩擦阻力及出入口损失为:

$$\Delta p_r = \left(1 + \xi_e + \lambda_r \cdot \frac{L_r}{D_r}\right) \cdot \frac{\rho}{2} \cdot v_r^2$$

$$=\left(1+0.6+0.025\times\frac{2430}{8.378}\right)\times\frac{1.2}{2}\times3.37^2$$
$$=60.31\text{Pa}$$

(2)隧道两洞口等效压差。

由于无实测资料，引起隧道自然风流的两洞口等效压差取 $\Delta P_{\text{n}}=10\text{Pa}$。

(3)交通风产生的风压为：

$$\Delta P_{\text{t}}=\frac{A_{\text{m}}}{A_{\text{r}}}\cdot\frac{\rho}{2}\cdot n_{+}\cdot(v_{\text{t}}-v_{\text{r}})^2-\frac{A_{\text{m}}}{A_{\text{r}}}\cdot\frac{\rho}{2}\cdot n_{-}\cdot(v_{\text{t}}+v_{\text{r}})^2$$

汽车等效阻抗面积：$A_{\text{m}}=(1-0.19)\times2.13\times0.5+0.19\times5.37\times1.0=1.88\text{m}^2$

隧道内与风流方向同向的车辆数：

$$n_{+}=\frac{560\times0.6\times2430}{3600\times11.11}=20.41\text{ 辆}$$

隧道内与风流方向反向的车辆数：

$$n_{-}=\frac{560\times0.4\times2430}{3600\times11.11}=13.61\text{ 辆}$$

则：$\Delta P_{\text{t}}=\frac{1.88}{65.37}\times\frac{1.2}{2}\times20.41\times(11.11-3.37)^2-\frac{1.88}{65.37}\times\frac{1.2}{2}\times13.61\times(11.11+3.37)^2$

$=-28.14\text{Pa}$

双向交通下，交通风、自然风(等效压差)均按最不利考虑，得：

$$\Delta p=p_{\text{r}}+p_{\text{n}}-p_{\text{t}}$$
$$=60.31+10-(-28.14)$$
$$=98.45\text{Pa}$$

3．900 型射流风机所需台数

同单向交通一样　　$\Delta P_{\text{j}}=\rho\cdot v_{\text{j}}^2\cdot\Phi\cdot(1-\Psi)$，$\Phi=0.010$；$\Psi=\frac{v_{\text{r}}}{v_{\text{j}}}=\frac{3.37}{25}=0.135$

则：　　$\Delta P_{\text{j}}=1.2\times25^2\times0.010\times(1-0.135)=6.488\text{Pa}$

故　　$i=\frac{\Delta P}{\Delta P_{\text{j}}}=\frac{98.45}{6.488}=15.17\approx16$ 台

合计需要 16 台 900 型射流风机，若按每组 2 台布置，可分 8 组布置。

4．1120 型射流风机所需台数

同样，对于 1120 型射流风机 $\Phi=0.015$；$\Psi=\frac{v_{\text{r}}}{v_{\text{j}}}=\frac{3.37}{30}=0.112$

则：　　$\Delta P_{\text{j}}=1.2\times30^2\times0.015\times(1-0.112)=14.386\text{Pa}$

故　　$i=\frac{\Delta P}{\Delta P_{\text{j}}}=\frac{98.45}{14.386}=6.84\approx7$ 台

合计需要 7 台 1120 型射流风机，若按每组 2 台布置，可布置 4 组共 8 台，具有一定的安全储备。

## 二、集中排风纵向通风设计计算

### (一)集中排风纵向通风设计计算原理

集中排风方式所需风压如下：

$$\Delta P=\Delta P_0+\Delta P_{\text{s}}\qquad(1\text{-}10\text{-}7)$$

式中：$\Delta P_0$——隧道洞口的空气与通风井底部隧道内空气的压力差；

$\Delta P_s$——竖井（或斜井、横洞）的摩擦及出入口损失。

$\Delta P_0$ 的计算采用下式：

$$\Delta P_0 = \Delta P_r \pm \Delta P_t \pm \Delta P_n \tag{1-10-8}$$

式中：$\Delta P_r$——空气自身在隧道内流动受到的阻力，$\Delta P_r = \left(\xi_r + \lambda_r \cdot \frac{L}{D_r}\right) \cdot \frac{\rho}{2} \cdot v_r^2$；

$\Delta P_t$——交通风风压，$\Delta P_t = \frac{A_m}{A_r} \cdot \frac{\rho}{2} \cdot n^+ \cdot (v_t - v_r)^2 - \frac{A_m}{A_r} \cdot \frac{\rho}{2} \cdot n^- \cdot (v_t + v_r)^2$；

$\Delta P_n$——隧道洞口与压力基准点的等效压差，一般可取隧道一端洞口为基准点，在无实测资料时可取 10Pa。

上述三部分根据其对通风有利与否决定取正值或负值。

$\Delta P_0$ 的计算应分别考虑通风井左右侧所需压差，取其较大值作为设计值。这样，另一区段的压力就会超过所需压力，从而造成该区段风量大于所需通风量。

$\Delta P_s$ 的计算采用下式：

$$\Delta P_s = \left(1 + \xi_s + \lambda_s \frac{L_s}{D_s}\right) \frac{\rho}{2} v_s^2 \tag{1-10-9}$$

式中：$\lambda_s$——竖井的摩擦损失系数；

$L_s$——竖井长度；

$D_s$——竖井的当量直径；

$\xi_s$——汇流及弯曲损失系数；

$v_s$——竖井内的风速。

**（二）集中排风方式通风计算示例**

**【例 1-10-3】** 集中排风方式通风计算示例

1. 计算条件（图 1-10-2）

隧道长度：$L = 3825\text{m}$（$L_{rl} = 2000\text{m}$，$L_{rr} = 1825\text{m}$）

车速：$v_t = 60\text{km/h} = 16.67\text{m/s}$

交通量：$N = 2000$ 辆/h（上下行比例 1:1）

所需通风量：$Q_{req} = 450\text{m}^3/\text{s}$

大型车混入率：$r_1 = 30\%$（$A_m = 2.4\text{m}^2$）

竖井高度：$L_s = 135\text{m}$

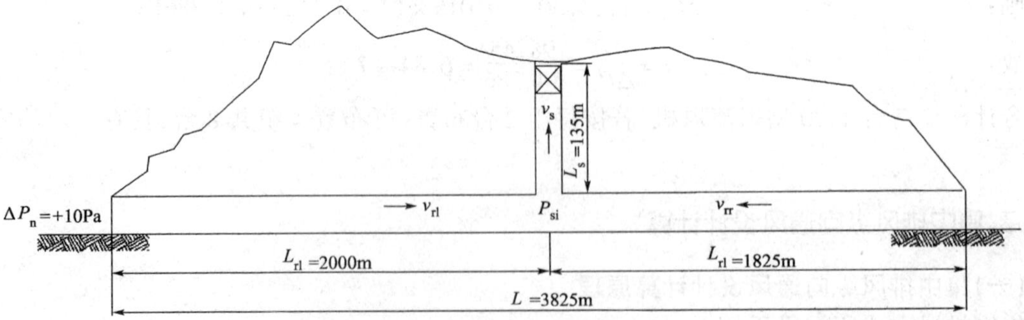


图 1-10-2 集中排风计算示意图

隧道断面：　　$A_r = 56.9\text{m}^2$

隧道当量直径：　　$D_r = 7.79\text{m}$

竖井的摩擦损失系数：　　$\lambda_s = 0.015$

汇流及弯曲损失系数：　　$\xi_s = 3.0$

竖井的面积：　　$A_s = 38.47\text{m}^2$

竖井当量直径：　　$D_s = 7\text{m}$

隧道壁面摩擦损失系数：　　$\lambda_r = 0.025$

隧道汇流损失系数：　　$\xi_r = 0.6$

2. 通风计算

(1)竖井右侧区段计算

$$Q_r = Q \times \frac{L_r}{L} = 450 \times \frac{1825}{3825} = 214.7\text{m}^3/\text{s}$$

$$v_{rr} = \frac{Q_r}{A_r} = \frac{214.7}{56.9} = 3.77\text{m/s}$$

$$n_r^+ = n_r^- = \frac{1}{2} \cdot \frac{NL_r}{v_t} = \frac{1}{2} \times \frac{2000 \times 1825}{50000} \approx 37 \text{ 辆}$$

风流从右洞口以 $v_{rr}$流动到竖井底，需要克服的阻力 $\Delta P_{or}$按式 $\Delta P_{or} = \Delta P_{rr} + \Delta P_{tr}$计算（洞口等效压差的基准点为右洞口，因而 $\Delta P_{nr} = 0$）。

空气在隧道内流动受到的摩擦阻力及入口损失为：

$$\Delta P_{rr} = \left(\xi_r + \lambda_r \cdot \frac{L_r}{D_r}\right) \cdot \frac{\rho}{2} \cdot v_{rr}^2$$

$$= \left(0.6 + 0.025 \times \frac{1825}{7.79}\right) \times \frac{1.224}{2} v_{rr}^2$$

$$= 3.95 v_{rr}^2$$

车辆行驶产生的交通风压为：

$$\Delta P_t = \frac{A_m}{A_r} \cdot \frac{\rho}{2} \cdot n_r^+ \cdot (v_t - v_{rr})^2 - \frac{A_m}{A_r} \cdot \frac{\rho}{2} \cdot n_r^- \cdot (v_t + v_{rr})^2$$

$$= -\frac{A_m}{A_r} \cdot \frac{\rho}{2} \cdot 4 n_r^+ \cdot v_t \cdot v_{rr}$$

$$= -\frac{2.4}{56.9} \times \frac{1.224}{2} \times 4 \times 37 \times 16.67 v_{rr}$$

$$= -63.69 v_{rr}$$

故当 $v_{rr} = 3.77\text{m/s}$ 时，得：

$$\Delta P_{or} = 3.95 \times 3.77^2 + 63.69 \times 3.77 = 296.25\text{Pa}$$

(2)竖井左侧区段计算

$$Q_l = Q \times \frac{L_l}{L} = 450 \times \frac{2000}{3825} = 235.3\text{m}^3/\text{s}$$

$$v_{rl} = \frac{Q_l}{A_r} = \frac{235.3}{56.9} = 4.14\text{m/s}$$

$$n_l^+ = n_l^- = \frac{1}{2} \cdot \frac{NL_l}{v_t} = \frac{1}{2} \times \frac{2000 \times 2000}{50000} = 40 \text{ 辆}$$

风流从右洞口以 $v_{rl}$ 流动到竖井底，需要克服的阻力 $\Delta P_{or}$ 按式 $\Delta P_{ol}=\Delta P_{rl}+\Delta P_{tl}+\Delta P_{nl}$ 计算。

空气在隧道内流动受到的摩擦阻力及入口损失为：

$$\Delta P_{rl}=\left(\xi_r+\lambda_r\cdot\frac{L_1}{D_r}\right)\cdot\frac{\rho}{2}\cdot v_{rl}^2$$

$$=\left(0.6+0.025\times\frac{2000}{7.79}\right)\times\frac{1.224}{2}v_{rl}^2$$

$$=4.30v_{rl}^2$$

车辆行驶产生的交通风压为：

$$\Delta p_t=\frac{A_m}{A_r}\cdot\frac{\rho}{2}\cdot n_l^+\cdot(v_t-v_{rl})^2-\frac{A_m}{A_r}\cdot\frac{\rho}{2}\cdot n_l^-\cdot(v_t+v_{rl})^2$$

$$=-\frac{A_m}{A_r}\cdot\frac{\rho}{2}\cdot 4n\overset{+}{l}\cdot v_t\cdot v_{rl}$$

$$=-\frac{2.4}{56.9}\times\frac{1.224}{2}\times 4\times 40\times 16.67v_{rr}$$

$$=-68.85v_{rl}$$

左洞口的自然风压力为左侧段的动力：

$$\Delta P_{nl}=10\text{Pa}$$

故当 $v_{rl}=4.14\text{m/s}$ 时，得：

$$\Delta P_{ol}=4.30\times 4.14^2+68.85\times 4.14-10=348.74\text{Pa}$$

(3)竖井吸出风量

为保证所需通风量，竖井底压力必须取左右两侧隧道段压差值中绝对值较大者确定，按(1)、(2)的计算结果取 $\Delta P_o=348.74\text{Pa}$。因此，右侧区段的风速按(1)的压力公式计算如下：

$$3.95\times v_{rr}^2+63.69\times v_{rr}=348.74\text{Pa}$$

解得：$v_{rr}=4.32\text{m/s}$，较所需风速大。

竖井通风量 $Q_s$ 为：

$$Q_s=A_r\times(v_{rr}+v_{rl})=56.9\times(4.32+4.14)=481.37\text{m}^3/\text{s}$$

竖井风速 $v_s$ 为：

$$v_s=\frac{Q_s}{A_s}=\frac{481.37}{38.47}=12.51\text{m/s}$$

(4)竖井排风式通风所需风压值

竖井风机所需风压为竖井底压力加上空气在竖井中流动的压力损失，采用以上结果及公式 $\Delta P_s=\left(1+\xi_s+\lambda_s\cdot\frac{L_s}{D_s}\right)\cdot\frac{\rho}{2}\cdot v_s^2$ 和 $\Delta P=\Delta P_o+\Delta P_s$ 计算如下：

$$\Delta P_s=\left(1+3.0+0.015\times\frac{135}{5.0}\right)\times\frac{1.224}{2}\times 12.51^2=421.90\text{Pa}$$

$$\Delta P_o=348.74\text{Pa}$$

$$\Delta P=\Delta P_o+\Delta P_s=348.74+421.90=806.64\text{Pa}$$

## 三、排送组合纵向通风设计计算

### (一)排送组合纵向通风计算原理

1. 压力模式

排送组合通风模式如图 1-10-3 所示。采用这种通风方式时，在排风口与送风口之间的短道内一般会存在风流，称之为短道风流。短道风流有两种可能流动的方向，即与隧道内整体风流流动方向一致或相反，一致时称短道风流为顺流，相反时称短道风流为回流。设计中通常要求短道内为顺流。

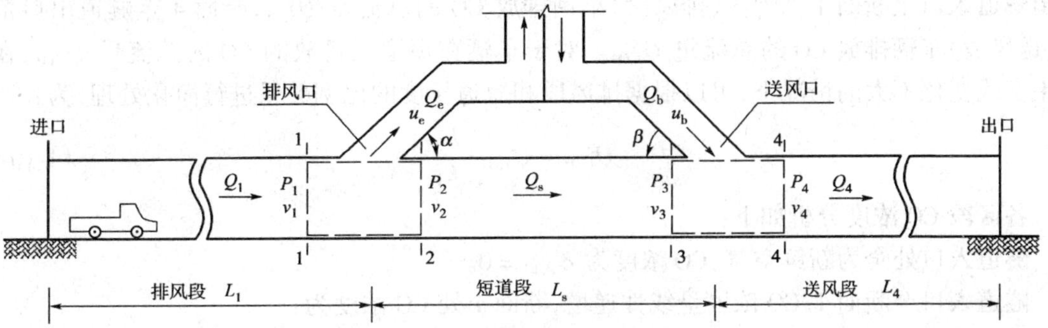


图 1-10-3 排送组合通风模式图

在短道顺流情况下，在排风口和送风口分别取图中虚线所示的控制体，并分别在隧道轴线方向(向右为正)建立动量方程，则有：

$$A(P_1 - P_2) = \rho Q_s v_2 + \rho Q_e v_e \cos\alpha - \rho Q_1 v_1 \tag{1-10-10}$$

$$A(P_3 - P_4) = \rho Q_4 v_4 - \rho Q_b v_b \cos\beta - \rho Q_s v_3 \tag{1-10-11}$$

式中：$A$——隧道的断面积；

$P_1, P_2, P_3, P_4$——断面 1、2、3、4 的静压；

$v_1, v_2, v_3, v_4$——断面 1、2、3、4 的风速；

$Q_1, Q_4, Q_s$——断面 1、4 及短道内的风量；

$v_e, Q_e$——排风口的风速与风量；

$v_b, Q_b$——送风口的风速与风量；

$\alpha, \beta$——排风道、送风道的外端(段)与隧道的交角；

$\rho$——空气的密度。

根据连续性方程，$Q_s = Q_1 - Q_e$，注意到 $v_2 = \frac{Q_s}{A} = v_1\left(1 - \frac{Q_e}{Q_1}\right)$，代入式(1-10-10)并整理；同样，根据 $Q_s = Q_4 - Q_b$，注意到 $v_3 = \frac{Q_s}{A} = v_4\left(1 - \frac{Q_b}{Q_4}\right)$，代入式(1-10-10)并整理。可得

$$P_1 - P_2 = 2\cdot\frac{Q_e}{Q_1}\cdot\left(\frac{Q_e}{Q_1} - 2 + \frac{v_e}{v_1}\cos\alpha\right)\cdot\frac{\rho v_1^2}{2} \tag{1-10-12}$$

$$P_3 - P_4 = 2\cdot\frac{Q_b}{Q_4}\cdot\left(2 - \frac{Q_b}{Q_4} - \frac{v_b}{v_4}\cos\beta\right)\cdot\frac{\rho v_4^2}{2} \tag{1-10-13}$$

令 $P_2 - P_1 = \Delta P_c$，$P_4 - P_3 = \Delta P_b$，并分别称为排风口与送风口的升压力。从而有

$$\Delta P_e = 2\cdot\frac{Q_e}{Q_1}\cdot\left(2 - \frac{Q_e}{Q_1} - \frac{v_e}{v_1}\cos\alpha\right)\cdot\frac{\rho v_1^2}{2} \tag{1-10-14}$$

$$\Delta P_b = 2\cdot\frac{Q_b}{Q_4}\cdot\left(\frac{Q_b}{Q_4} + \frac{v_b}{v_4}\cos\beta - 2\right)\cdot\frac{\rho v_4^2}{2} \tag{1-10-15}$$

2. 污染空气浓度和风量、风压

排送组合纵向通风系统的风量与压力控制比较复杂。设计中，首先应根据隧道的交通量、

交通组成和隧道的几何特征等，计算隧道各区段的有害气体浓度，再根据稀释有害气体的需要，确定隧道的各区段风量，并计算风压。

(1)有害气体浓度

短道顺流情况下，隧道内的空气流动如图 1-10-3 所示，根据本章第八节的方法，可分别计算出隧道入口至断面 1 范围内(排风段)车辆排放 CO 的总流量 $Q_{CO1}$，断面 4 至隧道出口范围内(送风段)车辆排放 CO 的总流量 $Q_{CO4}$。对于车辆在短道内排放的 CO 的总流量 $Q_{CO3}$，在纵坡不变或变化不大的情况下，可以根据排风段和短道长度的比例关系进行简化处理，为：

$$Q_{CO3} = Q_{CO1} \cdot \frac{L_S}{L_1} \tag{1-10-16}$$

各区段 CO 浓度分析如下：

隧道入口处全为新鲜空气，CO 浓度为 $\delta_{入口} = 0$。

隧道入口至断面 1，CO 浓度呈线性递增，断面 1 处 CO 浓度为：

$$\delta_1 = \frac{Q_{CO1}}{Q_1} \tag{1-10-17}$$

经排风口分流后，断面 2 处 CO 浓度与断面 1 处相当，为：

$$\delta_2 = \delta_1 = \frac{Q_{CO1}}{Q_1} \tag{1-10-18}$$

由断面 2 带入短道的 CO 流量为：

$$Q_{CO2} = \delta_2 \cdot Q_s = \frac{Q_{CO1}}{Q_1} \cdot (Q_1 - Q_e) \tag{1-10-19}$$

则断面 3 处 CO 浓度为：

$$\delta_3 = \frac{Q_{CO2} + Q_{CO3}}{Q_s} \tag{1-10-20}$$

代入式(1-10-16)和式(1-10-19)并整理可得：

$$\delta_3 = \frac{Q_{CO1}}{Q_1} \cdot \left( \frac{Q_1}{Q_1 - Q_e} \cdot \frac{L_s}{L_1} + 1 \right) = \delta_1 \cdot \left( \frac{Q_1}{Q_1 - Q_e} \cdot \frac{L_s}{L_1} + 1 \right) \tag{1-10-21}$$

断面 4 处与断面 3 处的 CO 流量相当，为 $Q_{CO2} + Q_{CO3}$，则断面 4 处 CO 浓度为：

$$\delta_4 = \frac{Q_{CO2} + Q_{CO3}}{Q_4} = \frac{Q_{CO2} + Q_{CO3}}{Q_s + Q_b} \tag{1-10-22}$$

断面 4 至隧道出口间 CO 浓度线性递增，出口处 CO 浓度为：

$$\delta_{出口} = \frac{Q_{CO2} + Q_{CO3} + Q_{CO4}}{Q_4} = \frac{Q_{CO2} + Q_{CO3} + Q_{CO4}}{Q_s + Q_b} \tag{1-10-23}$$

通过分析隧道纵向各处的 CO 浓度，可以绘出短道顺流情况下隧道 CO 浓度分布图(图 1-10-4)，从图中可以看出：(1)短道末端和隧道出口出现 CO 浓度极值；(2)短道内由于风速和流量小，CO 浓度升高很快。

隧道内烟雾浓度的分布也可同理分析。

(2)排风段风量与风压

根据上述有害气体浓度分析，排风段风量设计以满足稀释短道末端有害气体的要求为标准，除与隧道内污染空气的排放有关外，还取决于两个控制因素：排风口分流系数和短道长度。

排风口分流系数 $k$ 定义为排风口排出流量占隧道入口进风量的比例，即：

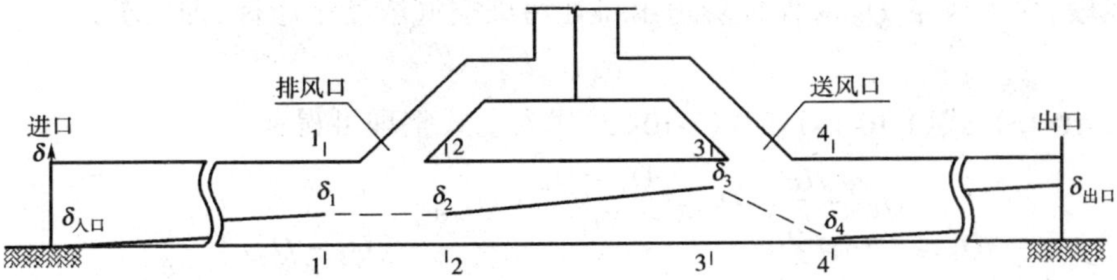


图 1-10-4　隧道 CO 浓度分布

$$k = \frac{Q_e}{Q_1} \tag{1-10-24}$$

由于只考虑顺流情况，$k$ 值总是小于 1。从有效排放污染空气角度出发，应尽量提高 $k$ 值；但如果 $k$ 值过高，短道内风速大大降低，污染气体浓度很容易超限。根据相关资料，$k$ 一般取 0.85～0.90。

短道长度 $L_s$ 的选取考虑两方面因素：短道内空气流向问题和污染空气浓度问题。短道内设计为顺流，为了避免出现回流，短道长度不应过短；由于短道内污染空气浓度上升很快，为了避免短道污染空气浓度超过设计值，短道长度不宜过长。事实上，影响短道内空气流动的因素很多，其流动状态复杂多变，短道合理长度需要通过试验确定。参考国内外资料，短道长度取值略大于 50m。

选定分流系数 $k$ 和短道长度 $L_s$，根据稀释短道末端有害气体的要求，应有：

$$\delta_3 \leqslant [\delta] \tag{1-10-25}$$

式中：$[\delta]$——有害气体设计浓度。

代入式(1-10-21)并整理，可得隧道入口送入风量：

$$Q_1 = \frac{Q_{CO1}}{[\delta]} \cdot \left(\frac{1}{1-k} \cdot \frac{L_s}{L_1} + 1\right) \tag{1-10-26}$$

进而由 $Q_1$ 可算出短道风量 $Q_s$ 和排风口的排风量 $Q_e$。

那么，由排风机提供的排风口升压力 $\Delta P_e$ 是否能保证从隧道进口送入风量 $Q_1$ 呢？需要进一步分析排风段的压力情况。

分别计算排风段的通风阻力、交通通风力和自然风阻力，即

$$\Delta P_{r1} = \left(\xi_{入口} + \lambda \cdot \frac{L_1}{D_r}\right) \cdot \frac{\rho}{2} \cdot v_{r1}^2 + \xi_{分叉} \cdot \frac{\rho}{2} \cdot v_{r1}^2 \tag{1-10-27}$$

$$\Delta P_{t1} = \frac{A_m}{A_r} \cdot \frac{\rho}{2} \cdot n_1^+ \cdot (v_{t1} - v_{r1})^2 - \frac{A_m}{A_r} \cdot \frac{\rho}{2} \cdot n_1^- (v_{t1} + v_{t1})^2 \tag{1-10-28}$$

$$\Delta P_{m1} = \text{Const} \tag{1-10-29}$$

令

$$\Delta_e = \Delta P_{r1} - \Delta P_{t1} + \Delta P_{m1} - \Delta P_e \tag{1-10-30}$$

$\Delta_e$ 为隧道排风段的通风阻力与通风动力之差。如果 $\Delta_e \leqslant 0$，表明排风段通风动力充足，能保证从隧道进口吸入风量 $Q_1$。相反，如果 $\Delta_e > 0$，则不能从隧道进口吸入风量 $Q_1$。在后一种情况下，可调整设计参数重新计算；若仍希望能从隧道入口送入风量 $Q_1$，则需要在排风段设置射流风机，并使射流风机产生的总风压：

$$\Delta P_{ej} \geqslant \Delta_e \tag{1-10-31}$$

(3)送风段风量与风压

在送风段，送入风量 $Q_b$ 应保证隧道出口处污染空气浓度不超标，即要求：

$$\delta_4 \leqslant [\delta] \tag{1-10-32}$$

将式(1-10-16)、式(1-10-19)和式(1-10-23)代入上式整理可得：

$$Q_b \geqslant \frac{Q_{CO1}\cdot\dfrac{L_s}{L_1}+Q_{CO1}\cdot\dfrac{Q_1-Q_e}{Q_1}+Q_{CO4}}{[\delta]}-(Q_1-Q_e)=\frac{Q_{CO4}}{[\delta]} \tag{1-10-33}$$

从上式可以看出，由于短道末端污染空气浓度不超过设计值，短道进入送风段的气体不影响送风段的需风量计算，即送风口送入的新鲜空气 $Q_b$ 保证稀释送风段车辆产生的污染空气即可。送风段空气总流量为：

$$Q_4 = Q_s + Q_b \tag{1-10-34}$$

同样，在送风段也需要校核送风机产生的送风口升压力能否将流量为 $Q_4$ 的空气送至隧道出口。为此，分别计算送风段的通风阻力、交通通风力和自然风阻力，即

$$\Delta P_{r4}=\left(\xi_{出口}+\lambda\cdot\frac{L_4}{D_r}\right)\cdot\frac{\rho}{2}\cdot v_{r4}^2+\xi_{合流}\cdot\frac{\rho}{2}\cdot v_{r4}^2 \tag{1-10-35}$$

$$\Delta P_{t4}=\frac{A_m}{A_r}\cdot\frac{\rho}{2}\cdot n_4^+\cdot(v_{t4}-v_{r4})^2-\frac{A_m}{A_r}\cdot\frac{\rho}{2}\cdot n_4^-\cdot(v_{t4}+v_{r4})^2 \tag{1-10-36}$$

$$\Delta P_{m4} = \text{Const} \tag{1-10-37}$$

令

$$\Delta_b = \Delta P_{r4} - \Delta P_{t4} + \Delta P_{m4} - \Delta P_b \tag{1-10-38}$$

$\Delta_b$ 为隧道送风段的通风阻力与通风动力之差。如果 $\Delta_b \leqslant 0$，表明送风段通风动力充足，风流可以按设想的方式在送风段流动。相反，如果 $\Delta_b > 0$，送风段风流则不能按设想的状态流动。在后一种情况下，可调整设计参数重新计算；若仍希望能从隧道出口排出风量 $Q_4$，则需要在排风段设置射流风机，并使射流风机产生的总风压：

$$\Delta P_{bj} \geqslant \Delta_b \tag{1-10-39}$$

3. 排、送风机压力

排风机、送风机的设计风压可按式(1-10-40)和式(1-10-41)计算：

$$\Delta P_{tote} = 1.1\left(\frac{\rho v_e^2}{2}+\Delta P_{se}+\Delta P_e\right) \tag{1-10-40}$$

$$\Delta P_{totb} = 1.1\left(\frac{\rho v_b^2}{2}+\Delta P_{sb}+\Delta P_b\right) \tag{1-10-41}$$

式中：$\Delta P_{tote}$——排风机的设计风压，Pa；

$\Delta P_{totb}$——送风机的设计风压，Pa；

$\rho$——空气的密度，kg/m³；

$v_e$——排风口的风速，m/s；

$v_b$——送风口的风速，m/s；

$\Delta P_{se}$——由隧道内排风口到通风井排风口的沿程阻力和局部阻力总和，Pa；

$\Delta P_{sb}$——由通风井送风口到隧道内送风口的沿程阻力和局部阻力总和，Pa；

$\Delta P_e$——排风口的升压力，Pa；

$\Delta P_b$——送风口的升压力，Pa。

根据算出的排风机风压 $\Delta P_{tote}$和隧道排风口的排风量 $Q_e$，便可进行排风机选型；根据送风机的设计风压 $\Delta P_{totb}$和隧道送风口的送风量 $Q_b$，可以对送风机进行选型。

4. 设计中的若干问题

(1)短道长度问题

短道长度是排送组合通风系统的一个重要设计参数。正如前文所述，短道长度过小，短道内容易出现顺流模式下的风流回流，使系统运行混乱；短道长度过大，短道内空气污浊，有害气体浓度容易超标。由于短道内风流的压力模式尚待研究，影响风流的因素相当复杂，从理论上确定短道长度的合理值还有一定的困难，所以，目前工程设计中主要依据模型试验或参考国外经验确定短道长度。我国《公路隧道通风照明设计规范》(JTJ 026.1—1999)中规定："应防止短道内出现回流，短道长度不得小于 50m"。

(2)排风口与送风口的构造

排风口通常设在隧道的侧墙上，由于排风口的风速不宜过大，过大时可能会影响安全行车。我国《公路隧道通风照明设计规范》(JTJ 026.1—1999)规定：排风口"断面平均风速宜取 5m/s～6m/s"。排风口的风速与排风量确定之后，排风口的断面积便随之而定。一般说来，排风口的断面积与隧道的断面积相近。排风口的轴线与隧道轴线的交角，在日本有 60°和 90°两种形式，前者风流阻力较小，后者施工比较方便。目前我国隧道通风中多用后者。

为了产生足够的升压力，要求送风口的风速较高，如果送风口底部与隧道路面标高相同，则会对行车安全产生严重影响。因此，我国《公路隧道通风照明设计规范》(JTJ 026.1—1999)要求："送风口宜设置于隧道拱部，断面平均风速宜取 25～30m/s，送风方向宜与隧道轴向一致"。

(3)常用风口构造的风口升压力

据上所述，排风口的常用构造是其轴线与隧道轴线垂直，送风口的常用构造是在隧道顶部设置与隧道轴线平行的送风口。在常用风口构造情况下，风口的升压力可由图 1-10-5 所示通风模式进行推导。

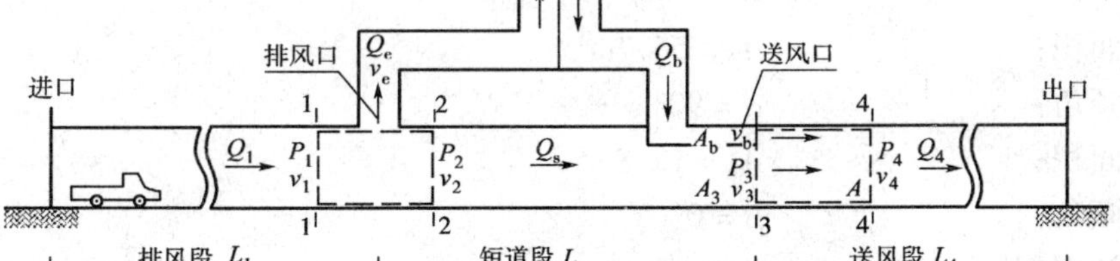


图 1-10-5　常用构造排送组合通风模式图

在图 1-10-5 中，$A_b$ 是送风口的断面积，$A_3$ 是送风口下面短道末端的断面积，$A$ 是隧道的断面积，$P_3$ 和 $v_3$ 分别是短道末端的静压和风速，其他符号意义同前。应用动量方程，在排风口导出的断面 2 与断面 1 的静压差 $P_2-P_1=\Delta P_e$，即排风口的升压力：

$$\Delta P_e = 2\cdot\frac{Q_e}{Q_1}\cdot\left(2-\frac{Q_e}{Q_1}\right)\cdot\frac{\rho v_1^2}{2} \tag{1-10-42}$$

可见式(1-10-42)与将 $\alpha=90°$代入式(1-10-14)而得到的结论是相同的。

在送风口，由于送风口的构造有些许变化，取图 1-10-4 所示的虚线包围的体积为控制体，对控制体内的风流应用动量方程，设坐标轴水平向右为正，得

$$A_bP_b + A_3P_3 - AP_4 = \rho Q_4v_4 - \rho Q_bv_b - \rho Q_3v_3 \tag{1-10-43}$$

在式(1-10-43)中，考虑到 $A_b + A_3 = A$，$Q_4 = Q_b + Q_3$；由于断面 3 的上、下部静压差别不大，如果该静压很大，则喷出的射流应立即向下扩散或向上收缩，因此，假设断面 3 的上、下部静压相同，即 $P_b = P_3$。代入式(1-10-43)并整理，可得断面 4 与断面 3 的静压差 $P_4 - P_3 = \Delta P_b$，即送风口的升压力为

$$\Delta P_b = 2\cdot\left[\frac{A}{A_3}\cdot\left(1-\frac{Q_b}{Q_4}\right)^2 - \left(1-\frac{v_b}{v_4}\cdot\frac{Q_b}{Q_4}\right)\right]\cdot\frac{\rho v_4^2}{2} \tag{1-10-44}$$

**(二)排送组合纵向通风计算示例**

(1)隧道条件

交通方向：　单向交通

隧道长度：　$L = 4156\text{m}(L_1 = 2000\text{m}, L_s = 56\text{m}, L_4 = 2100\text{m})$

隧道断面积：　$A_r = 66.04\text{m}^2$

断面当量直径：　$D_r = 8.25\text{m}$

设计交通量：　$N = 1850$ 辆/h

大型车混入率：　$r_1 = 55\%(A_m = 3.43\text{m}^2)$

柴油车混入率：　$r_d = 28\%$

计算行车速度：　$v_t = 50\text{km/h} = 13.9\text{m/s}$

CO 排放量：　$Q_{CO1} = 7.92\times10^{-2}\text{m}^3/\text{s}$，$Q_{CO4} = 8.32\times10^{-2}\text{m}^3/\text{s}$

CO 设计容许浓度：　$[\delta] = 200\text{ppm}$

自然风阻力：　$\Delta P_{m4} = 21\text{Pa}$

空气密度：　$\rho = 1.2\text{kg/m}^3$

(2)几何参数选取

短道长度：　$L_s = 56\text{m}$

排风口面积：　$A_e = 56.7\text{m}^2$

排风口倾角：　$\alpha = 90°$

送风口面积：　$A_b = 12.8\text{m}^2$

送风口倾角：　$\beta = 0°$

短道末端面积：　$A_3 = 53.2\text{m}^2$

(3)排风段风量与风速计算

取排风口分流系数：　$k = 0.86$

则隧道入口的进风量：

$$Q_1 = \frac{Q_{CO1}}{[\delta]}\cdot\left(\frac{1}{1-k_1}\cdot\frac{L_s}{L_1}+1\right) = \frac{7.92\times10^{-2}}{200\times10^{-6}}\times\left(\frac{1}{1-0.86}\times\frac{56}{2000}+1\right) = 475.2\text{m}^3/\text{s}$$

排风口的排风量：　$Q_e = kQ_1 = 0.86\times475.2\text{m}^3/\text{s} = 408.7\text{m}^3/\text{s}$

短道内的风量为：　$Q_s = Q_1 - Q_e = 475.2 - 408.7 = 66.5\text{m}^3/\text{s}$

隧道入口段的风速：　$v_1 = Q_1/A = 475.2/66.04 = 7.2\text{m/s}$

排风口的风速： $v_e = Q_e/A = 408.7/56.7 = 7.2\text{m/s}$

(4)排风段的风压计算

根据式(1-10-42)计算排风口的升压力，有

$$\Delta P_e = 2\cdot\frac{Q_e}{Q_1}\cdot\left(2-\frac{Q_e}{Q_1}\right)\cdot\frac{\rho v_1^2}{2} = 2\times\frac{408.7}{475.2}\times\left(2-\frac{408.7}{475.2}\right)\times\frac{1.2\times 6^2}{2}$$

$$= 42.4\text{Pa}$$

为了确定隧道入口段的通风阻抗力、交通通风力和自然风阻力，选取：

隧道入口阻力系数 $\xi_{\text{入口}} = 0.6$

排风口分叉阻力系数 $\xi_{\text{分叉}} = 0.28$

入口端自然风阻力 $\Delta P_{m1} = 0$

根据式(1-10-27)和式(1-10-28)计算隧道入口段的通风阻抗力和交通通风力，有

$$\Delta P_{r1} = \left(\xi_{\text{入口}} + \lambda\cdot\frac{L_1}{D_r}\right)\cdot\frac{\rho}{2}\cdot v_{r1}^2 + \xi_{\text{分流}}\cdot\frac{\rho}{2}\cdot v_{r1}^2$$

$$= \left(0.6 + 0.025\times\frac{2000}{8.25}\right)\times\frac{1.2}{2}\times 7.2^2 + 0.28\times\frac{1.2}{2}\times 7.2^2$$

$$= 215.9\text{Pa}$$

$$\Delta P_{t1} = \frac{A_m}{A_r}\cdot\frac{\rho}{2}\cdot n_1^+\cdot(v_{t1}-v_{r1})^2 = \frac{3.43}{66.04}\times\frac{1.2}{2}\cdot\frac{1850\times 2000}{3600\times 13.9}(13.9-7.2)^2$$

$$= 103.4\text{Pa}$$

根据式(1-10-21)，有

$$\Delta_e = \Delta P_{r1} - \Delta P_{t1} + \Delta P_{m1} - \Delta P_e = 215.9 - 103.4 + 0 - 42.4 = 70.1\text{Pa}$$

上式表明，排风口的升压力不足以保证隧道排风段有流量为 $Q_1$ 风流的流动，要使隧道排风段有流量为 $Q_1$ 风流的流动，需要安装射流风机进行辅助通风。射流风机提供的压力为：

$$\Delta P_{ej} \geqslant \Delta_e = 70.1\text{Pa}$$

(5)送风段风量

送风口的送风量为： $Q_b = \dfrac{Q_{CO4}}{[\delta]} = \dfrac{8.32\times 10^{-2}}{200\times 10^{-6}} = 416\text{m}^3/\text{s}$

送风段风量为： $Q_4 = Q_s + Q_b = 66.5 + 416 = 478.5\text{m}^3/\text{s}$

从而有：

送风口风速： $v_b = Q_b/A_b = 416/12.8 = 32.5\text{m/s}$（超过规范要求的30m/s）

送风段风速： $v_4 = Q_4/A = 478.5/66.04 = 7.2\text{m/s}$

(6)送风段的风压计算

根据式(1-10-40)计算送风口的升压力，有

$$\Delta P_b = 2\cdot\left[\frac{A}{A_3}\cdot\left(1-\frac{Q_b}{Q_4}\right)^2 - \left(1-\frac{v_b}{v_4}\cdot\frac{Q_b}{Q_4}\right)\right]\cdot\frac{\rho v_4^2}{2}$$

$$= 2\times\left[\frac{66.04}{53.2}\times\left(1-\frac{416}{478.5}\right)^2 - \left(1-\frac{32.5}{7.2}\times\frac{416}{478.5}\right)\right]\times\frac{1.2\times 7.2^2}{2}$$

$$= 183.2\text{Pa}$$

为了确定隧道出口段的通风阻抗力、交通通风力和自然风阻力，选取：

隧道出口阻力系数： $\xi_{出口} = 1.0$

送风口合流阻力系数： $\xi_{分叉} = 0.7$

出口端自然风阻力： $\Delta P_{m4} = 21.0\text{Pa}$

根据式(1-10-35)、式(1-10-36)和式(1-10-37)计算隧道入口段的通风阻抗力和交通通风力，有：

$$\Delta P_{r4} = \left(\xi_{出口} + \lambda \cdot \frac{L_4}{D_r}\right) \cdot \frac{\rho}{2} \cdot v_{r4}^2 + \xi_{合流} \cdot \frac{\rho}{2} \cdot v_{r4}^2$$

$$= \left(1.0 + 0.025 \times \frac{2100}{8.25}\right) + 0.7 \times \frac{1.2}{2} \times 7.2^2$$

$$= 250.8\text{Pa}$$

$$\Delta P_{t4} = \frac{A_m}{A_r} \cdot \frac{\rho}{2} \cdot n_4^+ \cdot (v_{t4} - v_{r4})^2 = \frac{3.43}{66.04} \times \frac{1.2}{2} \times \frac{1850 \times 2100}{3600 \times 13.9} \times (13.9 - 7.2)^2 = 108.6\text{Pa}$$

$$\Delta P_{m4} = 21.0\text{Pa}$$

根据式(1-10-38)，有

$$\Delta_b = \Delta P_{r4} - \Delta P_{t4} + \Delta P_{m4} - \Delta P_b = 250.8 - 108.6 + 21.0 - 183.2$$

$$= -20\text{Pa}$$

上式表明，在送风口与隧道出口之间有足够的压差保证流量为 $Q_4$ 的风流的流动。事实上，由于该压差的存在，在隧道出口段实际流动的风量将与 $Q_4$ 有一定的出入，本例暂不考虑此变化。

(7)算例补充说明

算例旨在介绍排送组合通风方式的设计计算过程。设计中此过程比较复杂，如算出的 $\Delta_e$ 大于 0 而 $\Delta_b$ 小于 0，表明排风段的通风动力不足，送风段的通风动力有盈余。在这种情况下，排风段需要增加射流风机，而送风段的风速和风量会超过设计值，从而使通风阻力加大，直到通风的动力与阻力平衡为止。这样，在隧道内各段流动的风速、风量以及风压与上述的计算值就会产生一定的出入。

在算例的第(6)步，根据送风口的送风量和送风口的断面计算出的风速超过了规范规定的风速上限，表明设计不够合理。在这种情况下，应调整设计。一种方法是送风口的形式，使部分风量以规范要求的风速从拱顶送风口射出，其余风量以小风速从侧洞流入隧道，当然调整后要检验送风段的风压。二是调整隧道的断面，至少在送风口局部调整隧道断面，使送风口断面足够大，并在满足风速要求的情况下，保证送风口的送风量。

顺便指出，在短道顺流情况下，短道内污染空气的浓度容易超标。如果在排送组合通风系统中，设计短道内的风流回流，则短道内的空气是刚从送风口流出的新鲜空气，所以短道内的污染空气浓度超标的问题将不存在。事实上，参考短道顺流情况下的方法，也可建立短道回流情况下的公式系统。短道回流情况下的工作难点在于回流的有效控制，有关问题尚在研究之中。

## 第十一节　风道系统

当隧道采用排送组合纵向通风、横向通风或半横向通风时,为了使风流按预定的路线和方式流动,必须根据具体情况设置完备的风道系统。风道系统包括联络风道、隧道内风道、送排风孔、风道开关和转换装置等。联络风道指联络通风机房与隧道的风道,隧道内风道指设置在隧道内并有送、排风孔的风道。习惯上将隧道内风道称风道。

### 一、风道布置的基本原则

这里所谓的风道,是指联络风道和隧道内风道。

由本章第四节讨论可知,通风阻力分为局部阻力和摩擦阻力。局部阻力主要产生于风道的变形(弯曲、合流、分流、扩大、缩小等);摩擦阻力则主要由风道周边摩擦引起。且通风阻力的大小与风道内风流速度的二次方成正比。据此,风道布置的基本原则如下:

1. 风道长度短

摩擦阻力是风道通风的基本阻力,风道越长,阻力越大,因此,在条件允许的情况下,尽量缩短风道长度。如果风道过长,风机低速运转时很难将空气送到风道的末端,从而就会出现隧道内通风不良的区段。而要弥补这一点,就需增加一定的富余压力,从而增加了通风设备投资与运营费用。

2. 风道断面大

风道断面大,通风阻力小,通风运营费用低。然而,加大风道断面会增加隧道土建工程量和建筑安装费。所以,应在经济的条件下尽可能加大风道断面。

3. 风道变形小

在布置风道时,要避免或减少风道的弯曲、分岔及断面变化。必须有变形时,弯曲和分岔应采用圆弧过度,必要时可安装导流叶片,避免急弯硬折。断面变化时应渐变,避免突变。

4. 风道壁面光滑

为了减小摩擦阻力,风道壁面应尽可能光滑、平直,但要求过高会增加施工难度和费用。

5. 通风区段划分合理

当隧道采用半横向或横向通风时,通风计算中通常先计算通风量,据此确定隧道内风道断面面积,再设计包括风道在内的隧道主体工程。但当隧道长且交通量大时,通风量也大,计算出的风道断面积会很大。在这种情况下需要将隧道内风道划分为若干区段,分段实现隧道通风。通风区段的选定要进行经济比较。在比较时需考虑风机房、竖井等工程费用。一般来说,随分段数的增加,隧道内风道断面减少,但风机房、竖井及风机等则要增加。

此外,在确定风道断面以及布置风道时,应考虑风道内能容纳防灾、照明等需要的器材以及为检修这些器材所必须的人员进出所需的设备,而且要求这些器材和设备的设置,既能承受风道内风压和风速的作用,又对通风影响最小。

### 二、联络风道

联络风道的断面和长度与地形有关,因隧道而异,风道的弯曲与变形经常不可避免,在确定风道的断面与形状时,除了遵循上述原则外,还应注意表 1-11-1 所示的条件以及下列事项:

(1)靠近送风机的抽风侧风道,应注意以不引起偏流与回流来确定其形状,例如 90°弯曲时必须装入导流叶片。

(2)风机房内风道。应充分考虑风量控制方式,紧急情况时运转方式等,以决定其形状及转换方法。

(3)混凝土施工时,应注意竣工尺寸不得小于设计尺寸。

全横向或半横向通风时,每座隧道设有 2 台以上的送(排)风机;上、下行线分离时则有 4 台以上的风机设备,通常应充分考虑送(排)风机故障时的危险分散及风量控制。方法是在联络风道内设置调节风门、挡板等转换装置。所以设计联络风道时,必须充分考虑危险分散与风流控制方法,以及相应的风道开关和转换所处的位置。

**各种风道形状变化** 表 1-11-1

| 成　因 | 风道形状 | 注意事项 |
|---|---|---|
| 弯曲 | 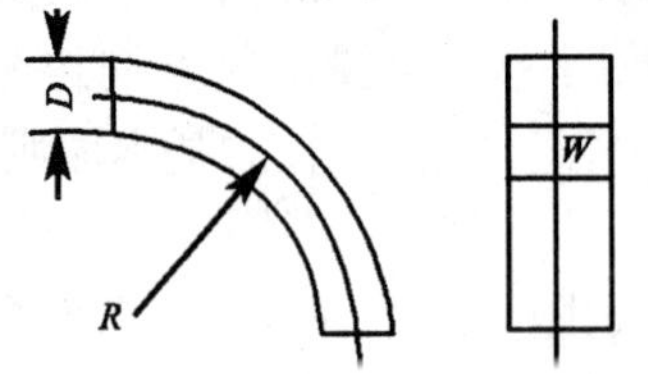 | $R>1.6D$ 时,可不加导流时片,但弯曲后产生偏流 |
| 弯曲 | 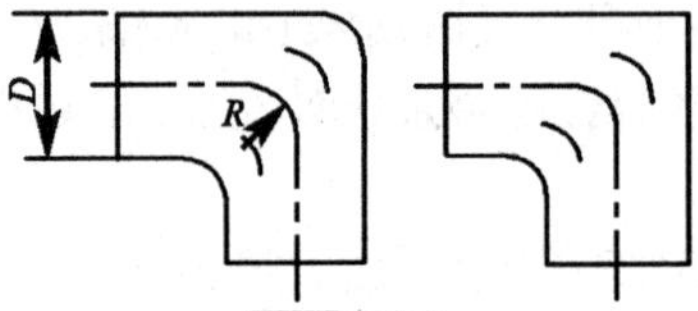 | $R<1.6D$ 时安装导流叶片,弯管内侧面加角,管外侧可不加角 |
| 弯折 | 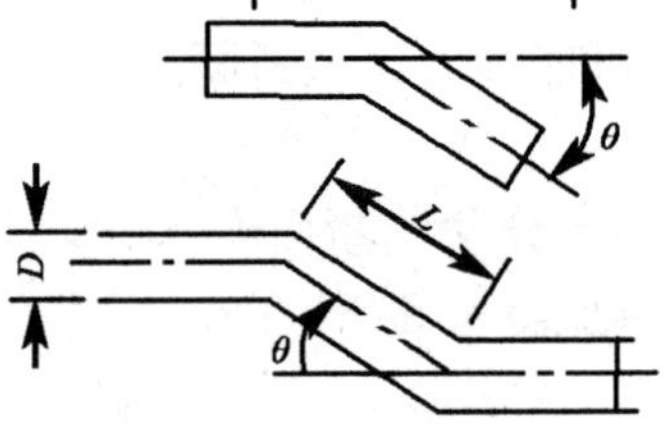 | 尽量避免 $R>30°$<br>连续变折时如 $L/D$ 及 $B$ 选择适当,可减少损失。如 $B=30°$时最好 $L=3D$ |
| 扩大 | 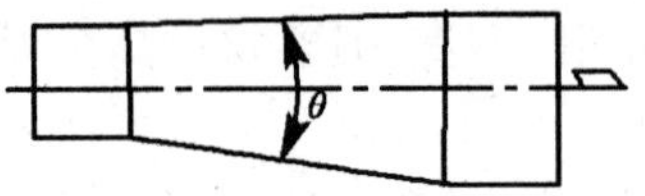 | $B=8\sim10°$时最好<br>$B=60\sim70°$时损失最大,此时采用 $o=180°$的突然扩大为宜。 |

## 三、隧道内风道

采用横向或半横向通风时,隧道内风道的基本布置方式有以下三种(图 1-11-1)。

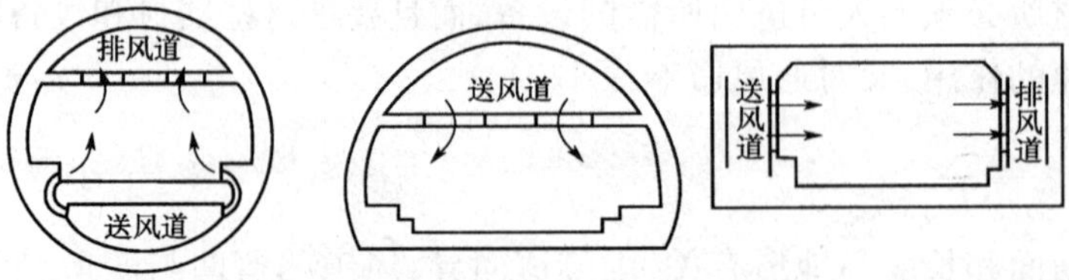


图 1-11-1　送、排风道布置示意图

1. 送、排风道布置在车道的上下

用盾构法修建的隧道,隧道内轮廓常呈圆形断面。若采用横向通风,则可在车道下部设送风道,在车道上部设排风道。在车道内,风流自下而上,并从顶部将污染空气排出。这种风道布置方式的优点是全断面过流,而且风流方向与污染空气的自然上升方向一致,所以污染空气容易排放;其缺点是地面尘土易被上升气流吹起,造成隧道内粉尘较大。若采用半横向通风,则可视送、排风具体情况,取消其中一条风道,保留一条风道便可。

2. 送、排风道布置在拱顶

拱形衬砌结构在山岭隧道中广泛应用。如果采用半横向通风,则可在拱顶建筑限界以外设置风道。该风道既可送风,又可排风,分别构成不同的半横向通风。如果采用横向通风,则可在图 1-11-1 所示的风道中再加竖向隔板,将风道一分为二,一侧用作送风道,另一侧用作排风道。横向通风时,送、排风孔位置设于吊顶板的两侧。这种风道布置方式的优点是构造简单,施工方便;缺点是横向通风时有气流死角,送、排风道相邻风流容易漏风短路。

3. 送、排风道布置在车道两侧

水下沉埋隧道常采用矩形断面结构,这种结构很容易将风道设置在车道的两侧。若采用横向通风,可左右设置送、排风道,让风流由一侧流向另一侧;若采用半横向通风,则可选一侧设置送风或排风道。这种风道设置方式的优点是风道施工质量容易保证,风阻较小;缺点是结构断面为矩形,局限性较大。

## 四、送、排风孔

1. 送风孔的布置

送风孔的布置涉及送风孔间距和孔口面积两项内容。送风孔间距和孔口面积决定了孔口吹出的风速。孔口风速以能在交通阻滞的情况下充分稀释车道内的废气为低限,以不给车道内行驶车辆和行人以妨碍为上限。若风速过大,可考虑设置降速装置,这种装置能使孔口处的高速风流在吹入车道时有所降低;也可考虑将送风孔设在对作业人员无影响的位置。

设计送风孔间距和孔口面积时,通常按施工条件和交通条件参考已建成隧道的情况来确定,其原则是尽量保证通风的均匀性。表 1-11-2 所示为国外已建成隧道送风孔间距和孔口面积的若干实例。

**若干隧道送风孔间距与孔口面积** 表 1-11-2

| 隧道 | 长度(m) | 送风孔间距(m) | 送风孔全开面积($m^2$) | 调整最大开度(m) | 最大开度处风速(m/s) |
|---|---|---|---|---|---|
| I | 2007/204 | 4.8 | 0.15×3 | 3/8 | 8.75 |
| II | 780/785 | 4.8 | 0.15×3 | 3.25/8 | 7.10 |
| III | 2374 | 9.6 | 0.12×3 | 3.7/8 | 9.05 |

送风孔一般沿风道轴线等间距布置。由于风压沿隧道轴线的变化,为了保证每个送风孔送出等量的风量,即均匀通风,实际中需要依据风压、风速和风量和对孔口面积进行调节。调整后孔口的实际使用面积和孔口面积之比叫孔口开度。孔口开度根据孔口处风道与车道间的压差计算确定。孔口最大开度则由最小压差确定。

最小压差所处位置叫最小压差点。对于两端洞口送风的隧道，最小压差点在隧道中央附近，对单侧送风的隧道，最小压差点在距送风端洞口的距离为隧道长度的2/3处。

最小压差用$\Delta P_{b\text{-}r}$(Pa)表示，按下式计算：

$$\Delta P_{c\text{-}r} = (1+\xi_1)\frac{\rho}{2}v_s^2 + (\xi_2 - 1)\frac{\rho}{2}v_b^2 \tag{1-11-1}$$

式中：$v_s$——送风孔口风速，m/s；

$$v_s = \frac{l_b q_b}{K a_b}$$

$l_b$——送风孔间距，m；

$a_b$——送风面积 m²；

$q_b$——送风量，m³/s·m；

$K$——送风孔开度；

$\xi_1$——收缩损失系数；

$\xi_2$——分岔损失系数；

$v_b$——风道内风速，m/s。

实际中，通常需要在按此计算的基础上加计20%～30%的富余量。孔口开度的调节一般使用单片普通钢板。对有纵坡的隧道，送风量随纵坡变化，因此在布置送、排风孔间距和调节开度时应有相应的考虑。在隧道侧壁上设置送风孔时，为使其美观，也有混合使用百叶窗式结构和网板的情况。以上讨论均以横向通风为基础，但对于半横向通风也同样适用。

在半横向通风中，以送风孔由吊顶板向下送风或由侧壁风道的水平送风方式为好。若由车道板下向上送风时，需要将送风孔引至车道侧壁下部的汽车排烟管高度处。这样既对排烟有利，又可避免送风孔直接开在底板上土砂等杂物阻塞风孔的现象(参见图1-11-2)。

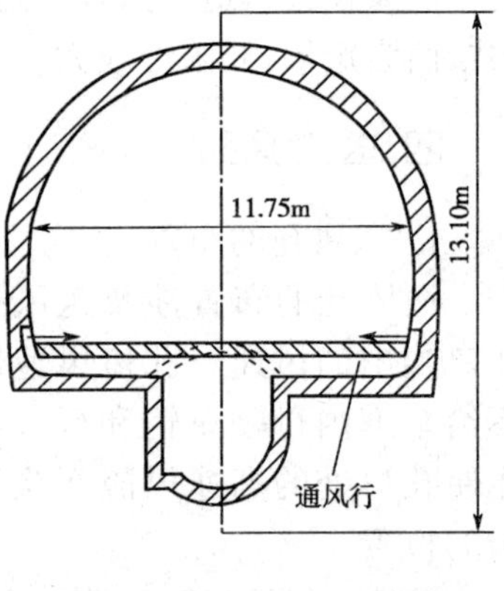


图1-11-2　下部风道送风孔布置

2. 排风孔的布置

排风孔的吸风速度对排风道内的风压损失影响很大，所以，为了降低合流损失，常使开口面积尽量作得大些，取排风孔的间距为送风孔的2倍左右，并尽量减小风道内主流与合流的角度小，以便平顺合流。

排风孔位置设于吊顶板或侧壁上部排风效果好，且对火灾时的排烟较为有利。

## 五、风道开关与风道转换装置

1. 风道开关

风道开关的作用是控制风道的开启，常用的有多叶气闸和单扇窗式气闸。

(1)多叶气闸

多叶气闸形似百叶窗，它具有驱动力矩小，开关时间短(30～45s左右)的特点。在风道开关装置中应用最为广泛。

气闸的开关时间与送风机的起动时间有关。隧道通风时几乎都是并联运转，起动一台送风机时其他送风机已处于运转状态中的情况较多。若按轴流风机的起动特性，全部打开出风气闸后，再起动风机时，将有从其他风机传来的风流使风机产生逆流并使风机反转，风机在反转状态下变为正转时，会使起动时间延长、电机温度升高，且频繁地正反转会引起电机烧损，故必须同时起动风机和气闸。使用轴流风机时，如果气闸起动时间过长，在送风机安全起动后其气闸若未完全打开，则存在风机超负荷运转的危险。由于一般多叶气闸开关时间能控制在30s左右，故与送风机同时运转，几乎是没有问题的。

(2)单扇窗式气闸

顾名思义，单扇窗式气闸形似单扇窗，它便于维护且全开时风压损失小，全开时的空气泄漏少，故在2m以下较小风道中使用的例子在国外较为多见。风道断面大时，单扇窗式气闸由于驱动力矩较大而使用较少。

2．风道转换装置

当为隧道通风井配备风机时，通常至少要配备两台，一台工作，一台备用。各台风机都有其专用风道，若运营中一台出现故障，则另一台应立即投入工作，这时就需要风道转换装置把第一台风机的风道关闭，同时使第二台风机的风道开启。当通风井配备多台风机时，情况与之类似。此外，不少隧道为双孔隧道，即上行线与下行线分开而设。这种情况下的通风井常位于两者之间，一井服务于两孔隧道，当其中一孔隧道出现异常情况时，经常需将风流由送往两孔隧道变为送至一孔隧道，这时也需要采用风道转换装置进行风流控制。

风道转换装置形式很多，有转换挡板、送风挡板和风道开关组等，设计时可查阅有关资料。

## 第十二节　半横向与横向通风压力计算

### 一、通风压力计算

#### (一)送(排)风机的压力

1．送风机压力

送风型半横向或横向通风方式送风机的压力为送风井送入的空气，经联络风道、隧道内风道、车道到洞口或排风孔之间的各种压力损失的总和，送风机总压力为计算值加上10%的富余量，由下式决定：

送风机总压力 = 1.1 ×（车道内压(送风道末端处) + 必要末端压力

+ 风道静压差 + 风道始端动压 + 联络风道压力损失）　　(1-12-1)

2．排风机压力

排风型半横向或横向通风方式排风机的压力为由洞口或送风道流入车道内的空气，经排风孔、隧道内风道，从排风井排出之间的压力损失的总和，排风机总压力为计算值加上10%的富余量，由下式决定：

排风机总压力 = 1.1 ×（必要始端压力 + 风道静压差 − 风道末端压力

+ 风洞压力损失 + 出入口大气动压）　　(1-12-2)

隧道两洞口间由自然风、温差等引起的压差($\Delta P_n$)已包括在必要始(末)端压力内。此时的通风系统压力分布见图1-12-1和图1-12-2。

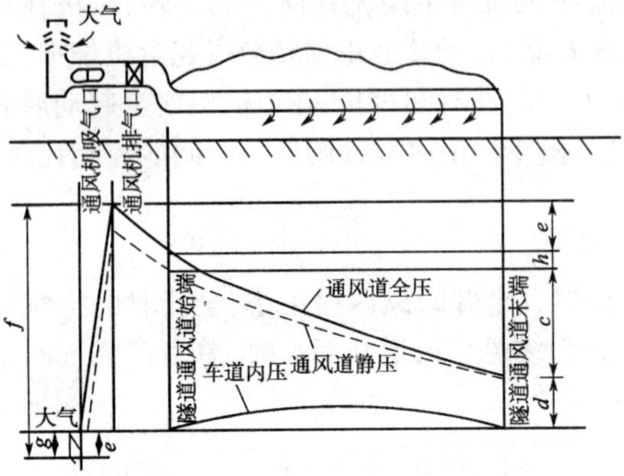


图 1-12-1 送风式风道系统压力分布

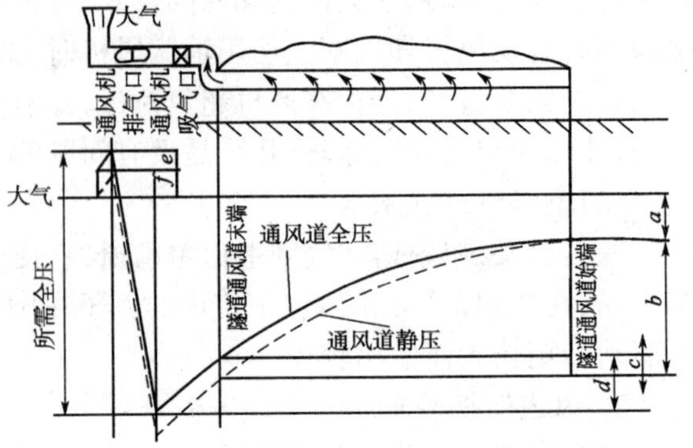


图 1-12-2 排风式风道系统压力分布

**(二)送风道静压差与始端动压**

若送风道断面积 $A_b$($m^2$)沿轴向为定值,并假定向车道内所送风为均布风量 $q_b$,则送风道的风压计算如下:

取风道风流方向为 $X$ 轴正向,风道始端为原点,$X=0$,风道末端 $X=L$。

风道始端:

风量:$Q_{bi}$;

均布送风量:
$$q_b = \frac{Q_{bi}}{L} \tag{1-12-3}$$

风速:
$$v_{bi} = \frac{Q_{bi}}{A_b} \tag{1-12-4}$$

动压:
$$\frac{\rho}{2} v_{bi}^2$$

风道中任意位置($X=x$):

风量:
$$Q_{bx} = q_b(L-x) = Q_{bi}\left(1-\frac{x}{L}\right) \tag{1-12-5}$$

风速:
$$v_{bx} = \frac{Q_{bi}}{A_b}\left(1-\frac{x}{L}\right) = v_{bi}\left(1-\frac{x}{L}\right) \tag{1-12-6}$$

在风道内任意处($X=x$)沿轴向取微段,长度为 $dx$,则:

流入该段风流沿 $X$ 方向的动量: $\rho v_{bi}^2 A_b$;

流出该段风流沿 $X$ 方向的动量: $\rho\left(v_{bx}+\frac{dv_{bx}}{dx}\right)^2 A_b$;

流入车道内的风流所具有的沿 $X$ 方向的动量: $\rho v_{bx} q_b dx$;

作用在该段沿 $X$ 方向的压力的合力: $\frac{dP_{bx}}{dx} dx A_b$;

作用在该段沿 $X$ 方向的阻力的合力: $\lambda \frac{dx}{D_b} \frac{\rho}{2} v_{bx}^2 A_b$

根据动量原理:

$$\rho v_{bi}^2 A_b - \rho\left(v_{bx}+\frac{dv_{bx}}{dx}\right)^2 A_b - \rho v_{bx} q_b dx = \frac{dP_{bx}}{dx} dx A_b + \lambda \frac{dx}{D_b} \frac{\rho}{2} v_{bx}^2 A_b$$

略去高阶微量并整理得:

$$-\frac{\mathrm{d}P_{bx}}{\mathrm{d}x}=\left[\frac{\lambda}{D_b}\left(1-\frac{x}{L}\right)^2-\frac{2}{L}\left(1-\frac{x}{L}\right)\right]\frac{\rho}{2}v_{bi}^2 \tag{1-12-7}$$

对式(1-12-7)积分得:

$$P_{bx}=P_{bo}+\left(\frac{\lambda}{3}\frac{L-x}{D_b}-1\right)\frac{\rho}{2}v_{bi}^2\left(1-\frac{x}{L}\right)^2$$

若令 $K_b=\frac{\lambda L}{3D_b}-1$,则:

$$P_{bx}=P_{bo}+\left[K_b-(K_b+1)\frac{x}{L}\right]\left(1-\frac{x}{L}\right)^2\frac{\rho}{2}v_{bi}^2 \tag{1-12-8}$$

式中:$P_{bo}$——风道末端静压。

若风道始端静压用 $P_{bi}$表示,则:

$$P_{bi}=P_{bx}\mid_{x=0}=P_{bo}+K_b\frac{\rho}{2}v_b^2 \tag{1-12-9}$$

风道两端静压差:

$$P_{bi}-P_{bo}=K_b\frac{\rho}{2}v_b^2 \tag{1-12-10}$$

**(三)排风道静压差与末端动压**

若风道断面积 $A_e(m^2)$沿轴向不变,并假定由车道向风道内排风为均布风量 $q_e$,则排风道的风压计算如下:

取风道风流方向为 $X$ 轴正向,风道始端为原点,$X=0$,风道末端 $X=L$。

(1)风道末端:

风量: $Q_{eo}$

均布排风量:

$$q_e=\frac{Q_{eo}}{L} \tag{1-12-11}$$

风速:

$$v_{eo}=\frac{Q_{eo}}{A_e} \tag{1-12-12}$$

动压:

$$\frac{\rho}{2}v_{eo}^2$$

(2)风道中任意位置($X=x$):

风量:

$$Q_{eo}=q_e x=Q_{eo}\frac{x}{L} \tag{1-12-13}$$

风速:

$$v_{ex}=\frac{Q_{eo}}{A_e}\frac{x}{L}=v_{eo}\frac{x}{L} \tag{1-12-14}$$

与送风道讨论相同,利用动量原理得:

$$-\frac{\mathrm{d}P_{ex}}{\mathrm{d}x}=\left[\frac{\lambda}{D_b}\frac{x^2}{L}+4\frac{x}{L^2}-2\xi_e\frac{x}{L^2}\right]\frac{\rho}{2}v_{eo}^2 \tag{1-12-15}$$

式中:$\xi_e$——从车道进入排风道带给风流沿 $X$ 方向的动量流入系数。

若假定从车道进入排风道的风流与 $X$ 轴方向垂直,则 $\xi_e=0$,式(1-12-15)变为:

$$-\frac{\mathrm{d}P_{ex}}{\mathrm{d}x}=\left[\frac{\lambda}{D_b}\frac{x^2}{L}+4\frac{x}{L^2}\right]\frac{\rho}{2}v_{eo}^2 \tag{1-12-16}$$

对式(1-12-16)积分,并令 $K_e=\left(\frac{\lambda L}{3D}+2\right)$,则有:

$$P_{ei}-P_{eo}=K_e\frac{\rho}{2}v_{eo}^2 \tag{1-12-17}$$

式中：$P_{ei}$、$P_{eo}$——始、末端静压。

式(1-12-17)为风道两端压力差公式。

实际中因 $\xi_e \neq 0$，所以式(1-12-17)只是一种近似计算。

**(四)送风道必要末端压力**

送风道必要末端压力过去曾按瑞士通风专业委员会提出的计算公式计算，后通过一些高速公路实测，确定为：

$$P_{bo} - P_{ro} = 150\text{Pa} \tag{1-12-18}$$

由气象变化引起的洞口间压差 $\Delta P_n$ 已经包含在内。

**(五)排风道必要始端压力**

排风道必要始端压力取决于排风道始端静压的原点值，原则上取下限值：

$$\Delta P_{ri} - P_{ei} = 100\text{Pa} \tag{1-12-19}$$

由气象变化引起的洞口间压差 $\Delta P_n$ 已经包含在内。

**(六)车道内压**

1. 横向式

横向式通风车道内压为零。

2. 半横向式

按均布风量 $q_b$($m^3/s \cdot m$)送风的半横向通风的车道内压计算如下：

(1)风道末端处车道内压：单洞口送风时可取此值为零；

(2)车道内轴向风速：设离中性点($v_r = 0$ 的点)的距离为 $x$，则有：

$$v_{rx} = \frac{q_b}{A_r} x \tag{1-12-20}$$

(3)单向行车时车道内静压 $P_{rx}$：

①在逆风段(隧道入口—中性点)：

$$P_r^* - P_{rx1} = \left(\frac{\lambda_r}{3} \frac{x_1}{D_r} + 2\right) \cdot \frac{\rho}{2} v_{rx1}^2 + \alpha \frac{x_1}{L} \frac{\rho}{2} \left(v_t^2 + v_t v_{rx1} + \frac{1}{3} v_{rx1}^2\right) \tag{1-12-21}$$

式中：$x_1$——从中性点向隧道入口取的距离；

$P_r^*$——中性点的静压；

$v_t$——车速；

$\alpha$——活塞作用系数，$\alpha = \frac{A_e}{A_r} \frac{NL}{v_t}$。

②在顺风段(中性点—隧道出口)：

$$P_r^* - P_{rx2} = \left(\frac{\lambda_r}{3} \frac{x_2}{D_r} + 2\right) \cdot \frac{\rho}{2} v_{rx2}^2 + \alpha \frac{x_2}{L} \frac{\rho}{2} \left(v_t^2 + v_t v_{rx2} + \frac{1}{3} v_{rx2}^2\right) \tag{1-12-22}$$

式中：$x_2$——从中性点向隧道出口取的距离；

其他符号意义同上。

双向行车时车道内静压 $P_{rx}$(取上、下行交通量相等)为：

$$P_r^* - P_{rx} = \left(\frac{\lambda_r}{3} \frac{x}{D_r} + 2\right) \frac{\rho}{2} v_{rx}^2 + \alpha \frac{x}{L} \frac{\rho}{2} \left(v_t^2 + v_t v_{rx} + \frac{1}{3} v_{rx}^2\right) \tag{1-12-23}$$

多洞口送风(多管风道)的车道内压计算较复杂，可用图解法求，在此略。

**(七)联络风道压力损失**

联结送(排)风机与大气及送(排)风井等的联络风道的压力损失可按下式计算：

$$P_e = \sum \xi_n \frac{\rho}{2} v_n^2 + \sum \lambda_n \frac{L}{D_n} \frac{\rho}{2} v_n^2$$

$$= \sum \frac{\rho}{2} v_{bi}^2 \left[ \sum \xi_n P \left( \frac{A_b}{A_n} \right)^2 + \sum \lambda_n \frac{L}{D_n} \left( \frac{A_b}{A_n} \right)^2 \right] \quad (1\text{-}12\text{-}24)$$

式中：$v_{bi}$——隧道风道始（末）端风速；

$\xi_n$——各部位的摩擦损失系数；

$\lambda_n$——各部位的摩擦损失系数；

$v_n$——各部位的风速；

$A_n$——各部位的风道面积；

$A_b$——隧道风道始（末）端断面积。

## 二、计算示例

**【例 1-12-1】** 送风型半横向通风方式

1. 隧道条件

交通条件：双向交通（上下行比例 1∶1）

隧道长度：$L_r = 3000\text{m}$

拱部风道长度：$L_b = 1500\text{m}$（洞口两端送风）

隧道断面积：$A_r = 44.25\text{m}^2$

断面当量直径：$D_r = 6.15\text{m}$

设计交通量：$N = 1680$ 辆/h

大型车混入率：$r_1 = 43\%$（$A_m = 2.9\text{m}^2$）

计算行车速度：$v_t = 60\text{km/h} = 16.67\text{m/s}$

需风量：$Q_{req} = 395.86\text{m}^3/\text{s}$，

$q_h = 395.86/3000 = 0.132\text{m}^3/\text{s/m}$

风道断面积：$A_b = 9.85\text{m}^2$

风道当量直径：$D_b = 2.5\text{m}$

2. 风道与隧道的风压

（1）风道始端风速 $v_{bi}$

$$v_{bi} = \frac{Q}{2A_b} = \frac{395.86}{2 \times 9.85} = 20.09\text{m/s}$$

（2）风道始端动压 $p_{bi}$

$$p_{bi} = \frac{\rho}{2} \cdot v_{bi}^2 = \frac{1.224}{2} \times 20.09^2 = 247.01\text{Pa}$$

（3）风道静压差 $P_{bi} - P_{bo}$

$$k_b = \left( \frac{\lambda}{3} \cdot \frac{L_b}{D_b} - 1 \right) = \left( \frac{0.025}{3} \cdot \frac{1500}{2.5} - 1 \right) = 4$$

$$P_{bi} - P_{bo} = k_b \cdot \frac{\rho}{2} \cdot v_{bi}^2 = 4 \times \frac{1.224}{2} \times 20.09^2 = 988.03\text{Pa}$$

（4）送风道所需末端压力

$$P_{bo} - P_{ro} = 150\text{Pa}$$

(5)送风道末端隧道内风压

$$v_r(x) = \frac{q_b}{A_r} \cdot x = \frac{0.132}{44.25} \cdot x$$

$$\alpha = \frac{A_m}{A_r} \cdot \frac{N \cdot L}{v_t} = \frac{2.9}{44.25} \times \frac{1680 \times 3000}{60000} = 5.505$$

上下行交通量相等(均为 50%),且 $\Delta p_m = 0$ 时,用 $x = 1500$m 代入下式,则得:

$$p_{rc} - p_r(x) = \frac{\rho}{2} \cdot \left\{\left(\frac{\lambda}{3} \cdot \frac{x}{D_r} + 2\right) \cdot v_r^2(x) + \alpha \cdot \frac{x}{L} \cdot v_t \cdot v_r(x)\right\}$$

$$= \frac{1.224}{2} \times \left\{\left(\frac{0.025}{3} \times \frac{1500}{6.15} + 2\right) \times \left(\frac{0.132}{44.25} \times 1500\right)^2 + 5.505 \times \frac{1500}{3000} \times 16.67 \times \left(\frac{0.132}{44.25} \times 1500\right)\right\} = 175.09\text{Pa}$$

3. 送风机所需全风压

连接风道的压力损失需要根据连接风道的形式和几何尺寸等条件确定,假定为 $q_d$,则送风机所需全风压 $P_{tot}$可计算如下:

$P_{tot} = 1.1 \times$ {隧道风压 + 所需末端压力 + 风道静压差 + 风道始端动压 + 连接风道损失}

$= 1.1 \times \{175.09 + 150 + 988.03 + 247.01 + P_d\}$

$= 1.1 \times (1560.13 + P_d) P_a$

**【例 1-12-2】** 全横向式

1. 隧道条件

交通条件:双向交通(上下行比例 1:1)

隧道长度: $L_r = 3000$m

拱部风道长度: $L_b = L_e = 1500$m(洞口两端送排风)

设计交通量: $N = 3000$ 辆/h

计算行车速度: $v_t = 60$km/h $= 16.67$m/s

需风量: $Q_{req} = 320\text{m}^3/\text{s}$(每条风道的量)

送、排风道断面积: $A_b = A_e = 16\text{m}^2$

送、排风道当量直径: $D_b = D_e = 3.2$m

2. 送风机的全风压

(1)送风道始端风速 $v_{bi}$

$$v_{bi} = \frac{Q_b}{A_b} = \frac{320}{16} = 20\text{m/s}$$

(2)送风道始端动压 $P_{bi}$

$$P_{bi} = \frac{\rho}{2} \cdot v_{bi}^2 = \frac{1.224}{2} \times 20.00^2 = 244.80\text{N/m}^2$$

(3)送风道静压差 $P_{bi} - P_{bo}$

$$k_b = \left(\frac{\lambda}{3} \cdot \frac{L_b}{D_b} - 1\right) = \left(\frac{0.025}{3} \cdot \frac{1500}{3.2} - 1\right) = 2.91$$

$$P_{bi} - P_{bo} = k_b \cdot \frac{\rho}{2} \cdot v_{bi}^2 = 2.91 \times \frac{1.224}{2} \times 20.00^2 = 712.37\text{Pa}$$

(4)送风道所需末端压力

$$P_{bo} - P_{ro} = 150\text{Pa}$$

送风连接风道的压力损失需要根据连接风道的形式和几何尺寸等条件确定，假定为 $P_{bd}$，则送风机所需全风压 $P_{tpt}$可计算如下：

$$P_{tpt}=1.1\times(\text{送风道末端压力}+\text{送风道静压差}+\text{送风道始端动压}+\text{送风连接风道损失})$$
$$=1.1\times(150+712.37+244.80+P_{bd})$$
$$=1.1\times(1107.17+P_{bd})\text{Pa}$$

3. 排风机的全压力

(1)排风道末端风速 $v_{eo}$

$$v_{eo}=\frac{Q_e}{A_e}=\frac{320}{16}=20\text{m/s}$$

(2)排风道末端动压 $P_{eo}$

$$P_{eo}=\frac{\rho}{2}\cdot v_{eo}^2=\frac{1.224}{2}\times 20.00^2=244.80\text{Pa}$$

(3)排风道静压差 $P_{ei}-P_{eo}$

$$k_e=\frac{\lambda}{3}\cdot\frac{L_e}{D_e}+2=\frac{0.025}{3}\cdot\frac{1500}{3.2}+2=5.91$$

$$P_{ei}-P_{eo}=k_e\cdot\frac{\rho}{2}\cdot v_{ei}^2=5.91\times\frac{1.224}{2}\times 20.00^2=1446.77\text{Pa}$$

(4)排风道必要始端压力

$$P_{ri}-P_{ei}=100\text{Pa}$$

排风连接风道的压力损失需要根据连接风道的形式和几何尺寸等条件确定，假定为 $P_{ed}$，流入大气后的动压为 $P_v$，则排风机所需全风压 $P_{tot}$可计算如下：

$$P_{tot}=1.1\times(\text{排风道必要始端压力}+\text{排风道静压差}-\text{排风道末端动压}$$
$$+\text{排风连接风道损失}+\text{流入大气动压})$$
$$=1.1\times(100+1446.77-244.80+P_{ed}+P_v)$$
$$=1.1\times(1301.97+P_{bd}+P_v)\text{Pa}$$

## 第十三节　通　风　机

通风机是把机械能转变为空气压能的一种装置，它是实现隧道机械通风的关键设备。因此，了解通风机的构造与安装、通风机的工作原理和性能特点对做好隧道通风设计与管理十分重要。

### 一、通风机的构造、安装和工作原理

通风机按构造分为两大类：离心式通风机和轴流式通风机。

**(一)离心式通风机**

图 1-13-1 所示为离心式通风机的构造和安装图。离心式通风机主要由工作轮(动轮)1、螺形机壳 2 和扩散器 3 等组成。动轮由两个圆盘和装在圆盘之间的许多叶片构成，动轮装在轴 4 上，轴装在止推轴承 5 和径向轴承 6 上，轴 4 与电动机 14 的轴用齿轮联轴节 9 直接相连，形成直接传动(或用皮带间接传动)，两个轴承固定在支架 8 上，支架固定在机座的基础 11 上。前导器 7 用来调节风流进入动轮时的方向，以改变通风机的风压和风量。要使通风机紧急停

转时，可通过制动器 10 来实现。通风机的吸风口 12 和联络风道 15 相接，由联络风道来的风流经过吸风口引入前导器。13 为通风机房，其中安装有电力拖动设备和通风观测仪表。动轮运转时，风流经过吸风口、前导器进入动轮，在动轮作用下风流加速并升压，然后沿径向流出，进入螺形壳，经扩散器后风流减速，从而提高静压，最后流入大气。

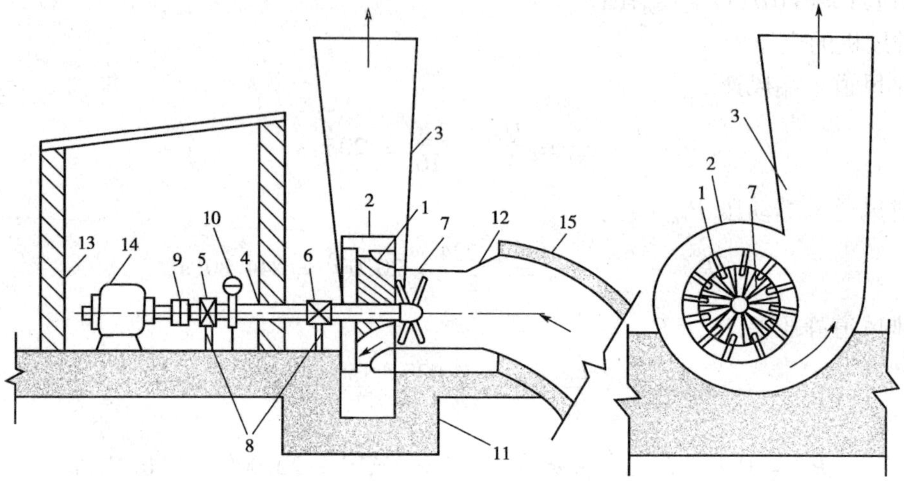


图 1-13-1　离心式通风机构造图

1-工作轮；2-螺形外壳；3-扩散器；4-轴；5-止推轴承；6-径向轴承；7-前导器；8-机架；9-联轴节；10-制动器；11-机座；12-吸风口；13-机房；14-电动机；15-联络风道

通风机的叶片在出口处的切向与动轮运转的切向的夹角叫叶片出口的构造角，用 $\beta_2$ 表示。叶片构造角不同，风机的风量、风压和效率等性能参数也不同，在实际中可根据通风要求选择适当的构造角并根据条件的变化进行必要的调节。

叶片的构造角可能是锐角、直角或钝角。构造角为锐角(即 $\beta_2 < 90°$)时的叶片叫前倾叶片；构造角为直角(即 $\beta_2 = 90°$)的叶片叫径向叶片；构造角为钝角(即 $\beta_2 > 90°$)时的叶片叫后倾叶片。不同构造角的叶片如图 1-13-2 所示。

后倾叶片效率高，多用在低压大型风机中；径向叶片制造、安装方便，多用在小型风机中，前倾叶片则能产生较高压力，所以只用在鼓风机中。

通风机叶片多加工成机翼形，如图 1-13-3 所示。这种形状具有良好的空气动力性能，风机效率最高可达 91% ~ 93%，另外还有叶轮坚固耐用，运转平稳，噪声低，结构简单，维护方便等优点。

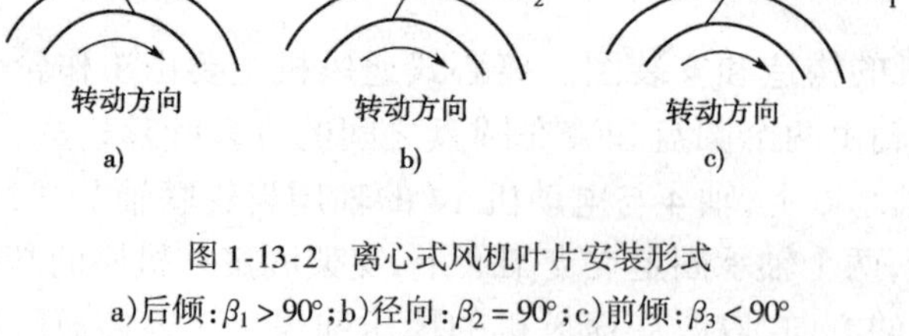


图 1-13-2　离心式风机叶片安装形式

a)后倾：$\beta_1 > 90°$；b)径向：$\beta_2 = 90°$；c)前倾：$\beta_3 < 90°$

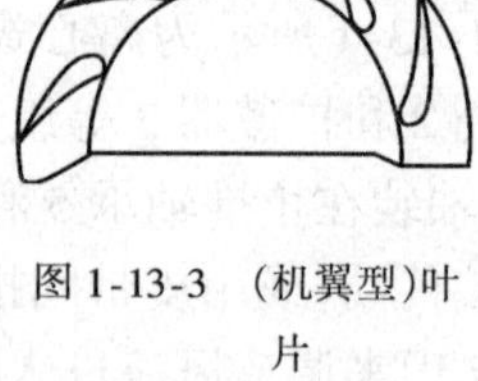

图 1-13-3　(机翼型)叶片

### (二)轴流式通风机

图 1-13-4 所示为轴流式通风机的构造和安装图。轴流式通风机主要由集风器 1、工作轮(第一级动轮 4 和第二级动轮 6)和扩散器 8 等组成。工作轮安装在轴 19 上,轴 19 靠径向轴承 15 和止推轴承 16 支承于机架 9 上,机架固定于基础 14 上。动轮轴 19 和电机轴用一段连接轴与齿轮联轴节 18 连接在一起,形成直接传动。第一级动轮前有集风器 1、流线体 2 和前导器 3,后有中间整流器 5,第二级动轮后有后整流器 7 和扩散器 8。流线体、前导器、中间整流器和后整流器能改变进入和流出动轮的风流方向,扩散器则能降低排出风流的速度,提高静压,它们都是为提高风机效率所设。集风器直接和联络风道 12 相接,它的作用是引导气流均匀平滑地进入动轮。电动机 10 安装于通风机房 11 中,为风机提供机械动力。

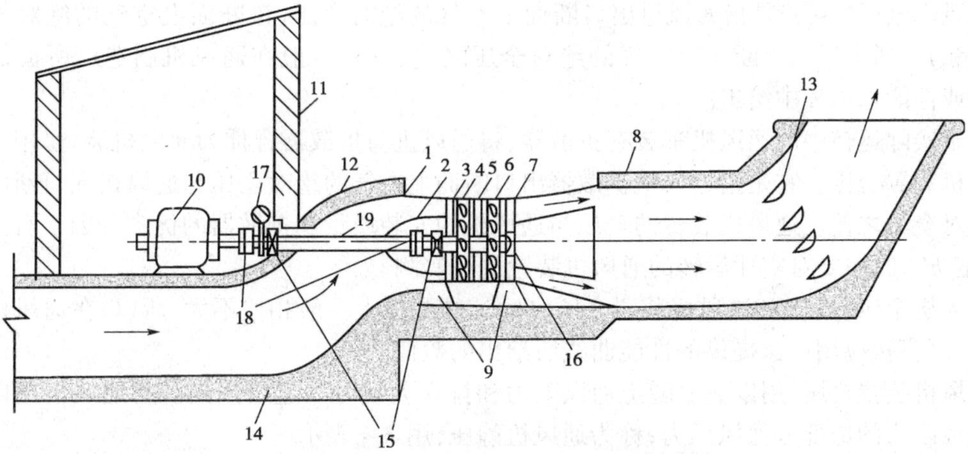

图 1-13-4 轴流式扇风机构造示意图

1-集风器;2-流线体;3-前导器;4-第一级动轮;5-中间整流器;6-第二级动轮;7-后整流器;8-环形扩散器与水泥扩散器;9-机架;10-电动机;11-机房;12-联络风道;13-导风板;14-基础;15-径向轴承;16-止推轴承;17-制动闸;18-齿轮联轴节;19-轴

当通风机工作时,风流自集风器 1、经流线罩 2 和前导器 3,沿轴向进入第一级动轮 4,在动轮的叶片作用下,风流得到加速和升压,再经中间整流器 5 改变风流方向后送入第二级动轮 6 进行第二次升压,然后经后整流器 7 调整方向送入扩散器 8,由扩散器减速后排入大气。

动轮是通风机工作的主要部件。动轮可以只安装一个,叫一级动轮,也可以安装两个,叫二级动轮。每个动轮上安装有 16 个叶片。叶片形状为梯形,断面为机翼形,呈中空状,叶片用螺杆固定在轮毂上。安装时叶片与动轮旋转的切线方向保持一定夹角,这一夹角叫安装角,用 $\theta$ 表示。叶片形状和安装角如图 1-13-5 所示。

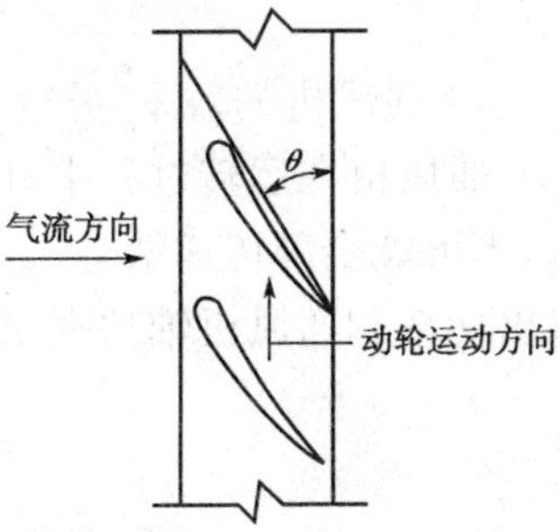

图 1-13-5 叶片安装示意

安装角的大小决定着通风机的性能,它可根据需要进行调整。对于一级动轮的通风机,$\theta$ 有 10°、15°、20°、25°、30°、35°和 40°等 7 个取值;对于二级动轮的通风机,叶片可以分别安装成 15°、20°、30°、35°、40°和 45°等 7 种不同角度。调整级差均为 5°。有必要时也可取级差为 2.5°。

叶片形状也有扭曲形的,这种形状空气动力性能好,风机效率高,但加工、安装不够方便。

## 二、通风机的特性

### (一)通风机的特性参数

通风机的基本特性参数包括通风机的流量(风量)、压力、功率和效率。

1. 流量(风量)

单位时间内通过通风机的空气体积,称为通风机的流量,用 $Q$ 表示,单位为 $m^3/s$、$m^3/min$ 或 $m^3/h$。在隧道通风中,通过通风机的流量,也就是通风机送入隧道或从隧道排出的空气量。

2. 压力

通风机工作时,叶轮给予每 $1m^3$ 空气的能量。每 $1m^3$ 空气通过通风机后所增加的全部能量,称为通风机全压或通风压力,用 $h_{全}$ 或 $h$ 表示,单位为 Pa。

通风机全压($h_{全}$),是指通风机出口断面上空气的绝对全压(该断面上空气的绝对静压与速压之和)与通风机入口断面上空气的绝对全压之差。$h_{全}$ 一般在通风机制造厂所提供的特性曲线或性能选用表中给出。

对于实际运转中的通风机都装有扩散器,将通风机与扩散器合称为通风机装置,用 $h'_{全}$表示通风机装置全压。它是指通风机扩散器出口断面上空气的绝对全压与通风机入口断面上空气的绝对全压之差。通风机装置的全压与通风机的安装质量和扩散器的优劣等因素有关。因此,确定 $h'_{全}$时需要对实际运转的通风机装置进行实测。

通风机全压($h'_{全}$)和通风机装置全压($h'_{全}$),在数值上一般相差不大,所以,在通风机选型计算中,可直接应用厂家提供的性能曲线所给出的数值。

通风机装置全压,用以克服隧道通风阻力和排入大气时的速压损失。将通风机用以克服隧道通风阻力的那部分通风压力,称为通风机静压,用 $h_{静}$ 表示。

3. 通风机的输出功率

单位时间内通过通风机的流量和通风机给予每 $1m^3$ 空气的全部能量的乘积,称为通风机的输出功率,用 $N_{出}$($W$)表示:

$$N_{出} = hQ$$

由于通风机压力有通风机全压 $h_{全}$ 和通风机静压 $h_{静}$ 之分,所以通风机的输出功率也有通风机全压输出功率 $N_{全出}$和通风机静压输出功率 $N_{静出}$,即:

$$N_{全出} = \frac{h_{全} Q}{102}, \text{kW}; N_{静出} = \frac{h_{静} Q}{102}, \text{kW} \tag{1-13-1}$$

4. 通风机的效率

通风机在运转过程中,由于机械损失及空气流动损失等原因,风机轴上的功率(用 $N_{轴}$表示)不可能全部传递给空气,也就是说通风机的轴功率必然要大于通风机的输出功率,通风机输出功率和通风机轴功率 $N_{轴}$(或通风机输入功率)之比叫做通风机效率,用 $\eta$ 表示:

$$\eta_{全} = \frac{N_{全出}}{N_{轴}} = \frac{h_{全} Q}{102 N_{轴}}; \eta_{静} = \frac{N_{静出}}{N_{轴}} = \frac{h_{静} Q}{102 N_{轴}} \tag{1-13-2}$$

式中:$\eta_{全}$、$\eta_{静}$——分别表示通风机的全压效率和静压效率。

通风机的效率是衡量每台通风机工作性能的重要指标之一。

### (二)通风机的特性曲线

1. 通风机的个体特性曲线和工况点

对于任何一台通风机,上述各个基本参数之间都有着一定的依存关系。例如,将通风机装在试验管道(或隧道)上运转,设管道的风阻为 $H_{r1}$,则通风机就有确定的风量 $Q_1$、风压 $H_1$、功率 $N_1$ 和效率 $\eta_1$,当管道风阻变为 $H_{r2}$时,通风机又有相对应的 $Q_2$、$H_2$、$N_2$、和 $\eta_2$ 值。若不断改变管道的风阻值,则可以测得一系列与风阻值相对应的 $Q$、$H$、$N$ 和 $\eta$ 值。如以 $Q$ 为横坐标、$H$ 为纵坐标,将上述测得各对应的 $Q$、$H$ 值描在坐标纸上,并连结各点,可以获得风量—风压曲线(简称风压曲线);用同样方法可以得到风量—功率曲线(简称功率曲线)和风量—效率曲线(简称效率曲线)。上述诸曲线合称为通风机的个体特性曲线。

通风机的个体特性曲线,能全面地反映每台通风机的性能和特点,是选好、用好通风机必不可少的基础资料。

图 1-13-6 所示为离心式通风机的个体特性曲线,图 1-13-7 所示为轴流式通风机的个体特性曲线。由图可以看出,两类通风机在性能上有较大差别。

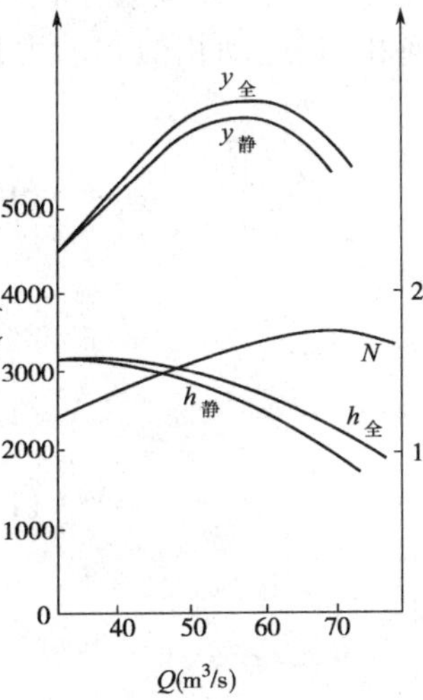

图 1-13-6　离心式通风机个体特性曲线

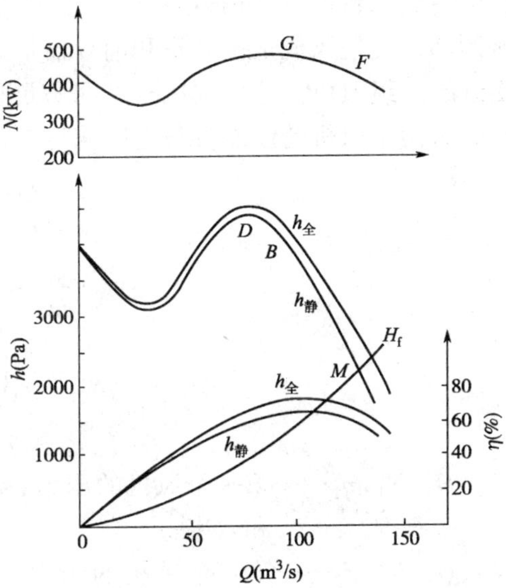

图 1-13-7　轴流式通风机个体特性曲线

离心式通风机的风压曲线比较平缓,当风量变化时,风压变化不大;而轴流式通风机的风压曲线比较陡,并有一个类似"马鞍形"的驼峰区,当风量变化时,风压变化较大。

离心式通风机的功率曲线,在其稳定工作区内,功率随风量的增加而增加,且启动功率较小,所以离心式风机启动时,为避免启动电流过大而烧毁电动机,应将闸门关闭,待通风机启动后再逐渐打开闸门。轴流式通风机的功率曲线,在其稳定工作区内(图 1-13-6 所示 $GF$ 区),功率随着风量的增加而减少,且其启动功率较大,故轴流式通风机启动时,不必关闭闸门。

如图 1-13-6 和图 1-13-7 所示,风压曲线有全压曲线和静压曲线,与其相对应的是全压效率曲线和静压效率曲线。

顺便指出,与通风机的个体特性曲线相对应,隧道有其风阻特性曲线。隧道的风阻特性曲线反映了隧道的通风阻力随其通风量而变化的关系。隧道风阻特性曲线可以这样得到:对于一座给定的隧道,假设在第一种情况下其通风量为 $Q_1$,对应着 $Q_1$ 隧道内的风速为 $v_1$,与 $v_1$ 对应隧道通风系统的风阻为 $H_1$;假设在第二种情况下其通风量为 $Q_2$,对应着 $Q_2$ 隧道内的风速为 $v_2$,与 $v_2$ 对应隧道通风系统的风阻为 $H_2$;如此类推,可以得到数字对($Q_1$,$H_1$)、($Q_2$,$H_2$)、…、($Q_m$,$H_m$)。据此可以在 $Q$-$H$ 坐标系下找到一系列相应的点,并用平滑的曲线将这些点连接起来,所得曲线就是给定隧道的风阻特性曲线。如果将所用通风机的个体特性曲线与给定隧道的风阻特性曲线画在同一坐标系下，两条曲线会有一个交点，此点便称为通风机的工况点或工作点。如图 1-13-7 所示，$M$ 点就是工况点。该点所对应的通风机的风量就是通过隧道的风量，所对应的通风机的压力就是隧道的通风阻力。

2. 通风机的类型特性曲线

通风机的个体特性曲线反映了给定叶轮直径、给定转速、给定空气密度等条件下风机各特性参数之间的关系。当条件发生变化时，特性曲线也要发生变化。例如，对同一个风机，当采用不同转速时就会有不同的特性曲线；对同一转速，当叶轮直径改变时，又会有不同特性曲线。这样，要反映一个风机在不同条件下的特性，就需要许多条曲线，从而使风机的选型和管理十分不便。

为了解决这一问题，需要研究通风机的类型特性曲线。类型特性曲线是用于表示同一类型的所有风机（而不是单个风机）的特性参数间关系的曲线。它与个体特性曲线之间既有区别，又有联系，二者可以互相转换。

所谓同一类型风机是指叶轮和前导器形式相同，前导器和整流器上叶片安装角相同，安装质量相近的一组风机。这样的风机之间满足相似理论中的几何相似、运动相似和动力相似条件，所以，每两个风机的性能参数之间满足下列关系：

$$\frac{h_1}{h_2}=\frac{\gamma_1}{\gamma_2}\left(\frac{n_1}{n_2}\right)^2\left(\frac{D_1}{D_2}\right)^2 \tag{1-13-3}$$

$$\frac{Q_1}{Q_2}=\frac{n_1}{n_2}\left(\frac{D_1}{D_2}\right)^3 \tag{1-13-4}$$

$$\frac{N_1}{N_2}=\frac{\gamma_1}{\gamma_2}\left(\frac{n_1}{n_2}\right)^3\left(\frac{D_1}{D_2}\right)^5 \tag{1-13-5}$$

$$\eta_2=\eta_1 \tag{1-13-6}$$

式中：$h_1$、$Q_1$、$N_1$、$\eta_1$——第一个风机的压力、流量、功率和效率；

$h_2$、$Q_2$、$N_2$、$\eta_2$——第二个风机的压力、流量、功率和效率；

$n_1$、$n_2$——第一和第二个风机的转速，r/min；

$D_1$、$D_2$——第一和第二风机的叶轮直径，m；

$\gamma_1$、$\gamma_2$——流经第一和第二风机空气的容重，N/m$^3$。

式(1-13-3)~式(1-13-6)叫通风机的比例定律。

利用比例定律可以将一台通风机在一定条件下的特性曲线转化为不同条件时的该通风机的特性曲线。例如，已知某轴流式通风机的叶片安装角为 30°，转数 $n_1=1500$r/min 时的特性曲线如图 1-13-8 所示，当其它条件不变时，利用比例定律可得转数为 $n_2=1000$r/min 时的特性曲线。其方法是：先在 $n_1$ 特性曲线上取 1、2、3、4 等点，并将各点的 $Q_{静1}$、$h_1$、$N_1$ 和 $\eta_1$ 等值填入表 1-13-1 中，然后用比例定律求得各对应点的 $h_{静2}$、$Q_2$、$N_2$ 和 $\eta_1=\eta_2$ 等值，填入表 1-13-2 中，即 $h_{静2}=h_{静2}\left(\frac{n_2}{n_1}\right)^2$，

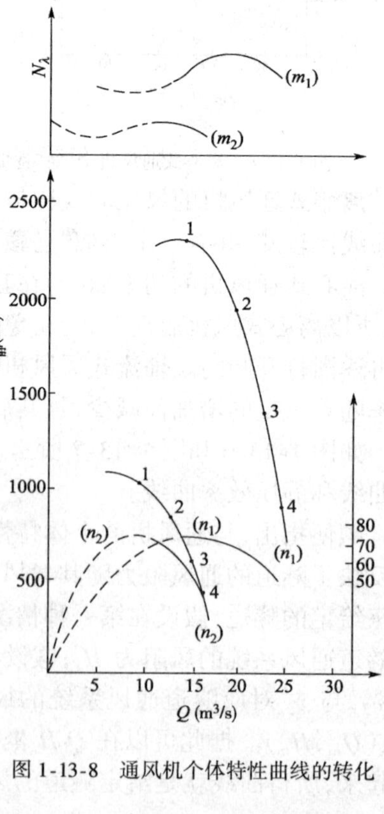

图 1-13-8　通风机个体特性曲线的转化

$Q_2 = Q_1 \frac{n_2}{n_1}, N_{入2} = N_{入1}\left(\frac{n_2}{n_1}\right)^3$。最后,在同一坐标图上描得对应点 1、2、3、4……,并连接成 $h_{静2} - Q_2$、$N_{入2} - Q_2$ 和 $\eta_2 - Q_2$ 曲线。

**$n_1$ 特性曲线上各点参数值** 表 1-13-1

| 坐标点号 | $n_1$ | $Q_1$ | $h_{静1}$ | $N_{入1}$ | $\eta_1$ |
|---|---|---|---|---|---|
| 1 | 1500 | 15 | 230 | 45 | 0.75 |
| 2 | 1500 | 20 | 195 | 55 | 0.69 |
| 3 | 1500 | 23 | 140 | 50 | 0.63 |
| 4 | 1500 | 25 | 90 | 45 | 0.49 |

**$n_2$ 特性曲线上各对应点参数值** 表 1-13-2

| 坐标点号 | $n_2$ | $Q_2$ | $h_{静2}$ | $N_{入2}$ | $\eta_2$ |
|---|---|---|---|---|---|
| 1 | 1000 | 10 | 102 | 13.3 | 0.75 |
| 2 | 1000 | 13.3 | 86.5 | 16.3 | 0.69 |
| 3 | 1000 | 15.3 | 62.2 | 14.8 | 0.63 |
| 4 | 1000 | 16.7 | 40 | 13.3 | 0.49 |

类似地,应用比例定律,还可以按某通风机在一定转数、容重条件下的特性曲线或试验参数,获得同类型通风机在不同叶轮直径、转数和不同空气容重条件下的个体特性曲线或参数,这样,就可不必对同类型通风机中的各种机号的通风机进行实测工作。而通常只用几何相似(各对应角相等,各对应边成比例)、运动相似(各对应点的速度三角形相似)和动力相似(各对应点的作用力之比相等)的通风机模型进行试验,将模型试验所得的数值,应用比例定律计算同类型通风机的各对应值,然后绘制同类型通风机的各种机号及不同转数下的通风机个体特性曲线。

比例定律的另一重要用途是由通风机的个体特性曲线求类型特性曲线。

假设通风机叶片外缘的线速度为 $u$(m/s),则有:

$$u = \frac{\pi D n}{60} \tag{1-13-7}$$

式中:$D$——叶轮外径,m;

$n$——叶轮转速,r/min。

因

$$\frac{u_1}{u_2} = \frac{D_1 n_1}{D_2 n_2} \tag{1-13-8}$$

又

$$\rho = \frac{\gamma}{g} \tag{1-13-9}$$

将式(1-13-8)、式(1-13-9)分别代入(1-13-3)、式(1-13-4)和式(1-13-5)得:

$$\frac{h_1}{\rho_1 u_1^2} = \frac{h_2}{\rho_2 u_2^2} = \overline{H} = 常数 \tag{1-13-10}$$

$$\frac{Q_1}{\frac{\pi}{4} D_1^2 u_1} = \frac{Q_2}{\frac{\pi}{4} D_2^2 u_2} = \overline{Q} = 常数 \tag{1-13-11}$$

$$\frac{N_1}{\frac{\pi}{4}D_1^2\rho_1 u_1^3} = \frac{N_2}{\frac{\pi}{4}D_2^2\rho_2 u_2^3} = \overline{N} = 常数 \tag{1-13-12}$$

式中：$\overline{H}$——通风机的压力系数，无因次；

$\overline{Q}$——通风机的流量系数，无因次；

$\overline{N}$——通风机的功率系数，无因次。

由式(1-13-7)～式(1-13-9)可知，$\overline{H}$、$\overline{Q}$ 和 $\overline{N}$ 均与通风机的尺寸和转数无关。

式(1-13-10)～式(1-13-12)可写成下面形式：

$$\overline{H} = \frac{h}{\rho u^2} \tag{1-13-13}$$

$$\overline{Q} = \frac{Q}{\frac{\pi}{4}D^2 u} \tag{1-13-14}$$

$$\overline{N} = \frac{N}{\frac{\pi}{4}D^2 u^3} \tag{1-13-15}$$

$\overline{H}$、$\overline{Q}$、$\overline{N}$ 可以通过同类型通风机的相似模型试验获得：

将通风机模型与试验管道连接运转，通过调节管道风阻改变通风机工况点。每调节一次，分别记录 $h$、$Q$ 和 $N$，并用式(1-13-13)～式(1-13-15)算得 $\overline{H}$、$\overline{Q}$ 和 $\overline{N}$ 值。将每次测算的值分别绘于 $\overline{Q}$-$\overline{H}$、$\overline{Q}$-$\overline{N}$ 坐标系中，并将各点用光滑曲线联接，就可得到该类型通风机的类型特性曲线。

图 1-13-9 为某通风机的类型特性曲线。有了通风机的类型特性曲线，又可以由类型特性曲线推算出此类型通风机中某种机号（即叶轮直径 $D$ 为已知），以及某一转速运转时的个体特性曲线。具体作法举例说明如下：

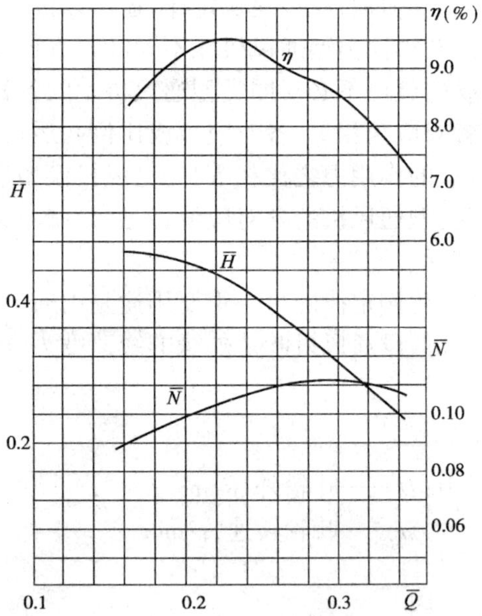

图 1-13-9　通风机的类型特性曲线

**【例 1-13-1】** 由图 1-13-9 所示类型特性曲线求叶轮直径为 1.2m，转速为 750r/min 的某通风机的个体特性曲线。

**解：**根据图 1-13-9 选出几个不同的 $\overline{H}$ 值，由图中 $\overline{H}$-$\overline{Q}$ 曲线查得对应的 $\overline{Q}$ 值，再由 $\overline{N}$-$\overline{Q}$ 和 $\eta$-$\overline{Q}$ 曲线查得相应的 $\overline{N}$ 和 $\eta$ 值，并将所有值列于表 1-13-3 中。

**类型特性曲线的无因次参数**　　表 1-13-3

| $\overline{H}$ | 0.47 | 0.45 | 0.41 | 0.34 | 0.27 | $\overline{N}$ | 0.90 | 0.098 | 0.105 | 0.11 | 0.108 |
|---|---|---|---|---|---|---|---|---|---|---|---|
| $\overline{Q}$ | 0.16 | 0.20 | 0.24 | 0.28 | 0.32 | $\eta$(%) | 83 | 93 | 94 | 88 | 81 |

把 $u=\frac{\pi Dn}{60}=\frac{3.14\times1.2\times750}{60}=47.1\text{m/s}$ 和 $\rho=1.2\text{kg/m}^3$ 分别代入式(1-13-10)~式(1-13-12)得：

$$h=\overline{H}\rho u^2\approx2262\overline{H}$$

$$Q=\overline{Q}\frac{\pi}{4}D^2u\approx53.3\overline{Q}$$

$$N=\overline{N}\rho\frac{\pi}{4}D^2u^3/1000\approx141.8\overline{N}$$

$\eta$ 值不变

分别将表 1-13-3 中各值代入上面各式就可求得对应的 $h$、$Q$、$N$ 和 $\eta$ 值并列于表 1-13-4 中，再用表 1-13-4 中各组值绘制成曲线就得到该通风机的个体特性曲线。

**个体特性曲线参数** 表 1-13-4

| $h$(Pa) | 1272 | 1218 | 1109 | 910 | 730 | $N$(kW) | 73.28 | 14.46 | 15.49 | 16.23 | 15.93 |
|---|---|---|---|---|---|---|---|---|---|---|---|
| $Q$($m^3$/s) | 8.53 | 10.66 | 12.70 | 14.92 | 17.06 | $\eta$(%) | 83 | 93 | 94 | 88 | 81 |

## 三、通风机的联合运转

当一台通风机无法满足隧道送(排)风要求时，就需要安装两台或两台以上风机，从而形成多台风机联合运转。

通风机的联合运转方式有两种：一种方式是串联运转，即两台或多台风机首尾相接或通过一段联络风道后再首尾相接。风机串联运转可提高通风压力；另一种方式是并联运转，即两台或多台风机的进、出口相并列，同时为隧道送风或排风，这种运转方式能增加隧道通风量。由于在隧道通风中多采用并联方式，下面只介绍风机的并联运转。

并联运转的风机多是个体特性曲线完全相同的风机。图 1-13-10 所示为两台完全相同的通风机并联运转与一台风机单独运转的特性和工况比较图。图中的实线 $ABC$ 为风机个体风压特性曲线；图中虚线 $abc$ 为两台风机并联运转时的综合风压特性曲线，它是由单机的特性曲线利用“并联时风压相等，风量等于 2 倍的单机风量”的性质画成的；第三条曲线 $OWw$ 是隧道的风阻特性曲线。$W$ 点为单机时工况点，$w$ 点为二机并联时工况点。

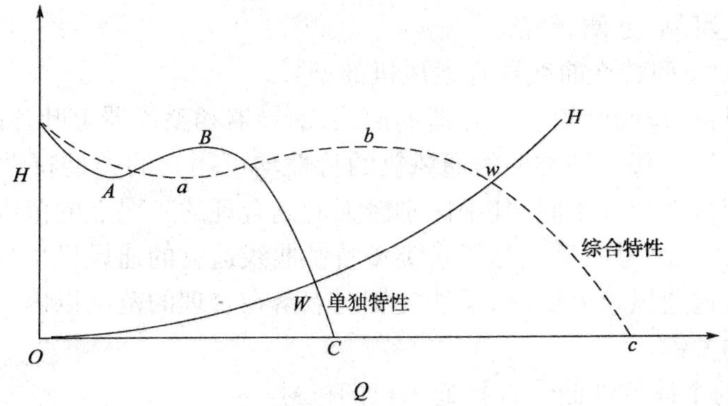


图 1-13-10 通风机的并联运转

由图可见，实际上此时二风机并联时的风量小于单机工作时风量的2倍，这主要是由隧道的风阻引起的。当风阻等于0时，风量才可能达到2倍。所以通风机并联运转时并联增加风量的效果与隧道风阻有关，当风阻小时效果显著，当风阻大到一定程度时，并联将意义不大。

## 四、通风机选型

正确选择通风机是学习本节的目的之一。通风机选型包括选择通风机的种类、通风机的型号、通风机的联合运转方式以及通风机的机号、转速和叶片安装角等。

在满足通风要求（足够的风量）时，工作效率较高的通风机即是合理的通风机。通风机选型的依据是隧道的通风阻力、要求的通风量以及其他的一些隧道条件。

通风机的选型可按下列步骤进行：

1. 根据离心式和轴流式通风机的优、缺点选择通风机的种类

离心式和轴流式通风机的优缺点归纳如下：

(1)在结构上

轴流式通风机具有体积小、质量轻、动轮直径小、转速高、可与电动机直接连接等优点；但其缺点是结构复杂，故障多，各部件都装在机壳内部检修不方便，噪声大。

离心式通风机则有结构简单、造价低、维修方便、坚固耐用、运行可靠等优点，其缺点是动轮直径大，机体大，转速低，一般不能与高速电机直接相连。

(2)在性能上

轴流式通风机特性曲线的工作段比较陡斜，当风量有较小变化时会引起风压较大变动。因此，它适应于阻力变化大而要求风量变化小的隧道中，而离心式则与此相反。

轴流式风机的风压曲线上有驼峰，若风机在驼峰范围内工作，就会引起风机风量、风压和功率的波动，产生不正常的振动和噪声，因此，风机的工况点应选在驼峰右侧稳定区中。

(3)在性能调节方面

轴流式通风机可通过改变叶片的安装角和转速调节性能，调节简单、经济，调节幅度大。离心式风机也可通过改变前导叶的角度和转速调节性能，但调节不方便且调节幅度小。

选择通风机时，要根据二类风机的优、缺点，结合隧道通风条件和要求进行具体分析和计算，选择应做到安全、可靠、方便、经济。

2. 根据通风机的类型特性曲线选择通风机的型号

同一种类的通风机，按照叶轮和前导器的形式，前导器和整流器上叶片的安装角等不同可分成多种型式（即型号）。每一种类型的通风机的特性均可用它的类型特性曲线来描述，不同类型的通风机的类型特性曲线不同，其中区别较大的是合理的工况点的范围（通风量和通风压力的范围）。选择通风机型号实质上是寻求类型特性曲线适宜的通风机型号，使该型号通风机的工况点既能满足隧道通风量的要求，又能使工况点落在合理的范围以内。因此，通风机型号选择是通风机选型的关键。

3. 根据通风机的个体特性曲线选择通风机的机号

对于同一种类型的通风机，按照叶轮直径的大小又分成不同的规格（即不同的机号）。在通风机的类型选定以后，就能够保证风机的工况点处于一个比较合理的范围（效率能够满足要

求的范围)内,但要使风机具有一个更为理想的工况点,还要选择合适的机号。选择机号主要依据通风量。一般若风量大,选择的叶轮直径也宜大。

4. 当单机不能满足风量要求时,应取二机或多机并联运转

在隧道通风阻力小,而要求风量大的情况下,采用通风机并联运转能够取得比较好的效果。通风机联合运转的效果取决于多台风机联合运转的综合特性曲线。

两台通风机并联运转时,通风量增加明显,一般可比单机通风量增大70%左右。但随并联风机台数的增多,风量增加的效果会减小。所以并联风机以2~3台为宜。风机并联运转时,各台风机的型号一般宜相同,这样选型、管理与维修比较方便。

5. 调整通风机动轮转速和叶片安装角

调整动轮的转速和叶片安装角有两个目的:(1)调整动轮转速和叶片安装角使风机处于效率最高最稳定的工作状态;(2)因隧道交通量或其他条件变化引起隧道通风量和风阻发生变化时,调整动轮转速或叶片安装角可改变风机工况点。

## 第十四节　通风井与通风机房

除射流风机纵向通风方式外,其他几种通风方式一般都需要修建通风井、通风机房、联络风道、隧道内风道,并安装通风机,才能形成完整的通风系统。其中通风井与通风机房的规划与设计至关重要。

### 一、通风井

风井是连接隧道与地表的通道。风井可以是垂直的,倾斜的或水平的。垂直的叫竖井,倾斜的叫斜井,水平的叫横洞。选择哪一种风井要根据地形确定,原则是隧道与地表连接距离短,连接方便。

在一条隧道中可以只设一个风井,也可以设多个风井。设风井的多少与选择的通风方式以及划分的通风区段等有关。风井多,风机台数增多,管理分散,管理人员增多,风井的建设和风机的安装费用增加;风井少,则可能造成通风系统不合理,风机能耗高。

确定风井的位置及数量既要考虑通风系统简单,建设和安装费用少,又要考虑通风系统运行可靠,运营管理费用低。通常利用隧道施工井作为通风井,这就要求在确定施工井的位置时就要考虑到通风井的各种要求。此外设计时还要注意避免污染空气的回流与排放废气对环境的污染。

对于地处城镇的隧道,竖井换风塔的设计应根据所处位置注意防止排风扩散对周围大气环境的不良影响,必要时应对此影响做出评价并采取防范措施。其调查和评价内容应包括排风的上升高度、排出角度、扩散宽度、扩散浓度以及井位附近的大气主导风向等。

1. 排风上升高度

地面换风塔的排风(吹出)口附近,有管理所和人员以及各通风设备,吹出的废气会造成一定污染,因此排风口应具有一定的高度,以满足环保要求。排风口的构造应考虑风口周围的地形、植被等自然条件来确定,一般而言,朝上开口吹出的形式较为有利。表1-14-1为排风口构造形式与排风效果。

**换风塔排风口构造与排风上升效果** 表 1-14-1

| 排风口形式 | | | 排气上升效果 |
|---|---|---|---|
| 朝上吹出 | *A* | 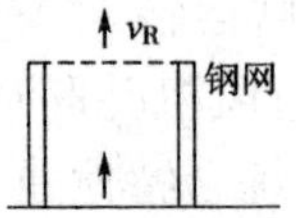 | 构造与工厂烟囱基本相同,其排出速度可以有效地改变上升高度 |
| | *B* | 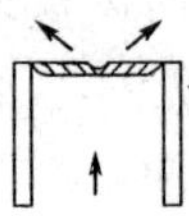 | 排气吐出方向由于有叶片而变成斜向,对上升高度的改变不利 |
| | *C* | 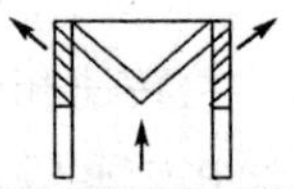 | 与 *B* 同 |
| 侧面吹出 | *D* | 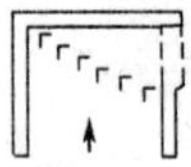 | 排气的排出速度不能左右上升高度 |
| | *E* | 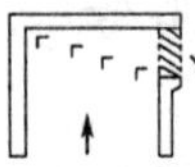 | 由于有叶片朝下,排出速度减小了排风高度,是一种不利的形式 |

有效排风口高度 $H_e$ 应为排风口结构高度 $H_0$ 加上排风上升高度 $\Delta H$(图 1-14-1)所示,即:

$$H_e = H_0 + \Delta H \tag{1-14-1}$$

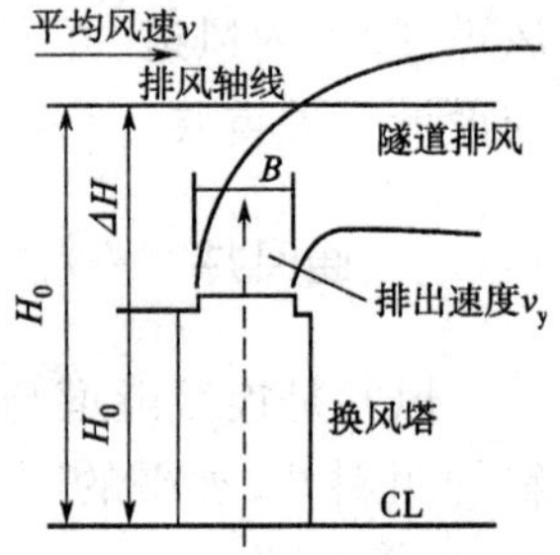

图 1-14-1 排风口有效高度示意图

尽管隧道内废气的温度一般稍高于大气气温,因而气体排出时具有少量的浮力,但一般忽略这一小量。计算 $\Delta H$ 仅考虑排风机械提供的排风速度,国际上常用 Bosanguet 计算公式来计算,即:

$$\Delta H = \frac{0.65 \times 4.77}{1 + 0.43 \times \dfrac{v}{v_g}} \cdot \frac{\sqrt{Q_e \cdot v_g}}{v} \tag{1-14-2}$$

式中:$Q_e$——排风量,$m^3/s$;

$v_g$——换风塔排风口风速,m/s;

$v$——大气平均风速,m/s。

2. 排风的扩散

排风口的扩散计算方法可按照工厂烟囱的排烟问题进行考虑,即假设扩散气体的污染浓度为正态分布,可采用正态型扩散式进行计算。计算时以排出源(排风口中心)为原点,沿风向为 $X$ 轴,与之垂直的水平方向为 $Y$ 轴,竖直向上为 $Z$ 轴,则地表面浓度($z=0$),得:

$$C(x,y,0) = \frac{q}{\pi \cdot \sigma_y \cdot \sigma_z \cdot v} \cdot \exp\left[-\left(\frac{H_e^2}{2\sigma_z^2} + \frac{y^2}{2\sigma_y^2}\right)\right] \tag{1-14-3}$$

式中:$C$——浓度,ppm;

$q$——发生源强度,$m^3/s$;

$\sigma_y$、$\sigma_z$——水平方向、垂直方向的扩散宽度,m;

$H_e$——有效排风口高度,m。

扩散宽度是上式中的重要参数，它与大气稳定度、地面粗糙度等诸多因素密切相关，应通过大量的调查和专题研究取其合理值。

## 二、通风机房

通风机房也是隧道通风的重要设施。规划与设计时除注意通风机房的功能要求外，还要使其位置合适、结构可靠、外观协调、便于养护维修与运营管理。通风机房可分为洞外通风机房和洞内通风机房。

1. 洞外通风机房

当采用集中送入式或横向式通风时，风机房可设置在隧道洞口处，设在洞口处又可分为在两洞口间设置和路堑单侧设置两种形式。设置在洞口时，应根据洞外线路、隧道洞门、洞外地形和景观，合理选择通风机房的位置、形式。通风机房设置在两洞口之间时，尤其应当注意与洞门和两侧路线的协调，避免对车辆行驶产生不良影响。

当采用竖井、斜井通风时，通风机房可设置在洞外，也可设置在洞内，国外在 20 世纪 90 年代以前，多数采用洞外通风机房形式，我国修建的少数几座通风竖井也采用洞外形式。洞外通风机房具有施工难度小，造价较低的特点，同时，由于斜(竖)井出口位置较高，也存在破坏地表环境、维护管理不便的缺点。

2. 洞内通风机房

在竖井、斜井通风中，当洞外设置通风机房有困难时，可将通风机房设置在竖(斜)井底部与隧道连接的位置。20 世纪 90 年代以后，这种形式的通风机房在国外(尤其是日本)逐渐增多。采用洞内通风机房，便于维护管理和工作人员出入，避免地表环境的破坏。但同时应注意通风机房的防水、防潮、防尘、降噪和温度调节等。

通风机房的大小要根据风机的大小、台数确定，要便于安装各种控制装置和监视仪表，便于检修，保证工作人员有一个良好的环境。

## 三、联络风道

联络风道是连接通风机与风井的通道。通风机安装在联络风道上，向风井内送风，或向地表排风。联络风道可以是开在风井上的岔道，也可以是在地表上砌筑的和井口相通的一种通道。因为联络风道直接和通风机的进风口或出风口相接，所以联络风道的大小要根据风机的型号以及安装要求确定。

为了在火灾时不停风机，又能迅速改变隧道内风流方向(隧道防火要求，见第四章)，联络风道与风机的连接应有两种方式：一种是正常的连接方式，实现隧道的正常送风；另一种连接仅在火灾时使用，它需要在风机和联络风道之间再设一个通道，并用一些控制装置(风门)来控制，实现火灾时的排风(排烟)。

在有水平风道(连接风井与隧道的水平通道)的隧道中，可以不设联络风道，风机直接安装在水平风道内，风机房也可直接设在水平风道中(见图 1-14-2 和图 1-14-3)。

图 1-14-2 和图 1-14-3 为国外某水下隧道在水平风道中安装风机的风机和通风机房布置图。共用八台风机，1 号、2 号、3 号、4 号为二级送风机，安装在送风道内。其中 2 号、3 号风机装的是变速电动机，可以变化一种速度，又可反向运转，使送风变为排风。风机后阀门为机动蝶阀。排风道中 5 号、6 号、7 号、8 号为二级排风机，其中 6 号、7 号二台是变速电动机，风机前的阀门为气流自动作用阀门。风机的运行组合方式有表 1-14-2 所列 7 种，可以适应不同风量的要求。

某运河隧道风机运行组合方式 表 1-14-2

| 组合形式 | 1 | 2 | 3 | 4 | 5 | 6 | 7 |
|---|---|---|---|---|---|---|---|
| 风机运转台数 | 0 | 1 | 2 | 2 | 3 | 3 | 4 |
| 每台风机运行级数 | 无 | 1 | 1 | 1 | 1 | 2 | 2 |
| 双速电动机转速 | 无 | 半 | 半 | 全 | 全 | 全 | 全 |

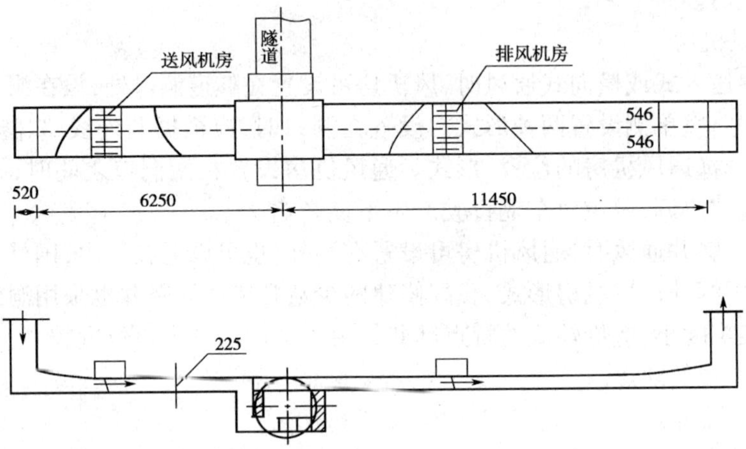


图 1-14-2 在水平风道内安装风机(尺寸单位:mm)

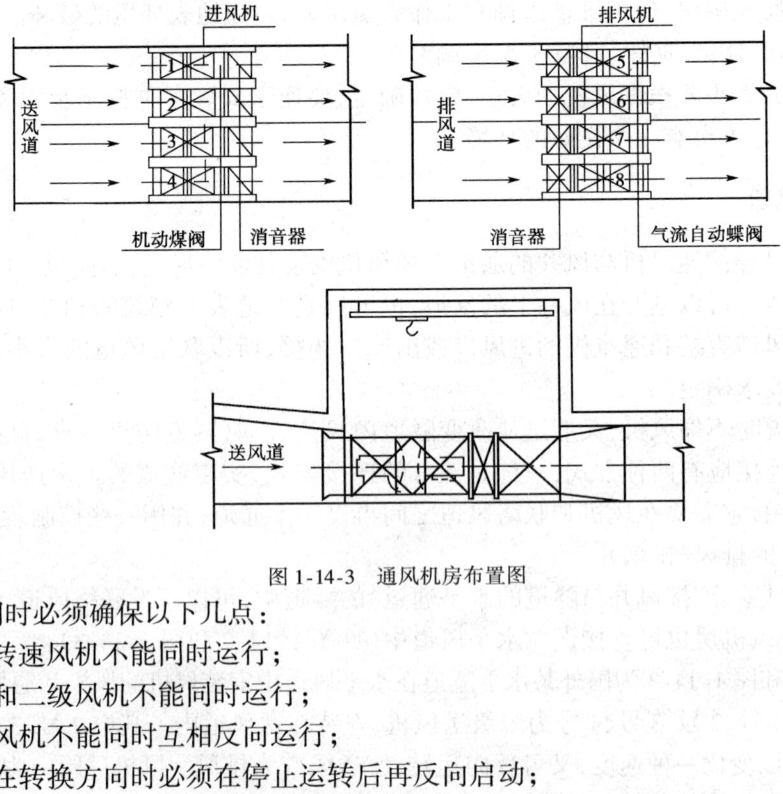


图 1-14-3 通风机房布置图

但在使用时必须确保以下几点:

(1)不同转速风机不能同时运行;

(2)一级和二级风机不能同时运行;

(3)多台风机不能同时互相反向运行;

(4)风机在转换方向时必须在停止运转后再反向启动;

(5)风机必须安装电机超负荷声响报警装置。

当风机可以反转时,排烟也可借风机反转来实现。

## 思考与练习

1. 通风工程中常用的空气状态参数和物理性质有哪些？如何定义和计算？

2. 我国《公路隧道通风照明设计规范》(JTJ 026.1—1999)对隧道内空气有哪些要求？

3. 空气的静压、动压和全压的概念是什么，分别如何计算？

4. 隧道通风阻力有哪些？是怎么形成的？

5. 隧道两洞口的等效压差的概念是什么？如何计算？在隧道通风设计中如何考虑？

6. 隧道需风量的概念是什么？如何计算？

7. 交通风是怎样产生的？如何确定？

8. 试述公路隧道通风方式的类型、特点和适用条件。

9. 如何进行纵向通风设计计算？

10. 试述射流风机在隧道内的布设方法。

11. 如何进行半横向式与全横向式通风风压计算？

12. 通风机有哪些类型？选型时应考虑哪些因素？

13. 选择通风井位置时应考虑哪些因素？

14. 已知某隧道内空气压力 $P = 758\text{mmHg}$，温度 $t = 20℃$，相对湿度 $\Phi = 0.5$，试确定隧道内空气密度($t = 20℃$时，$P_{sat} = 17.53\text{mmHg}$)。

15. 试确定某单向交通隧道需风量。条件如下：隧道海拔高度250m，坡度+1%，长度1340m，断面积68.45m$^2$，当量直径8.55m，设计时速80km/h，高峰小时交通量1600辆，其中汽油车：小客车12%，小型货车20%，中型货车18%；柴油车：中型货车18%，大型客车15%，大型货车13%，拖挂车4%。

16. 某双向4车道分离式隧道，通风设计条件如下，试给该隧道进行通风设计。

道路等级：高速公路，分离式双向4车道(计算单洞)；

计算行车速度 $v_t$：$v_t = 80\text{km/h}$；

空气密度 $\rho$：$\rho = 1.29\text{kg/m}^3$；

隧道为人字坡：上坡段坡度2.35%，长度850m；下坡段坡度1.65%，长度1000m；

隧道断面积 $A_r$：$A_r = 62.4\text{m}^2$；

隧道当量直径 $D_r$：$D_r = 8.25\text{m}$；

设计交通量：15000辆中型车/日(双向)，高峰小时交通量按日交通量的14%计算；

交通组成：

(1)汽油车：小型客车16%，小型货车14%，中型货车20%；

(2)柴油车：中型货车20%，大型客车16%，大型货车12%，拖挂车2%。

隧道内平均气温 $t_m$：$t_m = 20℃$；

风机类型：900型，断面积0.636m$^2$，出口风速25m/s。

# 第二章　隧道运营照明

## 第一节　概　　述

与铁路隧道和地铁隧道相比,运营期间需要照明是公路隧道的特点之一。公路隧道的照明,是为了把必要的视觉信息传递给驾驶员,防止因视觉信息不足而出现交通事故,从而提高行车的安全性和舒适性。与一般的道路照明相比,隧道照明的特点是白天也需要照明,而且白天照明比夜间照明问题更复杂。隧道照明与道路照明一样,也需要考虑路面应具有一定的亮度水平,同时还应进一步考虑设计速度、交通量、线形等影响因素,并从驾驶上的安全性和舒适性等方面综合评价照明效果,特别是在隧道入口及其相邻区段需要考虑人的视觉适应过程。

驾驶员驾车接近、进入并通过隧道的过程中,其视觉会遇到一系列特殊问题:

1. 进入隧道前的视觉问题(白天)

由于隧道内、外的亮度差别极大,所以,从隧道外部看照明不充分的隧道入口时,会看到长隧道的黑洞现象与短隧道的黑框现象。

2. 进入隧道后立即出现的视觉问题(白天)

汽车由明亮的外部进入即使不太暗的隧道以后,驾驶员的眼睛要经过一段时间才能看清隧道内部的情况,称之为"适应滞后现象"。这是由于环境亮度急剧变化,人的视觉不能迅速适应所致。

3. 隧道内部的视觉问题(白天、夜间)

隧道内部与一般道路不同,区别在于前者车辆排出的废气无法迅速消散而形成了烟雾,烟雾可以吸收和散射汽车头灯和照明灯具发出的光亮,从而使隧道内能见度降低。

4. 隧道出口处的视觉问题

白天,汽车穿过较长的隧道而接近出口时,由于出口外部亮度较高,出口看上去是个亮洞,驾驶员的视觉出现较强的眩光,因而视觉产生不舒服的感觉;夜间与白天正好相反,隧道出口看上去是黑洞而不是亮洞,造成分辨外部道路的线形及障碍物困难。

消除前述种种视觉问题的办法是对隧道进行电光照明。由于隧道照明不分昼夜,电光照明费用较高,因此,必须科学地设计隧道的照明系统,充分利用人的视觉能力,使隧道照明系统安全可靠,经济合理。为此,隧道照明设计一般按以下步骤进行:

(1)收集隧道设计有关资料,初勘现场自然环境;

(2)初步判定或现场测定洞外亮度,制订洞外减光方案;

(3)确定入口段、过渡段、中间段和出口段的亮度与长度指标;

(4)选择光源与灯具,并确定灯具安装位置与角度;

(5)根据路面材料及灯具光强分布特性,计算各照明区段的亮度及其均匀度;

(6)洞口土建工程完工后,对洞外亮度进行验核,必要时修正照明设计。

本章结合隧道照明的特点,介绍照明工程的有关基本知识,隧道照明设计的基本理论与基本方法。

# 第二节　光与光度量

## 一、光的本质

照明工程中，光是指辐射能的一部分，即能产生视觉的辐射能。

从物理学的观点，光是电磁波谱的一部分，波长范围在 380 ~ 780nm 之间，这个范围在视觉上可能稍有差异。任何物体发射或反射足够数量合适波长的辐射能，作用于人眼睛的感受器，人就可看见该物体。

目前科学家们用两种理论来阐述光的本质，这就是“电磁波理论”和“量子论”。电磁波理论认为发光体以辐射能的形式发射光，而辐射能又以电磁波形式向外传输，电磁波作用在人眼上就产生光的感觉。量子论认为发光体以分立的“波束”形式发射辐射能，这些波束沿直线发射出来，作用在人眼上而产生光的感觉。光在空间的运动可以用电磁波理论圆满地加以解释。光对物体（如阻挡层光电池光度计）的效应可用量子论圆满地加以解释。辐射能依波长或频率顺序排列的图形称为辐射能波谱或电磁能波谱（参见图 2-2-1）。可以用它来表明各种不同辐射能波长范围之间的关系。

一般辐射能波谱的范围分布在波长为 $10^{-16} \sim 10^{5}$m 的区域。可见光谱辐射能的波长在 $380 \times 10^{-9} \sim 780 \times 10^{-9}$m（即 380 ~ 780nm）之间，仅是辐射能中很小的一部分。

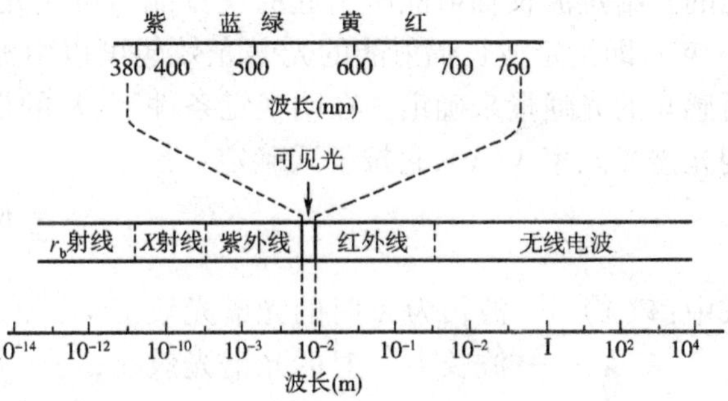


图 2-2-1　电磁波范围及可见光谱

在 1666 年，牛顿使一束自然光线通过棱镜，从而发现光束中包含组成彩虹的全部颜色。可见光谱的颜色实际上是由连续光谱混合而成的。图 2-2-1 还表示了光的颜色与相应的波段，波长从 380nm 向 780nm 增加时，光的颜色从紫色开始，按蓝、绿、黄、橙、红的顺序逐渐变化。

紫外线波谱的波长在 100 ~ 380nm 之间，红外线波谱的波长在 780nm ~ 1mm 之间，它们都是人眼看不见的，但是，紫外线、红外线两个波段的辐射能与可见光一样，可用平面镜、透镜或棱镜等光学元件进行反射、成像或色散，故通常把紫外线、可见光、红外线统称为光辐射。

所有形式的辐射能在真空中传播速度均相同，达到 299793km/s（接近 300000km/s）。当辐射能通过介质时，它的波长和传播速度将随介质而改变，频率是由产生电磁波的辐射源决定的，它不随所通过的介质而改变。通过下式，可确定辐射能的速度，同时亦可表明频率和波长的关系：

$$v = \frac{\lambda \upsilon}{n} \tag{2-2-1}$$

式中：$v$——在介质中波的速度，m/s；

$n$——介质的折射率；

$\lambda$——在真空中的波长，m；

$\upsilon$——频率，Hz。

## 二、光谱光效率曲线

1．视知觉

人的眼睛在光射入后所产生的视知觉，是看见物体的明暗(光觉)、物体的形状(形态觉)、物体的颜色(色觉)、物体的运动(动态觉)、物体的远近和深浅(深度觉或立体觉)等知觉的综合。

2. 杆状感光细胞和锥状感光细胞

人类眼球的视网膜上分布有两种不同的感光细胞(杆状细胞与锥状细胞)，边缘部位杆状细胞占多数，中央则锥状细胞占多数。这两种细胞对光有不同的感受性。杆状细胞对光的感受性很高，锥状细胞对光的感受性较低。因此，在微弱的亮度下(视场亮度 $10^{-8} \sim 10^{-3}cd/m^2$)，只有杆状细胞工作，锥状细胞不工作。随着亮度不断增加，锥状细胞的作用也逐渐增大。亮度达到 $10cd/m^2$ 以上时，锥状细胞将起主导作用，而杆状细胞则基本不起作用了。另外，杆状细胞不能分辨颜色，只有锥状细胞感受光刺激时有色觉。

3. 明视觉与暗视觉

杆状细胞与锥状细胞的不同特性，形成了人类眼睛的明暗两种视觉。在亮度大于 $3cd/m^2$ 的条件下，眼睛处于明视觉状态，锥状细胞工作，有丰富的色感。而在亮度小于 $10^{-3}cd/m^2$ 条件下，眼睛处于暗视觉状态，杆状细胞工作，能感受极微弱的光，但无法分辨物体的颜色。

4. 光谱光效率曲线

无论是明视觉还是暗视觉，人眼在可见光谱范围的视觉灵敏度是不均匀的，是随波长而变化的。给定波长辐射能所引起的视觉能力可用光谱光效能来度量，常用 $K(\lambda)$表示，其单位是 lm/W。即给定波长辐射能的光谱光效能可以由波长为 λ、功率为 1W 的光源发出的能为人眼所感知的光通量来确定。在明视觉条件下，$K$ 的最大值 $K_m = 683lm/W$。在照明计算中，常常用到光谱光效率 $V(\lambda)$，它按下式确定：

$$V(\lambda) = \frac{K(\lambda)}{K_m} \tag{2-2-2}$$

式中：$V(\lambda)$——波长为 $\lambda$ 时的光谱光效率；

$K(\lambda)$——波长为 $\lambda$ 时的光谱光效能；

$K_m$——光谱光效能的峰值。

图 2-2-2 为光谱光效率曲线图，图中右边的一条曲线为明视觉的光谱光效率曲线，最大的视觉响应在光谱蓝绿区间的 555nm 处，图中左边的一条曲线为暗视觉的光谱光效率曲线，其峰值在 507nm 处。

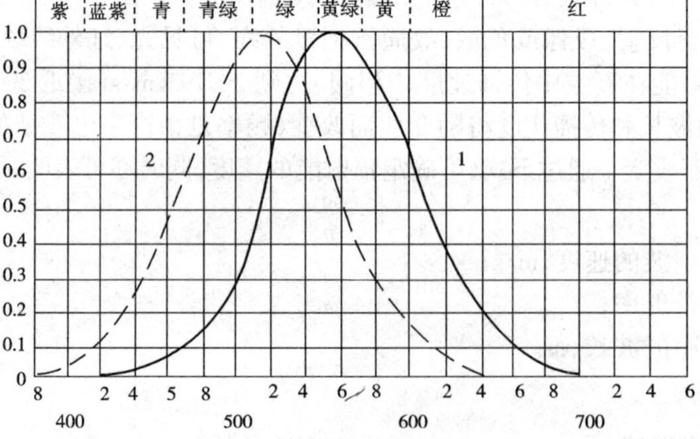


图 2-2-2　光谱光效率曲线

1-明视觉；2-暗视觉

偏离峰值,无论是短波长,还是长波长,人的视觉灵敏度都要下降,离峰值愈远,人的视觉灵敏度愈低。

## 三、光通量

光通量是指单位时间内光辐射能量的大小,它是根据人眼对光的感觉来评价的。例如,一个 200W 的白炽灯比 100W 的白炽灯要亮得多,也就是说发出光的量多。光源发出光的量称为光通量。光通量一般是对视觉而言的,即辐射体发出的辐射通量按 $V(\lambda)$曲线确定的效率被人眼所接受,若辐射体的光谱辐射通量为 $\Phi_{e\cdot\lambda}$,其光通量 $\Phi$ 的表达式为:

$$\Phi = K_m\int_{380}^{780}\Phi_{e\cdot\lambda}V(\lambda)\mathrm{d}\lambda \tag{2-2-3}$$

式中:$K_m$——最大光谱光效能,683lm/W;

$V(\lambda)$——明视觉光谱光效率;

$\Phi_{e\cdot\lambda}$——光谱辐射通量,即在给定波长为 $\lambda$ 的附近无限小范围内,单位时间内发出辐射能量的平均值,单位为 W/nm。辐射通量也称辐射功率;

$\Phi$——光通量,lm。

光通量的单位是流明,用 lm 表示。在国际单位制中,它是一个导出单位,1lm 是发光强度为 1cd 的均匀点光源在 1sr 内发出的光通量。

在照明工程中,光通量是表示光源发光能力的基本量,例如,一只 220V、40W 白炽灯发射的光通量为 350lm,而一只 220V、40W 荧光灯发射的光通量为 2100lm,为白炽灯的 6 倍。

## 四、发光强度(光强)

通常发光体发出的光通量在空间各方向上的分布是不均匀的,为了表示发光体在不同方向上光通量的分布特性,需引入光通量的(空间)角密度概念。如图 2-2-3 所示,$S$ 为点状发光体,它向各个方向辐射光通,若在某方向上取微小立体角 $\mathrm{d}\omega$,在此立体角内所发出的光通量为 $\mathrm{d}\Phi$,则两者的比值即为该方向上的发光强度,简称光强,用 $I$ 表示,即:

$$I = \frac{\mathrm{d}\Phi}{\mathrm{d}\omega} \tag{2-2-4}$$

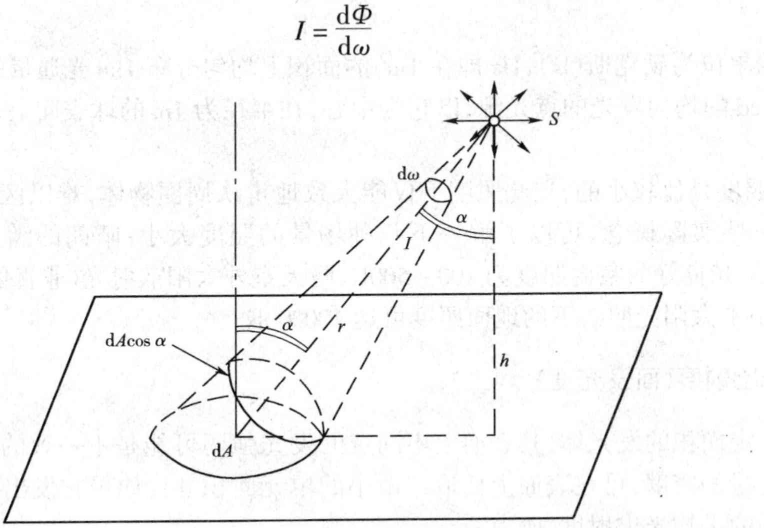


图 2-2-3　点光源的发光强度

若光源发出的光通量 $\Phi$ 在立体角 $\omega$ 内是均匀的,则在立体角 $\omega$ 内的平均光强 $I$ 为:

$$I = \frac{\Phi}{\omega} \tag{2-2-5}$$

立体角的定义是任意一个封闭的圆锥面内所包含的空间。立体角的单位为球面度(sr)。立体角可以这样确定,以锥顶为球心,以 $r$ 为半径作一圆球,若锥面在圆球上截出的面积为 $A$,则球面度 $\omega$ 为:

$$\omega = \frac{A}{r^2} \tag{2-2-6}$$

显然一个球体包含 $4\pi$ 球面度。

发光强度的单位是坎德拉(cd),在数量上 1cd = 1lm/sr。坎德拉是国际单位制的基本单位之一,其他光的度量单位都是由坎德拉导出的。1979 年 10 月第 10 届国际计量大会通过的坎德拉定义为:一个光源发出频率为 540 × 1012Hz 的单色辐射(对应于空气中波长为 550nm 的单色辐射),若在一定方向上的辐射强度为 1/683W/sr,则光源在该方向上的发光强度为 1cd。

发光强度常用于说明光源和灯具发出的光通量在空间各方向或在选定方向上的分布密度。例如,一只 220V、40W 白炽灯发出 350lm 光通量,它的平均光强为 $350/4\pi = 28$cd,若在该灯泡上面装一盏白色搪瓷平盘灯罩,则灯的正下方发光强度能提高到 70 ~ 80cd。如果配上一个聚焦合适的镜面反射罩,则灯正下方的发光强度可以高达数百坎德拉。而在后两种情况下,灯泡发出的光通量并没有变化,只是光通量在空间的分布更为集中,使发光强度提高。

## 五、照度

照度是用来表示被照面上光的强弱,以被照场所光通的面积密度来表示。取微小面积 $\mathrm{d}A$,入射的光通为 $\mathrm{d}\Phi$,则照度 $E$ 为:

$$E = \frac{\mathrm{d}\Phi}{\mathrm{d}A} \tag{2-2-7}$$

对于任意大小的表面积 $A$,若入射光通量为 $\Phi$,则在表面积 $A$ 上的平均照度 $E$ 为:

$$E = \frac{\Phi}{A} \tag{2-2-8}$$

照度的单位为勒克斯(lx),1lx 即在 $1\mathrm{m}^2$ 的面积上均匀分布 1lm 光通量的照度值,或者是一个光强为 1cd 的均匀发光的点光源,以它为中心,在半径为 1m 的球表面上,各点所形成的照度值。

1lx 的照度是比较小的,在此照度下仅能大致地辨认周围物体,难以区分细小的物体。为了对照度有些实际概念,可以了解一下几种场景的照度大小:晴朗的满月夜地面照度约为 0.2lx,白天采光良好的室内照度为 100 ~ 500lx,晴天室外太阳散射光(非直射)下的地面照度约为 1000lx,中午太阳光照射下的地面照度可达 100000lx。

## 六、光出射度(面发光度)

具有一定面积的发光体,其表面上不同点的发光强弱可能是不一致的。为表示这种情况下辐射光通量的密度,可在表面上任取一微小的单元面积 $\mathrm{d}A$,如果它发出的光通量为 $\mathrm{d}\Phi$,则该单元面积的平均光出射度 $M$ 为:

$$M = \frac{\mathrm{d}\Phi}{\mathrm{d}A} \tag{2-2-9}$$

对于任意大小的发光表面 $A$，若发射的光通量为 $\Phi$，则表面 $A$ 的平均光出射度 $M$ 为：

$$M = \frac{\Phi}{A} \tag{2-2-10}$$

可见，光出射度就是单位面积发出的光通量，单位为辐射勒克斯(rlx)，1rlx 等于 $1lm/m^2$。光出射度和照度具有相同的量纲，其区别在于光出射度是表示发光体发出的光通量表面密度，而照度则表示被照物体所接受的光通量表面密度。

对于因反射或透射而发光的二次发光表面，其光出射度是：

反射发光：
$$M = \rho E \tag{2-2-11}$$

透射发光：
$$M = \tau E \tag{2-2-12}$$

式中：$\rho$——被照面的反射系数(反射比)；

$\tau$——被照面的透射系数(透射比)；

$E$——二次发光面上被照射的照度。

## 七、亮度

光出射度只表示单位面积上发出光通量的多少，没有考虑光辐射的方向，不能表征发光面在不同方向上的光学特性。如图 2-2-4 所示，在一个光源上取一个微小面积 $\Delta A$，从与表面法线成 $\theta$ 角的方向去观察，在这个方向上的光强 $I_\theta$ 与人眼所"见到"的光源面积 $\Delta A'$ 及亮度 $L_\theta$ 间的关系为：

$$L_\theta = \frac{I_0}{\Delta A'} = \frac{I_\theta}{\Delta A \cos\theta} \tag{2-2-13}$$

$$\Delta A' = \Delta A \cos\theta$$

如果 $\Delta A$ 是一个理想的漫射发光体或理想漫反射表面的二次发光体，它的光强将按余弦分布(图 2-2-5)，将 $I_\theta = I_0 \cos\theta$ 代入式(2-2-13)得：

$$L_\theta = \frac{I_0 \cos\theta}{\Delta A \cos\theta} = \frac{I_0}{\Delta A} = L_0 \tag{2-2-14}$$

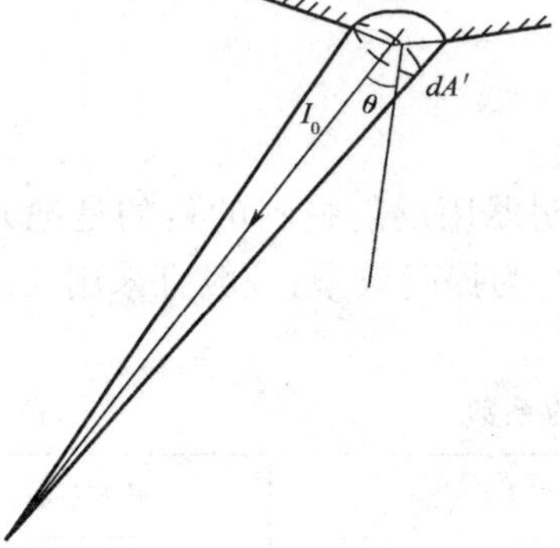

图 2-2-4　广光源单元面积上的亮度

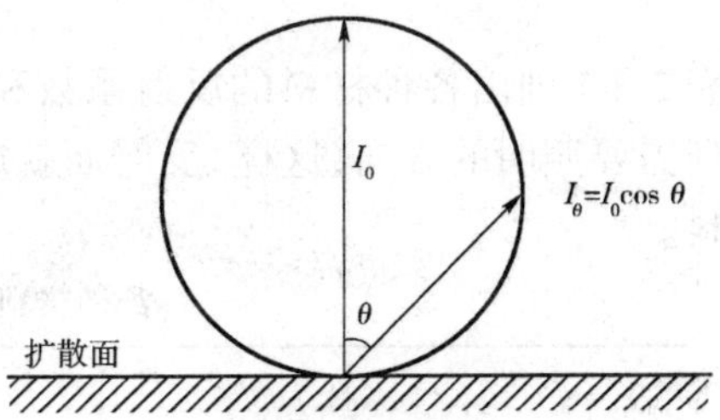

图 2-2-5　理想漫反射面的光强分布

表明亮度 $L_\theta$ 与方向无关，等于常量 $L_0$，即从任意方向看，亮度都是一样的。对于完全扩散的表面，光出射度 $M$ 与亮度 $L$ 的关系为：

$$M = \pi L \tag{2-2-15}$$

亮度的单位为尼特(nt)，$1nt = 1cd/m^2$。表 2-2-1 列出了常见光源的亮度。

**各种光源的亮度** 表 2-2-1

| 光　源 | 亮度(cd/m²) | 光　源 | 亮度(cd/m²) |
|---|---|---|---|
| 太阳 | $1.6\times10^9$ 以上 | 蜡烛 | $(0.5\sim1.0)\times10^4$ |
| 碳极弧光灯 | $(1.8\sim12)\times10^8$ | 蓝天 | $0.8\times10^4$ |
| 钨丝灯 | $(2.0\sim20)\times10$ | 电视屏幕 | $(1.7\sim3.5)\times10^4$ |
| 荧光灯 | $(0.5\sim1.5)\times10^4$ | | |

# 第三节　材料的光学性质

## 一、反射、透射和吸收系数

如果光线不遇到物体,总是直线传播,当遇到某种物体时,光线或被反射,或被透射,或被吸收。当光投射到不透明的物体时,光通量的一部分被吸收,另一部分则被反射;光投射到透明物体时,光通量除被反射与吸收一部分外,其余部分则被透射。

材料对光的反射,透射和吸收性质在数值上可用相应的系数表示:

反射系数(反射比):
$$\rho=\frac{\Phi_\rho}{\Phi_i} \tag{2-3-1}$$

透射系数(透射比):
$$\tau=\frac{\Phi_t}{\Phi_i} \tag{2-3-2}$$

吸收系数(吸收比):
$$\alpha=\frac{\Phi_\alpha}{\Phi_i} \tag{2-3-3}$$

式中:$\Phi_i$——投射到物体材料表面的光通量;

$\Phi_\rho$——$\Phi_i$ 之中被物体材料反射的光通量;

$\Phi_\tau$——$\Phi_i$ 之中被物体材料透射的光通量;

$\Phi_\alpha$——$\Phi_i$ 之中被物体材料吸收的光通量。

根据能量守恒定律,则有:

$$\rho+\tau+\alpha=1 \tag{2-3-4}$$

表 2-3-1 列出各种材料的反射系数和吸收系数。照明器用反射材料的目的是把光源的光反射到需要照明的方向,这样,反射面就成为二次发光面,为提高效率,一般宜采用反射率较高的材料。

**各种材料的反射系数与吸收系数** 表 2-3-1

| | 材　料 | 反射系数(%) | 吸收系数(%) |
|---|---|---|---|
| 定向反射 | 银 | 92 | 8 |
| | 铬 | 65 | 35 |
| | 铝(普通) | 60 ~ 73 | 27 ~ 40 |
| | 铝(电解抛光) | 75 ~ 84(有光泽)、62 ~ 70(无光泽) | |
| | 镍 | 55 | 45 |
| | 玻璃镜 | 82 ~ 88 | 12 ~ 18 |

续上表

| | 材　料 | 反射系数(%) | 吸收系数(%) |
|---|---|---|---|
| 漫反射 | 硫酸钡 | 95 | 5 |
| | 氧化镁 | 97.5 | 2.5 |
| | 碳酸镁 | 94 | 6 |
| | 氧化亚铅 | 87 | 13 |
| | 石膏 | 87 | 13 |
| | 无光铝 | 62 | 38 |
| | 铝喷漆 | 35 ~ 40 | 65 ~ 60 |
| 建筑材料 | 木材(白木) | 40 ~ 60 | 60 ~ 40 |
| | 抹灰、白灰粉刷墙壁 | 75 | 25 |
| | 红砖墙 | 30 | 70 |
| | 灰砖墙 | 24 | 76 |
| | 混凝土 | 25 | 75 |
| | 白色瓷砖 | 65 ~ 80 | 35 ~ 20 |
| | 透明无色玻璃 | | |
| 涂料及其他 | 白色搪瓷 | 4 ~ 5(定向)、60 ~ 70(漫反射) | 35 ~ 25 |
| | 白色无光漆 | 84 | 16 |
| | 白色有光漆 | 4 ~ 5(定向)、60 ~ 80(漫反射) | 40 ~ 15 |
| | 象牙色淡黄色油漆 | 4 ~ 5(定向)、65 ~ 70(漫反射) | 35 ~ 25 |
| | 白色塑料 | 91 | 9 |

## 二、光的反射

当光线遇到非透明物体表面时,大部分光被反射,小部分光被吸收。光线在镜面和扩散面上的反射状态有以下几种。

1. 定向反射

在研磨很光的镜面上,光的入射角等于反射角,反射光线总是在入射光线和法线所决定的平面内,并与入射光分处在法线两侧,称为反射定律,如图 2-3-1 所示。在反射角以外,人眼是看不到反射光的,这种反射称为定向反射,亦称镜面反射或规则反射。定向反射常用来控制光束的方向。灯具的反射罩就是利用这一原理制作的,反射罩一般由比较复杂的曲面构成。

2. 散反射

当光线从某方向入射到经散射处理的铝板、经涂刷处理的金属板或毛面白漆涂层时,反射光向各个不同方向散开,但其总的方向是一致的,如图 2-3-2,其光束的轴线方向仍遵守反射定律。这种光的反射称为散反射亦称为定向扩散反射。

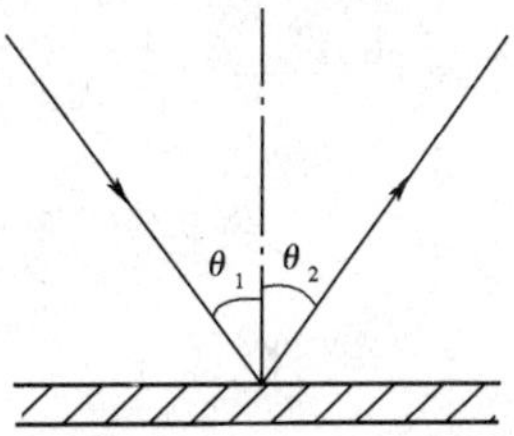


图 2-3-1　定向反射

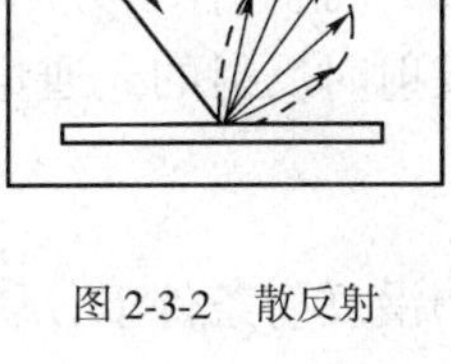

图 2-3-2　散反射

3．漫反射

光线从某方向入射到粗糙表面或涂有光泽表面（镀层）时，反射光无规则射向各个不同方向，这种光的反射称为漫反射。如果漫反射遵守朗伯余弦定律，即任意方向的光强 $I_\theta$ 等于反射面法线方向的光强 $I_\theta$ 与角度 $\theta$ 的余弦的乘积（$I_\theta = I_0\cos\theta$），则反射面的亮度在各个方向均相同，这种漫反射称为均匀漫反射或完全漫反射，如图 2-3-3 所示。

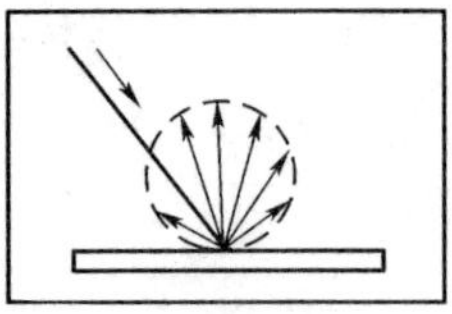

图 2-3-3　均匀漫反射

4．混合反射

光线从某方向入射到瓷釉或带高度光泽的漆层上时，其反射特性介于定向反射与漫反射（或散反射）之间，如图 2-3-4 所示，a）为漫反射与定向反射的混合，b）为漫反射与散反射的混合，c）为定向反射与散反射的混合。在定向反射方向上的发光强度比其他方向要大得多，且有最大亮度，在其他方向上也有一定数量的反射光，而其亮度分布是不均匀的。

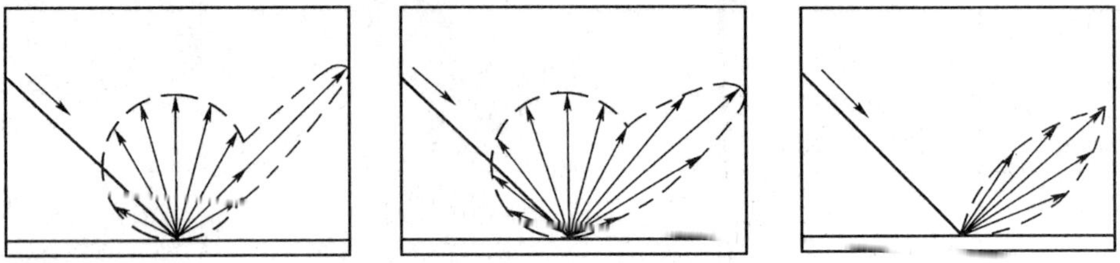

a)　　b)　　c)

图 2-3-4　混合反射

a）漫反射与定向反射的混合；b）漫反射与散反射混合；c）定向反射与散反射的混合

## 三、均匀漫反射条件下亮度与照度间的关系

研究证明在均匀漫反射的情况下，反射光的光强在空间的分布是一个圆球，此圆球在光线的入射点与反射面相切、圆球的大小与入射光的方向无关，如图 2-3-3 所示。与反射面的法线成 $\alpha$ 角方向的发光强度可用下式表达：

$$I_\alpha = I_{\max}\cos\alpha \tag{2-3-5}$$

式中：$I_\alpha$——与反射面的法线成 $\alpha$ 角方向的发光强度；

$I_{\max}$——反射面法线方向的发光强度，是发光强度的最大值。

在均匀漫反射的条件下，表面的亮度在任意方向均相同。现证明如下：

根据亮度的定义，任一给定方向的亮度 $L_\alpha$ 为：

$$L_\alpha = \frac{1_\alpha}{\Delta A\cos\alpha} \tag{2-3-6}$$

将式（2-3-5）代入式（2-3-6），则有：

$$L_\alpha = \frac{I_{\max}\cos\alpha}{\Delta A\cos\alpha} = \frac{I_{\max}}{\Delta A} = L \tag{2-3-7}$$

由式（2-3-7）可知，任一方向的亮度 $L_\alpha$ 都是一样的数值。

均匀漫反射时反射的光通量 $\Phi_\rho$ 应为：

$$\Phi_\rho = \int \mathrm{d}\Phi_\rho = \int I_a \mathrm{d}\omega$$

由于均匀漫反射条件下，反射光的发光强度的空间分布是一个圆球，故有：

$$\Phi_\rho = 2\pi\int_0^{\frac{\pi}{2}} I_{max}\cos\alpha\sin\alpha\,d\alpha = \pi I_{max} \tag{2-3-8}$$

又根据反射系数的定义,漫反射材料的反射系数 $\rho$ 可表达为:

$$\rho = \frac{\Phi_\rho}{\Phi_i} = \frac{\pi I_{max}}{E\Delta A} = \frac{\pi L\Delta A}{E\Delta A} = \frac{\pi L}{E} \tag{2-3-9}$$

式中:$\Phi_\rho$——反射光通量,lm;

$\Phi_i$——入射光通量,lm;

$L$——漫反射面的亮度,cd/m$^2$;

$E$——漫反射面的照度,lx。

由上式可得均匀漫反射时反射面的亮度和照度的关系式:

$$L = \frac{\rho E}{\pi} \tag{2-3-10}$$

路面反射可看成均匀漫反射。由于沥青路面的反射率 $\rho = 0.1 \sim 0.16$;水泥路面 $\rho = 0.21 \sim 0.40$,所以在城市道路规范中取亮度与照度间的关系为 $L = E/15$(水泥路面),$L = /21$(沥青路面)。考虑隧道环境的特殊作用,在隧道设计规范中推荐采用 $L = E/13$(水泥路面),$L = E/22$(沥青路面)。

## 第四节　驾驶员的视觉及其影响因素

### 一、驾驶员的视觉

尽管人的视野比较宽广,但也有一定的范围,双眼视线向左向右各约 100°,向上约 50°,向下约 75°。而注视一个方向时,能看清楚物体的形状、色彩和亮度的视野仅为视线中心 1°~2°范围,要感知该范围以外的物体、视线需要在那个方向上固定 0.1s~0.2s。

驾驶员的视觉即人在驾驶车辆并以一定的速度行驶时所具有的视觉。它与人在其它状态下的视觉有所不同,区别主要在于注视范围与看视条件两方面。

1. 驾驶员的注视范围

由于视觉取决于亮度,所以隧道照明质量以视场内的亮度为依据。国际照明委员会(CIE)建议:驾驶员观察路面的平均视点高度为 1.5m,大体相当于汽车驾驶员的人眼高度,若向前注视的视角约为 1°,则注视的范围为正前方 60m~160m 左右。在此范围内的路面亮度分布状况,对驾驶员视觉直接起作用,如图 2-4-1 所示。在此范围内看视条件的好坏,对驾驶员辨认障碍物的可靠性和保持视觉的舒适性起决定作用。有良好的看视条件,才能保证驾驶员准确了解道路交通状态及其变化情况,及时作出判断并正确操作。

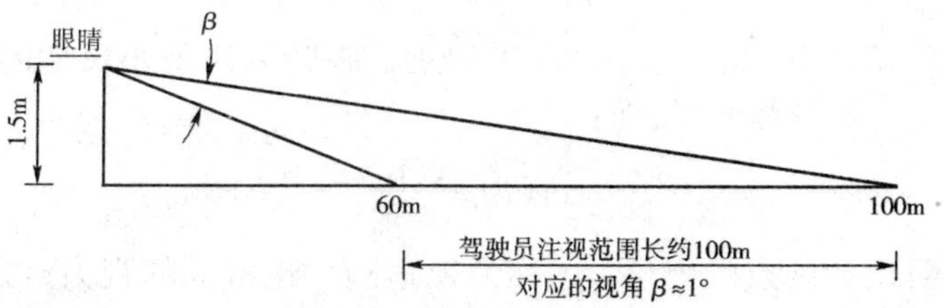


图 2-4-1　驾驶员视觉的注视范围

2．驾驶员的看视条件

驾驶员的看视条件与一般人不同，几乎完全是在动态条件下进行的，比静态条件下观察困难得多。由静态观测所得实验数据不能直接引用到动态条件中。驾驶员驾车在隧道内行驶时，能否对前方道路情况做出正确判断，关键取决于驾驶员视看条件。通常驾驶员视看条件包括：

(1)路面平均亮度，对隧道来说还有作为背景的墙面亮度；

(2)路面亮度均匀度；

(3)物体的亮度；

(4)物体与背景的亮度对比度；

(5)观察物体的有效时间；

(6)眩光程度等。

## 二、影响视觉的主要因素

1．适宜的亮度

适宜的亮度是物体在视网膜成像引起视觉的基本条件。物体表面亮度大，视网膜上象的照度就高，就看得清楚。试验表明，人眼可以感觉到亮度为$\frac{1}{\pi}\times10^{-5}cd/m^2$的物体，称为"最低亮度阈"；当亮度为$\frac{1}{\pi}\times10^{4}cd/m^2$时，人眼识别物体的灵敏度最高，超过此值后，灵敏度开始下降；亮度超过$\frac{1}{\pi}\times10^{5}cd/m^2$时，则视力极度下降，甚至引起视觉损伤，该值称为视觉上限。这种刺眼的视觉状况称为眩光。

2．对象的大小

"对象"是指人眼能够看到的物体。人眼能否看清对象，除了依赖于照明条件外，还与对象的大小有关。由日常经验知道，当观察距离很近时，对象的外形轮廓及细部都比较清晰，但是随着观察距离的增大，对象的外形轮廓及细部就会逐渐变得模糊不清。眼睛分辨对象细部的能力取决于对象上两点与人眼所成的视角。视角大，在视网膜上成像也大，看得就清楚。相反，视角小，在视网膜上成像也小，就不易看得清楚。视角$\alpha$一般用分表示，符号为"′"。如图2-4-2所示，若圆环形视标的缺口尺寸为$d$，视距为$l$，眼睛的视角为$\alpha$，则：

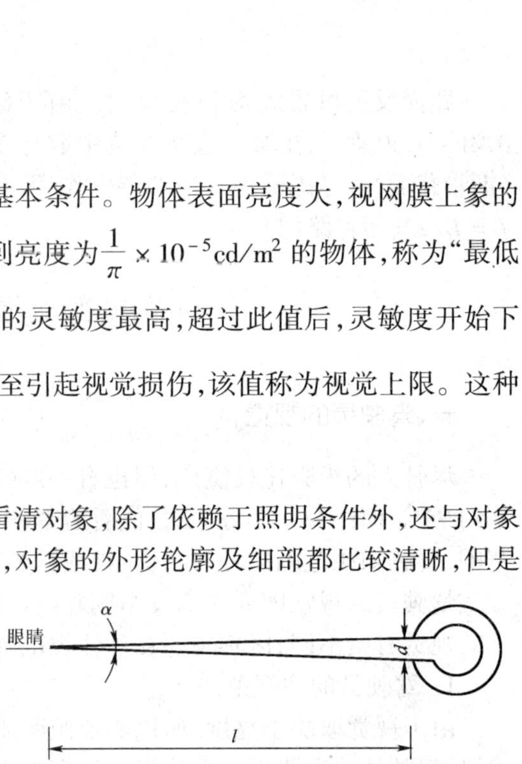

图2-4-2　视角示意图

$$\alpha=\frac{d}{l}\frac{60\times360}{2\pi}=3440\frac{d}{l} \tag{2-4-1}$$

在对比度相同的条件下，视角越小就越难识别。眼睛分辨最小尺寸的能力，即视力，常用可分辨的最小视角$\alpha_{min}$的倒数衡量，即：

$$视力=\frac{1}{\alpha_{min}}$$

人眼刚刚能分辨出的两点的视角$\alpha_{min}$称为视角阈。正常人的视力，可以分辨出相当于1′的视角，即相当于在5m远处看1.5mm的对象所形成的视角。把对应于1′视角的视力定为1.0。视角阈决定了可以分辨出的对象细部尺寸的大小，称为对象的最小可见尺寸，用$d_{min}$表示：

$$d_{\min} = \frac{l\alpha_{\min}}{3440} \tag{2-4-2}$$

若 $l$ 为停车视距(m),则在该距离上的最小可见尺寸即可用式(2-4-2)求得。由计算知道,视力有 1.0 的观察者可以看到的 60m、100m、160m 处对象的最小尺寸分别为 0.02m、0.03m、0.05m。

3. 对象和背景的亮度对比(度)

在观察方向上,若对象的表面亮度为 $L_0$,背景亮度为 $L_b$,则对象与背景的亮度对比度 $C$ 可用式(2-4-3)表示。

$$C = \frac{L_b - L_0}{L_b} \tag{2-4-3}$$

$C$ 值表示对象与背景亮度差别的大小,$C$ 值越大,可以识别得越清楚。$C$ 值小到某一值以下时就不能识别对象了。把人眼开始不能分辨对象与背景时的亮度对比度,称为亮度对比阈,以 $\varepsilon$ 表示。当 $L_b > L_0$,$C$ 为正值,称为正对比度;$L_b < L_0$,$C$ 为负值,称为负对比度。无论对比度为正或为负,效果是相同的,识别对象时,必须满足 $|C| \geqslant \varepsilon$。亮度对比度是决定对象可见性的主要因素。实验(静态条件下)表明,亮度对比阈与背景亮度之间存在着一定的关系:如图 2-4-3 所示,当背景亮度 $L_b$ 在 $10^2$nt ~ $10^4$nt 这样大的范围内变化时,亮度对比阈 $\varepsilon$ 接近一个常数(约 0.02),并且与对象的视角和形状有关。对象的视角越大,对应的亮度对比阈就越小,但是当视角 $\alpha > 30'$ 时 $\varepsilon$ 近似为一常数。无论视角再怎样增大,$\varepsilon$ 值也不再减小。对于正常人的眼睛,该值约为 0.02。换句话说,亮度对比度越小,对应的视角阈就越大。但是当亮度对比度 $|C| \leqslant 0.02$,对象的视角阈将趋于无穷大,即无论怎样增大对象的视角,也无法满足可见性的要求了。另外,同样的视角条件下,线状对象的亮度对比阈要比非线状对象小得多。换句话说,在亮度对比度相同时,线状对象的视角要比非线状对象小得多。

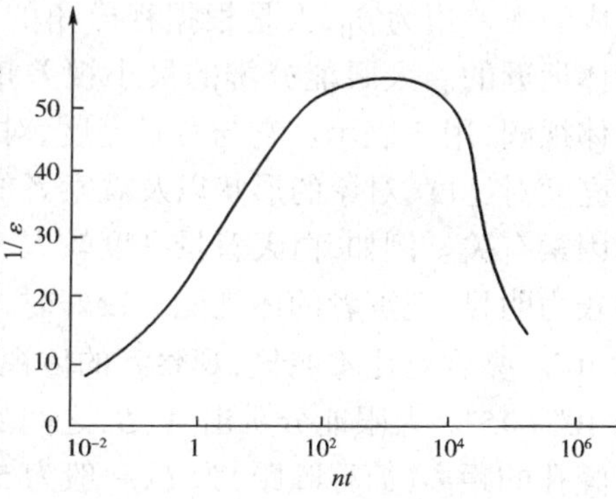

图 2-4-3　亮度对比阀与背景亮度的关系

4. 颜色对比的影响

人的眼睛所观察到的世界,暗视觉时色调是灰色的,只有在亮度达到适当值,明视觉发挥作用之后,世界才是五彩缤纷的。所以在大多数情况下,对象与背景之间不会单纯地存在亮度对比,而是伴随颜色对比,即存在着颜色上的差别。

颜色可以分为彩色和非彩色两大类。非彩色是指由白色、浅灰、中灰、深灰、直到黑色,称为白黑系列。彩色是指黑白以外的各种颜色。颜色是各种波长不同的可见光在人眼中产生的感觉。例如,波长为 580 ~ 595nm 的是黄色,480 ~ 580nm 的是绿色,620 ~ 760nm 的是红色等单色光。但通常各种对象和背景反射到人眼中的光线都是各种波长的组合,有些颜色是各种单色光所引起的综合感觉。但是人眼不能一一区分光谱的组成。例如,波长 700nm 的红光和 540nm 的绿光按一定比例混合在一起,人眼将感觉与 580nm 的黄光一样。

亮度对比度是识别对象的主要因素,颜色对比则为辅助因素。实际观察表明,一个亮度与背景相同,颜色与背景不同的斑点,只能在距离很近时才能把它和背景区分开来,而当距离较远时,斑点就和背景发生混色现象而溶为一起。当它和背景既存在颜色对比又存在亮度对比时，混色现象就难以发生，并且视角阈与亮度对比度相同的黑色斑点的视角阈几乎相等。另外，在彩色斑驳的背景上，人眼的视角阈将要加大，这主要是背景亮度不均匀造成的，因此颜色的作用非常重要。在隧道照明中“光斑效应”不仅影响到驾驶员视觉的舒适性，更重要的是还会影响识别对象的能力。从这个观点看，隧道内应尽量避免出现斑驳状图案及“光斑”。另外，设置的交通标识标志，只有颜色差别是不够的，更重要的是要有足够的亮度对比度。

5．环境亮度的影响

照明之目的是照亮被照对象及其所在环境。在道路照明中，如果不注意环境照明，而将灯具的光通量过分地集中在车行道上，驾驶员的眼睛就会变得只能适应一个较高的亮度水平，从而减弱了对较暗区域的观察能力；另外，观察对象时需要有背景衬托，如果背景没有足够的亮度，对象将缺乏立体感，因而变得难以发现。对于隧道照明来说，提高环境亮度的途径是加强墙面的照明，提高墙面材料的反射系数，借此提高人眼的体视阈，增加对象的立体感。

体视视觉：人眼对空间物体的立体形状及其在空间相对位置的分辨能力，是由双目观察产生的，称为双目视觉或体视视觉。

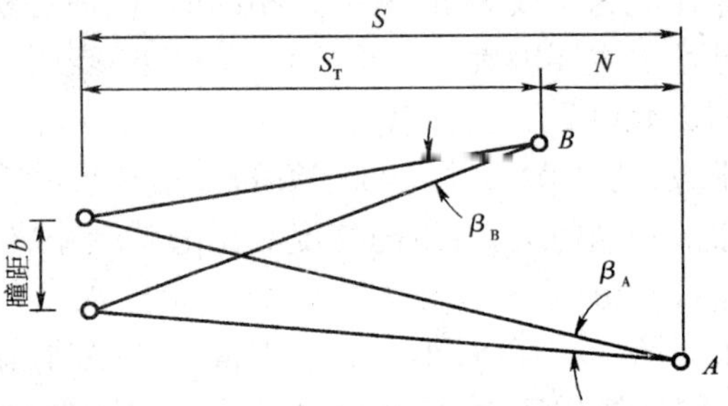

图 2-4-4　体视视角

用双目同时观察 $A$ 点时，两条视线会交成一个角度 $\beta_A$，称为视差角，如图 2-4-4 所示。若 $B$ 点到眼睛的距离 $S_T$ 与 $A$ 点的距离 S 不等，则在 $D$ 点交成的视差角为 $\beta_B$，人是根据视差角的差异分辨物体远近的。人眼能分辨的最小视差角之差，称为体视阈，用 $\delta$ 表示。它与背景亮度、对象与背景的亮度对比度、对象的形状以及观察者的生理、心理因素有关。例如，白天背景亮度较大，亮度对比也较为明显，观察者的体视能力较好时，体视阈可达 10″。亮度对比不明显，观察者的体视能力较差时，约为 30″。对训练有素的驾驶员来说，约为 10″～15″。人眼能分辨出 $A$、$B$，之间的最小纵向距离，称为体视极限距离，用 $N$ 表示。设双目瞳孔的距离（简称瞳距）为 $b$，一般为 50～65mm。

由于视差角很小，所以有：

$$\beta_A = \frac{b}{S_T + N} \tag{2-4-4}$$

$$\beta_B = \frac{b}{S_T}$$

又

$$\Delta\beta = \beta_B - \beta_A$$

故

$$N = \frac{S_T^2 \Delta\beta}{b - S_T \Delta\beta}$$

若使 $\Delta\beta = \delta = 10''$，$S_T = 100$m 处的 $B$ 点具有体视视觉，取 $b = 0.065$m，则：

$$N = \frac{(100)^2 \times 10 \times \dfrac{\pi}{180 \times 60 \times 60}}{0.065 - 100 \times \dfrac{10\pi}{180 \times 60 \times 60}} = 8.06\text{m} \tag{2-4-5}$$

由上可知，观察 100m 处的对象，背景应大于 8.06m，小于 8.06m 的背景在视觉上与对象在同一平面内。因此在 8.06m 以后的背景，应该具有足够的亮度及其与对象的对比度，见图 2-4-5。若 $S_T$ 为停车视距，则与设计车速对应的体视极限距离如表 2-4-1 所示：

如果 $S \to \infty$，则 $\beta_A=0$，若 $\Delta\beta=\beta_B-\beta_A=b/S_T=10''$，可求得 $S_T=1340\text{m}$。该值表示：背景为无穷远时，距离大于该值的任何物体，不再具有体视感了，这个距离称为体视半径。它对于照明的诱导性有一定影响。

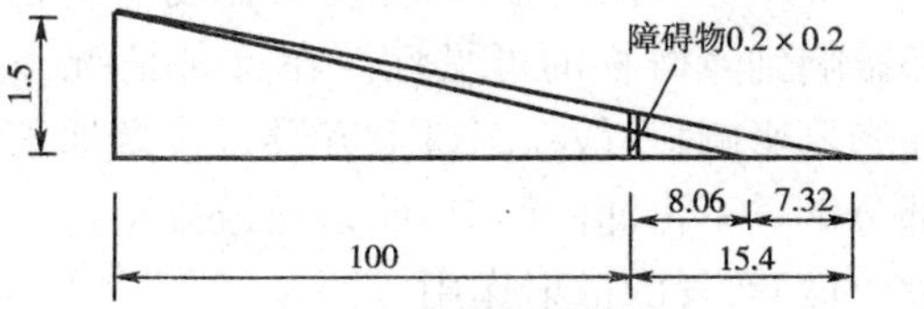

图 2-4-5　体视对背景极限长度的要求(尺寸单位：m)

由上述体视觉的概念可知，对背景亮度的要求是足以识别背景。隧道内的背景主要是路面和墙面，顶棚也可以是背景。从这个角度上讲，顶棚应该是浅颜色的，但是顶棚很容易脏，所以清洗工作负担较大，有一定的困难。足够亮的背景，才能衬托出对象的轮廓和相对位置，使驾驶员作出准确的判断，保证行车安全。

**设计车速对应的体视极限距离**　　表 2-4-1

| 设计车速(km/h) | 80 | 60 | 50 | 40 | 30 |
|---|---|---|---|---|---|
| 行驶车速(km/h) | 68 | 54 | 45 | 36 | 30 |
| 停车视距 $S_T$(m) | 105.8 | 72.2 | 54 | 38.3 | 29.9 |
| 极限体视距离 $N^*$(m) | 9.1 | 4.11 | 2.27 | 1.13 | 0.68 |

注：* 是把 $S_T$ 视作静态观察距离换算得到的，未考虑动态条件影响。

6. 空气的影响

(1)空气对光通的衰减和光幕

发光(或反光)物体的光通，必须经过空气才能到达人的眼睛。在传播的过程中必然受到两种作用：一种是空气对光的吸收作用，即空气把其中一部分光通转换成其他形式的能量；另一种是空气对光的散射作用，即空气使其中另一部分光通偏离了原来传播方向，散向其他方向。空气的散射是造成定向传播的光通衰减的主要原因。空气不仅会把来自对象的光通散射出去，使对象的亮度降低，而且会把日光散射到观察方向上来，使对象与观察者之间形成一层明亮的光幕。光幕亮度 $L_v$ 可按下式计算：

$$L_v=\frac{i}{\alpha}(1-e^{-as}) \tag{2-4-6}$$

式中：$i$——与空气透明度及照明情况有关的系数；

$\alpha$——消光指数；

$s$——空气光幕的厚度。

光幕还会影响对象和背景的亮度对比度，设光幕的作用使对象和背景的亮度对比度由 $C$ 变为 $C'$，则有：

$$C=\frac{L_b-L_0}{L_0}$$

$$C'=\frac{(L_b+L_v)-(L_0+L_v)}{L_b+L_v}=\frac{L_b-L_v}{L_b+L_v} \tag{2-4-7}$$

显而易见：$C' \leqslant C$。

由式(2-4-7)可以看出：$L_v$ 越大，亮度对比度的下降程度越大。不过，当空气透明度很大，以明亮大幕为背景的远处的山，会因光幕亮度而变得明亮起来。

在隧道洞口，从洞内排出的污染空气往往无法迅速消散而形成烟雾。洞口空气在阳光照射下产生光幕亮度 $L_v$，见图 2-4-6，若洞内路面亮度为 $L_2$，由式(2-4-7)可以得出：

$$C'=\frac{(L_2+L_v)-(L_0+L_v)}{L_2+L_v}=\frac{L_2-L_v}{L_2+L_v}$$

如果烟雾浓度很高，亮度对比度下降很大，势必影响到障碍物的可见性。在这种情况下，为消除光幕影响，一般在洞口上方设置排烟通道，使大部分烟雾不再涌向洞口，而由通道排出。

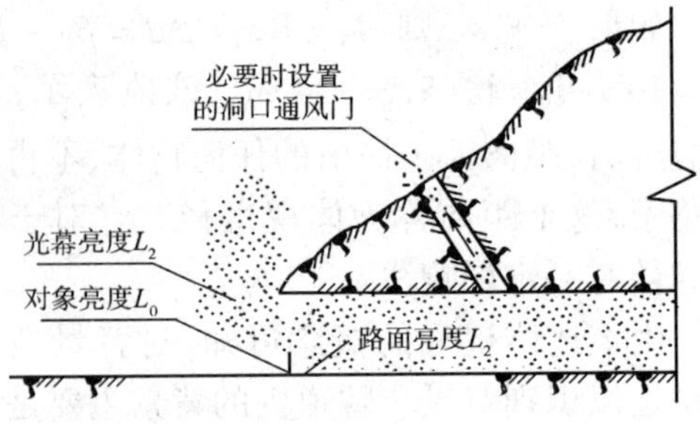

图 2-4-6　洞口光幕造成亮度对比降低

(2)空气的散射作用

散射是指空气把原来向一个方向传播的光变成向其他方向传播的光，并使原来的光线减弱的现象。空气的组成不同，光线的波长不同，空气的散射作用不同。

①分子散射

分子散射的散射源是气体分子，其尺寸比可见光的波长小得多。这种散射的特点是散射光的强度与波长的4次方成反比。所以波长越短的光线，受到的散射效应也越强，而长波则不易被散射。

②悬浮粒子散射

悬浮粒子散射的散射源是悬浮于空气中的各种固态和液态微粒，如烟、雾、尘埃等。这些散射粒子的大小很不规则，其半径分布在10～100μm范围内。它们对各种波长光线的散射作用因微粒大小不同而异。当散射粒子比可见光波长小得多时，其散射作用与分子散射相同；当散射粒子的半径与波长相近时，其散射作用为最大；当散射粒子比可见光波长大得多时，其散射作用与波长无关，此时散射光谱与入射光谱相同，称为漫射。

雾粒子半径通常大于3～5μm，所以它对可见光的散射无选择性。雾越浓，散射性也越强，雾的颜色也就越白，也越不透明。由于雾粒子的影响，一部分光向驾驶员方向散射，结果可以看到雾中出现的光幕。通过光幕观察到对象，驾驶员相当困难。如果驾驶员在雾中打开前大灯，便会出现“白壁现象”。

空气中的悬浮粒子越少越小，散射与波长的关系越大，从而成为有选择性的散射。对于下层空气分子来讲，主要是波长较短的蓝色光被散射出来。由于这种有选择性的散射作用，来自对象(或背景)的不同波长的光线将受到不同程度的散射。另外，在对象(或背景)与观察者之间的气幕主要是短波散射光幕。这样对象(或背景)既会改变亮度，也会改变颜色，最终与蓝色气幕相融合。这又一次表明，亮度对比度是决定对象可见性的主要因素，颜色对比次之。

(3)透过率

公路隧道内的空气中，或多或少地存在着污染物质。如汽车卷起的尘埃，柴油车引擎产生的煤烟，氮氧化物所构成的烟雾，水蒸气及其凝结而成的雾等，其中最主要的是尘埃和煤烟。光通过污染空气时，入射光通中的一部分被吸收，一部分被散射，其余部分得以通过。这三部分之和等于入射光通，分别把这三部分光通量和入射光通量之比称为吸收系数($\alpha$)、反光系数($\rho$)和透光系数($\tau$)。显然，$\alpha+\rho+\tau=1$，所以$\tau$是小于1的系数。在公路隧道中，为了描述光透过空气的能力，用$E$、$E_0$分别表示同一光源所发出的光线、通过100m的污染空气和清洁空气后的照度，用$\tau_{100}$表示光通过100m的透过率，则：

$$\tau_{100}=\frac{E}{E_0}$$

行驶速度不同时，对$\tau_{100}$有不同的要求，因此，PIARC提出：

①$v=80\text{km/h}$时，$\tau_{100}=0.6$；

②$v=60\text{km/h}$ 时，$\tau_{100}=0.48$；

③$v=40\text{km/h}$ 时，$\tau_{100}=0.4$。

并指出 $\tau_{100}<0.3$ 时是不允许的。有的国家，如日本，把 $\tau_{100}=0.5$ 作为国家标准。由于烟雾的浓度不同，同一光源的透过率不同。烟雾浓度相同时，不同类型光源的透过率不同，其视距也不同。如 $\tau_{100}=0.5$ 时，钠灯视距为 80m，荧光灯视距为 45m。

7. 观察时间的长短

驾驶员观察尺寸大的物体只需很短的时间。驾驶员的眼睛不停地注视视野内的情况时，发现视野内的障碍物的时间不少于 0.1～0.2s。同一物体，亮度越高且与背景的亮度对比度越大，识别时间越短。对处于运动状态的驾驶员来说，从发现障碍物、到进行判断、制动的反作用时间，总共只有 0.5s，是相当短的，所以应该保证隧道内有足够的亮度。识别时间还受视觉适应的影响，不论是暗适应还是明适应均是如此。急剧和频繁的适应会增加眼睛的疲劳，使视力迅速下降，应尽量避免忽明忽暗的路面墙面亮度变化，而后面将要讨论的亮度均匀度正是针对此问题而提出的。

## 第五节　道路照明的质量

1. 路面平均亮度($L_{av}$)

驾驶员观察障碍物的背景，在道路照明中主要是路面，在隧道照明中墙面也作为背景，但路面仍然是主要的。只有当路面亮度达到一定值以后，驾驶员才能获得立体感，在此基础上，亮度对比度越大越容易察觉障碍物。路面(背景)亮度越高，眼睛的对比灵敏度越好(亮度对比阈 $\varepsilon$ 越小)。

Dunbar 实验表明：平均亮度升高时，察觉障碍物所必要的亮度对比度 $C$ 变小。即障碍物变得更容易看清楚，见图 2-5-1。一些国家的路面平均亮度一般取 1～2cd/m$^2$。

2. 路面亮度均匀度

保证亮度均匀度是为了给驾驶员提供良好的能见度和视觉上的舒适性。如果亮度高，则均匀度要求可以不很严格。干燥路面和湿路面亮度有很大变化，均匀度也相应有很大变化。严格的均匀度要求，一般限于干燥路面和路面平均亮度较低的情况。

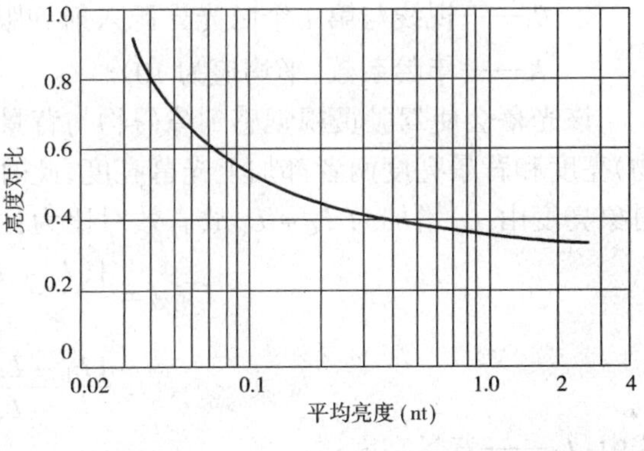

图 2-5-1　察觉障碍物的平均亮度与亮度对比度关系

(1)总均匀度($U_0$)

照明灯具在保证良好的路面平均亮度的情况下，路面上一些局部区域还可能出现最小亮度 $L_{min}$。通常较差的亮度对比度都发生在路面较暗的区域，影响对障碍物的辨认。为了使路面上所有区域都有足够的亮度和对比度，保证隧道内的能见度，需要规定路面最小亮度和平均亮度比值(即总均匀度)的范围。路面亮度总均匀度按下式计算：

$$U_0=\frac{L_{min}}{L_{av}} \tag{2-5-1}$$

式中：$L_{min}$——计算区域内路面最小亮度，cd/m$^2$；

$L_{av}$——计算区域内路面平均亮度,cd/m²。

(2)纵向均匀度($U_L$)

为了提供视觉舒适性,要求隧道路面中心线有一定的纵向均匀度。纵向均匀度是沿中心线的局部亮度的最小值和最大值之比。

$$U_L = \frac{L'_{min}}{L'_{max}} \tag{2-5-2}$$

式中:$L'_{min}$——路面中心线最小亮度, cd/m²;

$L'_{max}$——路面中心线最大亮度,cd/m²。

连续的路面(墙面)上忽明忽暗对驾驶员干扰很大,称为"光斑效应",当隧道较长时,驾驶员眼睛会很疲劳,影响其发现障碍物。

3. 眩光限制

道路照明的眩光可以分为两类:失能眩光和不舒适眩光。前者表示照明设施造成的能见度损失,用被试对象的亮度对比度的阈值增量(TI)表示。失能眩光是生理上的过程,是由生理眩光导致辨认能力降低的一种度量。后者是在有眩光感觉的动态驾驶条件下,对道路照明设施的一种评价。该眩光降低驾驶员行车的舒适程度,用眩光控制等级(G)表示。不舒适眩光是一种心理过程。

(1)失能眩光

失能眩光导致识别能力下降,它是由光在眼睛里发生散射造成的。来自眩光光源的光在视网膜方向上的散射会引起光幕(等效光幕)作用,在视网膜方向上的散射程度越大,光幕的作用也越大。在眩光条件下总的视感的获得,需要把光幕亮度叠加在无眩光时景物成像亮度之上。因此,等效光幕亮度($L_v$)可按以下经验公式计算:

$$L_v = K\left\{\frac{E_{眼1}}{\theta_1^2} + \frac{E_{眼2}}{\theta_2^2} + \cdots\cdots\right\} = K\sum_{i=1}^{n}\frac{E_{眼i}}{\theta_i^2}$$

式中:$E_{眼i}$——第 $i$ 眩光源在眼睛(与视线相垂直的平面上)产生的照度;

$\theta_i$——视线与第 $i$ 个眩光光源入射到眼睛的光线之间形成的夹角;

$K$——年龄系数(平均值为10)。

该光幕会使驾驶员视觉感到障碍物与背景的亮度对比度比实际的低得多。把对象(障碍物)亮度和背景亮度两者都加上光幕亮度,此时,有效的背景亮度由 $L_b$ 增加为 $L_b + L_v$,有效的对象亮度由 $L_0$ 增加为 $L_0 + L_v$ 故有效对比为:

$$C_{有效} = \frac{|(L_b + L_v) - (L_0 + L_v)|}{L_b + L_v} = \frac{|L_b - L_0|}{L_b + L_v} \tag{2-5-3}$$

式中:$L_b$——背景亮度;

$L_0$——对象亮度;

$L_v$——等效光幕亮度。

由式(2-5-3)可以看出,只要 $L_v \neq 0$,即存在眩光时,总有 $C_{有效} < C$,但如果增加亮度对比度又能重新看到物体。这种刚刚能重新看到物体所需要的对比度增量与原来的对比度有关,是表示因失能眩光导致识别能力降低的一种度量。CIE 规定由对象的视角为 8°时所必须的相对阈对比增量来获得,并将这个量命名为阈增量 $TI$,以%表示。为了限制眩光对辨认能力的干

扰，对阈增量作出必要的限制后就不会引起障碍物能见度的降低。其中：

$$TI=\frac{C_{有效}-C}{C}\times 100\%$$

通常的道路照明中，对 0.05 ~ 5cd/m² 之间的平均亮度，阈增量 $TI$ 可由光幕亮度的数值和平均路面亮度值并结合对比灵敏度确定：

$$TI=\frac{65L_{v}}{(L_{av})^{0.8}}(\%) \tag{2-5-4}$$

(2)不舒适眩光

眩光造成的不舒适感，常用眩光控制等级(G)来评价，它是对所感到的不舒程度的主观评价。这种主观评价取决于各种照明和其他照明装置的特性，可以用下列经验关系式描述：

$$G=f(I_{80},I_{88},F,\Delta C,L_{av},h',P)$$

式中：$I_{80}$、$I_{88}$——照明器在同路轴平行的平面内，与垂直轴形成 80°和 88°方向上的光强值，cd；

$F$——照明器在同路轴平行的平面内，投影在 76°角方向上的发光面积，m²；

$\Delta C$——光的颜色修正系数，对于低压钠灯，$\Delta C=+0.4$；

$L_{av}$——平均路面亮度，cd/m²；

$h'$——水平视线距灯的高度，m，$h'$ = 灯的安装高度 - 1.5m；

$P$——每 1km 安装的照明器个数。

经验计算公式为：

$$G=13.84-3.311gI_{80}+1.3\left(1g\frac{I_{80}}{I_{88}}\right)^{\frac{1}{2}}-0.0811g\frac{I_{80}}{I_{88}}+1.291gE+\Delta C$$
$$+0.871gL_{av}+4.411gh'+1.461gP$$

公式中各参数的调整范围是：

$50\leqslant I_{80}\leqslant 7000\text{cd}$，$I\leqslant\frac{I_{80}}{I_{88}}\leqslant 50$，$0.007\leqslant F\leqslant 0.4\text{m}^2$，$0.3\leqslant L_{av}\leqslant 7\text{cd/m}^2$，$5\leqslant h'\leqslant 20\text{m}$，$20\leqslant P\leqslant 100$，灯的排数为 1 或 2。

眩光等级 $G$ 与主观上对不舒适感觉评价的相应关系为：

①$G=1$：无法忍受；

②$G=2$：干扰；

③$G=5$：允许的极限；

④$G=7$：满意；

⑤$G=9$：无影响。

4. 诱导性

为了保证交通安全，隧道的出入口的道路走向、道路的界限、道路交叉点以及特殊地点都应该清晰可见，这就要求有良好的诱导性。诱导性一般来自两个方面：即视见诱导性和光学诱导性。诱导性通过各种诱导标志和照明设施获得，与照明设施等一起，共属交通安全设施范围。

(1)视见诱导性

道路视线诱导标志是沿行车带标明道路边缘和线形的一种设施，以便诱导驾驶员的视线。视线诱导标志根据需要设在路线上，如路面中心线、路缘或两侧路面标志、道路护栏与护桩、积雪地区设置雪标杆等。隧道内墙面也可以起诱导作用。但隧道内的诱导作用首先要求有足够的照明，使诱导标志成为可以视见的。夜间，洞外的诱导性和洞内类似，也受照明系统的影响。道路标志的能见度，还与标志本身的反射特性和路面反射特性之间的差异有关。道路标志所用的材料，既要“亮”，又要有良好的漫反射特性，所以其表面应为粗粒结构。在不设路灯的路段上可以考虑使用有明显颜色的逆反射材料，例如，晚上在车灯照射下，能激发出一块块红颜色的红色逆反射材料，其诱导性很好，引人注目。有的还在隧道入口处装设这种材料，以便使隧道洞口轮廓十分明确。另外，有的用不同颜色的路面显示其不同的用途，如把自行车道做成暗红色以示区别。

(2)光学诱导性

在道路照明设施中，排列成行的照明器可以指示出道路走向、弯道、交叉和各种特殊场合，再配合其他视线诱导标志，能在较远距离使驾驶员明显地注意到有危险性的地段。在隧道内的特殊部位，诸如紧急停车带、方向转换场所等，照明器在排列、光色、光强以及设置的方位和间隔的适当变化，都能起到光学诱导作用。在分隔带的断头、分流处的前端，为了标明其位置，可设置视线诱导标志。在同一区段内注意保持照明的一致性(照明系列及光色等)，以及在不同区段，尤其是不同等级的道路，采用不同类型的光源、不同的格调等，这些都会起到光学诱导作用。

不过，在规模大、线形复杂、多层次的立体交叉场合大量装设路灯，反而会由于光点太多，给驾驶员以陷入“灯海”的感觉，造成混乱，失去了光学诱导作用。这种场合采用高杆照明，在照亮道路的同时也照亮环境，可以获得与白天相似的诱导性。在隧道出入口附近有广场时，可以考虑这种方式。

## 第六节　隧道照明区段及其亮度要求

隧道照明的特点与难点均在于白天隧道照明。如果通过人工照明使洞内的亮度与洞外亮度相同，显然驾驶员驾车进出隧道时不会遇到任何视觉问题，但如此做隧道照明费用将极为昂贵。生活常识告诉我们，人眼在比较低的亮度环境下仍能看清楚一定距离处的物体。所以，在隧道照明设计中应尽量挖掘人的视觉潜力，在保证安全的前提下注意降低隧道内的亮度水平。隧道照明设计的任务是，通过科学地布置灯具，充分利用人的视觉适应能力，合理地在入口处由洞外高亮度过渡到洞内的低亮度，保持低亮度直到接近隧道出口，再由洞内的低亮度过渡至洞外的高亮度。为了分析研究方便，根据隧道内外不同区段的亮度特点，沿隧道的轴线将隧道分为五个照明区段，即接近段、入口段、过渡段、中间段和出口段(图2-6-1)。各区段都有其亮度的确定方法或设计标准。

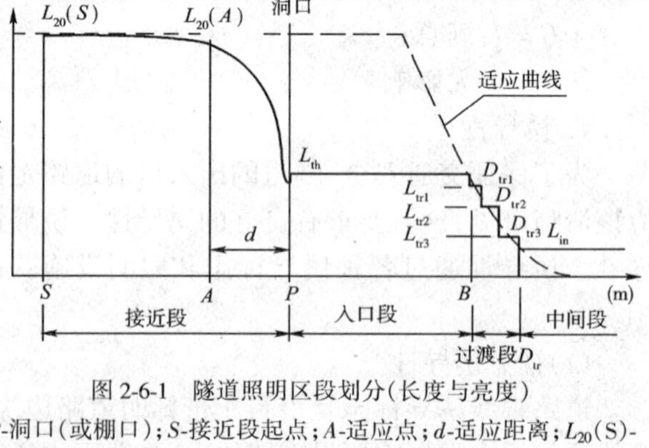


图 2-6-1　隧道照明区段划分(长度与亮度)

$P$-洞口(或棚口)；$S$-接近段起点；$A$-适应点；$d$-适应距离；$L_{20}$(S)-洞外亮度；$L_{20}$(A)-适应点亮度；$L_{th}$-入口段亮度；$L_{tr1}$、$L_{tr2}$、$L_{tr3}$-过渡段亮度；$L_{in}$-中间段亮度；$D_{tr1}$、$D_{tr2}$、$D_{tr3}$—过渡段1、2、3长度

### 一、隧道照明区段

1．接近段

在照明设计中，车速与洞外亮度是两个主要基准值。车速已由道路等级确定，洞外亮度值要由照明设计者经过调查或测试后确定。洞外亮度取值每升高一级，对隧道的工程造价和运营费用都将产生很大

影响，因而需要采取适当措施降低洞外亮度，以便减少造价和节能。

洞外亮度是驾驶员驾车驶入隧道洞口前所看到的周围环境的平均亮度。其取值的大小对确定入口段、过渡段以及出口段亮度均有很大影响，因此要求尽量符合实际情况，而不宜偏高。在实际取值中存在的困难是究竟用哪一点的亮度代表洞外亮度比较合适。洞外亮度不等于野外亮度，因为在洞外不同距离上的野外亮度不同。经过大量的试验研究，工程界比较认同的是以 $L_{20}$(S)代表洞外亮度比较合适。$L_{20}$(S)是指在隧道的接近段起点 $S$ 处、距地面 1.5m 高、正对洞口方向、20°视场实测得到的平均亮度。

隧道的接近段是指接近隧道洞口的一段道路，接近段的起点距离洞口为一个照明停车视距。照明停车视距 $D_S$ 可按表 2-6-1 取值。顺便指出，接近段位于隧道洞外，其亮度来自洞外的自然条件，无需人工照明，但由于接近段的亮度与洞内照明密切相关，所以，习惯上也将它称为一个照明区段。

**照明停车视距 $D_S$** 表 2-6-1

| 纵坡(%) / $v_1$ (km/h) | -4 | -3 | -2 | -1 | 0 | 1 | 2 | 3 | 4 |
|---|---|---|---|---|---|---|---|---|---|
| 100 | 179 | 173 | 168 | 163 | 158 | 154 | 149 | 145 | 142 |
| 80 | 112 | 110 | 106 | 103 | 100 | 98 | 95 | 93 | 90 |
| 60 | 62 | 60 | 58 | 57 | 56 | 55 | 54 | 53 | 52 |
| 40 | 29 | 28 | 27 | 27 | 26 | 26 | 25 | 25 | 25 |

20°视场是指以观察点为顶点向隧道方向张开的四棱锥所形成的视场，四棱锥的左右两面和上下两面的夹角均为 20°。

实测隧道洞外亮度时可采用黑度法。实测时，在接近段起点 $S$ 距地面 1.5m 高处、正对洞口拍摄黑白照片。拍摄时在洞口旁立一已知亮度的灰板，作为参照物。然后将冲洗出来的胶片置于黑度仪上，并测读 20°视场内各景物的黑度，经权重计算得出平均黑度，进而确定隧道洞外亮度 $L_{20}$(S)。考虑到夏季隧道洞口的亮度最大，因此，实测应在夏季进行。

在隧道设计阶段，洞外亮度如无实测资料，可参考表 2-6-2 取值。

**洞外亮度 $L_{20}$(S)** 表 2-6-2

| 天空面积百分比 | 洞口朝向或洞外环境 | $v_1$(km/h)40 | $v_1$(km/h)60 | $v_1$(km/h)80 | $v_1$(km/h)100 |
|---|---|---|---|---|---|
| 35%～50% | 南洞口 | — | — | 4000 | 4500 |
| | 北洞口 | — | — | 5500 | 6000 |
| 25% | 南洞口 | 3000 | 3500 | 4000 | 4500 |
| | 北洞口 | 3500 | 4000 | 5000 | 5500 |
| 10% | 暗环境 | 2000 | 2500 | 3000 | 3500 |
| | 亮环境 | 3000 | 3500 | 4000 | 4500 |
| 0% | 暗环境 | 1000 | 1500 | 2000 | 2500 |
| | 亮环境 | 2500 | 3000 | 3500 | 4000 |

2. 入口段

入口段是进入隧道后的第一个照明区段。以前曾经将入口段称为适应段。此段需要人工照明，但是，人工照明究竟应该提供多高的亮度水平才能保证驾驶员驾车顺利地由洞外的高亮度过渡到洞内的低亮度呢？隧道交通中最重要的莫过于安全，围绕着如何根据洞外亮度确定入口段的亮度，学术界进行了大量的试验研究。

由洞外亮度 $L_{20}(S)$ 到入口段亮度 $L_{th}$ 的减少速率受人眼适应能力的限制。减少速率过快眼睛将产生不适感觉，视觉会产生不容许出现的黑洞效应。相反的，减少速率过慢，即 $L_{th}$ 过高，则不经济。因而 $L_{th}/L_{20}(S)$ 应该有一个恰当的比值。对此人们做过不少探索，希望能够找到一个最恰当的比值，但是由于试验条件的差异，取值的差异非常大。有的学者推荐为1/10，另一些学者认为该值偏高，1979年，PIARC推荐为1/15～1/30，日本推荐在车速为40km/h时，可为1/118～1/139。在充分吸收国外研究成果基础上，并参考国内运营隧道的经验，我国《公路隧道通风照明设计规范》(JTJ 026.1—1999)中推荐隧道入口段亮度可按下式计算：

$$L_{th} = k \cdot L_{20}(S) \tag{2-6-1}$$

式中：$L_{th}$——入口段亮度，cd/m$^2$；

$k$——入口段亮度折减系数，可按表2-6-3取值；

$L_{20}(S)$——洞外亮度，cd/m$^2$。

**入口段亮度折减系数** 表2-6-3

| 设计交通量 $N$(辆/h) | | $k$ | | | |
|---|---|---|---|---|---|
| | | 计算行车速度 $v_t$(km/h) | | | |
| 双车道单向交通 | 双车道双向交通 | 100 | 80 | 60 | 40 |
| ≥2400 | ≥1300 | 0.045 | 0.035 | 0.022 | 0.012 |
| ≤700 | ≤360 | 0.035 | 0.025 | 0.015 | 0.01 |

注：当交通量在其中间值时，按内插考虑。

入口段的长度按下式计算：

$$D_{th} = 1.154D_s - \frac{h - 1.5}{\tan 10°} \tag{2-6-2}$$

式中：$D_{th}$——入口段长度，m；

$D_s$——照明停车视距，m，按表2-6-1取值；

$h$——洞口内净空高度，m。

各个国家规定的 $L_{th}$ 值虽然有所不同，但是大体上都是经过2s即完成对 $L_{th}$ 的适应过程，尔后开始对下段的适应。当隧道成群出现时，如果前一个是长隧道(通过时间为30s以上)，车辆在30s以内又进入后续隧道的情况下，后续隧道入口照明亮度，可以适当折减，参考表2-6-4。

**后续隧道入口段亮度折减率** 表2-6-4

| 两隧道之间行驶时间(s) | <2 | <5 | <10 | <15 | <30 |
|---|---|---|---|---|---|
| 后续隧道入口段亮度折减率(%) | 50 | 30 | 25 | 20 | 15 |

白天从入口进入隧道的自然光，影响范围约为入口高度的2倍，通常入口高度约为5m，影响范围约为10m。在此范围内白天可以省略人工照明，但在夜间为了保持照明的连续性，仍应进行照明。

洞外亮度发生变化时，如每日早、中、晚，天气与季节变化时，入口段照明亮度可以按相应比例折减。为此，在公路隧道照明系统中，应设有调光设备，使隧道内亮度能随洞外亮度的变化而自动调节。调光设备有两种：(1)不连续调光，(2)连续调光。前者按“强烈日光”，“有云”，“阴天”，“黎明或傍晚”，“夜间”等5级调节，并由光电元件自动控制。后者是用可控硅的导通角和输出电压,改变灯管电压和亮度,实现无级自动调光。

3. 过渡段

过渡段是介于入口段与中间段之间的照明区段。该段用来解决从入口段高亮度 $L_{th}$到中间段低亮度 $L_{in}$之间驾驶员视觉的适应问题。为了讨论方便,需要引入视觉适应曲线的概念。所谓视觉适应曲线,是指在不影响视觉正常工作的情况下,环境亮度随时间发展降低最快的曲线。CIE 提供了视觉适应曲线,如图 2-6-2。

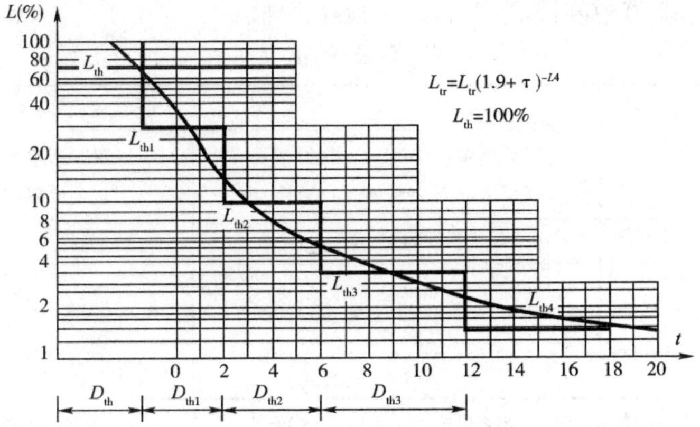


图 2-6-2 视觉适应曲线

根据适应时间与设计时速,可以求出过渡段所需要的长度。我国规范将过渡段划分为 $TR_1$、$TR_2$、$TR_3$ 三段,其对应长度分别 $D_{tr1}$、$D_{tr2}$、$D_{tr3}$,各段对应亮度分别为 $L_{tr1}$、$L_{tr2}$、$L_{tr3}$,三段过渡段基本沿适应曲线分割,各过渡段的亮度变化幅度均为 $L_{th}$与 $L_{in}$之差的 1/3(如图 2-6-2)。

各过渡照明段的长度可按下面公式进行计算:

$$D_{tr1}=\frac{D_{th}}{3}+\frac{v}{1.8} \tag{2-6-3}$$

$$D_{tr2}=\frac{2v}{1.8} \tag{2-6-4}$$

$$D_{tr2}=\frac{3v}{1.8} \tag{2-6-5}$$

式中:$v/1.8$——相当于汽车 2s 内行驶的距离;

$2v/1.8$——4s 内行驶的距离;

$3v/1.8$——6s 内行驶的距离。

不同设计时速下各过渡照明段长度如表 2-6-5。

**不同设计时速下过渡照明段分段长度(m)** 表 2-6-5

| 计算行车速度 $v_t$ (km/h) | $D_{tr1}$ | | | $D_{tr2}$ | $D_{tr3}$ |
|---|---|---|---|---|---|
| | $h$ | | | | |
| | 6 | 7 | 8 | | |
| 100 | 108 | 106 | 103 | 111 | 167 |
| 80 | 74 | 72 | 70 | 89 | 133 |
| 60 | 46 | 44 | 42 | 67 | 100 |
| 40 | 26 | 26 | 26 | 44 | 67 |

过渡照明段总长度为：

$$D_{tr} = D_{tr1} + D_{tr2} + D_{tr3} \tag{2-6-6}$$

4. 中间段

驾驶员驾车经过入口段和过渡段后，驾驶员的视觉便完成了暗适应过程。接下来，中间段照明的任务是保证隧道内的停车视距。中间段的照明水平与空气透过率（即通风条件）、行车速度以及交通量等因素有关。在正常通风条件下，我国《公路隧道通风照明设计规范》（JTJ 026.1—1999）中推荐隧道中间段亮度可按表 2-6-6 取值：

**中间段亮度 $L_{in}$**　　表 2-6-6

| 计算行车速度（km/h） | $L_{in}$（cd/m²） | |
|---|---|---|
| | 双车道单向交通 $N > 2400$ 辆/h<br>双车道双向交通 $N > 1300$ 辆/h | 双车道单向交通 $N \leqslant 700$ 辆/h<br>双车道双向交通 $N \leqslant 360$ 辆/h |
| 100 | 9.0 | 4 |
| 80 | 4.5 | 2 |
| 60 | 2.5 | 1.5 |
| 40 | 1.5 | 1.5 |

隧道中间段的亮度可根据交通量适当调节，交通量大的重要隧道可乘以大于 1 的调节系数（根据其重要性，可以取到 2），交通量小的一般隧道可乘以亮度折减系数（表 2-6-7）。$L_{in}$与隧道长度有一定关系：隧道长，适应时间也长，$L_{in}$可以适当降低。从安装闭路电视的角度上看，要求 $L_{in}$稍高些，但一般情况下，路面照度达到 30lx 已经足够。

**隧道中间段照明折减系数**　　表 2-6-7

| 项目 ＼ 交通方式 | 单向 2 车道 | | | 双向 2 车道 | |
|---|---|---|---|---|---|
| 交通量（小汽车辆/天） | > 15,000 | 7,000 ~ 15,000 | < 7,000 | ≥6,000 | < 6,000 |
| 折减系数 | 1.0 | 0.75 | 0.5 | 1.0 | 0.5 |

为了保证驾驶员驾驶的舒适性，我国规范还对隧道内路面亮度均匀度提出了要求，路面亮度总均匀度和亮度纵向均匀度不得低于表 2-6-8 要求值。

**路面亮度均匀度要求**　　表 2-6-8

| 设计交通量 $N$（辆/h） | | 亮度总均匀度 $U_0$ | 亮度纵向均匀度 $U_1$ |
|---|---|---|---|
| 双车道单向交通 | 双车道双向交通 | | |
| ≥2400 | ≥1300 | 0.4 | 0.6 ~ 0.7 |
| ≤700 | ≤360 | 0.3 | 0.5 |

注：当交通量在其中间值时，按内插考虑。

此外，影响舒适性的因素除亮度之外还有许多其他因素，如光色、灯具布置、点光源还是线光源等，都会影响到驾驶员的主观感觉。

夜间没有白天那样强烈的暗适应问题，交通量也大大减少，所以照明标准可以适当降低。其减少的程度以不发生交通事故为限，一般折减系数可取 0.5。夜间沿隧道全长按同一标准照明。

在保证路面亮度的同时，还要保证侧墙有足够的亮度，在侧墙 2m 高范围内宜铺设反射率不小于 0.7 的墙面材料。通过自行车和行人的隧道，注意避免自行车和行人在暗道中通行和可能发生的危险。

5. 出口段

在单向交通的隧道中，有时需要对出口段作适当处理，以便缓和白洞现象带来的不利影响。例如，出口洞外为空阔环境、面向大海、面对雪山等高亮度并能形成眩光时，出口段则应加强照明。其他情况下出口段无须加强照明。

在双向交通的隧道中，两端均为入口和出口，两端的照明情况完全相同，因而也就不存在出口段的照明处理问题。

关于出口段的眩光问题，朝东或朝西的出口，在日出或日落时阳光可能直接贯入隧道，形成强烈眩光。为了避免发生这种现象，出口应作适当处理，处理方法主要有两种：一是在洞内出口段设置曲线；二是在洞外设置曲线段并作遮挡。前者在出口段设曲线后阳光不会直接贯入隧道，即使有少量射入的阳光也会照射在墙面上，经反射后可以增加出口段亮度，给驾驶员提供了明适应的亮度条件和时间。如果在设置了曲线后，出口方向刚好正对一座山时最为理想。后者在出口引道上设置曲线，并在曲线外侧设置挡墙、种植高大常青乔木等，阻挡直射阳光。

### 二、亮度曲线

在不影响视觉正常工作的情况下，由洞外亮度 $L_{20}(S)$ 过渡至隧道中间段亮度 $L_{in}$ 的过程中，存在一条理想的亮度随时间发展而变化的视觉适应曲线，即亮度—时间视觉适应曲线。当车辆以一定的速度进入隧道并在隧道内行驶时，一定时间就对应着一定的距离。如果将洞口位置作为纵向长度的起点，时间以车辆进入洞口时算起，那么，与亮度—时间视觉适应曲线对应，存在一条理想的亮度随长度发展而变化的视觉适应曲线，称之为亮度—长度视觉适应曲线，简称理想亮度曲线。理想亮度曲线是一条连续光滑的曲线，它是隧道照明设计的依据。由于隧道照明是依靠在隧道内离散地布置灯具来实现的，所以，使路面的亮度完全达到理想亮度曲线要求极为困难，甚至是不可能的。在隧道照明设计时，都是将理想亮度曲线进行一定的简化，以一组台阶状折线逼近理想亮度曲线，从而形成了一条人工亮度曲线，再在人工亮度曲线的基础上布置灯具。

由于目前对视觉适应能力的估算尚不一致，在人工亮度曲线的画法上也存在一定的差别。我国《公路隧道通风照明设计规范》(JTJ 026.1—1999)中采用了图 2-6-2 所示的人工亮度曲线与照明区段划分方法。

## 第七节　减光建筑与植被的减光作用

隧道洞外亮度随季节、时辰而变化，并且因隧道所处环境（如山区、平原区、建筑物密集区等）和所在地区而不同。如前所述，希望能把洞外亮度降低到较低的程度，使驾驶员在进入洞内时感受到的亮度变化较为缓和。可以用建筑构造物达到减光目的，这类建筑称为减光建筑，常用的有遮阳棚和遮光棚。

### 一、遮阳棚

遮阳棚设置在洞口外，是为减弱自然光亮度而建筑的棚状构造物。其顶棚为透光结构，但不让阳光直接投射到路面上。设计遮阳棚时以当地日照图为依据，由太阳的高度角和方位角计算出遮阳板的尺寸、间隔和倾斜角度。遮阳板一般设置两组:一组为以遮挡东西向阳光为目的的南北方向放置的挡板,因为太阳位于东西方向时高度角较小,所以挡板只需垂直放置即可;另一组为以遮挡东南、南、西南向阳光为目的的东西方向旋转的挡板,因为太阳位于这些方位时高度角较大,例如,在南方的北回归线附近修建隧道,夏至时太阳高度角可达90°,显然挡板不应垂直放置。所以,需要根据高度角调整挡板的尺寸、倾角和间隔。两组挡板形成网状结构,网孔大多为透空的,称为开放式构造;也有用玻璃或透明塑料嵌砌的,称为封闭式构造。挡板宜用轻质材料制作,并应具有足够的刚度。遮阳棚的减光效果不是恒定的,烈日条件下效果较差。

## 二、遮光棚

遮光棚是另一种减光建筑物,也是棚状构造物,但构造较简单。其主要特点是允许日光直接投射到路面上,这是与遮阳棚的根本区别。

另外,还有在入口上面做悬臂式棚盖的工例,有的伸出很长,如勃朗峰隧道入口的棚盖伸出长度达30m。

减光建筑物一般很长,沿整个适应区段设置时,长度可达百米以上,荷兰的Schiphol隧道的遮光棚长达160m以上,其造价也很昂贵,长度过短时又起不到应有的适应作用,所以除非重要的大交通量隧道,采用减光建筑是不经济的。

## 三、植被的减光作用

较为简便、经济的降低洞外亮度的方法是植常绿植被,人类对植被的反射光有舒适感,植被反射光比裸露的岩石、土坡、建筑物墙面等的反射光柔和得多。植被大致可以分为草地、农作物类和树木类。前者表面为毛状结构,由很多垂直面组成,所以在光线的入射方向上亮度最大,在反射方向上反而很小,而在法线方向上则为最小;后者可以视为更大的毛状结构,亮度特性与前者大体相似。由此可见,在入口附近种植具有垂直表面的植被较为有利。如果洞门岩体基本稳定,不设洞门挡墙,改作保持原地形的有绿色植被坡面反而更好。

绿色植物有阔叶与针叶之分,它们的光谱反射曲线略有不同。由图2-7-1可知,针叶树比阔叶树的反射率稍低,因而前者较后者更有利于降低洞外亮度。

晚秋季节,大部分植物将变为黄色,不再是绿色,其光谱反射会产生一些变化,见图2-7-2。与图2-7-1比较反射能力明显增大,因此,在洞口山坡上种植常绿植被比较适宜。在南方种植像塔松那样具有水平成层枝叶的乔木最为理想。另一方面,高大乔木可以投下浓重的阴影,避免或减弱了阳光对路面的照射,对降低路面亮度十分有益。

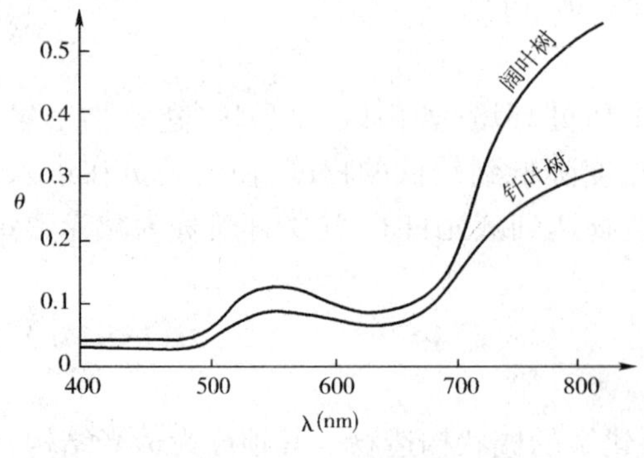


图2-7-1 绿色植物的光谱反射曲线

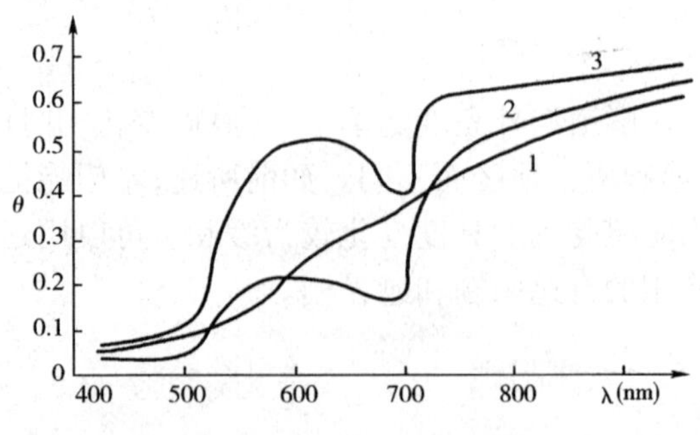


图2-7-2 树叶变黄时的光谱反射曲线

# 第八节 隧道照明电光源与照明器

## 一、电光源

在照明工程中,使用各种各样光源,按其工作原理可以分为两大类:

1. 热辐射光源

利用电能使物体加热到白炽程度而发光的光源称为热辐射光源,如白炽灯、卤钨灯。

2. 气体放电光源

利用气体或蒸气的放电而发光的光源,如荧光灯、荧光高压汞灯、高压钠灯、金属卤化物灯等。

在常用的电光源中,发光效率比较高的有高压钠灯、金属卤化物灯和荧光灯等;显色性较好的有白炽灯、卤钨灯、荧光灯、金属卤化物灯等;寿命较长的,目前国内生产的光源有高压汞灯和高压钠灯;能瞬时启动、再启动的光源是白炽灯、卤钨灯等;输出光通量随电压波动变化最大的是高压钠灯、最小的是荧光灯。

隧道照明的光源,除了应满足在隧道特定环境下的光效、光通量、寿命及工作特性、光色、显色性和控制配光的难易程度等要求外,还应选择在汽车排烟形成的烟雾中仍能保证有良好能见度的光源。因此,在通常情况下,应使用在烟雾中有较好透视性的低压钠灯,如果是短隧道或柴油车比率较小的隧道,烟雾会少些,亦可使用显色性好的荧光灯。在隧道出入口照明,可用小型大光通量的高压钠灯或高压汞灯。随着新一代光源的不断问世,应积极选择,应用新光源。

隧道照明常用电光源种类和主要特性见表 2-8-1。

**隧道常用电光源的主要特性** 表 2-8-1

| 光源名称 | 白炽灯 | 荧 光 灯 | 荧光高压汞灯 | 高压钠灯 | 低压钠灯 |
|---|---|---|---|---|---|
| 额定功率范围(W) | 10 ~ 1000 | 6 ~ 125 | 50 ~ 1000 | 100 ~ 400 | 18 ~ 180 |
| 光效(lm/W) | 6.9 ~ 19 | 25 ~ 67 | 30 ~ 50 | 90 ~ 100 | 100 ~ 175 |
| 平均寿命(h) | 1000 | 2000 ~ 3000 | 2500 ~ 5000 | 3000 | 2000 ~ 3000 |
| 一般显示指数 $R$ | 95 ~ 99 | 70 ~ 80 | 30 ~ 40 | 20 ~ 25 | - |
| 启动标定时间 | 瞬时 | 1 ~ 3s | 1 ~ 2min | 4 ~ 8min | 7 ~ 15 |
| 再启动时间 | 瞬时 | 瞬时 | 5 ~ 10min | 10 ~ 20min | > 15 |
| 功率因数 $\cos\Phi$ | 1 | 0.33 ~ 0.7 | 0.44 ~ 9.67 | 0.44 | 0.06 |
| 频闪效应 | 不明显 | 明显 | 明显 | 明显 | 明显 |
| 表面亮度 | 大 | 小 | 较大 | 较大 | 较大 |
| 电压变化对光通影响 | 大 | 较大 | 较大 | 大 | 大 |
| 环境温度对光通影响 | 小 | 大 | 较小 | 较小 | 小 |
| 耐震性能 | 较差 | 较好 | 好 | 较好 | 较好 |
| 所需附件 | 无 | 镇流器、启辉器 | 镇流器 | 镇流器 | 漏磁变压器 |

隧道的照明环境比较特殊,选择光源时应满足以下要求:

(1)一般情况下宜选用效率高、透雾性能好的光源;

(2)短隧道、柴油车较少的城镇附近隧道、应急停车带、人行横通道、车行横通道可选用显色指数较高的光源；

(3)光源的使用寿命一般不小于10000h。

## 二、照明器的特性

照明器也称灯具，它是根据人们对照明质量的要求，重新分布光源发出的光通，防止人眼受强光作用的一种设备。它包括光源，控制光线方向的光学器件(反射器、折射器等)，固定和防护灯泡以及连接电源所必需的组件，供装饰、调整和安装用的部件等。选择照明器的依据是照明器的特性。照明器的特性通常以光强分布、亮度分布、保护角、光输出比等指标来表示。

### (一)光强空间分布特性

光强空间分布特性是用曲线来表示的，故该曲线又称配光曲线。配光曲线一般有两种表示方法：一是极坐标配光曲线，二是等光强曲线。

1. 极坐标配光曲线

在通过光源中心的测光平面上，测出照明器在不同角度的光强值。从某一给定的方向起，将各个角度的光强用矢量标注出来，连接矢量顶端的连线就是照明器配光的极坐标曲线。对于有极对称轴的照明器，在与轴线垂直的平面上各方向的光强值相等，因此只用通过轴线的一个测光面上的光强分布曲线就能说明其光强在空间的分布，见图2-8-1。如果照明器在空间的光强分布不是极对称的(如管形卤钨灯具)，则需要若干测光平面的光强分布曲线来反映其空间分布。

图2-8-2表示非极对称配光的室内照明器的配光曲线。令测光平面为$C$平面，取与灯具长轴垂直的平面为$C_0$平面，与$C_0$平面成45°、90°、270°…平面角的面相应的称为$C_{45}$、$C_{90}$、$C_{270}$…平面。

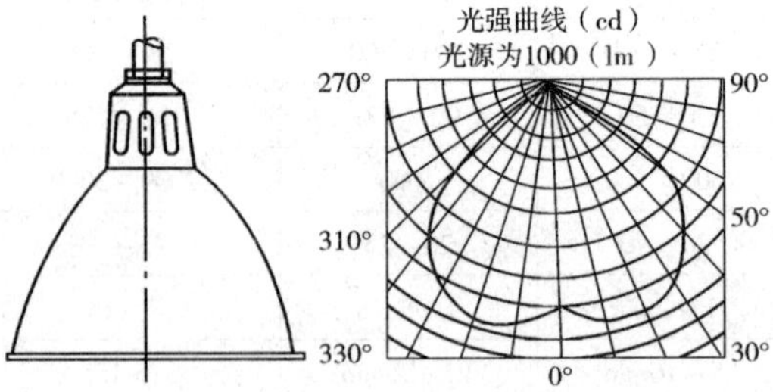

图2-8-1　极坐标配光曲线

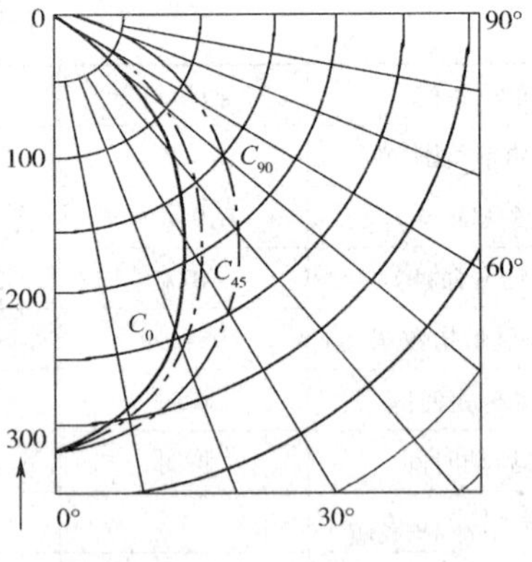

图2-8-2　不对称照明器配光曲线

为了便于比较不同照明器的配光特性，通常将光源化为1000lm光通量(简称标准光通)的假想光源来绘制光强分布曲线，当被测光源不是1000lm时，可用下式换算：

$$I_\theta = \frac{1000}{\Phi_s} I'_\theta \tag{2-8-1}$$

式中：$I_\theta$——换算成光源光通量为1000lm时$\theta$方向的光强，简称标准光强，cd；

$I'_\theta$——照明器在$\theta$方向的实际光强，简称额定光强，cd；

$\Phi_s$——照明器实际配用的光源光通量，简称额定光通，lm。

室内照明灯具多采用极坐标配光曲线来表示其光强的空间分布。

2. 等光强曲线图(等烛光图)

非极对称配光的照明器需要有许多平面配光曲线才能表示它的空间分布,使用不便,也不醒目,不能反映各平面间的联系。对非极对称配光的照明器可采用等光强曲线图表示光强的空间分布。

为了正确表示照明器光强的空间分布,可以设想将它放在一个外面标有经度和纬度线的球体中心,球体半径与照明器的尺寸要满足"点光源"条件。照明器射向空间的每根光线都可以用球体上各点坐标表示,将球体上光强相同的各方向上的点用线连接起来,构成封闭的等光强曲线(类似于地球表面的等高线),就能表示照明器光强在空间各方向的分布。

**(二)亮度分布和保护角**(遮光角)

照明器表面亮度分布及保护角直接影响到眩光。照明器在不同方向上的平均亮度值,特别是 $\gamma=45°\sim85°$ 范围内的亮度值,应由制造厂测试后提供给用户。若没有亮度分布测试数据,可通过其光强分布利用下述的方法求得灯具在 $\gamma$ 角方向的平均亮度:

$$L_\gamma=\frac{I_\gamma}{A_\gamma} \tag{2-8-2}$$

式中:$I_\gamma$——照明器在 $\gamma$ 角方向上的发光强度,cd;

$A_\gamma$——照明器发光面在 $\gamma$ 方向的投影面积,$m^2$。

对于图 2-8-3 所示的有侧面发光的荧光灯具,其 $A_\gamma$ 的计算可按下式:

$$A_\gamma=A_h\cos\gamma+A_v\sin\gamma \tag{2-8-3}$$

照明器的保护角是指照明器在出光沿口遮蔽光源发光体使之完全看不见的方位与水平线的夹角。一般照明器是灯丝(发光体)最低、最边缘点与灯具沿口边线,同出光沿口水平线的夹角,见图 2-8-4 所示。

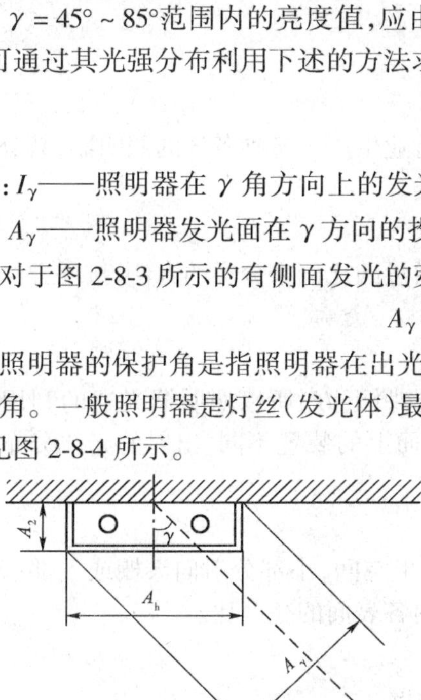


图 2-8-3　照明器发光部分投影面积计算

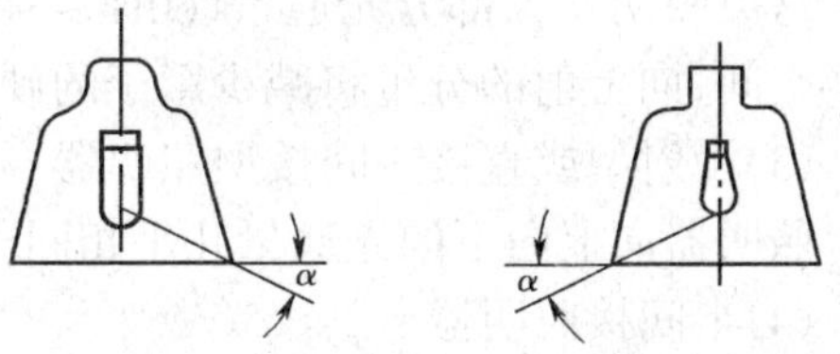


图 2-8-4　一般照明器的保护角

a)透明灯泡;b)乳白灯泡

**(三)照明器光输出比**(亦称照明器效率)

照明器光输出比是照明器的主要质量指标之一。光源在照明器内由于灯腔温度较高,光源发出的光通量比裸露点燃时或少或多,同时光源辐射的光通量经过照明器光学部件的反射和透射必然要引起一些损失,所以照明器光输出比总是小于 1,其值可用下式计算:

$$\eta=\frac{\Phi_2}{\Phi_1}\times100\% \tag{2-8-4}$$

式中:$\Phi_1$——照明器内光源裸露点燃时出射的光通量,lm;

$\Phi_2$——照明器出射的光通量,lm。

图 2-8-5 的照明器中，光源 $S$ 发出的光线可分成三个区域。区域 I 是能从光源经玻璃 $B$ 直接射出照明器的部分，这些光线称为直接出射光；区域 II 是射向灯壳内部壳体产生杂散光，无法起到有效照明作用；区域 III 是光源光线射向反射器 $R$，经反射器反射后，通过前面玻璃 $B$ 再射出。要提高照明器效率，需要注意下列几点：(1)尽量减少区域 II，不使光线白白浪费在壳体上；(2)处理好玻璃板 $B$ 与光线相互位置，一般使光线对玻璃的入射角小于 45°，以增加光线的透过率；(3)增加区域 I 减少区域 III，即增加直接出射光部分；(4)当区域 II 缩小到零时，区域 III 内的光线全部反射向区域 I 中，当反射出来光线的角度与区域 I 的直接出射光线角度全吻合时，可获得高的光输出比。

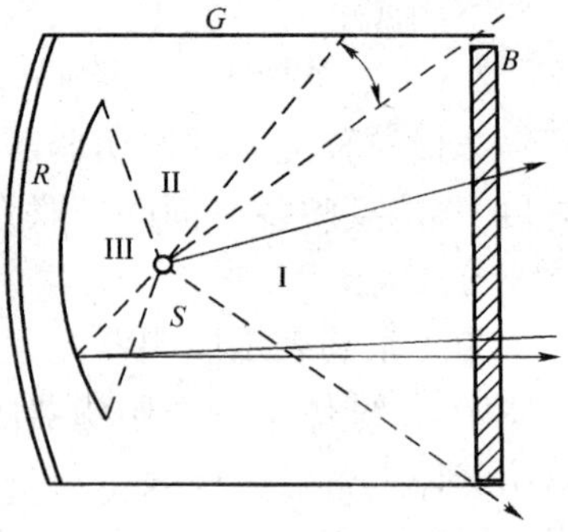

图 2-8-5　照明器各部分对效率的影响
$S$-光源；$B$-保护玻璃；$R$-反射器；$G$-光体

## 三、照明器的分类

由于照明工程有各种不同的要求，目前照明器材行业生产了各种各样的照明器，其分类方法很多，这里仅仅介绍一下与道路照明有关的几种分类。

1. CIE 分类

这是一种按照明器向上、下两个半空间发出的光通量的比例来分类的方法，按此方法将室内照明器分为五类。

(1)直接照器

此类照明器绝大部分光通量(90% ~ 100%)直接投照下方，所以照明器光通的利用率最高。但因反射面的形状、材料与处理差异很大，或出口面上的装置不同，出射的光线分布有的很宽、有的集中，变化很多。

(2)半直接照明器

这类照明器大部分光通量(60% ~ 90%)是射向下半空间，小部分射向天棚或上部墙壁等上半空间，向上射的分量将减少影子的硬度并改善室内各表面的亮度比。

(3)漫射型或直接—间接型照明器

照明器向上向下的光通量几乎相同(各占 40% ~ 60%)。

(4)半间接照明器

照明器向上光通占 60% ~ 90%，它的向下分量往往只用来产生与天棚相称的亮度，此分量过多或分配不适当也会产生直接或间接眩光等一些缺陷。

(5)间接照明器

照明器的绝大部分光通(90% ~ 100%)向上，设计得好时，全部天棚成为一个照明光源，达到柔和无阴影的照明效果，由于照明器向下光通很少，只要布置合理直接眩光与反射眩光都很小。此类照明器的光通利用率比前面四种都低。

2. 直接型照明器按光强分布分类

带有反射罩的直接型照明器使用很普遍，它们的光分布变化范围很大，从集中于一束到散开在整个下半空间，光束扩散程度的不同带来截然不同的照明效果。按光分布的窄宽进行分类，依次命名为特狭照、狭照、中照、广照、特广照五类，并用它们的最大允许距高比 $s/h$ 来表示，见表 2-8-2。

**直接照明器按最大允许距高比分类** 表 2-8-2

| 分类名称 | 距高比 $s/h$ | 1/2 照度角 |
|---|---|---|
| 特狭照型 | $s/h \leqslant 0.5$ | $\theta \leqslant 14°$ |
| 狭照型(深照型、集照型) | $0.5 < s/h \leqslant 0.7$ | $14° < \theta \leqslant 19°$ |
| 中照型(扩散型、余弦型) | $0.7 < s/h \leqslant 1.0$ | $19° < \theta \leqslant 27°$ |
| 广照型 | $1.0 < s/h \leqslant 1.5$ | $27° < \theta \leqslant 37$ |
| 特广照型 | $1.5 < s/h$ | $37° < 0$ |

"1/2 照度角"的求法:将灯轴线垂直于水平面,若灯下水平面上某点,其水平照度为灯轴线下方照度的 1/2 时,则此点和光中心连线与灯轴线形成的夹角即为 1/2 照度角。

"灯具最大允许距高比 $s/h$"是指灯间距 $s$ 与灯安装高度 $h$ 之比值的最大允许值。对一般照明要求获得均匀的水平照度,如使灯下方的照度与两灯中间一点照度相等(见图 2-8-6),即可满足照度均匀的要求。由此可见,当配光形式确定后,1/2 照度角就确定了,$s/h$ 值也就确定了。灯具厂商提供的灯具资料中应给出各种灯具的最大允许距高比 $s/h$ 值。

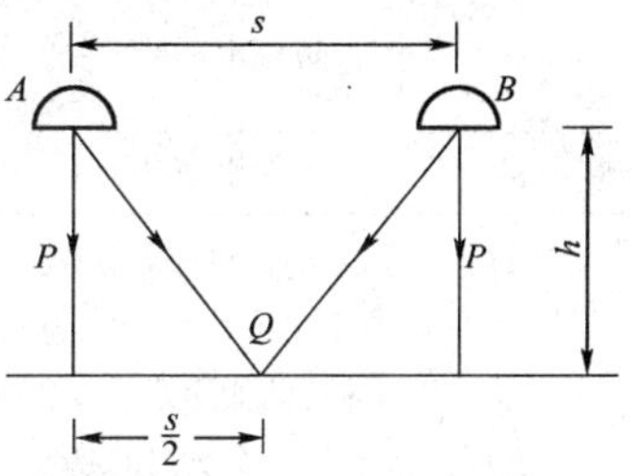

图 2-8-6 确定 $s/h$ 的条件

目前各国按配光分类的方法大致相同,所不同的只是在由狭到宽的配光阶段划分上稍有差别。

3. 按外壳防护等级分类

外壳的防护形式包括:(1)防止人体触及或接近外壳内部的带电部分,防止固体异物进入外壳内部;(2)防止水进入外壳内部达到有害程度;(3)防止潮气进入外壳内部达到有害程度。根据我国国标《灯具外壳防护等级分类》(GB 7001—86)的规定:防护等级代号用"IP"字母和两个特征数字组成,第一位特征数字指防护形式(1)项中的防护等级,第二位特征数字指防护形式(2)项中的防护等级,其特征数字含义见表 2-8-3 和表 2-8-4,(3)项中所述防护形式称为防湿型,是指灯具能在相对湿度为 90%以上的湿气中正常工作的灯具。

**第一位特征数字所表示的防护等级** 表 2-8-3

| 第一位特征数字 | 防护等级 | |
|---|---|---|
| | 简短说明 | 含义 |
| 0 | 无防护 | 没有特殊防护 |
| 1 | 防大于 50mm 的固体异物 | 人体某一大面积部分,如手(但对有意识的接近并无防护)。固体异物直径超过 50mm |
| 2 | 防大于 12mm 的固体异物 | 手指或类似物,长度不超过 80mm,固体异物直径超过 12mm |
| 3 | 防大于 2.5mm 的固体异物 | 防大于 2.5mm 的固体异物,直径或厚度大于 2.5mm 的工具、电线等。固体异物直径超过 2.5mm |
| 4 | 防大于 1mm 的固体异物 | 厚度大于 1mm 的线材或片条。固体异物直径超过 1mm |
| 5 | 防尘 | 不能完全防止尘埃进入,但进入量不能达到妨碍设备正常运转的程度* |
| 6 | 尘密 | 无尘埃进入 |

注:* 如带电部件绝缘失效。

**第二位特征数字所表示的防护等级表**　　表 2-8-4

| 第二位特征数字 | 防护等级 | |
|---|---|---|
| | 简短说明 | 含义 |
| 0 | 无防护 | 没有特殊防护 |
| 1 | 防滴 | 滴水(垂直滴水)无有害影响 |
| 2 | 15*防滴 | 当外壳从正常位置倾斜在15°以内时,垂直滴水无有害影响 |
| 3 | 防淋水 | 与垂直成60°范围以内的淋水无有害影响 |
| 4 | 防溅水 | 任何方向溅水无有害影响 |
| 5 | 防喷水 | 任何方向喷水无有害影响 |
| 6 | 防猛烈海浪 | 猛烈海浪或强烈喷水时,进入外壳水量不致达到有害程度 |
| 7 | 防浸水影响 | 防浸水影响浸入规定压力的水中经规定时间后进入外壳水量不致达到有害程度 |
| 8 | 防潜水影响 | 能按制造厂规定的条件长期潜水 |

注:(1)*如带电部件绝缘失效。

(2)表中第二位特征数字为7,通常指水密型,第二位特征数字为8,通常指加压水密型。水密型灯具未必适合于水下工作,而加压水密型灯具应能用于这样的场合。

如仅需用一个特征数字表示防护等级,被省略的数字必须用字母X代替,如IPX5(防喷水)或IP6X(无尘埃进入)。灯具等级至少为IP2X,防护等级IP20的灯具不需要标上标记。

## 四、灯具的选择与布置

隧道用灯具的主要作用是控制配光及保护光源。在选择灯具时,应充分注意满足以下要求:

(1)防护等级不应低于IP65。

(2)应具有适合公路隧道特点的防眩装置。

(3)灯具结构应便于更换灯泡和附件。

(4)灯具零部件应具有良好的防腐性能。

(5)灯具配件安装应易于操作,并能调整安装角度。

灯具的布置方法很多,在横断面可安装在拱顶、墙壁或吊装顶棚上;沿隧道纵向有三种布置方式:单排布置,对称布置和交错布置。灯具的布置方式如图2-8-7所示。

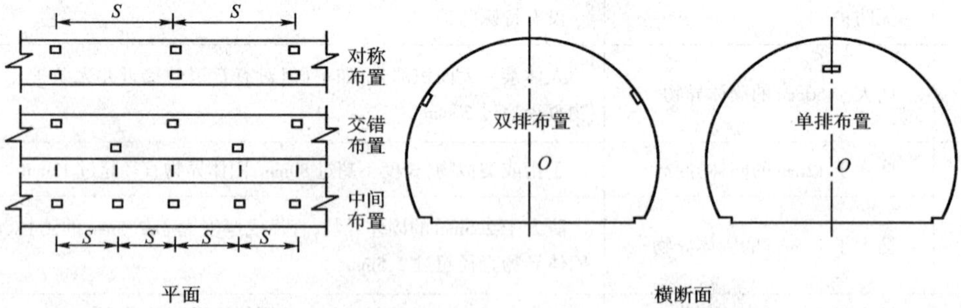


图 2-8-7　灯具的布置方式

在布置灯具时需要注意以下三点:

(1)灯具不得侵入隧道建筑限界。

(2)入口段的照明由基本照明与加强照明两部分组成,前者的灯具布置应按中间段照明考虑,后者可用功率较大的灯具加强照明。

(3)入口段的加强照明灯具可以从洞口以内10m处开始布置。

## 第九节　点光源直射照度计算

1. 照度计算目的

照度计算的目的是根据所需要的照度值及其他已知条件(照明器形式及布置、照明场所各个面的反射条件及污染情况等)来决定灯具的容量或灯具的数量,或在照明器形式、布置及光源的容量都已确定的情况下,计算某点的照度值。照度计算还是亮度计算的基础,根据被照面的反射特性与照度,可以计算被照面的亮度。不论水平面、垂直面还是倾斜面上的某一点的照度,都是由直射光和反射光两部分组成的。

2. 照度计算的特点及范围

照度计算的基本方法有利用系数法与逐点计算法(包括平方反比法、等照度曲线法、方位系数法等),利用系数法用于计算平均照度与配灯数,逐点计算法用于计算某点的直射照度。它们的特点见表2-9-1。

**照度计算法的特点及适用范围**　　表2-9-1

| 方法名称 | | 特点 | 适用范围 |
|---|---|---|---|
| 利用系数法 | 用利用系数计算 | 此法考虑了直射光及反射光两部分所产生的照度<br>计算结果为水平面上的平均照度 | 计算室内水平面上的平均照度,特别适用于反射条件的房间 |
| | 查概算曲线 | | 一般生产及生活用房的灯数概略计算 |
| 逐点计算法 | 平方反比法 | 此法只考虑直射光产生的照度,可以计算任意面上某一点的直射照度 | 采用直射照明器的场所,可直接求得水平面照度,也可乘上系数求得任意面上的照度 |
| | 等照度曲线法 | | |
| | 方位系数 | | 使用线光源的场所,求算任意面上一点的照度 |

3. 维护系数

照明设备久经使用后,被照面照度值会下降,这是由于光源本身的光通衰减,灯具被污染,透光材料及反光材料的老化等因素引起的。为了维持一定的照度水平,计算室内布灯时要考虑维护系数 $K$(见表2-9-2)以补偿这些因素的影响。国内有的书称照度补偿系数,其值为维护系数的倒数。为了同大多数国家相一致,本书采用维护系数。由于隧道内烟尘大,灯具不易擦洗,所以设计计算时应选用较低的维护系数。

**维　护　系　数**　　表2-9-2

| 环境特征分类 | | 维护系数 | | 灯具擦洗次数(次/年) |
|---|---|---|---|---|
| | | 白炽灯、日光灯、高压荧光灯 | 卤钨灯 | |
| 清洁 | 很少有尘埃、烟、烟灰及蒸汽(如办公室、阅览室、仪表车间等) | 0.75(0.8) | 0.8(0.85) | 2 |
| 一般 | 有少量尘埃、烟、烟灰及蒸汽(如商店营业厅、剧场观众厅、机加工车间) | 0.7(0.75) | 0.75(0.8) | 2 |
| 污染严重 | 有大量粉、烟、烟灰及蒸汽(如铸工、锻工车间、厨房) | 0.6(0.65) | 0.65(0.7) | 3 |
| 室外 | 露天广场、道路 | 0.7 | 0.75 | 2 |

注:括号内数值用于反射光很少的场所。

## 一、点光源水平照度计算

当光源与被照面的距离 $l$ 与光源尺寸相比大得多时，便可以把光源看作点光源。点光源在水平面上产生的照度应符合平方反比定律。如图2-9-1所示，光源（照明器）$S$ 投射到包括 $P$ 点的指向平面（与入射光方向垂直的平面）上某很小的面积（面元）$dA_n$ 上的光通量为：

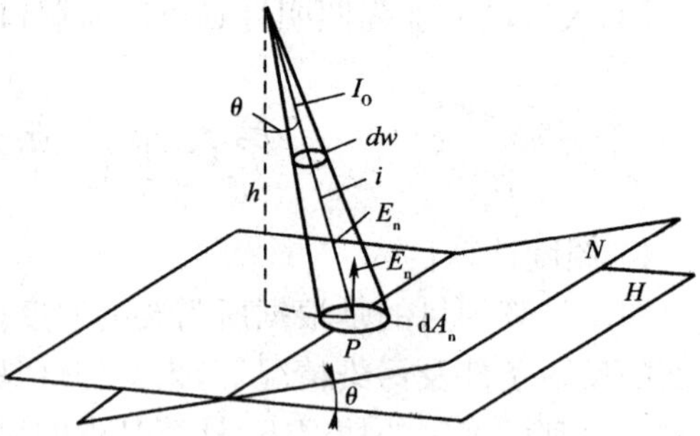

图 2-9-1　水平面照度计算

$$d\Phi = I_\theta d\omega$$

其中 $d\omega$ 为面元 $dA_n$ 对光源 $S$ 的立体角。按立体角的定义可知：

$$d\omega = \frac{dA_n}{l^2}$$

故光源在指向平面上 $P$ 点产生的照度 $E_n$（又称为法线方向照度）为：

$$E_n = \frac{d\Phi}{dA_n} = \frac{I_\theta}{l^2}$$

光源在水平面上 $P$ 点产生的照度 $E_h$ 为：

$$\left.\begin{aligned} E_h &= \frac{I_\theta}{l^2}\cos\theta \\ &\text{或} \\ E_h &= \frac{I_\theta}{h^2}\cos^3\theta \end{aligned}\right\} \tag{2-9-1}$$

式中：$E_h$——水平面照度，lx；

$I_\theta$——光源（照明器）照射方向的光强，cd；

$l$——光源（照明器）与计算点之间的距离，m；

$h$——光源（照明器）离被照面的高度，m（见图 2-9-1）；

$\theta$——光线入射角。

由于照明器的配光曲线是按光源光通量为1000lm给出的，并考虑维护系数 $K$ 对于实际照明器时，式（2-9-1）应写成：

$$\left.\begin{aligned} E_h &= \frac{I_\theta K\Phi}{1000 l^2}\cos\theta \\ \text{或}\quad E_h &= \frac{I_\theta \Phi K}{1000 h^2}\cos^3\theta \end{aligned}\right\} \tag{2-9-2}$$

式中：$I_\theta$——照明器配光曲线上 $\theta$ 方向的光强，cd；

$\Phi$——实际所采用照明器的光源光通量，lm。

其余符号意义同式（2-9-1）。

若将长度为 $l$ 的线状光源、直径为 $d$ 的盘形光源当作点光源计算，此时它们与计算点的距离 $h$ 应满足下述要求：$l/h \leqslant 0.6$，$d/h \leqslant 0.4$，则其计算误差能满足工程要求（误差5%以下）。

## 二、任意倾斜面照度计算

在实际工程中，被照面不一定都是水平面，往往是任意倾斜面，故需计算任意倾斜面（包括垂直面)上的照度。

任意点 $P$ 的照度值,随 $P$ 点所在平面位置的不同而有不同的数值,根据照度平方反比定律式(2-9-1)可知:任意两个平面上同一点的照度之比为光源至该平面的垂线长度之比。

若 $E_n$ 为 $P$ 点的法线照度(即与入射光线垂直的平面上 $P$ 点的照度),根据矢量运算法则,$E_n$ 在 $x$、$y$、$z$ 三个坐标轴(三维空间)上的分量分别为:

$$\left.\begin{aligned} E_x &= E_n\cos\alpha \\ E_y &= E_n\cos\beta \\ E_z &= E_n\cos\theta \end{aligned}\right\} \tag{2-9-3}$$

式中:$\alpha$、$\beta$、$\theta$——分别为 $E_n$ 矢量与 $x$、$y$、$z$ 轴之间的夹角,见图 2-9-2。

反之,若已知照度矢量的分量($E_x$、$E_y$、$E_z$)、根据矢量运算法则,其合成矢量 $E_n$ 等于各照度矢量在这个方向上的投影的代数和,可用下式表示:

$$E_n = E_x\cos\alpha + E_y\cos\beta + E_z\cos\theta \tag{2-9-4}$$

图 2-9-3 所示的倾斜面与水平面成 $\delta$ 角,则倾斜面照度 $E_i$ 与水平面照度 $E_h$ 间的夹角亦为 δ,即 $\theta = \delta$,$\alpha = 90° - \delta$,根据式(2-9-4)可得:

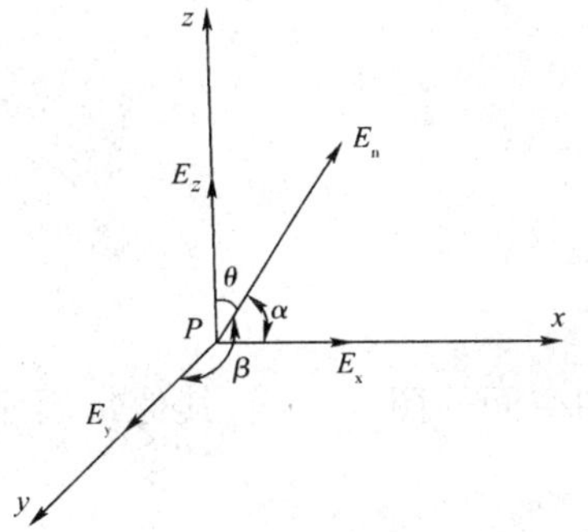


图 2-9-2　照度矢量运算

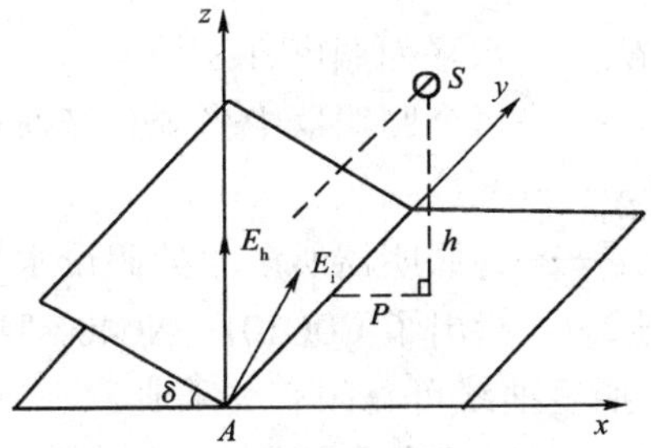


图 2-9-3　倾斜面上照度计算

$$\begin{aligned} E_i &= E_x\sin\delta + E_h\cos\delta \\ &= E_h\left(\cos\delta + \frac{P}{h}\sin\delta\right) \end{aligned} \tag{2-9-5}$$

经分析可知:当 $\delta$ 角增大,且继续变化超过 $A$ 点与光源的连线方位时,原来的受光面变为背光面,原来的背光面成为受光面,所以 $\delta$ 角定义为倾斜面背光的一面与水平面的夹角,可大于或小于 90°,且当 $\delta$ 角进 $\cot^{-1}(P/h)$ 范围内时,式(2-10-5)括号中两项之和应为两项之差。

任意倾斜面上照度 $E_i$ 完整的计算表达式为:

$$E_i = E_h\left(\cos\delta \pm \frac{P}{h}\sin\delta\right) \tag{2-9-6}$$

式中:$E_h$——$A$ 点的水平照度,lx;

$\delta$——倾斜面(背光的一面)与水平面的夹角(见图 2-9-3);

$P$——照明器在水平面上的投影点至倾斜面与水平面交线的垂直距离;

$h$——照明器至水平面的距离。

当 $\delta$ 角进入 $\cot^{-1}(P/h)$ 范围内时,式(2-9-5)左边第二项取负号。

当 $\delta = 90°$时,求得的是垂直面照度 $E_v$:

$$E_v = E_h\left(\cos 90° \pm \frac{P}{h}\sin 90°\right) = \frac{P}{h}E_h$$

令：

$$\Phi = \cos\delta \pm \frac{P}{h}\sin\delta$$

称 $\Phi$ 为倾斜照度系数。

有时为使用方便将 $\Phi$ 作成曲线，在有关设计手册上已给出这组曲线，可供查用。

## 三、实用计算图表

在实际计算中为了减少计算工作量，往往预先编制各种图表或曲线供设计人员使用，现介绍如下。

1. 空间等照度曲线

在采用旋转对称配光的照明器场所，可利用“空间等照度曲线”进行水平面照度的计算。已知计算高度 $h$ 和计算点到照明器间的水平距离 $d$，就可以直接从“空间等照度曲线”图上查得该点的水平面照度值。但由于曲线是按光源的光通量为 1000lm 绘制的，因此所查得的照度值是“假设水平照度 $e$”，还必须按实际光通量进行换算。

当照明器内的光源总光通量为 $\Phi$，且计算点是由若干个照明器共同照射时，则被照点的照度应为：

$$E_h = \frac{\Phi \sum eK}{1000} \tag{2-9-7}$$

式中：$E_h$——水平面照度，lx；

$\Phi$——每个照明器中光源总光通量，lm；

$K$——维护系数；

$\sum e$——各照明器所产生的假设水平照度的总和，lx。

图 2-9-4 给出了 CDG101—NG400 型龟板面照明器的空间等照度曲线，其他常用照明器的空间等照度曲线可查阅有关手册。

2. 平面相对等照度曲线

对非对称配光的照明器可利用“平面相对等照度曲线”进行计算。根据计算点的 $d/h$ 值及各照明器对计算点的平面位置角 $\beta$（作一照明器的对称平面，或作任一平面，将它定为起始平面，该平面与被照面的交线与光线投影长度 $d$ 间的夹角即为 $\beta$ 角，见图 2-9-5），从“平面相对等照度曲线”上可以查得“相对照度 $\varepsilon$”，由于“平面相对等照度曲线”是假设计算高度为 1m 而绘制的，所以求计算面上的实际照度时，应按下式计算：

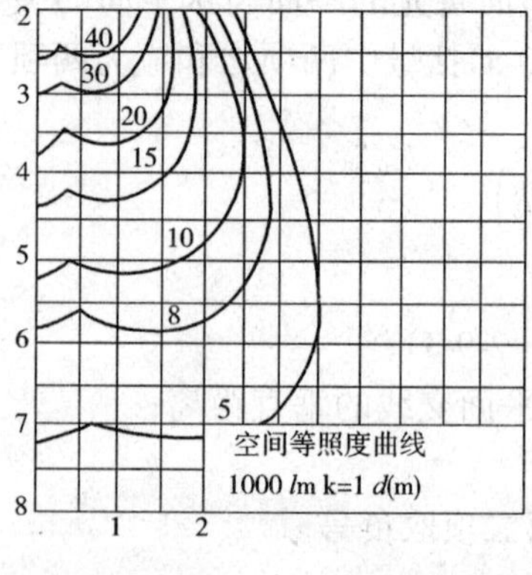


图 2-9-4　CDG101—NG400 型照明器空间等照度曲线

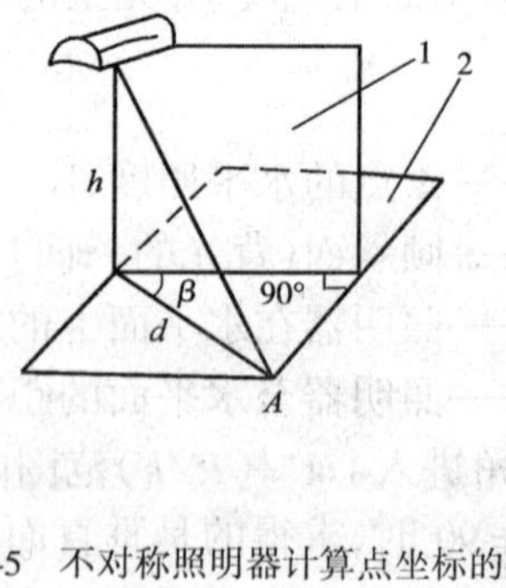


图 2-9-5　不对称照明器计算点坐标的确定

1-对称面；2-被照面

$$E_h = \frac{\Phi \sum \varepsilon K}{1000h^2} \tag{2-9-8}$$

式中：$E_h$——水平面照度，lx；

$\Phi$——每个照明器内光源的光通量，lm；

$\sum\varepsilon$——各照明器所产生的相对照度的总和，lx（$\varepsilon$ 可由“平面相对等照度曲线”查得）；

$h$——计算高度，m；

$K$——维护系数。

图 2-9-6 给出了 CDHP—209 型混光照明器（KNG250 + NG250）平面相对等照度曲线，一般照明器的平面相对等照度曲线可查阅有关手册。

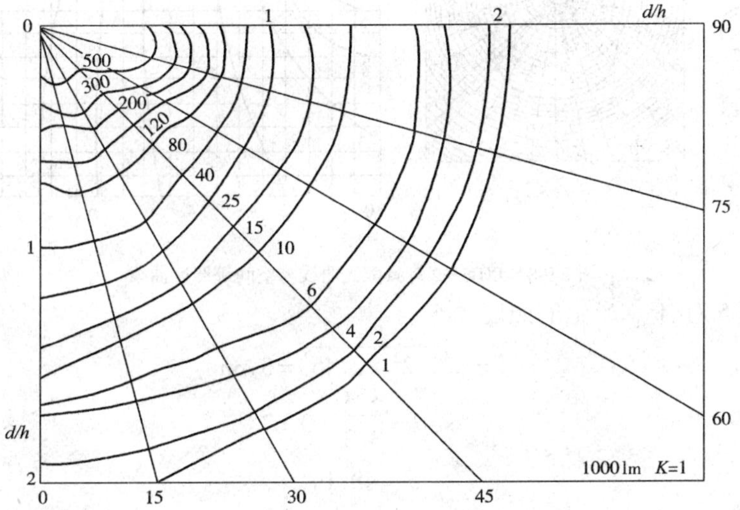


图 2-9-6 CDHP—209（KNG250 + NG250）型混光照明器平面相对等照度曲线

## 四、逐点计算法举例

【例 2-9-1】 有一接待室长 6.6m，宽 4.4m，净高 3.0m，采用 JXDS—2 平圆吸顶灯 6 只，求房间内 $A$ 点桌面上（桌高 0.8m）的直射照度（见图 2-9-7、图 2-9-8）。

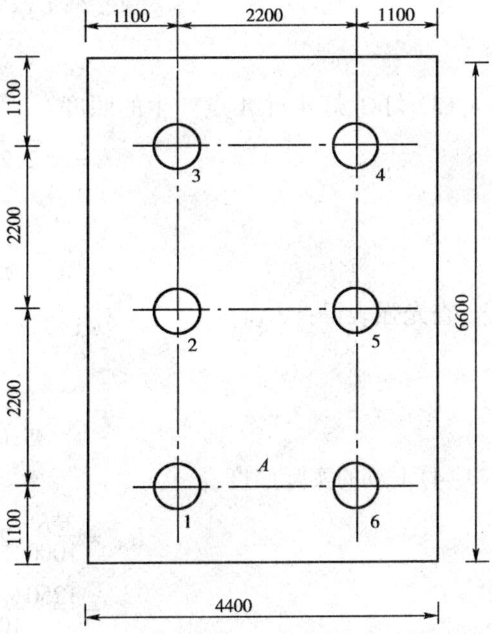


图 2-9-7 接待室平面图（尺寸单位：mm）

解：用逐点计算法。

1. 解法一：利用基本公式（式 2-9-1）求解

（1）灯 1、灯 6 对 $A$ 点产生的照度

$$l = \sqrt{2.2^2 + 1.1^2} = 2.46\text{m}$$

$$\cos\theta = \frac{h}{l} = \frac{2.2}{2.46} = 0.89$$

$$\theta = 26.57°$$

查光强表得：

$$I_{26.57} = 79.1\text{cd}$$

$$E_{1.6} = \frac{I_\theta}{l^2}\cos\theta$$

$$= \frac{79.1}{2.46^2} \times 0.89 = 11.64\text{lx}$$

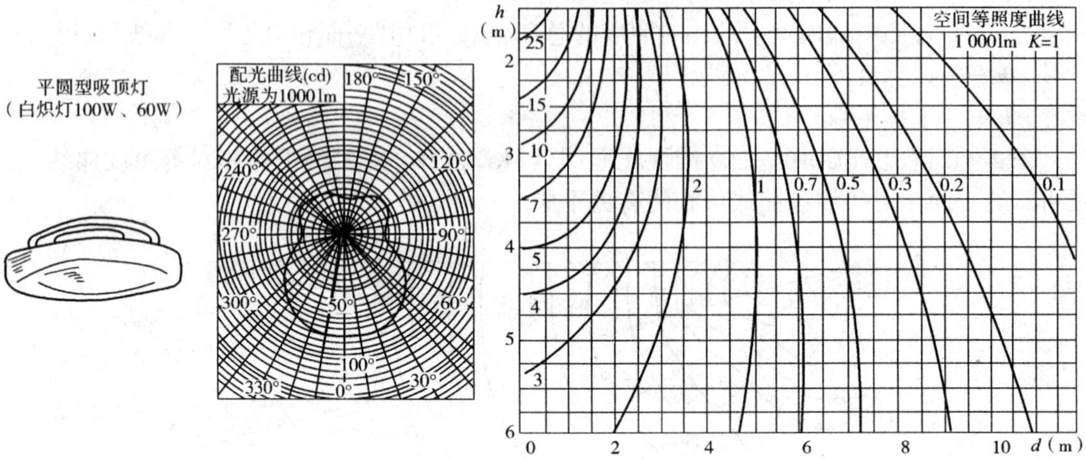


图 2-9-8　JXDS—2 灯具配光曲线与空间等照度曲线

(2)灯 2、灯 5 对 $A$ 点产生的照度

$$l = \sqrt{2.2^2 + 2.46^2} = 3.3\text{m}$$

$$\cos\theta = \frac{2.2}{3.3} = 0.67$$

$$\theta = 48.19°$$

查光强表得:

$$I_{48.19} = 65.2\text{cd}$$

$$E_{2.5} = \frac{65.2}{3.2^2} \times 0.67$$

$$= 4.01\text{lx}$$

(3) 灯 3、灯 4 对 $A$ 点产生的照度

$$l = \sqrt{2.2^2 + 4.54^2} = 5.04\text{m}$$

$$\cos\theta = \frac{2.2}{5.04} = 0.44$$

$$\theta = 64.15°$$

查光强表得:

$$I_{64.15} = 53\text{cd}$$

$$E_{3,4} = \frac{53}{5.04^2} \times 0.44 = 0.92\text{lx}$$

(4)$A$ 点的实际照度

$$E_A = \frac{\Phi K}{1000}(2E_{1,6} + 2E_{2.5} + 2E_{3,4})$$

$$= \frac{1250 \times 2 \times 0.8}{1000} \times (11.64 + 4.01 + 0.92) = 33.11\text{lx}$$

2. 解法二:查等照度曲线求解

灯 1、灯 6 按 $d=1.1\text{m}, h=2.2\text{m}$ 查空间等照度曲线得：

$$e_{1,6}=12\text{lx}$$

灯 2、灯 5 按 $d=\sqrt{2.2^2+1.1^2}=2.46\text{m}, h=2.2\text{m}$ 查空间等照度曲线得：

$$e_{2,5}=4.2\text{lx}$$

灯 3、灯 4 按 $d=\sqrt{4.4^2+1.1^2}=4.54\text{m}, h=2.2\text{m}$ 查空间等照曲线得：

$$e_{3,4}=0.9\text{lx}$$

$$E_A=\frac{\Phi\sum eK}{1000}$$

$$=\frac{1250\times2\times(12+4.2+0.9)}{1000}$$

$$=34.16\text{lx}$$

两种解法其结果差 1.05lx、误差 3.2%，在工程允许范围内，若采用抛物线内插误差会更小些。从解题中可以看出，在有等照度曲线的情况下，利用等照度曲线还是比较方便的。

## 第十节　线光源直射照度计算

线光源是指宽度 $b$ 与其长度 $L$ 相比小得多的发光体，通常连续的一列灯具属此类。线光源的照度计算方法有多种，本节介绍方位系数法。

### 一、线光源的光强分布

线光源的光强分布通常用两个相互垂直平面上的光强分布曲线表示。一个平面通过线光源的纵轴，这个平面上的光强分布曲线称为纵向（平行面、$C_{90}$ 面）光强分布曲线。另一个平面与线光源纵轴垂直，这个平面上的光强分布曲线称为横向（垂直面、$C_0$ 面）光强分布曲线，见图 2-10-1。

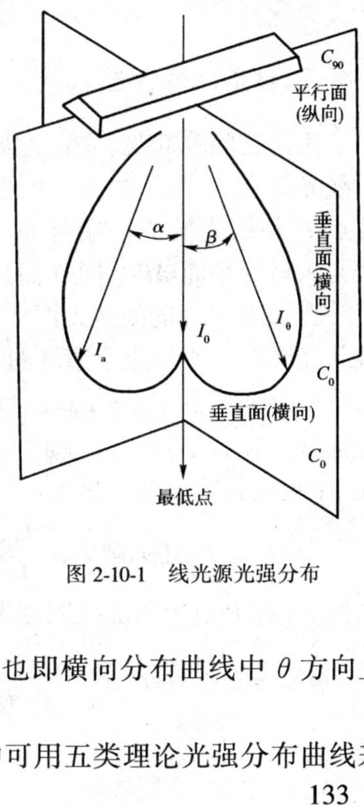


图 2-10-1　线光源光强分布

各种线光源的横向光强分布曲线可用如下的一般形式表示：

$$I_\theta = I_0 f(\theta) \qquad (2\text{-}10\text{-}1)$$

式中：$I_\theta$——$\theta$ 方向上的光强；

$I_0$——线光源发光面法线方向上的光强。

各种线光源的纵向光强分布曲线可能不尽相同，但任何一种线状照明器在通过灯纵轴的各个平面上的光强分布曲线具有相似的形状，一般可以用下式表示：

$$I_{\theta\alpha} = I_{\theta0} f(\alpha) \qquad (2\text{-}10\text{-}2)$$

式中：$I_{\theta\alpha}$——$\theta$ 平面（通过纵轴并与平行面成 $\theta$ 角的平面）上，与垂直面（$C_0$ 面）成 $\alpha$ 角方向上的光强；

$I_{\theta0}$——$\theta$ 平面上，与垂直面（$C_0$ 面）成 0°角方向上的光强；也即横向分布曲线中 $\theta$ 方向上的光强。

根据研究，实际应用的各种线光源的纵向光强分布曲线中可用五类理论光强分布曲线来表示：

$$
\left.\begin{aligned}
&A\text{ 类}:I_{\theta\alpha} = I_{\theta0}\cdot\cos\alpha\\
&B\text{ 类}:I_{\theta\alpha} = I_{\theta0}\cdot\frac{\cos\alpha+\cos^2\alpha}{2}\\
&C\text{ 类}:I_{\theta\alpha} = I_{\theta0}\cdot\cos^2\alpha\\
&D\text{ 类}:I_{\theta\alpha} = I_{\theta0}\cdot\cos^3\alpha\\
&E\text{ 类}:I_{\theta\alpha} = I_{\theta0}\cdot\cos^4\alpha
\end{aligned}\right\}
$$

图 2-10-2 绘出了这五类理论光强分布的 $I_{\theta\alpha}/I_{\theta0}=f(\alpha)$ 曲线。图中虚线表示一个实际线光源光强分布的例子，可以认为它属于 $C$ 类。

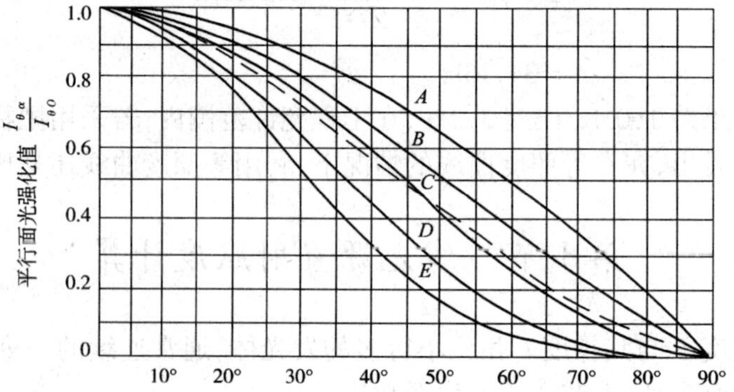


图 2-10-2　平行面光强分布的分类

采用理论光强分布可以使线光源的照度计算标准化。一种实际的线状光源被应用时，首先应鉴别（可通过测量计算）其光强分布属于哪一类，然后再利用标准化的计算资料可使计算大大简化。

## 二、基本计算方法

为简化问题起见，先讨论如图 2-10-3 所示线光源在水平面 $P$ 点上的照度计算。计算点 $P$ 与线光源的一端对齐。水平面的法线与入射光平面 $APB$（即 $\theta$ 面）成 $\beta$ 角。

在长度为 $L$ 的线状光源上取一线元 $dx$，线状光源在 $\theta$ 平面上垂直于灯轴线 $AB$ 方向的单位长度光强 $I'_{\theta0}=I_{\theta0}/L$，线光源的纵向光强分布具有 $I_{\theta\alpha}=I_{\theta0}\cos^n\alpha$ 的形式，则自线元 $dx$ 指向计算点的光强为：

$$dI_{\theta\alpha} = I'_{\theta0}dx\cos^n\alpha = \frac{I_{\theta0}}{L}dx\cos^n\alpha$$

线元 $dx$ 在 $P$ 点上的法线照度为：

$$dE_n = \frac{dI_{\theta\alpha}}{l^2}\cos\alpha = \frac{I_{\theta0}dx\cos^n\alpha\cos\alpha}{Ll^2} \tag{2-10-3}$$

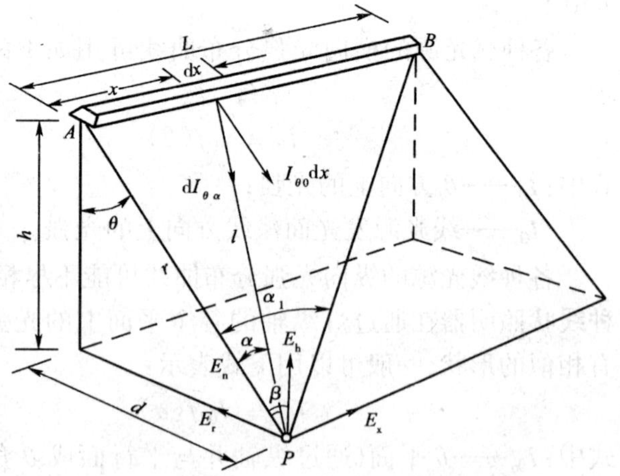


图 2-10-3　线光源在 $P$ 点产生的照度计算图

整个线状光源在 P 点产生的法线照度 $E_n$ 为：

$$E_n = \int_0^{\alpha_1} \frac{I_{\theta0} dx \cos^n \alpha \cos\alpha}{Ll^2} \tag{2-10-4}$$

从图 2-10-3 上可知：

$$x = r\tan\alpha, \text{则 } dx = r\sec^2\alpha d\alpha$$

$$r/l = \cos\alpha, \text{则 } l = r/\cos\alpha$$

$$\text{css}\beta = \text{css}\theta = h/r$$

$$r = \sqrt{h^2 + d^2}$$

将这些关系式代入式(2-10-4)，得：

$$E_n = \int_0^{\alpha_1} \frac{I_{\theta0}\cos^2\alpha}{Lr^2} r\sec^2\alpha\cos^n\alpha\cos\alpha d\alpha$$

$$= \frac{I_{\theta0}}{Lr}\int_0^{\alpha_1}\cos^n\alpha\cos\alpha d\alpha \tag{2-10-5}$$

令

$$F_x = \int_0^{\alpha_1}\cos^n\alpha\cos\alpha d\alpha \tag{2-10-6}$$

则 $$E_n = \frac{I_{\theta0}}{Lr}F_x = \frac{I'_{\theta0}}{r}F_x$$

*P* 点的水平照度 $E_h$ 可根据下式计算：

$$E_h = E_n\cos\beta = \frac{I_{\theta0}}{Lr}\frac{h}{r}F_x = \frac{I_{\theta0}h}{Lr^2}F_x = \frac{I'_{\theta0}}{h}\cos^2\theta F_x \tag{2-10-7}$$

式中：$I_{\theta0}$——长度为 $L$ 的线状照明器在 $\theta$ 平面上垂直于轴线 $AB$ 的光强，cd；

$I'_{\theta0}$——为线状照明器在 $\theta$ 平面上垂直于轴线的单位长度光强(即 $I_{\theta0}/L$)，cd/m；

$L$——线状照明器的长度，m；

$\gamma$——$\gamma = \sqrt{h^2 + d^2}$；

$h$——线状照明器在计算水平面上的悬挂高度，m；

$d$——计算点 $P$ 至光源在水平面上的投影距离，m；

$F_x$——方位系数。

将 $n = 1、2、3、4$ 分别代入式(2-10-6)，可求出 $A$、$C$、$D$、$E$ 四类理论光强分布的线光源的方位系数 $F_x$。

*A* 类($n = 1$)

$$F_x = \int_0^{\alpha_1}\cos\alpha\cos\alpha d\alpha = \frac{\alpha_1}{2} + \frac{\cos\alpha_1\sin\alpha_1}{2}$$

*C* 类($n = 2$)

$$F_x = \int_0^{\alpha_1}\cos^2\alpha\cos\alpha d\alpha = \frac{1}{3}(\cos^2\alpha_1\sin\alpha_1 + 2\sin\alpha_1)$$

*D* 类($n = 3$)

$$F_x = \int_0^{\alpha_1}\cos^3\alpha\cos\alpha d\alpha = \frac{\cos^3\alpha_1\sin\alpha_1}{4} + \frac{3}{4}\left(\frac{\cos\alpha_1\sin\alpha_1 + \alpha_1}{3}\right)$$

*E* 类($n = 4$)

$$F_x = \int_0^{\alpha_1}\cos^4\alpha\cos\alpha d\alpha = \frac{\cos^4\alpha_1\sin\alpha_1}{5} + \frac{4}{5}\left(\frac{\cos^2\alpha_1\sin\alpha_1 + 2\sin\alpha_{11}}{3}\right)$$

式中：

$$\alpha_1 = \arctan\frac{L}{\sqrt{h^2+d^2}} = \arctan\frac{L}{r}$$

如果线光源的纵向光强分布具有 $B$ 类理论光强分布的曲线，则在图 2-10-3 中 $P$ 点的法线照度 $E_n$ 为：

$$\begin{aligned} E_n &= \frac{I_{\theta 0}}{Lr}\int_0^{\alpha_1}\left(\frac{\cos\alpha + \cos^2\alpha}{2}\right)\cos\alpha\,\mathrm{d}\alpha \\ &= \frac{L_{\theta 0}}{Lr}\left(\frac{\cos\alpha_1\sin\alpha_1 + \alpha_1}{4} + \frac{\cos^2\alpha_1\sin\alpha_1 + 2\sin\alpha_1}{6}\right) \\ &= \frac{I_{\theta 0}F_x}{Lr} \\ &= \frac{I'_{\theta 0}}{r}F_x \end{aligned} \tag{2-10-8}$$

$P$ 点的水平面照度 $E_h$ 为：

$$E_h = E_n\cos\beta = \frac{I_{\theta 0}}{Lr}\frac{h}{r}F_x = \frac{I'_{\theta 0}}{h}\cos^2\theta F_x \tag{2-10-9}$$

式中：$F_x = \dfrac{\cos\alpha_1\sin\alpha_1 + \alpha_1}{4} + \dfrac{\cos^2\alpha_1\sin\alpha_1 + 2\sin\alpha_1}{6}$；

$\alpha_1 = \arctan\dfrac{L}{r}$。

方位系数是角度 $a$ 的函数 $F_x(\alpha)$，可从图 2-10-4查得。

在实际计算中考虑到光通衰减、灯具污染等因素，以及灯具的配光曲线是按光源光通量为 1000lm 给出的具体情况，故实际照度计算公式为：

$$E_h = \frac{I_{\theta 0}K}{Lr}\frac{\Phi}{1000}\cos\theta F_x = \frac{KI_{\theta 0}\Phi}{1000Lh}\cos^2\theta F_x \tag{2-10-10}$$

式中：$K$——维护系数，可查表；

$\Phi$——实际所采用照明器的光源光通量，lm。

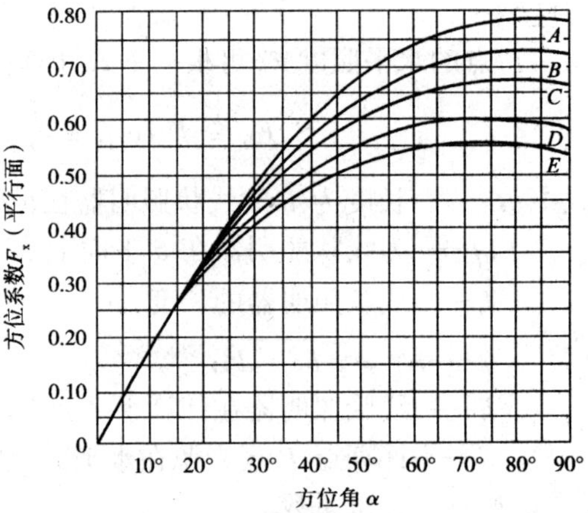


图 2-10-4　平行面方位系数 $F_x(\alpha)$

在图 2-10-3 中，如果求 $P$ 点在垂直于线状光源轴线的平面上的照度，即 $P$ 点的照度 $E_x$，则有：

$$\begin{aligned} E_x &= \int_0^{\alpha_1}\frac{I_{\theta 0}\mathrm{d}x\cos^n\alpha}{Ll^2}\sin\alpha = \frac{I_{\theta 0}}{Lr}\int_0^{\alpha_1}\cos^n\alpha\sin\alpha\,\mathrm{d}\alpha \\ &= \frac{I_{\theta 0}}{Lr}\left(\frac{1-\cos^{n+1}\alpha_1}{n+1}\right) \\ &= \frac{I_{\theta 0}}{Lr}f_x \end{aligned} \tag{2-10-11}$$

式中：

$$f_x = \int_0^{\alpha_1}\cos^n\alpha\sin\alpha\,\mathrm{d}\alpha = \frac{1-\cos^{n+1}\alpha_1}{n+1} \tag{2-10-12}$$

同前，将 $n = 1$、2、3、4 代入式(2-10-12)，可算出 $A$、$C$、$D$、$E$ 四类理论光强分布的方位系数 $f_x$。

当线光源具有 $B$ 类理论光强分布时,同样方法可得其方位系数为:

$$f_x = \frac{1}{2}\left(\frac{1-\cos^2\alpha_1}{2} + \frac{1-\cos^3\alpha_1}{3}\right)$$

方位系数 $f_x(\alpha)$ 可从图 2-10-5 查得。

在照明计算中,应先将照明器的纵向光强分布化成 $I_\theta\alpha/I_{00} = f(\alpha)$,并绘成曲线,与五类理论曲线比较,然后按最接近的理论分布求取方位系数 $F_x$ 或 $f_x$。

## 三、被照点在不同情况下的计算

1. 计算点不在线光源端部的照度计算

以上所述的公式,都是按计算点 $P$ 位于荧光灯一端的垂直平面上推导而得的,但实际计算 $P$ 点位置应是任意的,不一定符合图 2-10-3 的条件,此时可采用将光源分段或延长的方法,分别计算各项在该点所产生的照度,然后求其代数和。如图 2-10-6,所示计算点位于 $P_1$ 或 $P_2$ 点,则照度可利用如下的关系式进行计算。

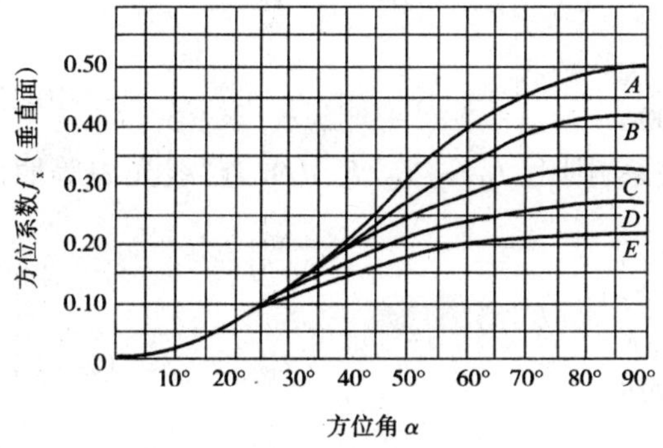


图 2-10-5 垂直面方位系数 $f_x(\alpha)$

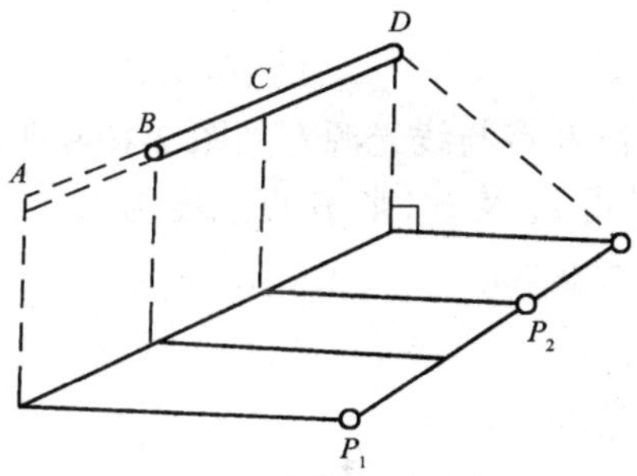


图 2-10-6 不同位置各点照度计算

$$E_{P1} = E_{AD} - E_{AB}$$

$$E_{P2} = E_{BC} - E_{CD}$$

式中:$E_{AD}$、$E_{AB}$、$E_{BC}$、$E_{CD}$——分别由 $AD$、$AB$、$BC$、$CD$ 各线段光源(或假想的线光源)在计算点上所产生的照度。

2. 断续线状光源的照度计算

实际的线光源可能是由间断的各段构成,此时如果各段发光体的特性相同,且依共同的轴线布置,而各段终端间的距离又不过大(不应超过 $0.25h/\cos\theta$),则可以看作是连续的。在计算时只要将相应的计算公式(2-10-10)和式(2-10-11)乘上一个系数即可,此时误差不超过 10%,即:

$$C = \frac{\text{照明器长度} \times \text{照明器个数}}{\text{一排照明器总长}}$$

当照明器间隔超过 $0.25h/\cos\theta$ 时,可下述公式计算:

$$E_h = \frac{I_{00}\Phi K}{1000Lh}\cos^2\theta\left[F_{\alpha_1} + (F_{\alpha_3} - F_{\alpha_2}) + (F_{\alpha_5} - F_{\alpha_4})\right]$$

式中:$F_{\alpha_1}$、$F_{\alpha_2}$、$F_{\alpha_3}$、$F_{\alpha_4}$、$F_{\alpha_5}$——方位系数,已知方位角 $\alpha_1$、$\alpha_2$、$\alpha_3$、$\alpha_4$、$\alpha_5$(见图 2-10-7),可从图 2-10-4 查得。

"线光源等照度曲线"是应用"方位系数法"绘制成的,可用来逐点计算水平面直射照度。

若 $A$ 点与线光源有如图 2-10-8 所示的几何关系，则由 $L_1/h$、$L_2/h$、$d/h$ 查“线光源等照度曲线”得 $\varepsilon_1$ 及 $\varepsilon_2$，则 $A$ 点照度为：

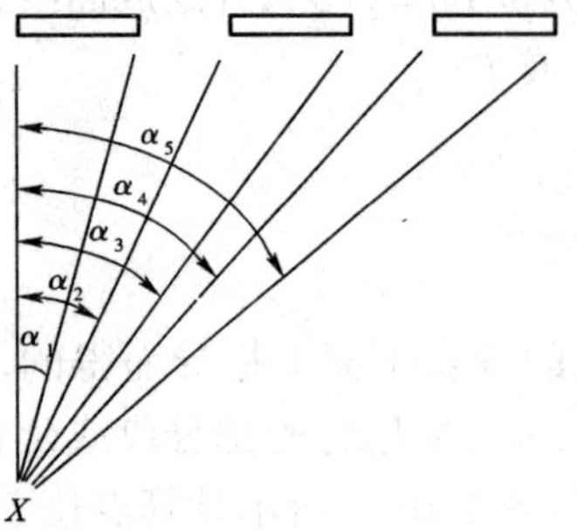


图 2-10-7　照明器间隔布置图

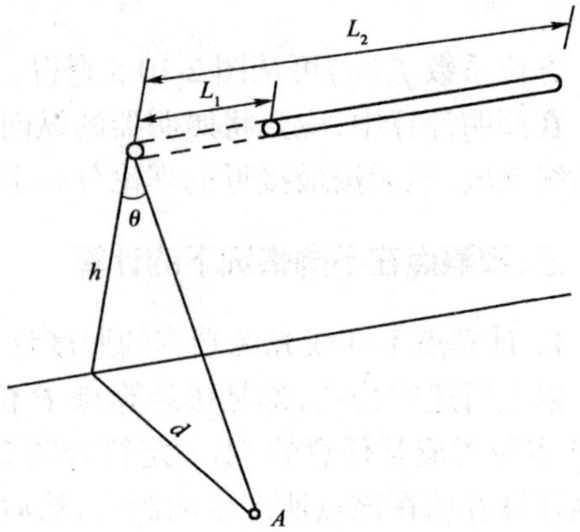


图 2-10-8　线光源组合计算(一)

$$\varepsilon_A = \varepsilon_2 - \varepsilon_1$$

$$E_A = \frac{\Phi \varepsilon_A K}{1000h} \tag{2-10-13}$$

若 $B$ 点与线光源有如图 2-10-9 所示的几何关系，则由 $L_1/\mathrm{h}$、$L_2/h$、$d/\mathrm{h}$ 查“线光源等照度曲线”得 $\varepsilon_1$ 及 $\varepsilon_2$，则 $B$ 点照度为：

$$\varepsilon_B = \varepsilon_1 + \varepsilon_2$$

$$E_A = \frac{\Phi \varepsilon_B K}{1000h} \tag{2-10-14}$$

## 四、线光源计算举例

**【例 2-10-1】** 由 4 盏 YG701—3 三管荧光灯具(3×40W)组成一条光带，如图 2-10-10 所示，求 $P$ 点水平照度。

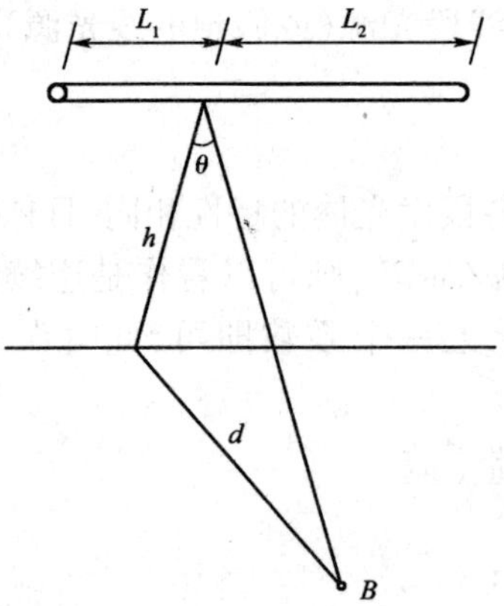


图 2-10-9　线光源组合计算(二)

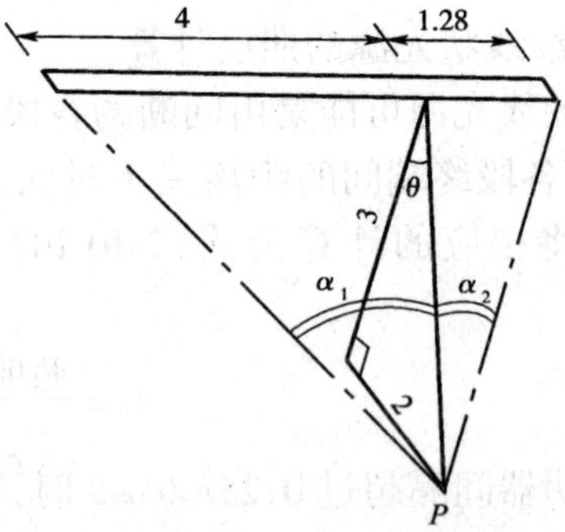


图 2-10-10　线光源计算举例示意图(尺寸单位：m)

**解**：用方位系数法。

1. 解法一：利用基本公式(2-10-10)求解

(1)计算灯具在平行平面($C_{90}$平面)内的 $I_\alpha/I_0$，以确定灯具的分类。

YG701—3 的光强分布如下：

| | | | | | | |
|---|---|---|---|---|---|---|
| $\alpha$ | 0° | 5° | 10° | 20° | 30° | 40° |
| $I_\alpha$ | 228 | 224 | 217 | 192 | 150 | 127 |
| $I_\alpha/I_0$ | 1 | 0.98 | 0.95 | 0.84 | 0.70 | 0.56 |
| $\alpha$ | 50° | 60° | 70° | 80° | 85° | 90° |
| $I_\alpha$ | 88 | 51 | 29 | 12 | 5.6 | 0.4 |
| $I_\alpha/I_0$ | 0.39 | 0.22 | 0.13 | 0.05 | 0.03 | 0.002 |

将上列 $I_\alpha/I_0$ 曲线画在图 2-10-2 上，可知与 $C$ 类灯具的曲线相符合。

(2)计算 $\alpha_1 = \arctan\dfrac{4}{\sqrt{3^2+2^2}} = \arctan 1.109 = 47.97°$

$$\alpha_2 = \arctan\frac{1.28}{\sqrt{3^2+2^2}} = \arctan 0.356 = 19.57°$$

(3)由图 2-10-4 查得 $F_{x1}$和 $F_{x2}$

$C$ 类灯具：

$$\alpha_1 = 47.97° \quad F_{x1} = 0.606$$

$$\alpha_2 = 19.57° \quad F_{x2} = 0.323$$

(4)计算 $\theta$ 角

$$\theta = \arctan\frac{2}{3} = 33.69°$$

(5)求 $I_{\theta0}$，查得垂直面（$C_0$ 测光面）

$$\theta = 33.69°, I_\theta = 163.45\text{cd}/1000\text{lm}$$

(6)计算 $E_h$

设 40W 荧光灯管光通量为 2200lm，灯具长 1.32m。

$$\begin{aligned} E_h &= \frac{KI_{\theta0}\Phi}{1000lh}\cos^2\theta(F_{x1}+F_{x2}) \\ &= \frac{0.8\times163.45\times3\times2200}{1000\times1.32\times3}\times(\cos 33.69)^2\times(0.606+0.323) \\ &= 140.13\text{lx} \end{aligned}$$

2. 解法二：查线光源等照度曲线求解。

(1)求 $L_1/h$ 及 $d/h$

$$\frac{L_1}{h} = \frac{4}{3} = 1.33, \frac{d}{h} = \frac{2}{3} = 0.67$$

$$\frac{L_2}{h} = \frac{1.28}{3} = 0.43, \frac{d}{h} = 0.67$$

(2)查线光源等照度曲线求得相对等照度

$$\varepsilon_1 = 52, \varepsilon_2 = 27$$

(3)计算 $E_h$

$$\begin{aligned} E_h &= \frac{\Phi(\varepsilon_1+\varepsilon_2)K}{1000h} \\ &= \frac{3\times2200\times0.8}{1000\times3}(52+27) \\ &= 139.04\text{lx} \end{aligned}$$

## 第十一节　隧道照明计算

根据视觉适应的要求，隧道照明分为引入段、入口段、过渡段、中间段和出口段。因此，隧道照明计算也应分段进行。受烟尘影响，隧道墙、顶的反射率较低，在进行照度和亮度计算时，可以只考虑光源的直射作用。进行隧道照明计算时，应收集下列资料：

(1)隧道净空断面形式；

(2)路面材料及其亮度系数或简化亮度系数；

(3)灯具布置方式及安装高度、间距、仰角；

(4)光源及灯具的类型、规格；

(5)灯具的光强分布表、利用系数曲线图、等光强曲线图、亮度产生曲线图等光度数据；

(6)灯具的养护系数。

隧道照明计算的方法很多，传统的如经验表格法、等照度曲线法、利用系数法等，但是计算精度均不高，不能全面评价照明的效果与质量。随着计算机技术的发展与普及，根据厂家提供的光度数据表，已经可以实现繁琐的重复计算工作，得出路面上乃至隧道墙面上任意一点的照度与亮度。但是，计算机数值计算与传统方法的原理是一致的，本节简要隧道照明计算的基本方法。

### 一、照度计算

1. 利用光强表(或光强曲线)进行照度计算

一般照明灯具厂家提供的光度数据图表有光强表和光强曲线两种，这些图表给出了灯具在不同方向角 $c$、$\gamma$(如图2-11-1)下的光强值 $I_{c\gamma}$。按照 CIE 规定，光强表应给出灯具倾角为 0°、光通量为 1000lm 条件下的 1872 个数据。实际计算时，应根据额定光通量进行换算。如果安装灯具具有一定的平面角、仰倾角，还应通过平面公式转换，求出与测试条件一致的 $c$、$\gamma$ 角，通过内插得到实际的 $I_{c\gamma}$值。

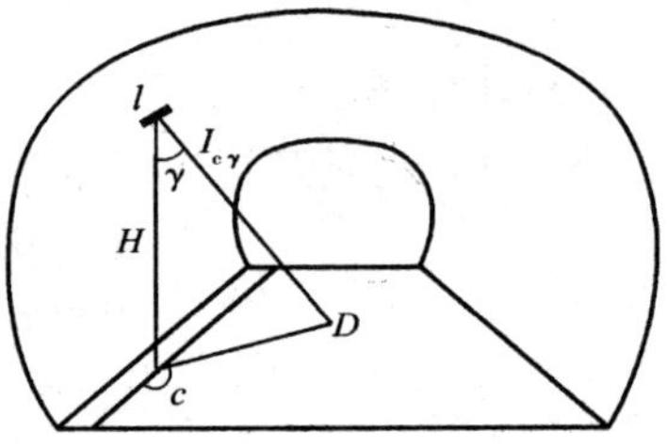

图 2-11-1　灯具光强标准测试条件

隧道内某一点的水平照度应为所有能直射该点的灯具所产生的水平照度总和。但为了简化计算，一般只考虑靠近计算点附近的几个灯具，而忽略较远的其他灯具。相关计算表明，隧道内距计算区域 $S_0$(如图 2-11-2)一倍以上的光源对计算区域影响较小，故一般情况下只考虑计算区域内所有灯具和计算区域以外各一组(2～4 个)灯具。

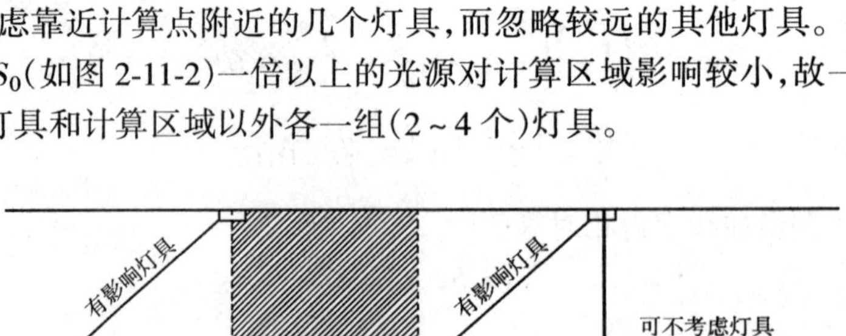

图 2-11-2　照明计算区域

(1)某一灯具在洞内路面计算点产生的水平照度可按下式计算：

$$E_{Pi} = \frac{I_{c\gamma}}{H^2} \cdot \cos^3 \gamma \cdot \frac{\Phi}{1000} \cdot M \tag{2-11-1}$$

式中：$E_{Pi}$——灯具在洞内路面计算点 $P$ 声产生的水平照度，lx；

$\gamma$——$P$ 点对应的灯具光线入射角，°；

$I_{c\gamma}$——灯具在计算点 $P$ 的光强值，cd，按灯具光强表或光强曲线取值；

$M$——灯具的养护系数，无资料时可取 0.6～0.7；

$\Phi$——灯具额定光通量，lm；

$H$——灯具光源中心至路面的高度，m。

(2)数个灯具在计算点所产生的照度可按下式计算：

$$E_p = \sum_{i=1}^{n} E_{pi} \tag{2-11-2}$$

式中：$E_p$——$p$ 点的水平照度，lx；

$n$——灯具数量，计算时可取计算区域前后各一组灯，约 2～4 个。

(3)路面平均水平照度可按下式计算：

$$E_{av} = \frac{\sum_{n=1}^{m} E_p}{m} \tag{2-11-3}$$

式中：$E_{av}$——路面平均水平照度，lx；

$m$——计算区域内计算点的总数。

2．利用系数曲线图计算方法

如果只计算路面平均照度，还可以采用利用系数曲线图法。在道路照明中利用系数的定义为：在一只路灯的照明范围内，确实照到路面上的光通 $\Phi'$ 与光源所发出的总光通 $\Phi$ 之比。

$$\eta = \frac{\Phi'}{\Phi} \tag{2-11-4}$$

在灯具的光度资料中灯具的利用系数曲线用下面两种方式给出：

(1)作为横向距离的函数(以灯高 $h$ 为计量单位)，横向距离为路灯的纵轴线到道路的两边侧面，见图 2-11-3。

(2)作为角 $\gamma_1$ 和 $\gamma_2$ 的函数，这两个角是路灯对两边侧面的张角(见图 2-11-3)。

在每种情况下，“近墙侧”的 $\eta$ 值和“远墙侧”的 $\eta$ 值加起来必须等于整个路宽的真正利用系数。第一种表达方式对一已知断面的隧道提供一种确定 $\eta$ 值的简单方法。用第二种表达方式，我们还能确定不同灯具倾角所对应的利用系数，从而求得较佳的平均照度。

在知道灯具利用系数情况下，路面平均水平照度可按下式计算：

$$E_{av} = \frac{\eta \cdot \Phi \cdot M \cdot N}{W \cdot S} \tag{2-11-5}$$

式中：$N$——灯具布置系数，对称布置时取 2，交错及中线布置时取 1；

$\eta$——利用系数，由灯具的利用系数曲线图查取；

$W$——隧道路面宽度，m；

$S$——灯具间距，m。

## 二、亮度计算

1．亮度计算应满足的条件

(1)计算区域不小于灯具间距；

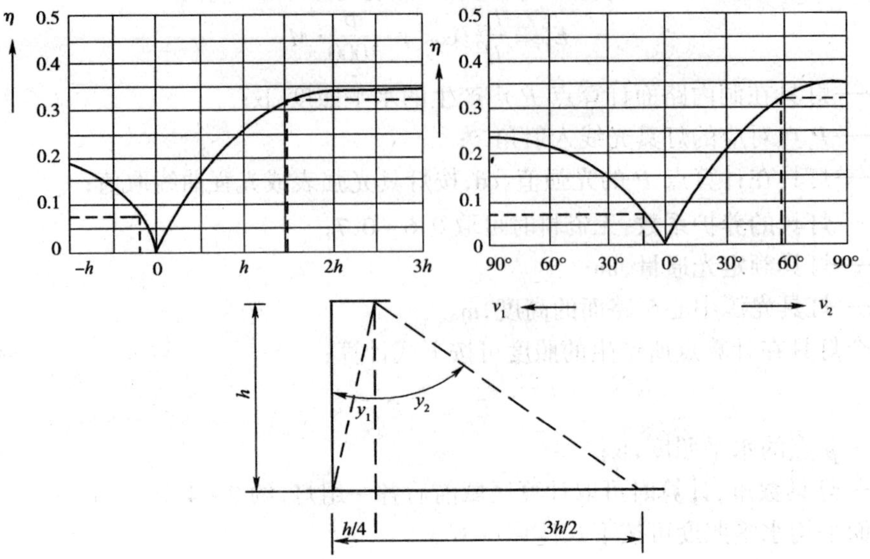


图 2-11-3　利用系数曲线示例

(2)观察点距计算区域取 60m～160m,距路面边缘为 1/4 路面宽,距路面高度为 1.5m;

(3)计算区域内纵向计算点间距不宜大于 1.0m,横向计算点应不少于 5 点;

(4)计算灯具应包括计算区域前后各一组,约 2～4 个。

2. 某灯具的亮度计算

某灯具在路面计算点产生的亮度可按下式计算:

$$L_{pi}=\frac{I_{c\gamma}}{H^2}\cdot r(\beta,\gamma) \qquad (2\text{-}11\text{-}6)$$

式中:$L_{pi}$——灯具 $i$ 在计算点 $P$ 产生的亮度,$cd/m^2$;

$r(\beta,\gamma)$——简化亮度系数,水泥混凝土路面可按表 2-11-1 取值;

$\beta$——观察面与光入射面之间的角度(见图 2-11-4)。

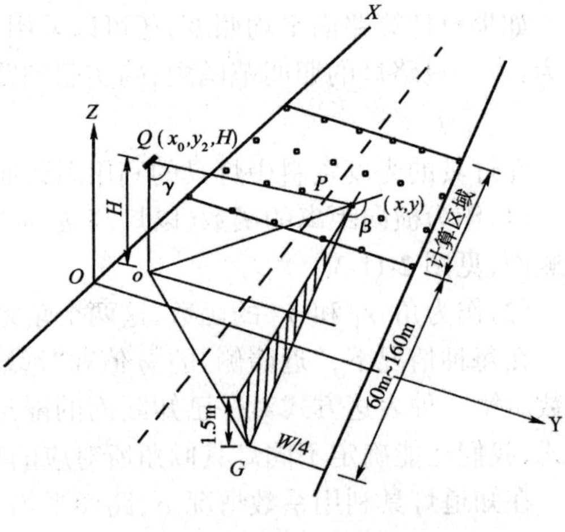


图 2-11-4　亮度计算示意图

3. 数个灯具的亮度计算

数个灯具在计算点产生的亮度可按下式计算:

$$L_p=\sum_{i=1}^{n}L_{pi} \qquad (2\text{-}11\text{-}7)$$

式中:$L_p$——$P$ 点的亮度,$cd/m^2$。

4. 平均亮度计算

计算区域内路面的平均亮度可按下式计算:

$$L_{av}=\frac{\sum_{n=1}^{m}L_P}{m} \qquad (2\text{-}11\text{-}8)$$

式中:$L_{av}$——路面平均水平照度,lx。

5. 亮度均匀度计算

隧道内路面亮度总均匀度和纵向均匀度按式(2-5-1)和式(2-5-2)计算。

**水泥混凝土路面简化亮度系数 $\gamma(\beta,\gamma)$** 表 2-11-1

| $\tan\gamma$ \ $\beta$ | 0° | 2° | 5° | 10° | 15° | 20° | 25° | 30° | 35° | 40° |
|---|---|---|---|---|---|---|---|---|---|---|
| 0 | 655 | 655 | 655 | 655 | 655 | 655 | 655 | 655 | 655 | 655 |
| 0.25 | 619 | 619 | 619 | 619 | 610 | 610 | 610 | 610 | 610 | 610 |
| 0.5 | 539 | 539 | 539 | 539 | 539 | 539 | 521 | 521 | 521 | 521 |
| 0.75 | 431 | 431 | 431 | 431 | 431 | 431 | 431 | 431 | 431 | 431 |
| 1 | 341 | 341 | 341 | 341 | 323 | 323 | 305 | 296 | 287 | 287 |
| 1.25 | 269 | 269 | 269 | 269 | 260 | 251 | 242 | 224 | 207 | 198 |
| 1.5 | 224 | 224 | 224 | 215 | 198 | 180 | 171 | 162 | 153 | 148 |
| 1.75 | 189 | 189 | 189 | 171 | 153 | 139 | 130 | 121 | 117 | 112 |
| 2 | 161 | 162 | 157 | 135 | 117 | 108 | 99 | 94 | 90 | 85 |
| 2.5 | 121 | 121 | 117 | 95 | 79 | 66 | 60 | 57 | 54 | 52 |
| 3 | 94 | 94 | 86 | 66 | 49 | 41 | 38 | 36 | 34 | 33 |
| 3.5 | 81 | 80 | 66 | 46 | 33 | 28 | 25 | 23 | 22 | 22 |
| 4 | 71 | 69 | 55 | 32 | 28 | 20 | 18 | 16 | 15 | 14 |
| 4.5 | 63 | 59 | 43 | 24 | 17 | 14 | 13 | 12 | 12 | 11 |
| 5 | 57 | 52 | 36 | 19 | 14 | 12 | 10 | 9.0 | 9.0 | 8.8 |
| 5.5 | 51 | 47 | 31 | 15 | 11 | 9.0 | 8.1 | 7.8 | 7.7 | 7.7 |
| 6 | 47 | 42 | 25 | 12 | 8.5 | 7.2 | 6.5 | 6.3 | 6.2 | — |
| 6.5 | 43 | 38 | 22 | 10 | 6.7 | 5.8 | 5.2 | 5.0 | — | — |
| 7 | 40 | 34 | 18 | 8.1 | 5.6 | 4.8 | 4.4 | 4.2 | — | — |
| 7.5 | 37 | 31 | 15 | 6.9 | 4.7 | 4.0 | 3.8 | — | — | — |
| 8 | 35 | 28 | 14 | 5.7 | 4.0 | 3.6 | 3.2 | — | — | — |
| 8.5 | 33 | 25 | 12 | 4.8 | 3.6 | 3.1 | 2.9 | — | — | — |
| 9 | 31 | 23 | 10 | 4.1 | 3.2 | 28 | — | — | — | — |
| 9.5 | 30 | 22 | 9.0 | 3.7 | 2.8 | 2.5 | — | — | — | — |
| 10 | 29 | 20 | 8.2 | 3.2 | 2.4 | 2.2 | — | — | — | — |
| 10.5 | 28 | 18 | 7.3 | 3.0 | 2.2 | 1.9 | — | — | — | — |
| 11 | 27 | 16 | 6.6 | 2.7 | 1.9 | 1.7 | — | — | — | — |
| 11.5 | 26 | 15 | 6.1 | 2.4 | 1.7 | — | — | — | — | — |
| 12 | 25 | 14 | 5.5 | 2.2 | 1.6 | — | — | — | — | — |

续上表

| $\tan\gamma$ \ $\beta$ | 45° | 60° | 75° | 90° | 105° | 120° | 135° | 150° | 165° | 180° |
|---|---|---|---|---|---|---|---|---|---|---|
| 0 | 655 | 655 | 655 | 655 | 655 | 655 | 655 | 655 | 655 | 655 |
| 0.25 | 610 | 610 | 610 | 610 | 601 | 601 | 601 | 601 | 601 | 601 |
| 0.5 | 521 | 503 | 503 | 503 | 503 | 503 | 503 | 503 | 503 | 503 |
| 0.75 | 395 | 386 | 371 | 371 | 371 | 371 | 371 | 386 | 395 | 395 |
| 1 | 278 | 269 | 269 | 269 | 269 | 269 | 269 | 278 | 278 | 278 |
| 1.25 | 189 | 189 | 180 | 180 | 180 | 180 | 180 | 189 | 198 | 207 |
| 1.5 | 144 | 144 | 139 | 139 | 139 | 144 | 148 | 153 | 162 | 180 |
| 1.75 | 108 | 103 | 99 | 99 | 103 | 108 | 112 | 121 | 130 | 139 |
| 2 | 85 | 83 | 84 | 84 | 86 | 90 | 94 | 99 | 103 | 111 |
| 2.5 | 51 | 50 | 51 | 52 | 54 | 58 | 61 | 65 | 69 | 75 |
| 3 | 32 | 31 | 31 | 33 | 35 | 38 | 40 | 43 | 47 | 51 |
| 3.5 | 21 | 21 | 22 | 22 | 24 | 27 | 29 | 31 | 34 | 38 |
| 4 | 14 | 14 | 15 | 17 | 19 | 20 | 22 | 23 | 25 | 27 |
| 4.5 | 11 | 11 | 12 | 13 | 14 | 14 | 16 | 17 | 19 | 21 |
| 5 | 8.7 | 8.7 | 9.0 | 10 | 11 | 13 | 14 | 15 | 16 | 16 |
| 5.5 | 6 | — | — | — | — | — | — | — | — | — |
| 6 | — | — | — | — | — | — | — | — | — | — |
| 6.5 | — | — | — | — | — | — | — | — | — | — |
| 7 | — | — | — | — | — | — | — | — | — | — |
| 7.5 | — | — | — | — | — | — | — | — | — | — |
| 8 | — | — | — | — | — | — | — | — | — | — |
| 8.5 | — | — | — | — | — | — | — | — | — | — |
| 9 | — | — | — | — | — | — | — | — | — | — |
| 9.5 | — | — | — | — | — | — | — | — | — | — |
| 10 | — | — | — | — | — | — | — | — | — | — |
| 10.5 | — | — | — | — | — | — | — | — | — | — |
| 11 | — | — | — | — | — | — | — | — | — | — |
| 11.5 | — | — | — | — | — | — | — | — | — | — |
| 12 | — | — | — | — | — | — | — | — | — | — |

## 三、隧道照明计算示例

1. 某隧道照明计算基本数据(表 2-11-2)

**照明计算基本数据** 表 2-11-2

| | | | |
|---|---|---|---|
| 光源 | 高 压 钠 灯 | 路 面 类 型 | 水泥混凝土路面 |
| 功率 | 100 W | 路面宽度 | 8.5m |
| 灯具 | × × × | 灯具安装方式 | 双侧交错,间距 6m;高度 5m,仰角 10° |
| 养护系数 | 0.7 | 观测点位置 | 计算区域前方 60m,距路面边缘 1/4 路面宽处 |
| 光通量 | 8180 lm | 计算区域 | 纵向长度 $S = 6$m,横向宽度 $W = 8.5$m |
| 灯具数量 | 4 个 | 计算点 | 纵向 7 点(间距 1m),横向 5 点(间距 2.125m) |

2. 照度、亮度计算

(1)逐点计算

计算区域、布灯方式、计算点布设如图 2-11-5。

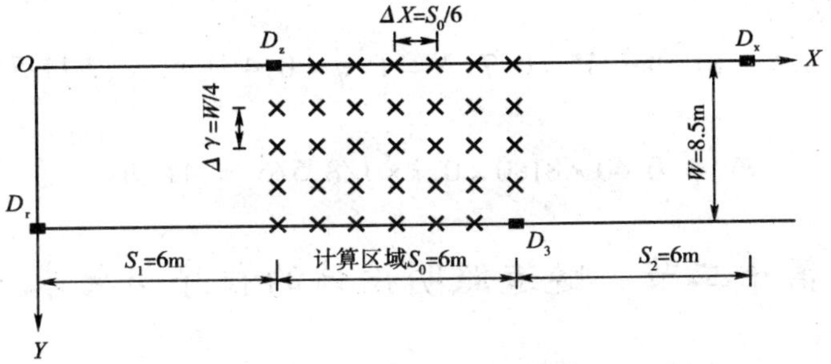


图 2-11-5 计算区域、布灯方式、计算点布设

(2)计算步骤

①计算某灯对某点的照度与亮度;

②依次计算其余灯具对某点的照度与亮度;

③计算全部灯具在此点产生的总照度和亮度;

④逐点计算区域内各计算点的照度和亮度;

⑤根据各计算点的照度和亮度,计算平均照度和亮度;

⑥根据各计算点的照度和亮度,计算总均匀度及纵向均匀度。

应用某照明计算软件,按上述步骤进行迭代计算,得到各点照度(lx)如下:

纵向→1* 2* 3* 4* 5* 6* 7*

横向

↓1—59.9 56.3 47.4 37.3 29.1 24.1 22.2

2—63.2 60.5 54.3 47.9 42.6 39.6 38.5(车道中心线)

3—58.9 58.0 56.4 55.7 56.4 58.0 58.9

4—38.5 39.6 42.6 47.9 54.3 60.5 63.2(车道中心线)

5—22.2 24.1 29.1 37.3 47.4 56.3 59.9

区域内最小照度:$E_{min}=22.16lx$

区域内最大照度:$E_{max}=63.25lx$

区域内平均照度:$E_{av}=47.09lx$

各计算点的路面亮度($cd/m^2$)如下:

纵向→1* 2* 3* 4* 5* 6* 7*

横向

↓1—4.4 4.2 3.7 3.2 2.7 2.3 2.0

2—5.0 4.9 4.5 4.1 3.7 3.5 3.3(车道中心线)

3—5.2 5.1 4.9 4.6 4.5 4.6 4.7

4—3.8 4.0 4.0 4.1 4.4 4.6 4.7(车道中心线)

5—2.4 2.6 2.8 3.2 3.7 4.1 4.3

区域内最小亮度:$L_{min}=2.034\ cd/m^2$。

区域内最大亮度:$L_{max}=5.184\ cd/m^2$。

区域内平均亮度：$L_{av} = 3.934\ cd/m^2$

区域内总均匀度：$U_0 = 0.517$

区域内纵向均匀度 $U_1 = 0.81$

3. 利用系数方法

将 $W = 8.5$、$S = 6$、$\Phi = 8180lm$、$M = 0.7$、$N = 1$、$\eta = 0.4$ 代入式(2-11-5)，则路面平均照度为：

$$E_{av} = 0.40 \times 8180 \times 0.7 \times 1/8.5/6 = 44.9lx。$$

## 第十二节　隧道照明设计的程序与要求

隧道照明设计除必须符合隧道设计规范中有关照明的要求外，照明电气设计还必须符合电气设计规范(规程)的有关规定。进行照明设计前，应考虑以下事项。

1. 隧道附近的环境

隧道洞口附近的野外亮度，隧道方位及附近地形，进出引道上及附近的视野状况和线形状况(曲线与坡度等)，气象状况(雾、霾、烟尘、雨、风及其携带物等)。

2. 隧道状况

隧道长宽、宽度、线形、建筑限界等与照明的关系；照明器的选择、安装位置、照明率、维修率；路面、墙壁和顶棚的种类及反射率等。

3. 交通状况

单向交通还是对向交通、汽车专用还是混合交通、设计交通量和远期计划交通量等。

4. 附属设备状况

电源状况、配电线路、照明器材、道路标志、通风装置等。

5. 维护管理状况

为保持照明水平，需要对路面污染及墙面清洁状态等进行维护管理的程度。

我国目前的设计程序，多数采用两阶段设计：初步设计和施工图设计。

**(一)初步设计**

1. 初步设计的深度要满足下列要求

(1)综合各项原始资料经过比选，确定电源、亮度、布灯方案、配电方式等初步设计方案，作为编制施工图设计的依据。

(2)确定主要设备及材料规格和数量，作为订货依据。

(3)确定工程造价，据此控制工程投资。

(4)提出与其他工种设计及概算有关系的技术要求(简单工程不需要)，作为其他有关工种编制施工图设计的依据。

2. 说明书内容

(1)照明电源、电压、容量、亮度选择及配电系统形式的确定原则。

(2)光源与灯具的选择。

(3)导线的选择及线路控制方式。

(4)工作、应急、检修照明控制原则、应急照明电源切换方式。

3. 图纸的内容与深度

(1)照明干线、配电箱、灯具、开关平面布置，并注明区段名称和亮度。

(2)由配电箱引至各灯具和开关的支线。

4. 计算书

照明计算、保护配合计算,线路电压损失计算等。

5. 主要设备材料表

统计出整个工程的照明器、导线、电缆、配电箱、开关、插座、管材等和非标准设备的数量。

**(二)施工图设计**

1. 施工图设计的深度要求

(1)据此编制施工图预算。

(2)据此安排设备材料和非标准设备的订货或加工。

(3)据此进行施工和安装。

2. 图纸的内容与深度。

(1)照明平面图

①配电箱、灯具、开关、插座、线路等平面布置;

②线路走向、引入线规格、计算容量、电能计算方法;

③复杂局部照明工程,需绘局部平剖面图;

④图纸说明:包括电源电压、引入方式;导线选型和敷设方式;接地或接零;设备、材料表。

(2)照明系统图

用单线图绘制、标出配电箱、开关、熔断器、导线型号规格、保护管径和敷设方法,用电设备名称等。

(3) 照明控制图

包括照明控制原理图和特殊照明装置图。

(4) 照明安装图

照明器及线路安装图。

一般来说,说明书、图纸的内容、深度等根据各工程的特点和实际情况会有所增减,但一般应保证达到上述每个阶段设计深度。

## 思考与练习

1. 汽车进入并通过隧道过程中,驾驶员的视觉会出现哪些效应?

2. 光的本质是什么? 光与辐射能之间有何关系?

3. 辐射能通过介质时,它的波长、速度和频率之间有何关系?

4. 什么是光谱光效率曲线?

5. 说明以下常用照明术语的定义、单位:

(1)光通量;(2)光强;(3)照度;(4)光出射度;(5)亮度

6. 说明材料反射系数、透射系数和吸收系数的含义,并说明它们之间的关系。

7. 简单说明光的几种反射状态。

8. 什么是明视觉、暗视觉和中介视觉?

9. 明适应和暗适应有何区别?

10. 常用照明电光源分几类? 各类的常见光源有哪些?

11. 低压钠灯和高压钠灯各有哪些优点? 隧道照明中常用在哪些场合?

12. 照明器配光曲线的用途是什么? 不对称的照明器光强在空间的分布如何表示?

13. 什么是等光强曲线？

14. 什么是照明器的保护角？

15. 选择照明器应考虑哪些因素？

16. 照明计算的基本方法有哪些？各有什么特点？适合什么场合？

17. 为什么照度计算中要考虑维护系数？

18. 影响驾驶员视觉的主要因素有哪些？

19. 评价道路照明质量的指标有哪些？

20. 隧道照明区段如何划分，什么是隧道亮度曲线？

21. 规范中对各照明区段的亮度是如何规定的？

22. 简述减光建筑的种类和形式。

23. 已知某隧道引入段的平均亮度为 $80cd/m^2$，水泥路面，试确定引入段的平均照度。

24. 某工作间长12m，宽8m，高6m，在屋顶中心沿宽度方向装有一只CDHP—209型混光照明器(KNG250 + NG250)。不计反射光的影响，维护系数 $K = 0.8$，试确定灯下地面、边墙中点地面和四角地面的照度。

# 第三章　隧道交通工程

## 第一节　概　　述

隧道交通工程是与隧道运营有关的交通工程。它包括标志标线、交通监控设施、通风与照明控制设施、紧急呼叫设施、防火设施、中央控制系统等七部分。隧道有长有短，交通量有大有小，隧道的重要程度互不一样，交通工程的设置标准也应有所区别。根据隧道的长度与交通量，我国《公路隧道交通工程设计规范》(JTG/T D71—2004)将隧道交通工程(设置标准)分为4级，分别用 $A$、$B$、$C$、$D$ 表示(图3-1-1)。

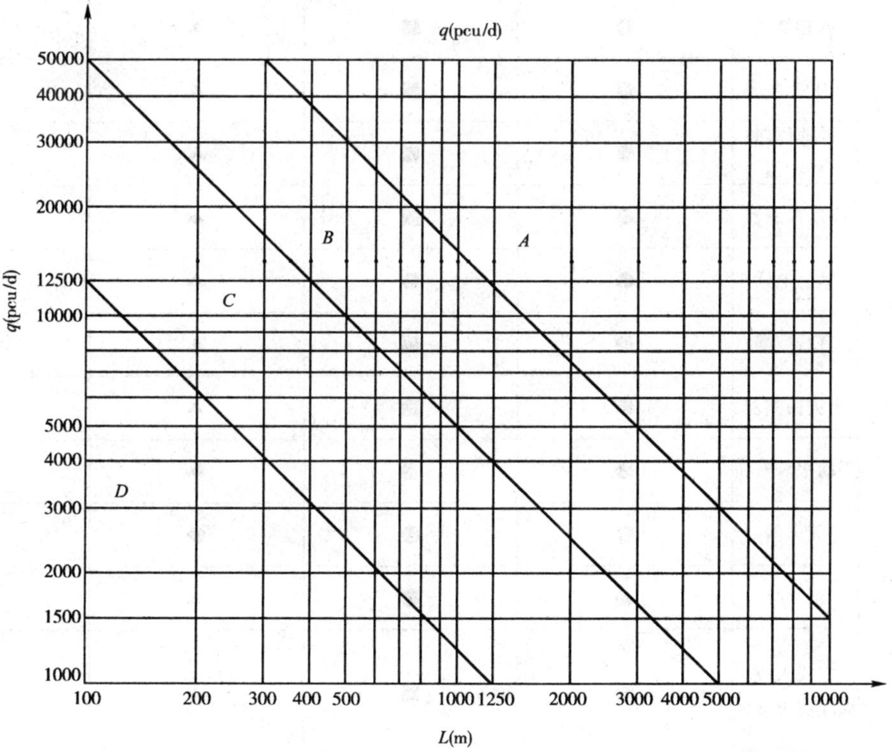


图3-1-1　隧道交通工程分级

根据隧道交通工程分级，《公路隧道交通工程设计规范》(JTG/T D71—2004)对不同等级公路隧道的交通工程设施配置做了规定，如表3-1-1、表3-1-2和表3-1-3所示。

**高速公路隧道交通工程设施配置表** 表 3-1-1

| 设施名称 | | 隧道交通工程分级 | | | |
|---|---|---|---|---|---|
| | | A | B | C | D |
| 标志标线 | 标志 | ● | ● | ● | ● |
| | 标线 | ● | ● | ● | ● |
| 交通监控设施 | 车辆检测器 | ● | ■ | ▲ | — |
| | 摄像机 | ● | ● | ▲ | — |
| | 可变限速标志 | ● | ■ | ▲ | — |
| | 可变信息标志 | ● | ■ | ▲ | — |
| | 交通信号灯 | ● | ■ | ▲ | — |
| | 车道指示器 | ● | ■ | ▲ | — |
| 通风与照明控制设施 | VI 检测器 | ● | ■ | ▲ | — |
| | CO 检测器 | ● | ■ | ▲ | — |
| | 风速风向检测器 | ● | ■ | ▲ | — |
| | 亮度检测器 | ● | ■ | ▲ | — |
| 紧急呼叫设施 | 紧急电话 | ● | ● | ▲ | — |
| | 有线广播 | ● | ■ | ▲ | — |
| 火灾报警、消防与避难设施 | 火灾探测器 | ● | ■ | ▲ | — |
| | 手动报警按钮 | ● | ● | ▲ | — |
| | 灭火器 | ● | ● | ● | ● |
| | 消火栓 | ● | ● | ▲ | — |
| | 固定式水成膜泡沫灭火装置 | ● | ■ | ▲ | — |
| 中央控制管理设施 | 计算机设备 | ● | ■ | ▲ | — |
| | 显示设备 | ● | ■ | ▲ | — |
| | 控制台 | ● | ■ | ▲ | — |

注:“●”:必选设施;“■”:应选设施;“▲”:可选设施;“—”:不作要求。

**一级公路隧道交通工程设施配置表** 表 3-1-2

| 设施名称 | | 隧道交通工程分级 | | | |
|---|---|---|---|---|---|
| | | A | B | C | D |
| 标志标线 | 标志 | ● | ● | ● | ● |
| | 标线 | ● | ● | ● | ● |
| 交通监控设施 | 车辆检测器 | ● | ▲ | — | — |
| | 摄像机 | ● | ■ | — | — |
| | 可变限速标志 | ■ | ▲ | — | — |
| | 可变信息标志 | ■ | ▲ | — | — |
| | 交通信号灯 | ■ | ▲ | ▲ | — |
| | 车道指示器 | ■ | ▲ | — | — |
| 通风与照明控制设施 | VI 检测器 | ■ | ▲ | — | — |
| | CO 检测器 | ■ | ▲ | — | — |
| | 风速风向检测器 | ■ | ▲ | — | — |
| | 亮度检测器 | ■ | ▲ | — | — |
| 紧急呼叫设施 | 紧急电话 | ■ | ▲ | — | — |
| | 有线广播 | ■ | ▲ | — | — |
| 火灾报警、消防与避难设施 | 火灾探测器 | ■ | ▲ | — | — |
| | 手动报警按钮 | ● | ■ | — | — |
| | 灭火器 | ● | ● | ● | ● |
| | 消火栓 | ■ | ▲ | — | — |
| | 固定式水成膜泡沫灭火装置 | ■ | ▲ | — | — |
| 中央控制管理设施 | 计算机设备 | ■ | ▲ | — | — |
| | 显示设备 | ■ | ▲ | — | — |
| | 控制台 | ■ | ▲ | — | — |

注:“●”:必选设施;“■”:应选设施;“▲”:可选设施;“—”:不作要求。

二级及二级以下公路隧道交通工程设施配置表 表 3-1-3

| 设施名称 | | 隧道交通工程分级 | | | |
|---|---|---|---|---|---|
| | | A | B | C | D |
| 标志标线 | 标志 | ● | ● | ● | ● |
| | 标线 | ● | ● | ● | ● |
| 交通监控设施 | 车辆检测器 | ▲ | — | — | — |
| | 摄像机 | ■ | ▲ | — | — |
| | 可变限速标志 | ▲ | — | — | — |
| | 可变信息标志 | ▲ | — | — | — |
| | 交通信号灯 | ▲ | ▲ | — | — |
| | 车道指示器 | ▲ | — | — | — |
| 通风与照明控制设施 | VI 检测器 | ▲ | — | — | — |
| | CO 检测器 | ▲ | — | — | — |
| | 风速风向检测器 | — | — | — | — |
| | 亮度检测器 | — | — | — | — |
| 紧急呼叫设施 | 紧急电话 | ■ | ▲ | — | — |
| | 有线广播 | ▲ | — | — | — |
| 火灾报警、消防与避难设施 | 火灾探测器 | ▲ | — | — | — |
| | 手动报警按钮 | ▲ | — | — | — |
| | 灭火器 | ● | ■ | ▲ | — |
| | 消火栓 | ▲ | — | — | — |
| | 固定式水成膜泡沫灭火装置 | ■ | — | — | — |
| 中央控制管理设施 | 计算机设备 | ▲ | — | — | — |
| | 显示设备 | ▲ | — | — | — |
| | 控制台 | ▲ | — | — | — |

注:“●”:必选设施;“■”:应选设施;“▲”:可选设施;“—”:不作要求。

隧道交通工程设施的设置情况对于隧道运营极为重要,一方面,交通工程设施是隧道运营安全的重要保障;另一方面,交通工程设施是隧道运营费用产生的重要来源。所以,在保证安全的前提下,应合理设置交通工程设施,以降低运营费用。因此,在隧道交通工程设施设计时需要注意以下几个方面:

(1)公路隧道前期交通量普遍较小,交通工程分级采用的是设计年度隧道单洞的年平均日交通量,为了节约前期工程投资和考虑机电设备的使用寿命,许多设施需分期实施,分期设施应按照前期配置、后期完善的方法进行。

(2)根据我国目前公路隧道交通工程设施的建设状况和使用情况,长度在 1km 以下的隧道一般不设置交通监控、通风与照明控制、火灾报警和中央控制管理等设施;长度在 1km 以上的公路隧道随着交通量的增长,需要设置交通监控、通风与照明控制、火灾报警和中央控制管理等设施,并据此一次性征用土地和实施基础工程、地下管线及预留预埋工程。

(3)公路隧道交通工程设施大多为电子技术产品,随着计算和通信技术的发展,设施应具有可扩展性和可替换性。

隧道交通工程涉及内容较多。关于隧道交通标志标线,请参考交通工程有关教材与规范。隧道防火将在下章讨论,本章主要介绍隧道交通监控设施、隧道通风照明控制设施、紧急呼叫设施和中央控制管理设施等。

## 第二节　检　测　器

为了给隧道交通控制和通风照明控制提供依据,需要在隧道内安装各种不同类型的检测器,用以检测隧道交通参数(交通量 $Q$、车速 $V$ 和密度 $K$ 等)和通风照明环境参数(烟雾浓度、CO 浓度等)。隧道内使用的检测器主要可分为两大类:

- 检测器
  - 交通检测器
    - 机械式检测器
      - 压力检测器
      - 按钮检测器
    - 非机械式检测器
      - 地磁检测器
      - 雷达检测器
      - 超声波检测器
      - 环形线圈检测器
  - 环境检测器
    - CO 浓度检测器
    - 能见度检测器

此外,还有用于检测优先车辆(如警车和消防车)的无线电波和发光信号的检测器。在检测技术方面,早期还使用过传声器和放大器,以及现在仍被广泛运用的最简便的人工手动计数器,其在偏僻检测点或无检测设备的短期检测工作中既有效又方便。

本节仅介绍几种常用检测器。

### 一、交通检测器

1. 压力检测器

压力检测器是一种靠压力使触点闭合,从而把信号送到控制器的检测装置(图 3-2-1)。汽车的重量使密封在橡皮压力板里的接触点闭合。各种车辆都能使压力检测器动作。压力检测器安装时在路面切槽,设置一套金属框架,用以支撑压力板并将其位置固定。实用上又分为无方向压力检测器和有方向压力检测器。无方向压力检测器只有一组触点能把一个信号送入控制器中，而不管汽车驶过检测器的方向如何。有方向压力检测器装有两组顺次闭合的触点，触点闭合顺序由检测器内的继电器记存，并通过逻辑电路确定汽车驶过检测器时的方向。

压力检测器只能记录运动中的车辆，可以为主控器提供统计交通量的轴数，即每一根车轴通过时，都会使触点动作，由此可以换算出交通量。常用的压力检测器长度为 1.83m 和 2.44m。安装时需要在道路上挖出沟槽，支撑压力检测器的钢架需要用混凝土固定在沟内。

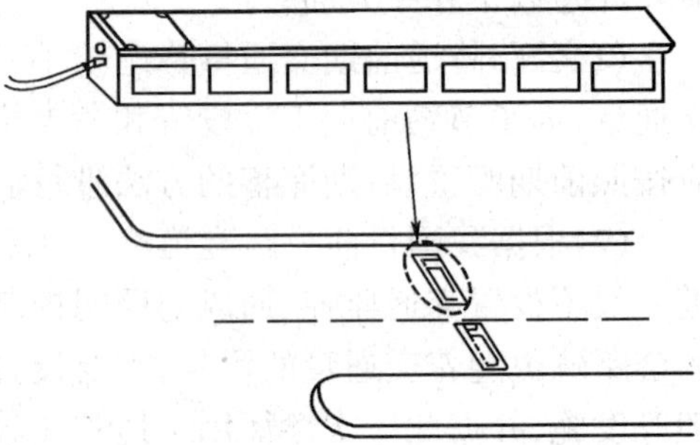
图 3-2-1　压力检测器示意图

压力检测器是一种使用较早的检测器，曾以价格低、寿命长，可靠性高等特点而颇受欢迎。由于技术的进步，与其他新型检测器相比，压力检测器明显地暴露出很多缺点。例如，容易被养路机械和扫雪机损坏，很难更换地方，安装或更换时需关闭车道 24h 以上，如果沥青路面需要罩面，必须相应地提高检测器的位置使其与新路面齐平等。

2. 地磁检测器

把一个具有高导磁率铁芯的线圈埋设在路面之下，当车辆（或其他金属体）接近或通过这个线圈时，穿过线圈的磁通将发生改变，因而线圈中也相应产生一个电压。用高增益的放大器把这个电压放大后，即可给信号机发出一个信息。单个地磁检测器不能区分车辆的行驶方向。有方向性的地磁检测器由两个线圈组成。

地磁检测器可以检测 1～3 个车道上通过的车辆。标准的地磁检测器不能检测车辆的存在，所以不适于安装在需要检测车辆存在的地方，因为这种情况下车速很低，产生不了可用信号。需要检测存在型车辆时，可以采用磁强计检测器，这种检测器对车上钢铁的探测能力很高。

安装时，有三种情况：无方向性的地磁检测器，需要在路面以下足够深的地方钻一个水平孔，孔与交通流方向保持垂直；有方向性的地磁检测器（双铁芯）需要开挖路面，需挖长 2.14m、宽 0.61m、深 0.61m 的一条沟；磁强计既可检测通过的车辆，也可以检测存在的车辆，其传感部件是一个小圆柱，可以放入道路上的一个小孔内，并用封装混合物封闭起来。

地磁检测器安装在路面以下，所以不会被养路机械等损坏。它容易安装，也比较经济。磁强计检测器对摩托车和自行车也能进行可靠的检测。无方向性的地磁检测器对检测范围的控制较难，有方向性的地磁检测器和磁强计检测器对检测范围的控制则较易。当一条车道上车流量很大时，会干扰到近旁的另一车道上的无方向性检测器的正常工作。如果一辆车上出现几个强磁点（如磁性材料集中于某几个点）时，磁强计检测器可能会出现错误的重复记数。

3. 环形线圈检测器

环形线圈检测器的振荡器平时自身发射能量，当一辆车从线圈上通过或停在线圈上时，线圈上会产生一个脉冲，从而使原来的谐调电路失去平衡。这个脉冲通过检测器的放大器推动继电器，给信号机发出一个已检测到有车辆通过的信息。通过对环形线圈的灵活设计，可以使其除检测车辆通过之外，还能检测出车辆的存在。从检测到的信号中可以确定车道占有率、瞬时车速、车辆间距和交通事故等。环形线圈检测器示意图见图 3-2-2。

环形线圈检测器可以检测一切需要的交通参量，这是目前普遍使用的一种交通检测手段。

环形线圈检测器的安装相当简便，安装时用路面切槽机切割路面，在切好的槽内放入一定圈数的导线，构成环形线圈，然后用填充物将槽封闭。环形线圈的尺寸是根据信号机要求确定的。移动型检测器可以采用1.83m×1.83m的普通线圈，大区域的存在型检测器可以采用长环形线圈或有适当间隔的1.83m×1.83m的组合线圈。环形线圈的费用主要集中在检测器的电子部件上，另一部分是环形线圈导线及引线的安装费用。如果需要改换检测点的位置，电子部件完全可以搬走，变换检测点灵活方便。

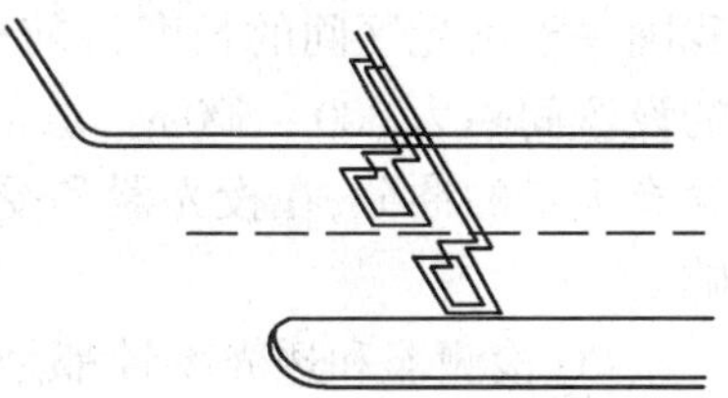

图 3-2-2　环形线圈检测器示意图

环形线圈检测器对小型车辆的检测有相当高的灵敏度，能够检测到摩托车和自行车。在调整灵敏度时，如果灵敏度调得过高，则环形线圈检测器对大型车的检测能力将会下降，以至不能检测到高底盘的大型卡车。环形线圈检测器可以人工调校，也可以自动调校。自动调校不需要初始校准和定期校准，但该法调校后的反应时间比人工调校的环形线圈慢。

## 二、交通检测器的设置与要求

在隧道路段，因为多数情况下没有其他路口，所以在控制方式上比较简单，只需要在隧道路段的引线起点上加以控制。在长大隧道入口处（洞外适当位置）增设控制点，在洞内分段处或横通道外有时也可考虑增设控制点。

隧道的交通流量和车道占有率是隧道监控的必要参量，此外还包括车速等其他参量。因而隧道交通检测器应具有以下功能：

(1)应能检测每一车道的交通量和速度等基本交通参数。

(2)应能适应车道改变行车方向的要求，能够检测出行车方向。

(3)应能检测出摩托车以上的所有类型的机动车，拖挂车应能作为一辆车检测。

在选择检测器时当然还应考虑隧道等级、设置位置、重要程度以及交通流特性等条件。在交通量大的重要长大隧道路段，一般应按较高的检测设备水平设置，洞外路段以环形线圈检测器为好，洞内以磁强计检测器为好。隧道车辆检测器应符合下列技术要求：

(1)交通量检测精度不小于95%。

(2)测速范围0~180km/h，误差小于5%。

(3)车辆检测器具有故障自诊断功能。

(4)车辆检测器的防护等级不低于IP65。

## 三、环境检测器

良好环境是确保道路交通安全和正常运营的必要条件，在隧道中最重要的环境条件是：CO含量、能见度和亮度。

CO浓度检测器：由一个红外线发生器产生红外线，通过投射到检测器上的红外线产生一个能反应CO含量的可读模拟信号。这种方法是近年来研制成功的有效方法，最初是为监视锅炉废气而设计的，它完全可以有效地运用于隧道中。

能见度检测器由投光器和受光器两部分组成，两者之间相距50~100m，设置时投光器射出的光束必须对准受光器。受光器接收到的照度跟投光器与受光器之间的空气的污染程度有关，空气污染小，接收的照度高，相反，空气污染大，则接收的照度小。将通过污染空气时的接收的照度与通过洁净空气时接收的照度的比值，称为光线透过率，借以评价隧道内的能见度。

我国关于透光区间的长度目前暂定以 100m 为基准。这种被称为透光率计的仪器,在隧道内的设置间隔为 300 ~ 500m。值得注意的是,隧道内的污染空气中除含有大量煤烟和灰尘外,还含有大量的油分,在投光器和受光器镜头上不断附着,会给校正工作和测定数据带来一定影响。

CO 检测器和透光率计都是和隧道通风密切相关的检测设备,这两种仪器在安装时通常位置是相邻的,其输出信号,反馈到隧道管理所,经过处理后,可以用来控制隧道通风。管理人员可以通过显示器上的数据控制通风系统。

用于隧道照明监测的光度计有很多种类。一般在隧道入口范围设一台光度计测定其亮度,在洞内设一台光度计测定洞内亮度(路面和墙壁),经过处理后,调整洞内最适合驾驶员暗适应的亮度水平,从而调节照明灯具的开启层次。并按季节、气象、早晚等变化做相应调节。不过为了避免过于频繁地转换照明设备的照明层次,在调节时应当有适当的时间延迟。

在紧急情况下,自动化程度很高的运营隧道,其通风和照明系统应允许隧道管理人员将自动化运行方式切换成手动运行方式。这种方式通过专门的按钮或钥匙式开关实现切换,使通风和照明系统均切换为最大限度的工作状态。由于系统以最大限度运行时费用很高,所以设计时在系统中都设有相应时间控制装置,使最大限度运行 1h 后自动恢复到原来状态。如果需要在 1h 后仍以最大限度状态运行,就必须提前 10min 给以新的指令。

## 第三节　交通电视监视系统

随着交通运输业的迅速发展,交通电视监视系统得到了广泛的应用。目前我国各大城市也都采用了交通电视监视系统,监视各交通路口及重要路段上的交通情况,以便进行交通疏导和提供交通信息服务。在长及特长公路隧道中采用交通电视监视系统,有利于交通管理人员同时了解多点交通实况。当出现行车事故或发生火灾时,隧道管理人员能及早发现并迅速采取相应措施,指派消防车和救援车进行灭火工作,把事故车拖出洞外,疏散车辆,防止二次灾害。通过电视监视系统的录像,记录事故发生与发展的全过程,便于事后分析和判定肇事者的责任。

交通电视监视系统,是工业电视(也称闭路电视)在交通管制领域中的应用。交通电视监视系统,一般都采用电缆或光缆(有线)的形式进行点对点间的电视信号传输,因此通常称为闭路电视。

### 一、交通电视的基本组成

闭路电视为适应各种不同场合的应用,有各种不同的组合形式,但其系统的基本构成,不外乎以下四个部分:

1. 摄像部分

目标的图像与数据信息转换成电视信号的部分,即摄像机,它起“眼睛”的作用。

2. 传输部分

其功用是将电视信号与控制信号传输到监视器,它包括传输电缆(或光缆)、中继放大器等。

3. 控制部分

控制整个系统的工作,对视频信号进行加工处理与切换,在严格隔行扫描系统中还包括同步信号发生机等。

4. 监视器部分

将电视信号转换成图像信号与数据信息的部分。在简易系统中,可用广播电视接收机代用。

除以上主要设备外,还有如下附属部件:

1. 云台

云台是安装摄像机的底座。内装电动机,可使安装在云台上的摄像机沿水平和垂直方向转动,扩大监视范围。

2. 安装支架

安装支架用来支撑云台和摄像机的固定支架。一般固定在天棚上或墙壁上,分别称为天棚上的支架、墙壁上的支架,还有天棚/墙壁两用支架等。

3. 摄像机保护罩

摄像机保护罩是为了使摄像机能适应各种恶劣工作环境而设置的一种箱体,它能保证安装在其中的摄像机在各种条件下正常工作。保护罩的种类很多,有一般防尘型(半密封型)、防尘防雨型(密封,带雨刷)、全天候型(密封,带雨刷、风扇和加热器)、防爆型(可用于易燃易爆场所)、水冷却型(用于高温环境)。

4. 遥控器

遥控器能从远处控制云台和变焦镜头的工作,控制摄像机外封箱的加热器和摄像机的电源供给等。

5. 视频切换器

视频切换器是一种视频切换开关,其作用是从多个摄像机输出的视频信号中,切换出一路信号进行重点监视和录像。视频切换器有手动切换、遥控切换和自动循环切换几种方式。

6. 视频分配器

视频分配器可把一个视频输入信号分送到多个监视器,使多个监视器同时观察一个目标图像。

## 二、交通电视系统的组合方式

为了适应不同用途的需要,交通电视监视系统根据摄像机与监视器的组合情况,可分为以下几种组合形式。

1. 1比1对应型

又称一头一尾型。这是一个最简单的闭路电视系统,它只由一个摄像机和一个监视器构成,中间用一个传输通道,把摄像机输出的视频信号传输到监视器,在监视器上重显图像,如图3-3-1所示。

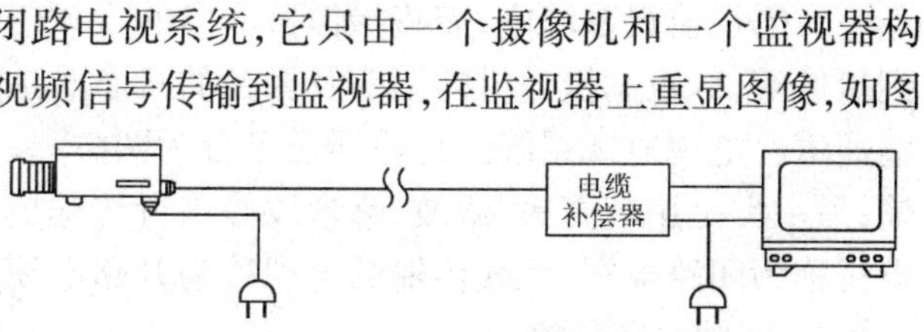

图 3-3-1 1比1对应型

2. 中央集中型

又称多头一尾型。它是将多个摄像机的输出信号经多个通道传输到中央控制室,经切换器切换选择后,送到一个监视器显示,如图3-3-2所示。

3. 分散型

也称一头多尾型。它是将一个摄像机的信号,经视频分配器,传输到多个监视器显示,如

图 3-3-3 所示。

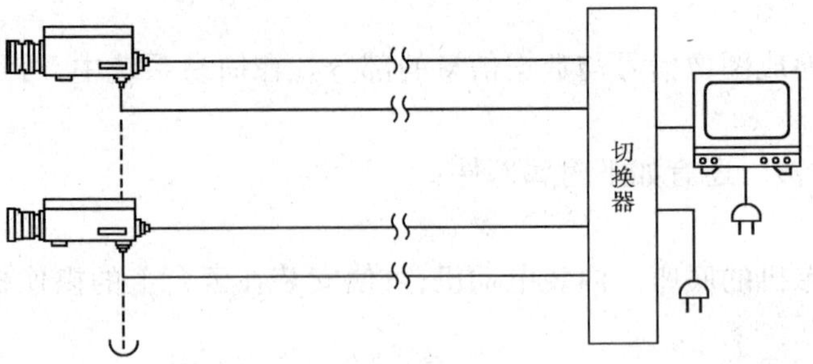


图 3-3-2　多头一尾型

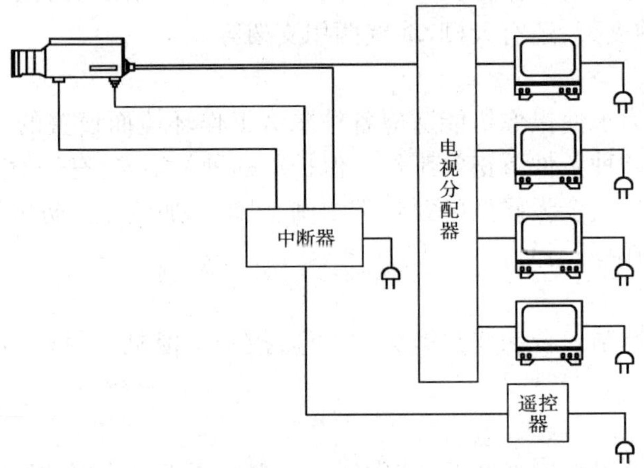


图 3-3-3　一头多尾型

此外，还可以按各种不同需要构成专门用途的组合方式。

## 三、外围设备

电视监视系统的外围设备有字母、日期发生器以及录像机等。录像机有通用录像机和长时间录像机，目前已有记录 480h 和 720h 的录像机，可作长时间连续记录之用，以便将整个交通情况及交通事故的全过程记录下来，待作分析研究。

## 四、传输部分

在电视监视系统中，需将摄像机输出的视频信号传输到监视端，同时还要将控制信号传输到摄像端，以控制摄像机的镜头及云台的状态。这种传送视频信号和控制信号的媒体，称为传输通道。电视监视系统的传输通道可分为两类：一类是用电缆、光缆进行传输的，称为有线传输；另一类是用超高频、微波、毫米波等进行传输的，称为无线传输。同时，又可将有线传输的电视称为闭路电视，无线传输的电视称为开路电视。

1. 同轴电缆传输

在短距离传输的电视监视系统中，几乎都采用同轴电缆传输，这种电缆对外界的静电场和电磁波有屏蔽作用，因此可以减少干扰。但当传输距离大于 500m 时，对信号的衰减幅度较大。所以当传输距离较长时，应选用直径较大的同轴电缆，在传输中还应加装电缆补偿器。

2. 光缆传输

在远距离传输中，目前多采用光缆传输。光缆由若干根光导纤维(光纤)组成。由于光纤是用玻璃和石英等非金属材料制成的，光在纤维中传输不受静电、雷电、工业强电及各种电磁波的干扰，光在光纤中传输不需要进行频率失真平衡。光纤的温度适应范围也相当宽，所以光纤传输目前已得到广泛应用。光纤信号传输过程简单，其框图如图 3-3-4 所示。首先是经过摄像机进行光-电转换，然后将收到的电信号变成光信号(该部件称为光发机)，再将光信号通过光纤进行传输。接收端是将收到的光信号再变换成电信号，即还原成视频信号(这个部件称为光收机)，送往监视器重现图像。在光缆传输中所用的光发机和光收机合称为光端机。

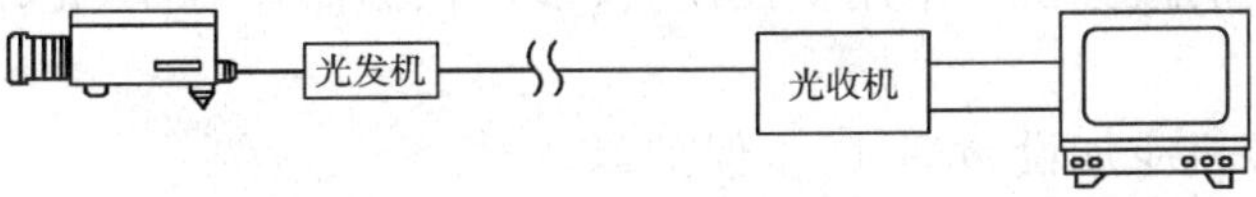


图 3-3-4　光纤传输

共用天线信号传输方式的框图如图 3-3-5 所示。其特点是可用一根同轴电缆传输多个频道的电视信号。各摄像机信号先分别通过放大调制器调制成各频道电视信号，再经混合器送入传输线，便可实现一线多信号的传输。共用天线传输方式还有另外一个特点，它可以利用现有广播电视的各频道频率，直接用市场上的通用电视接收机作为监视器。为提高信号与杂波之比，应选用灵敏度低的接收机，要求在不接天线时不易接收电波，以降低杂波进入。只有从线路传来强信号时，才能正常工作。

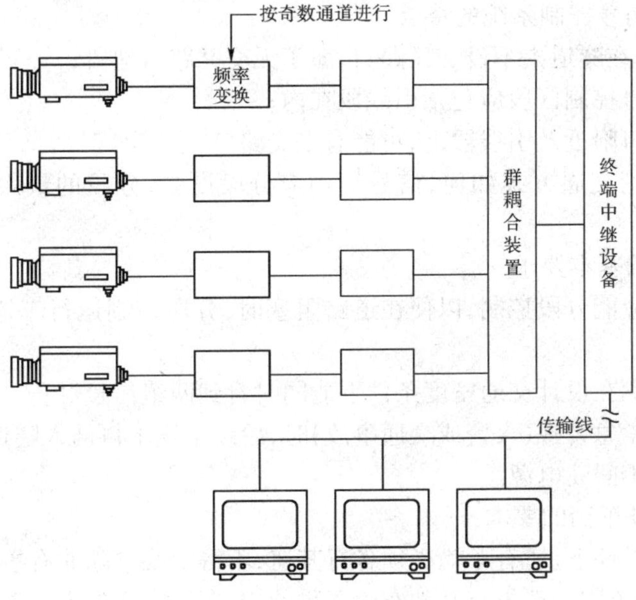


图 3-3-5　共用天线信号传输

## 五、隧道电视监视系统

将闭路电视应用到隧道中，在隧道管理所里就可以观察到装有摄像机部位的隧道交通状况。采用电视监视设备，不仅可以随时了解隧道内的行车情况，而且在车速减慢、停车甚至发生火灾事故时，管理所都能及时发现和进行录像，以作为分析事故原因和责任的现场材料，还能为立即通告救援车前往救援，为操纵信号灯、标志牌、警报器等提供判定依据。

1. 摄像机的设置位置与间隔

隧道中摄像机应设在通视性好的地方，通常可以挂在行车道上方，也可设在检修道上方的隅角。其间隔应考虑到透过率 $\tau$ 的大小，当 $\tau = 0.5$ 时，距摄像机 100 ~ 150m 处的景物在监视器上识别不会有什么困难。

2. 注意事项

(1)隧道内应有足够的照度。在单向交通隧道中禁止车辆开前大灯，避免汽车前大灯的强光直射到摄像机镜头上。在单向交通隧道中，可采取观察车尾方式，以保护摄像机。

(2)在隧道内使用的摄像机宜采用变焦镜头，以便根据需要观察、记录不同距离目标的活动图像。

(3)隧道内的摄像机应加设防潮、防尘保护罩。

(4)所用电源应由不间断电源 UPS 提供。

## 第四节　交通信号控制系统

### 一、隧道交通信号的特点与要求

隧道交通信号控制是整个道路交通信号控制的一部分，属于干线道路控制类型，目的是为隧道区段安全行车提供通行权。

1. 隧道内交通信号控制系统的特点

(1)一般情况下，在隧道内不设交叉路口，属于无交叉路口地段；

(2)隧道交通信号控制区段应包括引线段在内；

(3)城市隧道洞口附近及引线段上，可能有平交路口；

(4)在隧道内不论交通方式如何，信号灯均应分段设置，分段的最大长度受救援能力控制。

2. 对交通信号的基本要求

(1)交通信号灯应能分段控制，以便在道路阻塞时，分段控制运行车辆的行止、变线、疏散及退避等；

(2)保证运行车辆在设计交通密度条件下能同时看到两组信号灯；

(3)保证在发出紧急警报(火警或交通事故)时，后续车辆不再涌入隧道；

(4)信号灯使用不间断电源。

3. 对隧道内行驶车辆的要求

(1)在正常行驶条件下，所有车辆必须各行其道，不得变线。除非有事故车占道，并有信号指示方可变线。在隧道内一般没有其他车道可供使用，所以在事发点上游易发生交通阻塞。

(2)在隧道内禁止蛇行和超车，为此在隧道内应有分道标志线(实线)；

(3)隧道内不得停车。在紧急情况下，如发生火灾或交通事故，行驶车辆受阻不得不停车时，可以停在划定的紧急停车段内。为了防止后续车辆挤得可密，紧急停车段应间隔划分，使停车数量不超过正常行驶时的交通密度。这种方式可以保证每条车道不会被车辆挤满，可以腾出一个车道供救援车辆通行。

隧道交通信号的设置方式可分为：对向交通信号、单向交通信号，以及可按需要改变行车流向的交通信号(简称可变向交通信号)。

4. 交通信号灯的安装要求

(1)双向2车道隧道的交通信号灯可以设在车道正上方或行车方向右侧上隅，单向2车道(或3车道)隧道可以设在各车道正上方。

(2)信号灯与其他灯(照明灯、应急电话指示灯等)不应设在同一断面和同一高度上，并在色调等方面有明显区别。

(3)信号灯的间隔应保证交通密度最大时，驾驶员能通视两组信号灯，即当前一组信号灯尚未离开视野之前，后一组信号灯已经进入视野范围，以确保行车安全。对于一般隧道，信号灯的间距在60~150m之间。

## 二、交通信号的设置方法

1. 双向交通信号

二级以下公路上的隧道，大多为双向交通的2车道隧道。信号灯的设置方法是：沿行车方向每车道上方分别设一组绿灯。正常情况下，顺行车方向为绿灯，逆向为红灯。为了在紧急情况下，如发生火灾或交通肇事时，使事发点之前的车辆继续前进，自行脱离现场，应保持绿灯信号。在事发点之后的车辆，被火点或肇事车阻隔无法前进，只好停滞在原地等候交警指令。为了防止后续车不断涌入，在事发点之后的信号灯应立即转换为红色，使后续车在原地停下来。如果信号灯的间隔合适，则停车后的车头尾间距仍可保持在行驶状态时的车头尾间距，后续车不致挤做一团，这样就有利于疏导、退避，也便于救援(见图3-4-1)。

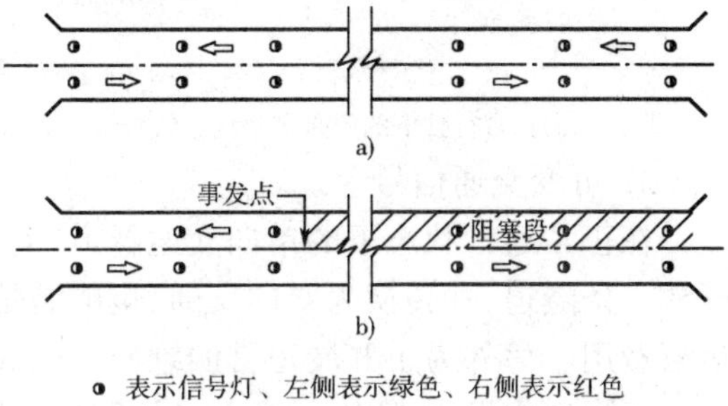


图3-4-1 对向交通时交通信号的设置方法
a)正常行驶下的双向交通隧道信号灯状态；
b)事故状态下的双向交通隧道信号灯状态

2. 单向交通信号

一级以上公路上的隧道和交通量大的城市道路隧道，通常为上、下行分设的单向交通2车道隧道。信号灯的设置方法是：沿行车方向每车道上方分别设一组红绿灯。正常情况下，顺行车方向为绿灯，逆向为红灯(在正常情况下，红灯可以不点灯)。在紧急情况下，可以分为两种状态：一种是上行(或下行)隧道中发生普通交通事故，如抛锚或在一条车道上发生尾撞，导致一条车道中断，但另一车道仍然畅通时，则为简单事故状态。此时信号灯的布设与点灯状态也比较简单，在事故车道上的事发点之后信号灯应转换为红灯，以阻止后续车的涌入。在事发点之前绿灯不变，使车辆自行脱离现场。另一种是上行(或下行)隧道中发生火灾或两车道车辆互撞，导致整个上行(或下行)隧道中断交通，则为复杂事故状态。此时又可分为两种情形：一类是隧道较短，上下行隧道之间无横通道，这种情况下在事发点之后的信号灯应换为红灯，以阻止后续车辆的涌入。在事发点之前绿灯不变，使车辆自行脱离现场。受阻路段的车辆，停车后车头尾间距应保持在行驶状态时的车头尾间距，按路面划定的紧急停车位置停车。空位不得停车，以便调整车辆腾出一条车道，供救援车进入肇事现场，处理事故、灭火、救援、牵引等工作。此时，如果有转移车道指示灯，如“→”或“←”，再配合播音，可以引导车辆转移车道。这种情况最重要的是救援(或消防)车尽快到达救援位置，防止事态(或火灾)扩大，其次是引导受阻车辆退避。二是隧道较长，上、下行隧道之间有横通道，该通道为交通信号的分段位置。当通道前方某点发生事故后，以通道为界，通道前的处置方法与无通道情况相同，通道后方受阻车辆在完成车道转移后,即可按指令向另一隧道迂回驶出隧道。与此同时另一隧道暂时变为对向交通方式。待事发点疏通完毕恢复交通后,再转为原单向交通方式,见图 3-4-2。

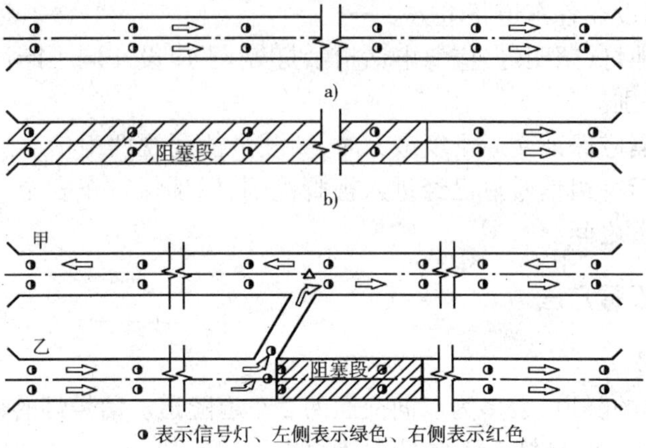


图 3-4-2 单向交通信号的设置方法

a)正常行驶下的单向交通隧道信号灯状态;b)事故状态下的有横通道单向交通长隧道信号灯状态

3. 可变交通信号

在正常运行状态下的单向交通隧道,上、下行隧道均需同时开放。当交通流量已少到即使开放一条隧道,并转换为双向交通,也能满足通行需求时(如夜间),就应关闭另一隧道,以节省运营费用。另外为了开展正常的维修与保养作业,往往也需要在关闭隧道的条件下进行。

当隧道内发生事故,一条隧道被阻塞,处理事故所需时间较长时,如果交通量较大,则不得不将另一隧道转换为双向交通。一般情况下,转换过程是这样的(如图 3-4-2):当乙隧道出现阻塞段时,阻塞段的信号灯已转变为红色;事发点之前仍为绿灯,以便使行驶中的车辆继续前进,脱离事故现场;阻塞段之后以横通道为分界线,横通道之后,在事发时先与阻塞段同步转变为红灯。再根据现场情况,如果事故为普通交通事故,横通道之后的受阻车又不多,可以先开启引导标志灯、使受阻车辆通过横通道向甲隧道疏导。如果事故为火灾,则情况紧迫,横通道后面(当然也包括阻塞段)的受阻车辆必须首先进行车道转移,腾出指令要求的车道,使消防(或救援)车迅速到达火点开展灭火作业。然后再给出指令,疏导横通道后面的受阻车辆。横通道后面受阻车辆必须首先疏导完毕,尔后停在阻塞段的车辆,才能以倒车方式脱离现场。进行疏导的同时,开放横通道,并将甲隧道的左车道转变信号和交通方向,此时横通道右边信号转变,左边维持原信号。待疏导工作完成后,甲隧道及其引导段则完全转变为对向交通方式。

远端信号是设在引线起点的信号。入口端引线起点的位置由隧道入口进洞设计车速控制,而入口端引线起点的信号则控制着隧道区段的交通方式,即控制着隧道区段内是单向交通,还是双向交通。当关闭乙隧道(如图 3-4-2)时,隧道区段转变为双向交通,以维持小流量的交通。控制信号应设在引线起点上,没有好的引线起点规划,就不能确保隧道区段的安全运营。除信号灯外,还应辅以引导标志灯,国外有的还加设移动式栏栅。这些设施是为了更有效地进行交通引导,起决定性作用的还是交通信号。从引线起点到隧道洞口,一般还有相当长一段距离。为了避免越过引线起点车辆都拥挤到洞口,妨碍洞内车辆的退避、疏导、以及救援车进洞,引线上的信号灯也要按洞内设置的方法布设,不过洞外信号灯可以悬挂得高些,其间隔也可增大。最靠近洞门的一组信号灯到洞口的距离 $L$ 应满足不大于洞内间隔的要求。洞口外不得停车段应不小于正常行驶状态的车头尾距离。

## 第五节　隧道通风照明控制系统

隧道运营通风和照明是保障隧道安全舒适及应有通行能力的基本设施之一，对设置通风照明的隧道，应设置必要的控制设施进行有效控制。隧道通风照明控制的目的首先在于保证交通安全和舒适，同时也为了提高管理及经济效益。大量高速公路隧道的运营管理表明，通风照明费用是隧道运营管理设施中最大的日常开支之一，为了降低能耗和运营成本，就必须针对不同的工况采取最为经济和安全的通风照明方案。

通风控制方案的确定，与通风设计提出的通风方式、隧道交通工程分级和现场条件有关。通风方式与工艺要求是形成通风控制方式的主要因素。隧道交通工程分级确定了隧道总体规模和标准，选择的通风控制方案应与之相适应。现场条件包括工程条件和当地的管理经验及沿线已投入营运的工程状况等综合条件，对选择控制方案也有影响，需综合经济合理地考虑。

大量工程实践表明，隧道照明电能消耗与设计速度有关，且主要集中在洞口，就1000m长度以下的隧道而言，对于60～80m/h的照明设计速度，洞口加强段的照明功率占总照明功率的50%以上。在照明的控制主要是洞口段的有效控制。照明控制方案确定，也与照明设计提出的方式、隧道交通工程分级和现场条件有关，也需综合经济合理地考虑。

### 一、隧道通风控制系统

1. 隧道通风控制方案的确定

隧道通风控制系统的设计目标是：正常工况下，在满足污染空气稀释标准的同时，通过合理控制使通风系统经济运行；火灾工况下，通过控制气流流向与流量以控制灾害。

制定隧道通风控制方案应综合考虑以下主要因素：

(1)隧道规模

隧道规模不同，对隧道交通安全、舒适性的要求也不同，隧道通风系统的规模也不同。隧道越长，车辆在隧道内行驶时间越长，对交通安全和舒适性要求也越高，同时，通风系统也越复杂。

(2)隧道通风形式

隧道通风有纵向、横向、半横向及混合型等多种形式，不同的形式通风设施的数量和分布都不同，其控制方案也不同。采用射流风机纵向通风，风机分散在隧道纵向全长，通风控制和管理都较为复杂；采用横向、半横向通风，通风机电系统布置较为集中，便于管理和控制；采用混合型通风兼有多种形式的特点，管理和控制更为复杂。

(3)通风工况

通风控制应考虑正常交通条件下不同的交通量、行车速度、洞内外环境的通风需求，还应考虑隧道不同部位发生火灾时的疏散救援方案和通风组织。

(4)经济技术水平

应在保证交通安全的前提下，充分考虑经济水平，合理采用新技术、新设备，以较经济的方式进行隧道通风。

2. 环境检测器的配置

隧道内有害气体浓度、烟雾浓度、风速和交通量等参数是进行通风控制的基本依据，在隧道内不同位置配置环境检测器是获得这些参数的主要途径。常用的环境检测器包括：能见度检测器(简称 VI)、CO 检测器(简称 CO)、风速风向检测器(简称 WS),VI 用于洞内烟雾浓度的检测,CO 用于洞内废气(主要是 CO)浓度的检测,WS 用于洞内外风速、风向的检测。另外还需要配置相应的交通量数据检测设备。

为了保证环境检测数据的准确性,应根据不同的通风方式确定环境检测器的配置数量和分布情况。

对于不同通风方式,各种环境检测器的数量不宜低于表 3-5-1。

**通风环境检测器配置数量表**(每一个通风区段)　　表 3-5-1

| 检测器设施<br>通风方式 | 一氧化碳检测器(CO)(套) | 能见度检测器(VI)(套) | 风速风向检测器(WS)(套) |
|---|---|---|---|
| 纵向通风 | 2 | 2 | 1 |
| 全横向通风 | 1 | 1 | 1 |
| 半横向通风 | 2 | 2 | 1 |

通风环境检测器的布置应遵循以下原则:

(1)VI、CO 检测器宜设置在隧道侧壁壁面或隧道顶部,检测值应能有效反映每个通风区段的烟雾、有害气体分布情况。

(2)采用全射流通风方式时,通风环境检测器应避免设置在射流风机附近,宜设置在隧道纵向两组风机的中间部位。

(3)洞外 WS 检测器的设置位置力洞口隧道轴线方向的距离应不小于隧道断面当量直径的 10 倍,且应避免受汽车行驶气流的影响。

环境检测器应能够满足洞内外长期工作的需要,测量范围和精度应满足以下技术要求:

(1)VI 测量范围:$K = 0 \sim 25 \times 10^{-3}m^{-1}$、精度 $\pm 0.1 \times 10^{-3}m^{-1}$;

(2)CO 测量范围:0 ~ 250ppm、精度 ± 1ppm;

(3)WS 测量范围:0 ~ 30m/s、精度 ± 0.1m/s;

(4)通风环境检测器的防护等级不低于 IP65。

3. 通风控制方法

隧道通风控制有手动控制和自动控制两种,所有机械通风的公路隧道,均需要设有手动控制方式;对于 A 级和 B 级公路隧道,宜采用自动控制为主、手动控制为辅的控制方式。手动控制方式是靠人工操纵仪器控制风量,它分为联动控制与单独控制。

联动控制——预先确定风量挡次,通过手动操纵风量各挡按钮,使其相关仪器和机械产生联动,由此控制风量。当自动控制系统出现故障或检修时可使用联动控制;对于高速公路的特长隧道,它可与自动控制结合使用。

单独控制——可由人工对各仪器和机械单独控制,亦可对几个相关联的附属机械实施局部联动控制。当自动控制或联动控制出现故障或检修时可使用单独控制;对于低等级公路中的中、短隧道,可使用单独控制。

自动控制方式根据设置于隧道内的 VI 检测器、CO 检测器、WS 检测器所测得的环境参数和各种交通参数,通过控制网络进行风量自动控制。

根据自动控制决策方法的不同,自动控制方式可分为环境参数直接控制法,交通参数间接控制法,交通、环境参数混合控制法和时序控制法四种方法。

(1)环境参数直接控制法

环境参数直接控制法通过分布在隧道内各点的通风环境检测器(VI 检测器、CO 检测器、

WS 检测器),直接检隧道内的烟雾浓度 VI 和 CO 浓度以及洞内外风速等环境参数,经计算处理后,给出控制信号,控制运转风机,供给必要的新鲜风量,稀释烟雾浓度 VI 和 CO 浓度,以达到设计要求的洞内卫生与安全标准。

1)控制流程

图 3-5-1 示出了直接法控制流程。从图中可以看出,风机的控制直接与 CO、VI、WS 值有关,控制软件编程也较简单。

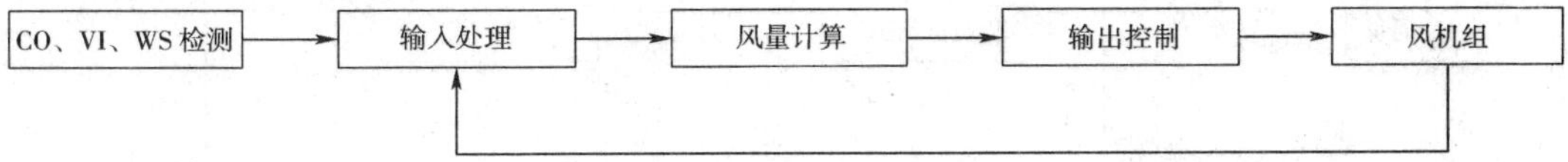


图 3-5-1 直接法控制流程图

2)控制方案

环境参数直接控制的主要设备有控制中心计算机系统、区域控制器、CO 检测器、VI 检测器、WS 检测器、风机控制柜及风机。控制方案如图 3-5-2 所示。其中计算机系统与其他系统共用,如交通控制子系统、照明控制子系统等。而下端设备在隧道内布设的数量视隧道长度而定,其中区域控制器亦是与其他系统共用的设备。隧道内的 CO 和 VI 检测器一般按照 300~500m 间距布设。

由于上述方案直接检测隧道内的环境参数,控制方式简单、直接,因而在国内隧道中广泛应用。其不足之处在于设备价格高,投资较大。

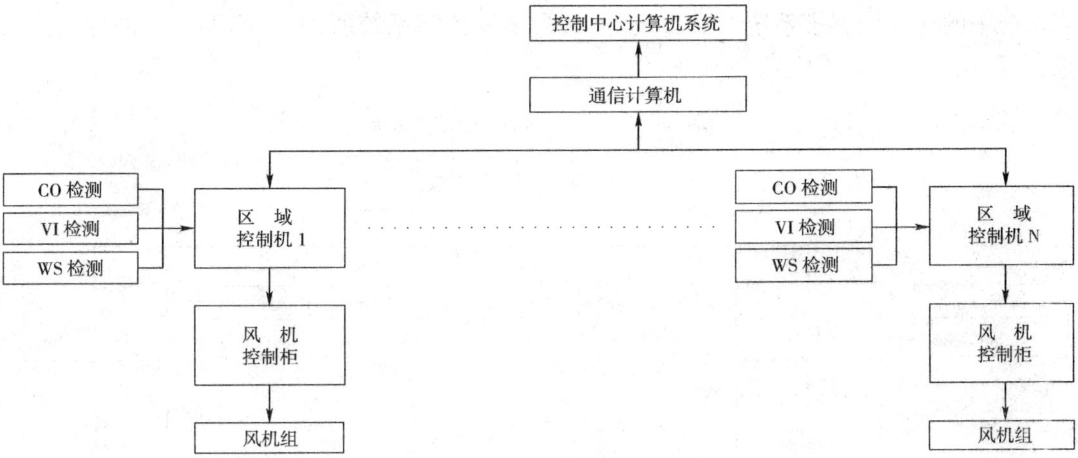


图 3-5-2 环境参数直接控制法方案图

(2)交通参数间接控制法

由于 CO 和烟雾是行驶在隧道内的车辆所致,与交通流量、行车速度、车辆构成等交通参数密切相关。因此,可以通过检测隧道内交通参数来分析计算 CO 和烟雾的排放值,取代昂贵的 CO 和 VI 检测器,降低投资和维护成本。这种用交通参数控制通风的方法,称为交通参数间接控制法。交通参数间接控制法可分两类:一类为宏观间接控制法;一类为微观间接控制法。

1)宏观间接控制法

宏观间接控制法是指:通过客观检测交通量和速度与主观预测交通(包括车辆构成比例),并对检测和预测的参数进行计算处理,粗略地算出 CO、VI 值,再与设定的标准值进行比较,据此实施通风控制。

①控制流程

从图 3-5-3 可以看出,交通量预测有短期和长期两种,预测精度与主观经验及预测模型有关。但车辆的排污不仅与车速、交通量有关,而且与交通构成有关。此方案因未涉及车型检测,因此称之为宏观间接控制法。

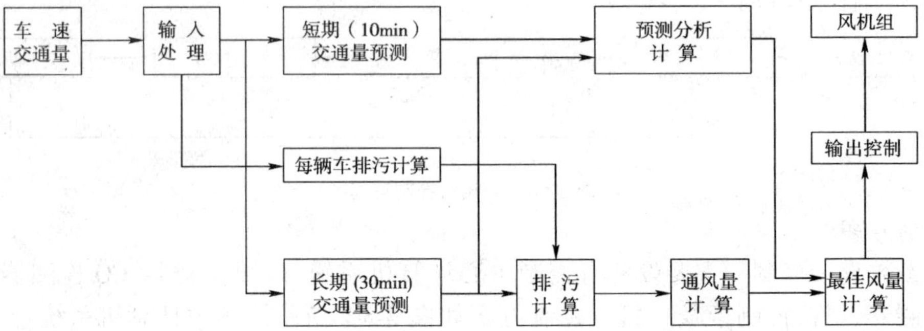


图 3-5-3　交通参数间接法控制流程图

②控制方案

这种方案的主要设备有控制中心计算机系统、区域控制器、交通检测器、风机控制柜及风机。控制方案如图 3-5-4 所示。从图中可以看出,这种方案建立在交通参数检测基础上,再加上预测分析及计算处理,因此,控制精度比直接控制方案差,但方案中的车辆检测器又是隧道控制系统中的交通控制子系统的必备设备,又为通风控制系统所用,一举两得。因此,方案具有投资省、运营费用低等优点。

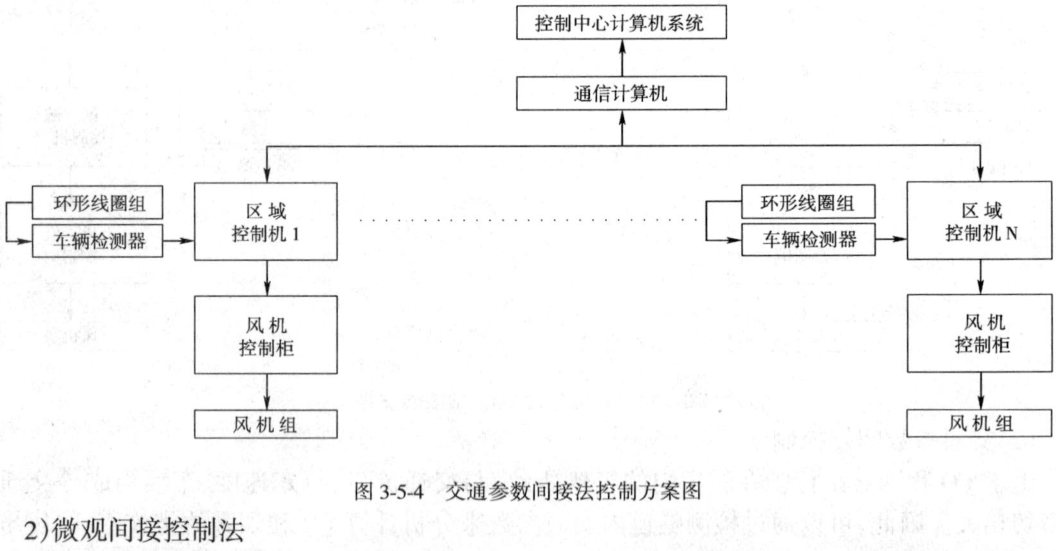


图 3-5-4　交通参数间接法控制方案图

2)微观间接控制法

宏观间接控制法虽然有它自身的优点,但由于方案中的车辆构成是基于经验预测,并不是直接通过车辆检测器获得。微观间接控制法的核心就是通过车辆分类检测装置,在检测交通量和车速的基础上,同时把各种车辆分成不同的类型检测出来,目的在于减少 CO 和 VI 的计算误差,提高通风控制精度。

①控制流程

本方案的控制流程基本与图 3-5-3 所示相同,只要在图 3-5-3 中的"车速、交通量"框中加上

“车型”检测即可。从控制流程中可看到，间接控制法的控制软件要比直接控制法复杂一些。

②控制方案

方案的控制框图与图 3-5-4 所示基本相同，其设备配置只要将图 3-5-4 中的“车辆检测器”换成“车辆分类检测装置”即可，其他硬件设备完全相同。需要说明的是，虽然微观间接控制法控制精度虽然高，有它科学合理的一面，但由于我国的车辆构成比较复杂，车况差，车辆的排放存在较大差异。车辆分型检测技术目前在我国尚不成熟，因此，该方案的实际应用受到极大的限制。

(3)交通、环境参数混合控制法

本方法是上述两种方法的组合形式。在要求较高的隧道控制系统中，不仅包括通风控制子系统，而且还包括交通控制子系统、照明控制子系统等。这些子系统相辅相成，可互相配合使用，可充分发挥各子系统的功能。如在交通控制子系统中，必需使用的车辆检测器就可应用在通风控制子系统中，ITV 屏幕上清晰度也可起到通风控制辅助决策的作用。这是混合型控制方法一个重要特点。

1)控制流程

从控制流程图 3-5-5 中可以看出，图 3-5-5 是图 3-5-1 和图 3-5-3 的组合，控制流程比前两种方案复杂得多。

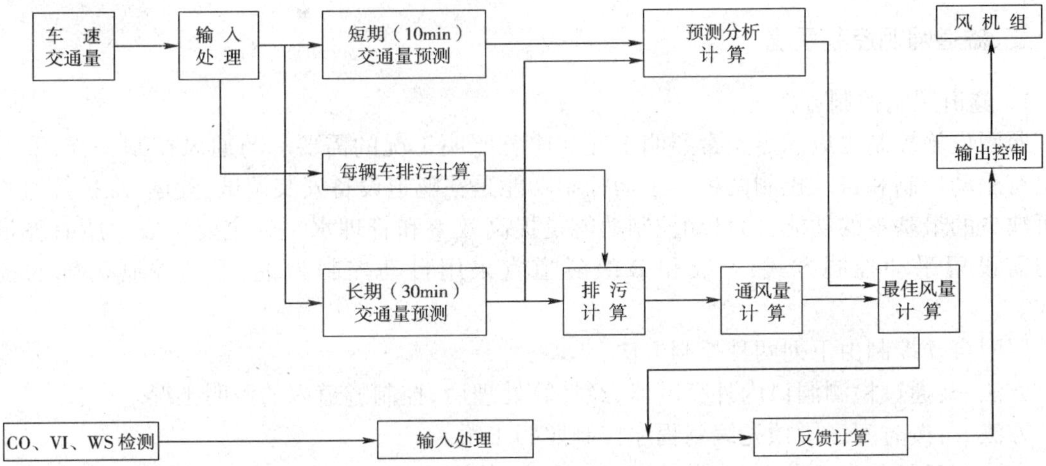


图 3-5-5　交通、环境参数混合控制法流程图

2)控制方案

上面已提到混合型控制方案是前面两种方案的组合，就主要控制设备而言，为三个方案所共有，不同的是在检测手段上互有区别。因此，混合型控制方案也可以说是前面两种检测手段的组合，如控制方案图 3-5-6 所示。

3)时序控制法

时序控制法不考虑 VI、CO 浓度及交通量的变化情况，而是按时间区间(如白昼与夜晚，节假日与平时)预先编成程序来控制风机运转。这种方法风机控制只随时间周期变化，程序编制和风机控制都最简单。

工程设计中，应根据隧道交通条件和各种检测器安装情况灵活选择通风控制方法：

(1)只设置 VI、CO 和 WS 检测器时，应采用的环境参数直接控制法。

(2)只设置交通量数据检测时,应采用的交通参数间接控制法。

(3)同时设置 VI、CO 浓度检测和交通量检测时,可根据经济技术条件选择环境参数直接控制法、交通参数间接控制法和混合控制法。

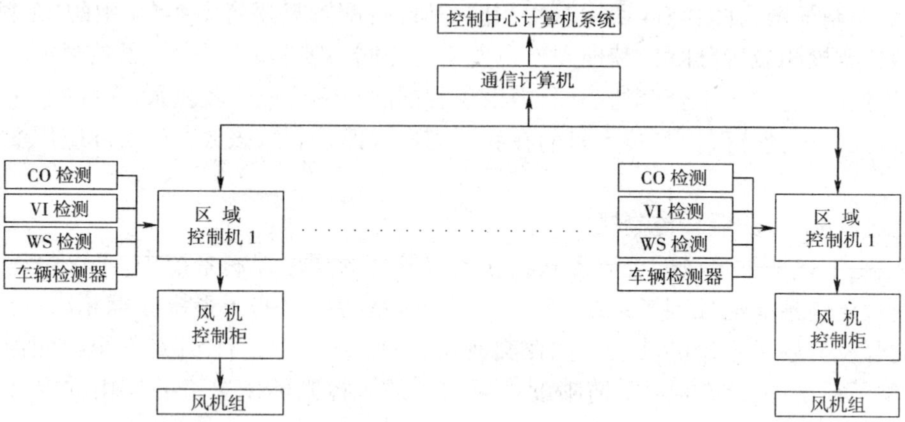


图 3-5-6 交通、通风环境混合控制法方案图

(4)对于交通量较小的和二级公路以下的隧道,可采用时序控制法。

(5)当交通量及组成、分布较稳定时,如城郊公路隧道,也可采用时序控制法。

## 二、隧道照明控制系统

1. 隧道照明控制方案

照明设施控制也应满足正常照明工况和应急照明工况的需要。与通风控制一样,照明控制也有手动控制和自动控制两种。手动控制功能是在隧道设备安装调试、营运、维护等过程中不可缺少的最基本的功能,而自动控制功能是提高效率和管理水平的主要手段。所有隧道照明均需设置手动控制方式,A 级和 B 级隧道宜采用自动控制为主、手动控制为辅的控制方式。

照明自动控制由下列两种控制方法:

方法一:通过检测洞口内外亮度值,经计算处理后,控制隧道内的照明工况。

方法二:按时间区段预先编制程序控制照明工况。

方法一又可分为两种方式:一是实时检测洞外亮度 $L_{20}(S)$和洞内入口段亮度 $L_{th}(S)$,通过对比计算后控制洞口加强段照明回路(如图 3-5-7);二是只实时检测洞外亮度 $L_{20}(S)$,根据 $L_{20}(S)$ 直接控制洞口加强段照明回路(如图 3-5-8)。前者较准确,后者控制简便。

方法二还可与不同天气(阳光、阴雨)条件下进行的人工干预方式相结合。

高速公路、一级公路隧道的 A 级、B 级隧道一般有较完善的隧道机电设施,宜采用方法一进行实时控制。其他等级公路隧道一般机电设施较简单,可采用方法二进行控制。

2. 亮度检测器配置

采用方法一对隧道照明进行实时自动控制,主要是根据洞外亮度变化实时控制洞口加强段的照明,因此,实时采集隧道洞内外亮度值非常重要。

采集洞内外亮度值的仪器为亮度检测器,其设置方法如下(参见图 3-5-7、图 3-5-8):

(1)洞外亮度检测器($L_a$)设置在离洞口一个停车视距位置处,高度以一个洞门高度为宜,检测器探头方向指向洞口中心。

(2)洞内亮度检测器($L_t$)设置在洞内离洞门一倍隧道净高的侧壁上,检测器探头方向应指向行车前进方向且离检测器一个停车视距位置路面中心处,检测器的安装高度不低于1.5m。

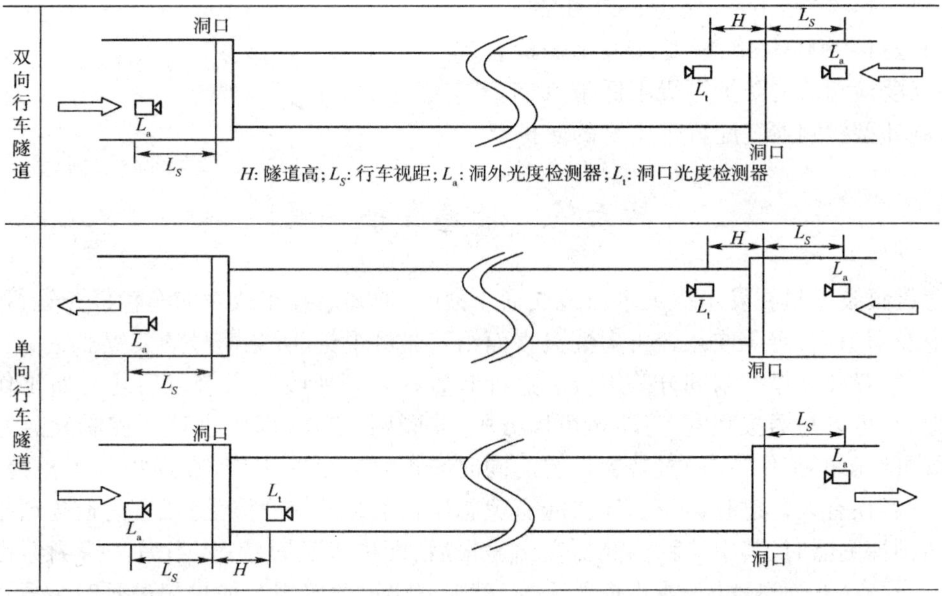


图 3-5-7 同时检测洞内外亮度的照明控制布置图

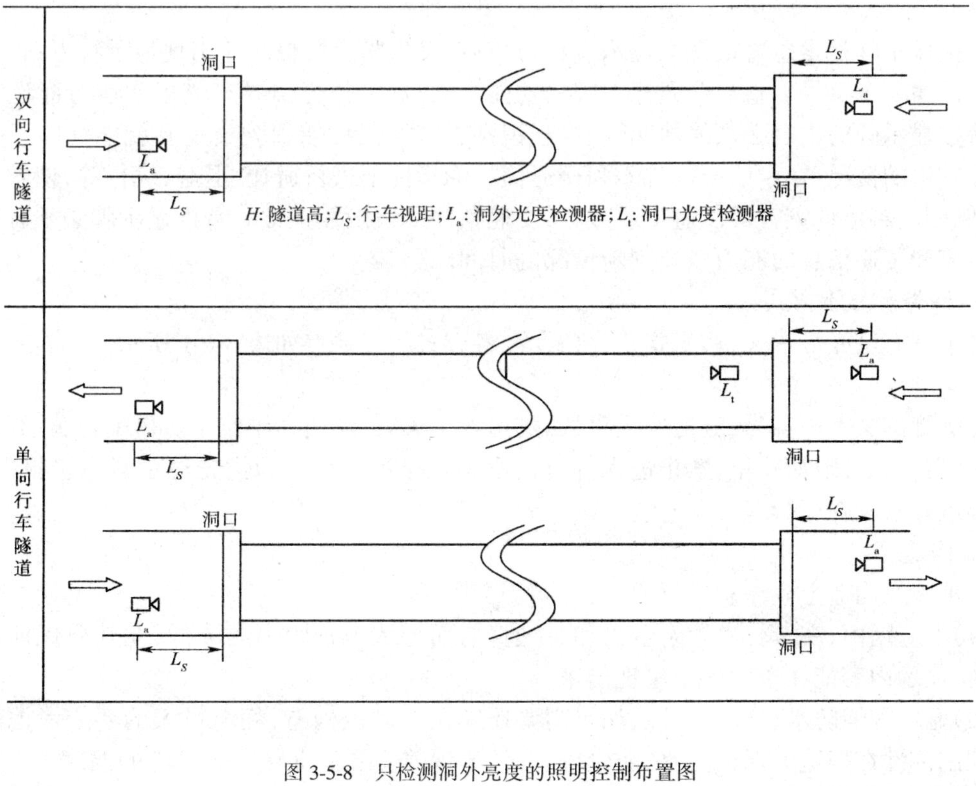


图 3-5-8 只检测洞外亮度的照明控制布置图

亮度检测器应能满足洞内外长期工作要求，技术指标参考值如下：

(1)亮度检测器探头镜头立体视角 20°。

(2)亮度检测器测量范围如下：

洞外型：1～7000cd/$m^2$、精度：±1cd/$m^2$；

洞内型：1～500cd/$m^2$、精度：±0.1cd/$m^2$；

(3)亮度检测器的防护等级不低于 IP65。

(4)洞外型检测器宜配置带雨刷的防护罩。

## 第六节　紧急警报装置

紧急警报装置是在发生火灾事故或交通事故时，通知后续车或对向车辆停止运行，防止其涌入隧道及引道内，避免或减轻再生性灾害而给驾驶员视觉、听觉信号的装置。它由警报显示牌、声信号装置及操作控制部分等组成。这种装置在管理所收到报警以后才开始工作。在联接线路上，它可以与通报联网工作，也可以分段(非联网)工作，即由管理所控制紧急警报装置工作。既可以瞬时工作(在通报装置报警的同时)，也可以延时工作(在通报装置报警后，延时数秒)。后者在有人行道时，很有必要，能避免恶作剧引起的交通混乱，或者为避免通报装置误报设置两种探测器时，其中一种探测器发出通报后，即进入延时状态，当另一探测器也发出通报，此时通报有效，通过联网(或指挥所手控)就能发出紧急警报。如果超过延时装置规定时间(如 30s)，另一探测器仍无通报信号，则前者通报无效，自行取消。

### 一、警报显示牌

警报显示牌是紧急警报视觉显示装置，只有在发生紧急警报时才出现显示符号，正常情况下没有任何显示符号。它与普通标志牌的功能不同，后者是为引导车辆正常运行而设置的标志。警报显示牌的内容必须简捷明快、易于识别、清晰醒目，使驾驶员一看就能立即了解隧道内已经发生的情况，在声信号(广播)和交通信号的指挥下进行避让、退避、绕行等，使救援作业能顺利展开，再生性灾害得以避免或减轻，交通秩序尽快恢复正常。警报显示牌必须有足够的视认距离和传递信息的能力以及判断情况的时间。

1．种类及显示方式

显示牌有灯光显示式、透光式、字幕式等，各方式的优缺点如表 3-6-1 所示。

2．功能

显示牌的文字内容为：隧道发生事故、隧道发生火灾、隧道在维修中。再配合黄、红色闪光灯，根据需要还可附加停止、禁止进入、慢行、避难等显示内容。为优先显示紧急警报起见，显示内容最好限制在三行左右。

3．构造

显示牌在构造上应注意以下要求：

(1)不应因雨、雪、霜、尘等附着物和日光直射而导致识别距离的降低，尤其要保证在车内观察时，显示内容能在暗背景中呈现出来。

(2)显示牌能防水、防湿、耐蚀，如果需要还应做成防尘构造，耗电量大的还应考虑散热构件。控制部件在构造上保证防水、防尘等，并便于保养。要保证在冷热悬殊的温度条件下能正常工作。

**警报显示牌特点比较** 表 3-6-1

| 种类 / 项目 | 灯光显示式 | 透光式 | 字幕式 |
|---|---|---|---|
| 显示方式 | 文字由点组成，点由灯泡发光 | 光从文字后方射出，经面板的透光镜形成文字 | 显示牌前面设置的字幕由内部照明显示 |
| 优缺点 | 1.显示文字的亮度高，也最容易看见<br>2.为承受风雨，需要用硬质玻璃灯泡<br>3.耗电多<br>4.文字颜色不能改变<br>5.造价高 | 1.可见程度次于灯光显示式<br>2.文字颜色可以改变<br>3.耗电量中等<br>4.造价比灯光显示式便宜 | 1.可见程度一般<br>2.显示项目可改变成各种颜色<br>3.造价最便宜 |

(3)显示牌和立柱应当有足够的强度、有足够的抗风能力。

(4)在没有备用电源的情况下，应备有10min以上的直流供电，以保证停电时仍有供紧急警报使用的直流电源。

4. 设置位置

警报显示牌的设置位置，应当在入口侧接近入口的地方，其位置应保证驾驶员在正确识别显示内容之后，仍能安全地停止在预定的设计位置上。其位置与入口的关系如图 3-6-1 及表 3-6-2 所示。

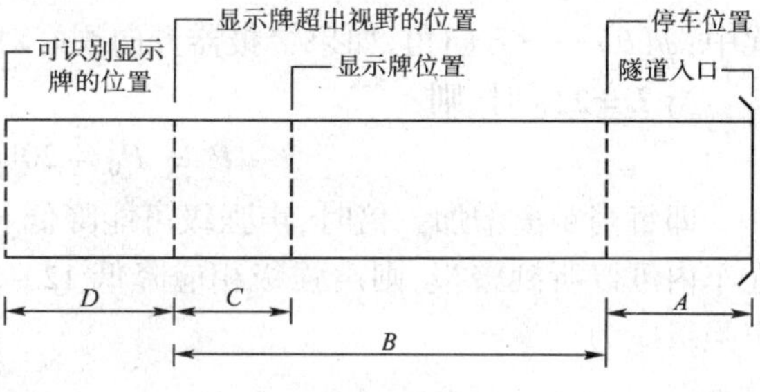

图 3-6-1 显示牌位置

**最小视认距离** 表 3-6-2

| 设计速度 / 项目 | 一般公路 | 高速公路 | |
|---|---|---|---|
| | 60km/h | 80km/h | 100km/h |
| $A$:停车富余距离(m) | 50 | 50 | 50 |
| $B$:停车视距(m) | 72 | 106 | 154 |
| $C$:显示牌超出驾驶员视野距离(m) | 30～40 | | |
| $A+B-C$:显示牌至隧道入口距离(m) | 82～92 | 116～126 | 164～174 |
| $D$:判读所需距离(m) | 50 | 67 | 83 |
| $C-D$:最小视认距离(m) | 80～90 | 97～107 | 113～123 |

驾驶员发现警报牌有显示内容后，立即开始视认，直到看清显示内容所经过的时间称为判读时间，约 2～3s，相应的汽车行驶距离，称为判读距离。完成判读后汽车开始制动，到停车为止所走过的路程相当于停车视距。停车位置至隧道入口应确保有 50m 以上的富余距离，以便给退避车辆留有回旋余地。

另外，在表中所示位置附近若有障碍物或弯道时，警报显示牌应前移到容易看清的位置上。

## 二、闪光灯(警报灯)

在警报显示牌前方一段路上设置红色闪光灯，更能引起驾驶员的注意，驾驶员在尚未看到警报显示牌之前，就能知道前方有事，引起警觉。这种闪光灯可以在警报显示牌前方 80～

123m 处设置 1 个。如有障碍物或弯道，可以在前方容易看清的位置上增设 1 个。这里要保证能提前 150m 看清最前方的 1 个闪光灯。在构造上，要求与警报显示牌一样，在全天候条件下能正常工作，在阳光充沛的条件下 150m 以外能容易看清，并具有防尘和耐湿性能等。

### 三、声信号发生器

声信号发生器是指电子警报器或电动警报器，用作把已经发生的事故以声响方式告知运行中的汽车驾驶员。由试验知道，行驶中的汽车噪声关窗时最大为 80 方（"方"即 phon，响度级）左右，而外部噪声经过车窗的遮挡会减弱 25 分贝（"分贝"即 dB，声压级）。在自由声场平面声波中声压级和响度级在数值上是一致的，所以警报器声音强度必须保证透过车窗后，其响度仍大于 80 方以上。另一方面，如果距警报器 $L_0 = 20\text{m}$ 处的声强为 $P_0$，距警报器 $L$(m)处的声强 $P$ 为：

$$P = P_0 - 20\lg\frac{L}{20} - \psi(\theta) \tag{3-6-1}$$

式中：$\psi(\theta)$——方向角，如果警报器方向刚好对正道路轴线时，则可忽略不计。

当 $L = 2L_0$ 时，则：

$$P = P_0 - 20\lg 2 - P_0 - 6\text{dB}$$

即每当距离增加一倍时，声强级可能降低 6dB。如按上述闪光灯要求，必须提前 80～123m 在车内可以听到警报，则声强级相应降低 12～15.8dB。若考虑透过车窗仍有 85dB，则警报器声强级应为

$$P_{警} = 80 + 25 + (12 \sim 15.80) = 117 \sim 120.8\text{dB}$$

这个声强在 80～123m 处的车内勉强可以听见，但在 $L_0 = 20\text{m}$ 处的车内已相当吵闹，而在车外则达到难以忍受的程度。假如在洞口附近有居民区，这将给居民造成不快，所以鸣放时间应受到限制，设计上必须保证把鸣放时间限定在 1～3min 后能自行停止。

### 四、操作控制部分

操作控制部分的功用是，在收到按钮式通报装置或接受控制机的操作指令后，能使警报显示牌、闪光灯和声信号发生器等立即工作。如有需要也可制成短暂延时（数秒）方式，以便使管理所有进行判断的时间。另外该系统还应具有在设置场所能进行手动操作的功能。系统内使用不间断电源，保证在停电时也能工作。

## 第七节　中央控制管理系统

随着隧道长度的不断增加和隧道建设环境的复杂化，重要隧道的中央控制管理系统也愈来愈复杂。隧道的控制系统由隧道内设施（外场设备）、中央控制室和通信线缆组成。本节简要介绍隧道中央控制管理系统的功能与控制方式、控制室设施、中央控制室软件等。

1. 系统功能与控制方式

(1)隧道中央控制管理系统的功能

隧道中央控制管理系统通过监测和收集隧道内外的交通、环境、机电设施工作状态和其他信息，综合分析处理后向隧道内设备和人员发出控制指令，向交警、消防、医疗等部门通报情

况。因而,中央控制管理系统应具备以下功能:

①能够接受各类设施传来的各种信息,包括数据信息、视频信息和语言信息。

②能够对各类设施传来的各种信息进行综合处理,并能协调各类设施的控制。

③能够以自动或手动方式执行预置在计算机内控制方案。

④能够灵活地以数据、图形、图像等方式显示隧道内外的交通情况及设备的运转情况。

⑤能够自动地完成数据备份、文档存储。

⑥能够方便地进行数据查询、统计和形成报表。

⑦能够定时检测各设备的运行状态。

⑧中央控制室计算机网络具有预留接口,借以与其他管理系统进行信息交流。

(2)隧道中央控制管理系统的控制方式

随着隧道长度的不断增加和隧道建设环境的复杂化,重要隧道的中央控制管理系统也越来越复杂。从硬件方面讲,隧道的控制系统由隧道内设施(外场设备)、中央控制室和通信线缆组成,各外场设备经通信线缆与控制室相连。隧道控制系统有两种控制方式,即多极控制方式与集中控制方式。

1)多极控制方式

这种控制方式一般适用于长隧道,监控设备较多,传输信息量较大的情况。将隧道分成若干个区域,每个区域在设备布设较集中的地方配一台区域控制单元,每个区域控制单元均挂在和控制中心相连的总线上,区域内的外场设备监测到的信息先传送给区域控制单元,区域控制单元将各种检测器信号预处理后再传送到中央控制室,中央控制室计算机将收集到的经过预处理的数据进行进一步分析处理,形成所需信息,然后向区域控制单元发出各种控制命令,来驱动各控制设备。

该方式的优点是提高通信传输效率,节省通信费用;对中央控制室计算机及通信系统的可靠性要求不是很高,在中央控制室计算机或通信系统故障时,区域控制单元可继续工作,各区域内的设备可在区域控制单元的控制和管理下继续工作,保证小系统范围内正常发挥作用。

2)集中控制方式

这种方式通过外场终端设备实时、直接地向控制室传送数据,由中央控制室计算机集中分析、处理收集到的数据,然后由计算机直接向隧道内的控制设备发送命令。

这种控制方式的优点是中央控制室的工作人员能随时了解现场的实时情况,缺点是对中央控制室计算机的功能要求较高,对通信系统的可靠性要求也很高,中央控制室计算机或通信控制器、通信线路故障时会造成整个系统的瘫痪,可靠性较差,另外中心控制计算机处理的信息量也较大。此种控制方式一般适用于短隧道,因为短隧道所需控制设备少,传输信息量不大,将每个控制设备直接和控制室设备相连,费用也不是很大。

公路隧道监控的控制方式选择要根据具体的隧道及外场终端设备的位置、数量多少、交通量大小、需传输的信息量等诸因素综合考虑。对于距离长、隧道群等隧道的控制方式,一般推荐“区域集中、预先处理、中心决策”的多级控制方式。

2. 中央控制室设施

中央控制室是隧道管理与控制的中枢,其内通常需要配备计算机、控制、显示及通信设备,包括计算机及其外设、通信控制器、综合控制台、电视监视器、地图板或大屏幕投影等。

(1)计算机设备

中央控制室的计算机可以是一种带有一整套外围设备和显示设备的大型数据处理系统,

也可以是由若干计算机、网络设备组成的计算机网络。计算机网络是最常用的一种。它由一台网络服务器和若干台联网监控计算机构成。联网的监控计算机通常包括交通控制及监视计算机、通风及照明控制计算机、紧急呼叫控制计算机、火灾报警及消防控制计算机、管理计算机。这些监控计算机的数量与规模由隧道内外各种设施的规模决定。

作为计算机网络的核心,网络服务器应具有以下基本功能:

①计算机局域网管理功能,维持整个局域网的正常运行,管理网络资源、网络操作和网络通信,实现系统资源共享,提供网络测试和故障报警功能等。

②数据库生成、编辑和管理功能,为整个控制系统的交通数据信息、环境检测信息、图像信息、实时的和历史的控制数据和状态数据信息、计算机系统的运行和管理信息等提供生成、存储、处理和管理功能,建立相应的各种专用数据库。

③日常数据管理,对采集到的原始数据和计算得出的参数,进行分类存储并完成相应统计的工作;自动做出各日报表、周报表、月报表、季报表和年报表等;并能按照管理的要求,做出不同形式的用于不同要求的统计报表。

④网络安全功能,应具有分级保密功能,不同级别的管理人员掌握不同的口令,依此口令进入不同的系统,应具有完全措施,决不能因系统本身故障而使公路隧道交通运转异常,提供全面的抗病毒模块,把因病毒可能造成的影响降至最低。

各联网计算机的功能如下:

1)交通控制及监视计算机

交通控制及监视计算机的功能是采集和处理隧道交通基本信息、交通监控信息,向可变信息标志、可变限速标志、中央控制室显示设备输出信息,向交通控制设施发出控制信息。

交通控制及监视计算机的输入信息包括:①交通参数(车辆数、车速),应包括隧道口及隧道内的参数;②交通控制及诱导设施的反馈信号;③交通检测、交通控制及诱导设施工作状态(正常、故障)。

交通控制及监视计算机的输出信息包括:①交通控制及诱导设施的显示控制信号,包括交通信号灯、车道指示器、可变信息标志和可变限速标志显示控制信号灯状态;②向显示设施输出的信息,包括交通参数和交通控制及诱导设施的状态信息。

2)通风及照明控制计算机

通风及照明控制计算机的功能是采集和处理隧道内外环境信息和通风照明的运转状态信息,向通风照明区域控制单元发送控制信息,并向中央控制室提供显示信息。

通风及照明控制计算机的输入信息包括:①隧道内环境参数,包括一氧化碳浓度、能见度、风速、风向、光亮度等级(包括隧道口及隧道口内);②各种检测器的状态信息等。

通风及照明控制计算机的输出信息包括:①通风及照明控制设施的控制信息,包括风机的启停信号、照明控制信号;②向显示设施输出的信息,包括一氧化碳浓度、能见度、风速、风向以及亮度等级。

3)紧急呼叫控制计算机

紧急呼叫控制计算机的功能是采集紧急电话和有线广播的状态信息,向有线广播设施发布信息,并向中央控制室提供相应显示信息。

紧急呼叫控制计算机的输入信息包括:①紧急电话呼叫时间、地点和次数等;②紧急电话的状态信息(正常、故障);紧急呼叫控制计算机向显示输出设施输出紧急电话的状态信息,包括呼叫时间、地点和次数等。

4)火灾报警及消防控制计算机

火灾报警及消防控制计算机的功能是采集和处理火灾报警设施的状态信息及其提供的数据信息,向报警和消防设施发出控制信息,并向中央控制室提供相应显示信息。

火灾报警及消防控制计算机输入信息包括火灾报警信号和火灾报警及消防设施的状态信息;输出信息包括:①向电视监视设施控制器输出信息,使闭路电视控制器自动对事故、火灾地点摄像机画面进行录像;②向显示输出设施输出火灾报警信息,包括报警时间和地点等。

5)管理计算机

管理计算机除完成网络管理和系统的日常维护工作外,还应记录隧道运营管理中的特殊事件,如交通事故、火灾事故原因及处理意见等。

根据历史和现时的交通参数和交通流等级,并结合 CO/VI 检测,采用经实践证明的合理算法,提出控制方案,对交通进行控制、引导决策,如情报板显示等,供管理人员参考和选择。

为确保数据安全,防止对数据的非法访问,要求设立分级数据安全体制,采用数据加密、访问口令、对不同的管理人员开放不同的数据范围和操作许可的方法,保证数据的安全可靠。

负责对各接口设备的工作状态监测、测试和管理,定时或在人工命令下启动接口设备自检,并将测试结果报告管理人员,在异常状态时发出报警。

(2)信息显示设备

信息显示设备一般包括监视器、地图板或大屏幕投影等。

1)监视器

中央监控室应配置高质量监视器。监视器应和摄像机配套使用。如果监测点不多,可采用一对一方法,如果监视点很多,监视器可少于摄像机,采用顺序切换轮流监视或画面分割的方法,可一台监视器显示多个图像。监视器的尺寸跟值班操作员的监视距离有关,可按照表3-7-1选择。

**9~21in 监视器的最佳监视距离** 表 3-7-1

| 显像管尺寸(in) | 距监视器的最小距离(m) | 距监视器的最大距离(m) |
|---|---|---|
| 9 | 0.7 | 2.3 |
| 12 | 0.9 | 3.0 |
| 15 | 1.0 | 3.3 |
| 19 | 1.2 | 4.3 |
| 21 | 1.3 | 4.6 |

2)地图板

地图板由显示面板和驱动器两部分组成。

显示板一般按隧道情况由马赛克镶嵌拼制成长方形或弧形,位于中央控制室一面墙前,高度一般约 1.5~2.5m,底边距地面约 60cm 左右,显示板和墙间距应留有一定距离(约 1m 左右),以便维修。板面应比例适当、协调、美观,整体色彩配置应使视觉不易疲劳。

各种设备以图形方式标示在隧道内安装位置上。图形和字符应清晰,其大小应能保证操作员在 2.5~3.5m 处清楚辨认;日期、时间、天气情报可采用数码管、机械翻转等简单的方式显示,置于显示板面某一角上;电视监视器分别置于地图板的上下方或左右方相应位置分别显示两个单向行驶的隧道,对双向行驶的隧道可只设一组。

地图板显示内容分为静态显示和动态显示两部分。静态显示整个隧道的图形(包括紧急停车带、人和车避难通道,洞口交叉道路等)及各种设备的位置;动态显示的具体做法是根据需要在地图板的背面安装有小灯泡和二极管,可以按指令在静态图形中的一些地点显示出某些彩色光亮,形成动态图形,同时还可以配以文字。它能显示隧道内交通状况、监控状况及设备工作状态。动态显示内容及状态包括:

①交通状况显示:在交通量较大的隧道可用绿、黄、红三种色带表示交通正常、拥挤、阻塞状况。

②火灾报警信号显示:红闪。

③一氧化碳浓度显示:以三位数字显示某一检测点的一氧化碳浓度值,单位为 ppm。

④能见度值显示:以两位数字显示检测点的能见度值,单位为 m。

⑤风速、风向值显示:用两位数字表示风速值,单位为 m/s。

⑥光强检测显示:以两位数字显示照明亮度,单位为 $cd/m^2$。

⑦交通参数显示如下:

a.交通量:以三位数字显示每一隧道内每车道车辆数,每采样周期更新一次,单位为辆/min;

b.车速:以三位数字显示每车道车辆的平均速度,单位为 km/h;

c.占有率:以两位数字显示隧道内每一车道的占有率(%);

d.车流方向:用箭头显示车辆是正向还是逆向行驶。

⑧紧急电话显示:灯亮表示此处紧急电话正处于通话状态。

⑨交通信号显示如下:

a.交通信号灯:闪灯表示提醒驾驶员即将进入隧道、绿灯表示通行,红灯表示全隧道关闭。

b.车道指示器:用×(红)、+(绿)表示。

⑩隧道口限速标志:采用两位数字表示其限速值。

⑪设备工作状态显示:不需特殊显示方式的设备,工作时发固定光或不发光,设备故障时灯光闪烁。

3)驱动器

地图板驱动器应以微处理器为核心,有输入接口,与交通监控及监视计算机、通风及照明控制计算机、紧急呼叫控制计算机、火灾报警及消防控制计算机、管理计算机相连接。

地图板显示直观,但存在显示信息有限、不易增加新的需要、工作界面太多等缺点。

(3)大屏幕投影系统

大屏幕投影系统为动态信息综合显示装置,由投影控制计算机、高分辨率投影机、投影屏幕等组成。投影控制计算机接收数据、图像、语音和信息输入,配备专用软件,编辑显示屏上所有的动态图文和大型投影屏幕的全部图文。要求计算机具有高性能、高运算速度的 CPU、大容量内存和高速缓存,有大显示内存和同步图形系统,有的系统还配有 CAD 工作站和视频打印机等。

大屏幕投影系统的特点是动态性强,可以灵活地动态显示大量的图形、数据、文字、表格、运行的状况,直至任何一个放大的局部。

大型屏幕由小屏幕拼装而成,表面光滑平整,屏幕安装在金属架上。投影系统分前投式和后投式两种,前投式投影器安装在屏幕的上前方,以一定的俯角投射;后投式安装在屏幕的正后方。投影方式有两种:多台投影器同时投射,组成一幅大画面,投射角小,画面中心和边缘的清晰度、亮度相差不大,视感好;另一种是一台投射机投射一幅大屏幕,画面中心和边缘清晰度、亮度相差较大。若需显示较大的板面(边长超过 3~4m)就应增加投影机,在软件上还要采用拼接技术。

投影器有阴极射线和液晶两种型号，选型时应提出明确的技术指标：

①分辨率：不低于1280×1024线；

②镜头：中心光学分辨率为2000线，周边为1600线；

③亮度：962 lx输出（10%白峰值）和650 lx输出（20%白峰值），可增选对比度调节器；

④显示：三镜头，如对色彩的协调有要求，可增加色温自动调节系统；

⑤回扫时间：垂直小于300ms，水平小于2.5ms；

⑥控制方式：键盘、鼠标和遥控器均可控制。

3．中央控制室软件

中央控制室设备将要完成的功能都是由中央软件系统来实现的，所有的监控系统软件可以分为系统软件和应用软件两大类。

（1）系统软件

系统软件是支持计算机正常运行的通用软件，由计算机制造商或软件制造商提供，如操作系统、数据库软件等。

1）操作系统

应选用经过认证、标准成熟、功能完善的实时多任务平台操作系统，例如：OS/2、UNIX、OPEN VMS以及windows NT等，根据各个不同管理职能的功能和操作要求选择相应的底层软件。

所有被选择的操作系统都应易于管理和移植，其软件核心可以不被汉化，但所有人机交互界面需全部汉化并附加图标注解，要求美观、简洁、易操作，颜色配比及背景可调，避免监控各级操作人员产生眩目和疲劳感。

Microsoft公司推出的Windows系列操作系统是具有图形界面的多任务、多进程的操作系统系列平台。目前PC机上使用的Windows操作系统已经历了从16位到32位的转变，即从Windows 3.x到windows 95、windows 98及windows NT。随着网络技术的发展，Microsoft公司力推其Windows NT Server服务器操作系统，作为网络的支持平台。

MS windows NT Server是创建在一个完全的32位微机基础上的，真正多线程、多任务的图形界面操作系统，它不仅提供了高性能的文件与打印服务功能，还提供了支持Client/Server应用的强大的基础结构。实践证明，MS windows系列操作系统在公路隧道管理与控制中的开发建设中是相当成功的。

2）网络管理软件

系统整体网络管理软件要求：

①支持多种操作系统或其他的开放性网络平台；

②向系统每个部分提供定时或在线备份及存取；

③支持桌面微机和服务器硬件设备；

④支持不间断电源；

⑤监控网络运行及文档信息处理情况；

⑥友好的中文人机交互图形界面，易于操作和理解；

⑦网络各类工具齐全，便于对整体网络系统的协调和管理。

3）通讯软件

通讯软件要求：

①运行于常用的、成熟的网络和计算机硬件;

②允许用户使用其他常用桌面软件;

③支持远程用户;

④易于修改其应用模块以满足不同的要求;

⑤对用户无编程经验要求;

⑥在常用操作系统上保持同一汉化图形界面;

⑦内设安全检查功能,防止数据被盗用、篡改。

4)数据库管理系统

系统分析员根据系统的网络结构、功能要求、数据处理规模等选择适当的数据库管理系统。数据库管理系统可选用 SQL Server、SysBase、Oracle 等。目前流行的操作系统平台均有自己的 DBMS,如 windows NT 的 SQL Server、UNIX 的 Oracle、Novell 的 NLM 等。但从前面对操作系统的分析来看,在 windows NT 平台下,SQL Server 可作为隧道控制系统的 DBMS,当然,也可根据实际情况在 windows NT 平台上选用其他的 DBMS,而利用 Windows NT 强大的兼容性和可集成性弥补 DBMS 与操作系统的不一致。

5)开发平台

Window NT 操作系统支持的软件开发工具很多,广泛使用的有 C、C + + 、MS visual C + + 、Power Builder、Visual Basic、Delphi、Java 等。我们可以根据隧道监控与管理系统运行的具体环境选择适当的开发工具。

在 Window NT Server 平台下,为了保证一致性和可靠性,建议采用全套的微软系统软件。由于系统各级的功能、规模、设备配置不同,如果仅选用一种工具,那么仅有 MS Visual C + + 能全部实现对工控系统、数据库系统、网络管理系统的开发,而其他工具都因用途单一,无法控制底层而难于使用。但用 MS Visual C + + 编写程序工作量大,开发周期长,难于维护,对业主需求变化的适应性较差,所以从工程软件要求的开发周期短可靠性高、容易维护的角度考虑,充分利用现有软件开发工具的优点是必要的,也是软件界一贯的做法。

(2)应用软件

应用软件是专为隧道监控系统研制的专用软件,一般是由研制隧道监控软件的单位提供,借助于该软件可以完成特定的监控功能,如交通数据采集及处理等。中央控制室应用软件的各主要功能模块如下:

1)信息采集模块

系统应能接收隧道检测器送来的数据(交通量、速度、一氧化碳浓度值、能见度值、光强值等)以及电视监视系统、彩色图形显示器、火灾报警装置、紧急电话系统等传来的信息,通过用户接口将事故情报输入计算机。事故输入可分为如下几类:

①重大灾害性事件:如火灾、塌方、人员伤亡的交通事故;

②一般事件:一般交通事故、交通阻滞等;

③日常事件:道路维修、设备维护等。

2)数据处理模块

系统的数据处理软件应具有下列功能:

①执行火灾报警信号的数据处理(信息由中央控制室火灾报警计算机输入);

②执行一氧化碳、能见度、风速检测数据的处理,并进行检测数据的越限报警;

③执行光强检测数据的处理;

④执行车辆检测器检测信号的处理；

⑤执行超高报警信号的数据处理。

在交通量较大的隧道(每车道最大小时交通量达 1500 ~ 1800 辆，或在 800 ~ 1000 辆时，接近饱和易发生阻塞或事故)，应采用密布车辆检测器的方法，通过软件自动判别交通异常。系统判为事故时，系统可通过用户接口通知值班操作人员确认后加以处理。在模块设计时应满足报出率、误报率和平均测算时间等指标要求。

3)控制方案执行模块

系统应有自动控制和人工干预控制两种方式。正常情况下，系统处于自动控制状态。在紧急情况下，中央控制室计算机可一方面向值班操作人员报警，一方面迅速中断正常程序，进入紧急处理程序，准备好相应的控制指令，待值班操作人员综合电视监视信息、紧急电话信息、巡逻车等报警信息确认后执行，从而完成实时控制。在多级控制系统中，中央控制室计算机首先向区域控制器发布命令，使其执行预先储存在机内的有关控制方案，来完成有关控制。在此要特别指出，控制方案应是综合方案。每一个控制方案不应是单一的一个子系统的动作，应全面考虑隧道内交通、火警、环境监测值等各种情况后形成的几个子系统的联合协调动作。即通讯、照明、交通信号灯等几个子系统同时根据现场情况一起做出反应动作，以保证最佳效果。

4)信息显示模块

设在中心控制室的地图板、电视监视器、投影仪和彩色图形显示器应能显示隧道内外交通运行情况、交通事故、火灾现场等各种监控信息、图表及设备的工作状态，进行图像监视。

5)统计查询和报表生成模块

系统应能进行统计、查询，并能打印出所需各类报表和资料，报表应以中文制成。制成的报表应包括：

①交通流信息报表应能打印 15min、1h 交通量、车速、占有率、车行方向及其日期；

②通风控制方案及操作方式报表，一氧化碳、能见度、风速曲线等；

③各种事故、事件、火灾信息报表；

④操作命令；

⑤设备工作状态。

6)数据档案储存模块

中央控制室计算机软件应能完成系统每日的备份及重要文件的存档(使用硬盘、光盘或数据流带)，并带有时间记录，以便在需要时可以复制每日的数据或调出历史数据进行各种分析工作。

每一事故事件的详细情况，如时间、地点、气象条件、事故类型、持续时间、值班人员姓名均应记录在案，所采取的措施、处理方法也应同时输入计算机。

7)设备监测模块

中心管理系统应能不间断地定时检测系统内各设备的工作状态(包括中心设备以及外场各终端设备)，发现非正常运行时，设备监测程序就能通过用户接口向操作员发出信息。常见故障和异常有非正常数据(所传数据大大偏离正常值)、执行单元不显示、无确认信号、通信故障(三次发布命令不通)等等。

8)联网运行

隧道中央控制室计算机可根据需要增加联网功能以加强和路段其他管理系统的数据交换，共享资源。

## 思考与练习

1. 公路隧道常用检测器如何分类?
2. 常用交通检测器有哪些? 如何安装? 有何特点?
3. 简述隧道交通电视监视系统的组成,组合方式。
4. 简述隧道交通信号系统的特点,要求和设置方法。
5. 简述隧道通风控制的方法及其特点和适用条件。
6. 简述隧道照明控制的方法及其特点和适用条件。
7. 紧急警报装置有哪些种类?
8. 隧道中央控制室需要配置哪些硬件和软件设施,各有什么作用?

# 第四章　隧道防火设施

## 第一节　概　　述

隧道内，尤其是高等级公路上的长大隧道内一旦发生火灾，若不能及时发现、及时扑灭，火势会很快蔓延，并祸及来不及疏散的邻近车辆；燃烧产生的热浪和排放的大量有毒有害气体会使隧道内环境急剧恶化，导致隧道内司乘和工作人员窒息、灼伤、中毒甚至死亡，使隧道外消防和营救人员无法组织有效的灭火和营救工作。因此，隧道内火灾常常以造成大量的人员伤亡和严重的财产损失为结局。表4-1-1列举的是1949～2002年世界上发生的重大隧道火灾的人员伤亡和车辆毁坏情况。

**公路隧道中重大火灾造成的伤亡和车辆毁坏统计表**　　表4-1-1

| 序号 | 年份 | 隧道名称 | 事故原因 | 人员伤亡 | 车辆损害 |
|---|---|---|---|---|---|
| 1 | 1949 | 美国，纽约，霍兰隧道<br>（$L=2.6$km） | 货车燃烧<br>（硫酸氢碳） | 66人中毒 | 10辆货车<br>13辆轿车 |
| 2 | 1968 | 联邦德国，汉堡至莫尔弗莱特公路上的隧道<br>（$L=0.234$km） | 货车燃烧 | 无 | 1辆货车，拖车 |
| 3 | 1975 | 西班牙，马德里附近瓜达拉马隧道<br>（$L=3.345$km） | 货车燃烧 | 无 | 1辆货车 |
| 4 | 1978 | 荷兰，维尔森隧道<br>（$L=0.678$km） | 撞车 | 5人死亡<br>5人受伤 | 2辆货车<br>4辆轿车 |
| 5 | 1979 | 日本，某公路隧道<br>（$L=2.045$km） | 撞车 | 7人死亡<br>2人受伤 | 189辆<br>（包括102辆货车） |
| 6 | 1982 | 美国，加州，奥克兰卡德科特隧道<br>（$L=1.028$km） | 油罐车撞车<br>（33000L燃油燃烧） | 7人死亡<br>2人受伤 | 2辆货车<br>1辆大客车<br>4辆轿车 |
| 7 | 1984 | 瑞士，圣哥达隧道<br>（$L=12.32$km） | 货车燃烧<br>（塑料卷材） | 无 | 1辆货车 |
| 8 | 1984 | 奥地利，陶恩隧道<br>（$L=5.13$km） | 公共汽车着火 | 不详 | 1辆客车 |
| 9 | 1999 | 奥地利，托恩隧道<br>（$L=6.4$km） | 撞车 | 13人死亡 | 34辆汽车 |
| 10 | 1999 | 法国与意大利勃朗峰隧道<br>（$L=11.6$km） | 汽车自燃<br>（装载黄油） | 41人死亡 | 43辆汽车 |
| 11 | 2001 | 瑞士，圣哥达隧道<br>（$L=6.4$km） | 撞车 | 11人死亡 | 不详 |
| 12 | 2002 | 中国，浙江猫狸岭隧道<br>（$L=3.59$km） | 货车燃烧<br>（皮鞋、打火机等） | 无 | 1辆货车 |

不仅如此，隧道火灾还会造成隧道设施的严重毁坏，引起短则数小时，长则数十小时甚至更长时间的道路交通中断，造成无法估计的经济损失，此即隧道火灾的危害性。据国外统计，隧道火灾发生的频率为10～17次/亿车·千米，平均为13.5次/亿车·千米。国内某水下隧道的火灾发生率为1～2次/年。近年来，我国特长公路隧道大量出现，因此，搞好隧道防火具有十分重要的意义。

隧道防火应该做好三个方面的工作：

一是宣传教育工作。目的在于使每一位司乘人员和隧道管理人员知道隧道火灾的危害性，树立牢固的防火意识并掌握必要的防火知识。

二是建立严格的隧道交通管理制度并监督执行。由表4-1-1可见，火灾大多数都是由于运载的易燃或可燃物燃烧所致，可燃物燃烧又多是由于撞车引起。因此，许多国家对通过高等级公路上的重要隧道的车辆和运载的货物有严格规定：如不允许载有易燃易爆物品的车辆进入或在交通高峰期进入隧道；不允许不符合消防要求的车辆进入隧道。另外，为保证隧道内交通秩序，防止堵车和撞车还制定有专门的隧道交通规则。所有在隧道内运行的车辆车况如何，运载货物是否易燃、易爆和危险品，以及是否有违章都在交通监控系统（见第三章）的监视之中。

三是完善隧道防火设施。这是隧道防火的最后一关，也是很重要的一项工作。其目的是要把已发生的火情消灭在萌芽或发展的初期，把灾害损失降低到最小。这也是本章所要讨论的内容。

## 第二节　隧道防火设施的组成和功用

完善的防火设施由报警设施、紧急警报设施、消防设施和其他设施等四大部分组成。其中其他设施包括排烟设施、避难设施、紧急停车带、导向设施、I·T·V（电视监控系统）、紧急照明设施和紧急电源设施等。各种设施在隧道防火中既有明确分工，又有相互配合。

### 一、报警设施

报警设施是按一定间隔安设在隧道内，为隧道中心控制室提供火警或事故信号的一种信号装置，是火灾现场与外界联络的最快通道。因此，它的可靠性和反应速度直接影响到灭火、疏散和救援工作的进行，影响到防火的效果。

隧道报警设施有三种：

1. 手动报警器

手动报警器是一种开关式报警装置。报警者需要报警时，按下开关，报警信号就会传递给中心控制室。

2. 自动报警器

自动报警器是一种自动报警装置。当火灾发生时，安装在现场的火灾探测器采集到火情信号并传输给中心控制室。

3. 紧急电话

紧急电话是一种报警专用电话。报警者拿起话筒便可直接向中心控制室报告火灾地点和灾情。

### 二、紧急警报设施

当隧道内发现火灾或事故后，为了避免车辆继续进入，造成交通混乱，影响疏散、救援和灭火工作，更为了避免灾害的进一步扩展，应立即将火灾通知给隧道外的车辆，并阻止其进入隧道。紧急警报设施是安设在隧道的入口，通知车辆因隧道内发生事故而不能进入隧道的一种装置。紧急警报设施常用的有下列三种，警报显示板、闪光灯和警报灯、音响信号发生器。它们可直接由火灾现场控制，也可由中心控制室控制。

1. 警报显示板

警报显示板安装在隧道入口附近，平时可显示各种信号，事故发生时可通知后续车辆停止进洞，有光电式、屏幕式等。

2. 闪光灯、警报灯

闪光灯、警报灯安装在警报显示板附近，异常情况时，闪烁红色光芒，向驾驶员报警，提请驾驶员注意看警报显示板。

3. 音响信号发生器

隧道内发生异常时，音响信号发生器便发出警笛等音响信号，唤起驾驶员的注意。

以上三种紧急警报设施在一些重要隧道并用，组成完善的警报系统。一般的隧道可视具体情况，采用其中的一种或两种。

## 三、消防设施

消防设施是在隧道内发生火灾时，用于灭火或控制火势的设施。隧道内消防设施有：

1. 灭火器

灭火器是小型的消防器具，用于小规模的初期火灾的灭火。

2. 消火栓

消火栓是主要的灭火设备，一般配有供消防而使用的橡胶软管。

3. 给水栓

给水栓是隧道管理人员和消防队员专用的灭火设施，其放水量比隧道内消火栓大，设置在装有消火栓隧道的紧急停车带及洞口附近。

4. 喷水雾设施

喷水雾设施是由雨淋阀、喷嘴、管网等组成的自动喷雾灭火装置，它可在火灾区域内喷出高压水雾，用于控制火势，防止火灾的蔓延。

以上四种消防设施，在一般隧道中只设置前两种，在一些高等级公路上的长大隧道中，则四种同时设置。

## 四、其他设施

这是在隧道火灾或事故状态下，为隧道内车辆和人员（包括司乘、工作和消防救援人员）提供安全保障的一些设施，其中包括：

1. 排烟设施

排烟设施是改善火灾状态下隧道内环境的一种设施。在有通风设备的隧道中，一般通过改变通风方式，改变风机运转状态（改变风向和风量）等途径来达到排烟和稀释有害气体的目的。所以，排烟设施实际上是在隧道正常通风设施的基础上增加的专门应对火灾的一些通风辅助设施。

2. 避难设施

避难设施是为灾害现场人员设置的避难场所和转移通道，包括上、下行隧道分设情况下的联络通道、隧道施工中的辅助坑道以及排水隧洞等。

3. 紧急停车带

紧急停车带是在灾害情况下使用的停车场所。

4. 导向设施

导向设施是在灾害状态下指引车辆和人员避难和疏散的一种装置。它有两种:一种是指示避难和疏散场所的导向标志;另一种是广播设施(有线广播和无线广播)。

5. I·T·V

I·T·V 的作用是:在灾害状态下,监视隧道内喷雾灭火和避难导向等设施的工作状况,在平时监视隧道内交通状况。

6. 紧急照明设施

紧急照明设施是防止隧道内停电时发生危险而设置的能够保证最低亮度的照明灯具和电源。

7. 紧急电源设施

紧急电源设施是防止火灾等紧急情况发生时,断电或出现电源故障的备用电源,通常包括自备发电机和 UPS 不间断电源,它能确保隧道内的安全设施在任何状态下正常工作。

## 第三节 隧道内防火设施的设置

### 一、隧道防火设施的选择

在隧道内设置完备的防火系统,虽能取得较好的防火效果,但同时会增加大量的投资。所以,选择防火设施应该把握经济、安全两个原则。

我国《公路隧道交通工程设计规范》(JTG/T D71—2004)根据公路等级、隧道长度和交通量等因素将公路隧道划分为 A、B、C、D 四个等级,并对不同等级公路隧道内的防火、报警和消防实施的配置做了规定(如表 3-1-1、表 3-1-2 和表 3-1-3 所示)。

从表中可以看出,隧道的交通工程分级越高,消防设施的配置要求也越高,如高速公路 A 级隧道,要求必须配置紧急电话、有线广播、火灾探测器、手动报警按钮、灭火器、消火栓、固定式水成膜泡沫灭火装置等各种消防设施,而二级公路 D 级隧道对所有消防设施都不做要求。

### 二、隧道防火设施的设置

各种防火设施在隧道内设置的位置和间距见表 4-3-1。

隧道防火设施设置的位置和间距 表 4-3-1

| 设施种类 | | 设置位置 | 设置间距 | 设置高度 |
|---|---|---|---|---|
| 报警设施 | 手动报警器[注:1] | 侧墙单侧 | 50m | 检修道面上或者车道面上 1.5m |
| | 自动报警器 | 原则上安装在侧墙单侧 | | |
| | 紧急电话[注:2] | 将电话机装入侧墙上设置的电话箱内 | 200m | 检修道上 1.5m |

续上表

| 设施种类 | | | 设置位置 | 设置间距 | 设置高度 |
|---|---|---|---|---|---|
| 紧急警报设施 | 警报显示牌 | | 隧道洞口附近、隧道内紧急停车带 | | |
| 消防设施 | 灭火器 | | 以2个灭火器为1组,装入侧墙上设置的储藏箱内,与消火栓放置在一处 | 50m | |
| | 消火栓 | | 侧墙单侧 | 50m | |
| | 给水栓 | | 隧道两洞口附近,隧道内紧急停车带 | | |
| | 喷水雾装置 | | 侧墙单侧 | 4~5m左右 | 车道上面3.7m左右 |
| 其他设施 | 避难设施[注:3] | | | 750m左右 | |
| | 紧急停车带[注:3] | | 原则上在行驶车道侧 | 750m左右 | |
| | 导向设施 | 显示板 | 避难联络通道附近及其中间侧墙 | | 车道面上1.5m |
| | | 有线广播 | 侧墙上方 | 50m左右 | |
| | | 无线广播 | 侧墙两侧的上方 | 隧道全长 | |
| | I·T·V | | 原则上在行驶车道侧(检查员通道上方)顺行行驶车辆方向 | 150~200m | 检查员通道面上2.5m |
| | 紧急照明设施 | | 侧墙上方或者吊顶部位 | | |

注:[1]手动报警器与消火栓、灭火器设置在同一箱内,安装位置不一定是1.5m。

[2]在隧道内,为了隔断噪声,准确地联络,需要在侧墙上开孔口,在孔口处设置电话箱。

[3]在双孔隧道中,避难联络通道和紧急停车带相对设置。

具体的设置要求说明如下:

1. 手动报警器

手动报警器的安装高度,应考虑有紧急情况时,报警者站在地面上能轻易操作,一般取1.2~1.5m。在国外有关消防法规中,报警按钮规定安装在离地面或地基0.8~1.5m的位置。手动报警器应与隧道内其他设施(消火栓、灭火器等)共同设置。从发生紧急情况时使用方便考虑,其设置间距应为50m。此外,设置手动报警器的隧道,一般都要设紧急电话,考虑到在用紧急电话报警的同时,也能启动手动报警器,最好将两者设置在同一处。

2. 火灾探测器

在隧道内,由于受汽车尾气、通风流等影响,火灾探测器多采用感光探测器,它不受隧道热气流影响,能更准确探测火灾,并被用作控制隧道内喷水雾设施。探测器的安装位置要适当,太低感光部位容易被污损,太高则由于火灾时弥漫的烟雾,不易发现火焰,致使探测能力下降。合理的高度是在有检修道的情况下,以检修道面上10m的高度为准;没有检修道时,以在车道面上侧墙上1.1m为准。探测器的安装间距主要考虑灵敏条件。根据目前市场销售的光电转换器件的性能,单侧设置时在一个警戒区域内(国外常以隧道长度50m为一个警戒区)应安装8个探测器。

3. 紧急电话

紧急电话的安装间距是以步行最大距离100m为依据,所以紧急电话的安装距离为200m。为防隧道内噪声,紧急电话要安装在隧道侧墙上,并设电话箱。

4. 紧急警报设施(警报显示板)

警报显示板必须具有充分的可视距离和信息传递能力。以便驾驶员能看清显示字幕并了解隧道内状况，作出适当反应。警报显示板可与闪光灯和声音信号发生装置组合使用。按安装位置警报显示板分为如下两种：

(1)隧道入口可变情报显示板

隧道入口可变显示板的设置位置为：设计车速 80km/h 以上的公路，设置在距洞口 300m 处；60km/h 以下的公路，可设置在距洞口 150m 处，也可设置在洞口。但在上述设置场所附近，由于障碍物或线形关系，视野较差时，则应该设置在条件好的地方。为便于驾驶员看到显示板后，将车停于不妨碍隧道中灭火、避难等活动的位置(靠隧道入口 50m)，设计车速 80km/h 以上的公路，应设在距洞口 220m 处；设计车速 60km/h 以下的公路则设在距洞口 110m 处。此外，在隧道群区且隧道的间距在 300m 以下时，其间不设置可变显示板，而将前方隧道的信息用邻近隧道的可变显示板代为显示。

(2)隧道内可变显示板

隧道内可变显示板，是及时向隧道内的汽车警告异常事态以防止事故扩大的信号设备，最好安装在有紧急停车带的 A 级隧道内。位置设在紧急停车带中，驾驶员容易看到的地方。

5. 灭火器和消火栓

灭火器的设置间距按最大行动距离 25m 确定为 50m。需要设置消火栓时，可与火火器并设在同一场所。另外，灭火器为两个一组，同时供两名消防队员灭火。

6. 给水栓

隧道内，考虑消防车的作业，给水栓的设置场所定在紧急停车带加宽部。隧道外，给水栓设在能确保宽度的隧道两洞口附近。

7. 喷水雾装置

从火灾的影响范围确定喷水雾装置的喷水范围为 20～30m，考虑与其他设施的设置间距相一致，一般以隧道纵向 50m 为一个区段。为了保证区段的分界上发生的火灾也能得到处理，以能在两个区段的范围同时喷水为准。发生汽油火灾时的喷水雾装置的放水量根据实验应为每平方米 6L/min 以上。为使水量对路面均匀洒布，喷头设置间距为 4～5m 左右；为便于维修，喷头应设置在检修道一侧的侧墙上部，设置高度以距离车道面 3.7m 为准。

8. 排烟设施

隧道内发生火灾时，燃烧产生的烟雾会引起事故的扩大，加重受灾，因此，在有通风设施的隧道中，火灾时应尽量利用原来的风机，转换为排烟系统使用(逆转等)。在只有自然通风且又特别长的隧道或在单向行车只在上、下行线的一侧设有风机的隧道中，应设置作为排烟设施的防灾风机(射流风机)。一侧设风机时，防灾风机设在另一侧。

9. 避难设施

(1)上、下行线分设的双孔隧道

双孔隧道的联络通道是理想的避难设施，当发生火灾时，它可用于避难；在平时，又可用于维修管理等。双孔隧道内的避难通道设置间距为 700～800m，其位置应与紧急停车带相对应。

(2)双向行车的双车道隧道(含分期修建时的双向行车)

采用横向或半横向通风方式时，火灾产生的烟雾，可由风机逆转等而达到满意的排烟效果。但是，采用纵向通风方式时，烟雾顺着车道顺风飘移，迎面而来的车辆会被烟雾笼罩。为此，应设置可靠性高的避难通道作为避难设施。但是，修筑避难通道要增大建设费用，因而须从路线的特性、技术设计条件等方面对防灾问题进行综合考虑，在交通量大的 A 级隧道中，须采取多种对策,如修筑专用的避难通道,或采用横向式或半横向式通风方式等。专用避难通道的间距从烟的飘移速度、避难范围或救援活动范围等考虑,以 300～350m 左右为宜。

除上述设施之外,为了确保安全避难还需设置表 4-3-2 所列的附属设施。

附属设施　　表 4-3-2

| 设备名称 | 备注 |
|---|---|
| 信号显示灯 | 内照式显示牌,常明灯 |
| 照明灯 | 安装在避难联络通道,常明灯 |
| 密闭门 | 安装在避难联络通道,阻止烟雾的流通,容易开启 |
| 防撞栏 | 设置在避难联络通道,防止车辆撞入反向隧道 |
| 紧急电话 | 最好安装在避难联络通道 |
| 其他 | 避难时注意事项等的显示 |

10. 紧急停车带

紧急停车带是避免事故车诱发其他事故以及妨碍其他车辆运行的停车场所,设置间距须考虑其功能、使用形式及经济性等。显示牌应用醒目的颜色做成灯箱,发生事故时向人们指示避难、报警、灭火设施的场所、方向。显示牌设置在联络通道附近或其中间的侧墙上,设置高度以距车道面 1.5m 为标准,设置间距由联络通道间距决定。

广播设施有有线扩音广播和无线收音机广播两种。扩音广播的扬声器间距为 50m 左右,安装在侧墙上部。无线广播平常对隧道附近可能接收到无线电信号的车内收音机进行重复播送。灾害时,进行紧急播送,安装在隧道两侧的侧墙上部。

11. 引导设施

引导设施包括导向显示板和广播。导向显示板用以在紧急情况下显示疏散、逃生方向,应配备 UPS 电源。广播设施分有线扩音广播和无线收音机广播两种。扩音广播的扬声器间距为 50m 左右,安装在侧墙上部。无线广播平常对隧道附近可能接收到无线电信号的车内收音机进行重复播送。灾害时,进行紧急播送,安装在隧道两侧的侧墙上部。

12. I·T·V

I·T·V 监控设备的安装间距,须考虑隧道的线形及坡度、可识别画面的大小、镜头的焦距等因素。由于隧道的线形和坡度等地形差异,I·T·V 的视野(能见度)不尽相同,要根据各个隧道的情况预先进行摄像选点,再决定安装位置。但在直线隧道,若考虑煤烟等对视程的限制、I·T·V 附近的死角等问题,应将相机安装间距定为 150～200m,镜头的焦距为 50mm 或 75mm。I·T·V 安装位置,除考虑光学摄像角度外,还要考虑防止因汽车前照灯的眩射光引起的图像失真以及便于维修保养等问题。规定安装在距检修道面 2.5m 的位置,并应顺车辆行驶方向设置。

13. 风道冷却设备

隧道内发生火灾时,利用通风送、排风道进行排烟,在此情况下为防止风机遭受热气流损伤,规定要设置风道冷却设施。风道冷却设施由感温探测器、喷水雾喷头、雨淋阀、配水管以及水泵、储水槽等构成。风道冷却设施的工作过程是,通风道内排气温度达到一定值时,感温探测器便发出信号,喷水雾系统收到信号后自动喷水,使通风道内气流冷却。喷水雾喷头按标准安装在联络风机和隧道的送、排风道上,喷水和排水要求不在车道路面形成障碍。

## 第四节　人工报警系统

人工报警系统有两种:一种是开关式报警系统,另一种是电话报警系统。

## 一、开关式报警系统

开关式报警系统是由报警开关、报警灯与音响装置、应答灯开关、应答灯以及自动记时装置等组成。

1．报警开关

报警开关安装在隧道内，它是一种手动式按钮开关，有手动回位型（闸式）和自动回位型（非闸式）两种。理想的报警开关，按钮应是一种触发装置。即一经触发就进入报警状态，报警者无需用手按着按钮，可以做更为紧急的事情，如取灭火器，打开灭火器进行灭火等。

为避免意外触动按钮造成误报，在按钮开关前面应加设保护板。保护板应用透明聚甲基丙烯酸钾树脂制作，其破坏承受力小于0.8N(牛)，而且构造简单便于更换。保护板是一次性使用，报警一次即行损坏，事故处理完毕后，更换新的。火灾报警和事故报警按钮应加以区别，并分开设置。

2．报警灯与音响装置

报警灯与音响装置安装在中心控制室内，由报警开关控制。报警灯用于显示报警事由（火警或交通肇事）和指示事发地点。报警事由由不同颜色灯罩区分：火警为红色，其他事故则为其他颜色；事发地点用不同的灯来指示，每个报警灯指示一个报警点，因为它由该点的报警开关控制。报警音响装置用于增加值班员对报警信号的感受范围。如在眼睛没能感受到灯光或人在看不到灯光的地方时，耳朵也会听到声音。报警灯和报警音响装置同时产生光和声信号。但是，光和声装置又必须是独立的，这是为了保证当其中一个发生故障时，另一个仍能正常工作，即光和声至少能产生一种。从而增加了报警的可靠性。报警灯的点灯状态，宜采用闪光式。报警时自动闪光，事故处理完后，再熄灭。报警灯工作电压为24V，有不间断电源时也可采用220V。报警音响装置所发出声音应采用短粗的蜂音或电铃声。音响不宜持续太久，一般为1～2min，强度也应适当，以能引起值班员注意并有紧迫感为度，太大会干扰指挥工作。

3．自动记时装置

自动记时装置为一电子钟。这种钟平时正常走时，有火灾报警时自动停走，从而记录下报警时间。自动记时可促使值班员对事故作出迅速的处理安排，因为任何延误都将由他负责。另外，为了有效地监督值班员的工作，有些隧道还安装有自动记录事故处理过程的录像和录音设备，当报警奏效（电子钟停走）后，它便自动起动，记录下值班员对事故处理的全过程或下达的各种指令。为了防止人为改动记录，这些设备必须封闭起来，只有上级主管部门有权开启。

4．应答灯

应答灯是在没有播音设备和警报器（警笛）的情况下，中心控制室值班员用来向报警者表示已经收到报警信息的一种信号灯。应答灯和报警开关安装在一起，它由内照光源和橘黄色透光罩组成。透光罩上可以显示比较简练的文字信息，如“已知道，先用灭火器自救”或“等待援救”等。应答灯宜用闪光式，以引起报警者注意。

## 二、电话报警系统

电话报警系统是一个报警专用的电话系统。它不仅用来报告火警，也可用作通报交通事故或刑事报警，所以这种电话通常叫做应急电话。报警电话机安装在隧道内，用专线和中心控制室相通，使用时无需摇铃、拨号，拿起话筒就可直接和中心控制室通话，报告事故情况、事发地点等救援所需要的各种信息，所以也叫做专用电话。

由于隧道火灾的特殊性，作为火灾报警系统，中心控制室设有和消防机构专线相通的报警电话。这种电话也是一种直接拿起，无需拨“119”号就可和消防机构通话，而且能保证随时畅通的专用电话。为了节省时间，也是为了保证消防机构和火灾现场直接交流信息，在中心控制室，它可和隧道内应急电话连通，当中心控制室接到火警时，值班员开通该通道，消防机构也会同时得到火灾情况的报告。

隧道内的专用电话机和普通电话机不同，除应符合有关技术标准外，应能适应隧道内的恶劣环境，必须耐腐蚀，不受温度和湿度变化的影响。另外，为了保证在隧道内噪声(一般在80dB左右)状态下能够听清，线路中要设增音设施。电话机可采用共电式电话机(又叫矿山电话机)。

电话机旁应有指示灯，指示灯为10~15W荧光灯，装在灯厢内，灯厢上有白底绿色的“应急电话”字样。字应醒目，可视距离不应小于电话机安装间距的二分之一。字的大小要根据最大视距而定。字也可用电话机轮廓图形代替，这样更直接。指示灯的亮度应适当，以能辨清文字或图形为准。太亮会与隧道内背景亮度不协调，也会影响其它信号灯的视觉形象，太暗了则会被照明灯和其它信号灯的光线所淹没。指示灯的安装高度和色彩应与其它信号灯有所区别。

当电话机的指示灯不是上述情况(内照灯)时，为了能指引报警者迅速找到电话机，应在隧道内安装电话机的同侧墙壁上设有指引牌(标志牌)，指引牌间距为25m，安装高度1.5m(与视平线高相同)。指引牌上应标清电话机所在方向和距离。

报警电话机除按前述等间距设置外，在实际中还应考虑下面两个问题：

(1)事故或灾害发生后对救援、疏散等最不利的位置。在这样的位置应该把电话机密度加大，从而缩短报警时间，使事故或灾害得到及时处理。

(2)是否还有其它报警系统。若有其他报警系统，电话系统仅用来通报交通事故，这相对于火警要缓得多，所以间距可适当加大些，若没有其它报警系统，电话系统用作报告火警，其密度应和开关报警系统的按钮式报警器间距相同。这就加大了电话机的安装量，将很不经济。

## 第五节　火灾自动报警系统

火灾自动报警系统是由火灾探测器和火灾自动报警器两大部分组成。

### 一、火灾探测器

#### (一)火灾探测器的种类

燃烧会产生烟雾，引起周围环境温度升高，发出辐射光或可见光。这是燃烧过程中所发生的一些物理现象。伴随着这些物理现象发生，周围的相应物理量会发生变化。火灾探测器就是利用火灾发生时，周围的这些物理量的变化来探测火灾的。

火灾探测器实质上是一种敏感元件，它能够接收到因火灾而引起的某个物理量的微小变化，并把它转换成电信号。根据它所接收的物理量不同，火灾探测器可分为感烟探测器、感温探测器、光辐射探测器和可燃气体探测器等四大类，每一类探测器又根据它所探测的方式或内容的不同分为许多种。分列如下：

(1)感烟探测器
- 离子感烟探测器
- 光电感烟探测器
- 激光感烟探测器
- 管道抽吸式感烟探测器

(2)感温探测器
- 定温式探测器
- 差温式探测器
- 差定温组合式探测器

(3)光辐射探测器
- 红外光辐射探测器
- 紫外光辐射探测器

(4)可燃气体探测器
- 催化型可燃气体探测器
- 半导体可燃气体探测器

在隧道火灾管理中,可燃气体探测器很少使用,将不作介绍。

**(二)隧道中常用的几种火灾探测器的工作原理**

1. 离子感烟探测器

离子感烟探测器是在一个可以进烟的流气式电离室中,安装一片同位素 $A_{\mathrm{m}}^{241}$ 作为放射源。在 $A_{\mathrm{m}}^{241}$ 作用下,电离室中的空气发生电离,产生带电离子。这些带电离子通过一个收集极收集而产生相应的电离电流。当烟雾进入电离室后,由于烟雾中存在的带电离子使电离室的空气电离状态发生变化,这一变化通过电子电路处理,转变成电信号作用于报警器实现报警。

2. 光电感烟探测器

光电感烟探测器是利用燃烧时产生的烟雾能够影响光的传播特性制成的,分遮光型和散射型两种。遮光型探测器的主要部件是一个光源(灯炮或发光二极管)和一个用于接受光源光的光敏元件。遮光源发出的光通过透镜聚成光束,照射到光敏元件上,光敏元件将接收到的光转变成电信号。当光源与光敏元件之间有烟雾存在时,光敏元件接收到的光能就会明显减弱,而产生的信号通过电子电路处理后减弱会更多。它就是利用火灾时这一电信号的变化来控制报警器实现报警的。散射型探测器也是由一个光源和一个光敏元件组成,但是它与前者差别是光源和光敏元件装在一个不允许外部光线进入,而能让烟雾粒子自由进出的多孔的暗箱内,而且在正常时,光敏元件接受不到光源的光信号。当发生火灾时,烟雾粒子进入暗箱,使光发生散射而到达光敏元件,通过光敏元件将光信号转变为电信号,经放大后的电信号用于控制报警电路使报警器报警。

3. 定温式探测器

定温式探测器按敏感原件的特点分定点型和线型(又称分布型)两种。定点型敏感元件安装在一个特定点上,如双金属型和热敏电阻型;而线型敏感元件则安装在一条线上,如热敏电缆。

双金属型探测器是由一个不锈钢圆筒形外壳和固定在外壳内的二块带有一对触头的磷铜合金片构成。两块合金片呈一对尖括弧状安装,两触头在中间相对。正常时两触头脱离,当有火灾时,不锈钢圆筒受热膨胀,由于磷铜片的热胀系数小,因而受拉而逐渐伸直,当达到一定程度时两触头接触,从而接在两触头上的报警控制电路接通,实现报警。

热敏电阻型探测器实质上是一只临界温度热敏电阻。这种电阻当温度上升到某一值(临界值)时,阻值会迅速发生变化。报警是靠它在电路中的阻值的突变来实现的。

热敏电缆探测器是在两根钢丝导线外面罩上一层热敏绝缘材料后拧在一起置于编织电缆的外皮内形成的。当火灾发生后,电缆温度升高,热敏绝缘材料熔化,两钢丝短路从而引起控制电路动作,实现报警。

4. 光辐射探测器

光辐射探测器是利用燃烧过程中的辐射光对光敏元件作用来实现报警的。光辐射探测器根据所采用的光敏元件和所利用的辐射光的不同分为红外光辐射探测器和紫外光辐射探测器两种。红外光辐射探测器采用红外光敏元件接受红外光,紫外光辐射探测器则是采用紫外光敏元件接受紫外光。红外光由于其波长较大,烟粒对其吸收和衰减作用弱，因此,红外光辐射探测器受烟雾的干扰小;燃烧能产生出很强的紫外光,它不同于普通灯光和日光(在有玻璃罩时),所以紫外光辐射探测器不受其他光线的干扰,具有较高的可靠性。

**(三)隧道内火灾探测器的选择**

1. 选择的原则

隧道内火灾探测器的选择原则有两条:一是灵敏度高;二是可靠性高。灵敏度高是指在30s内能探测到$1\times1m^2$规模的汽油火灾,不允许漏报,这就是它的灵敏度指标;可靠性高是指对隧道内车辆排出的烟雾,卷起的尘埃,隧道内凝聚的水汽,车辆的前大灯,急用车的旋转灯以及阳光等应该有很强的分辨性,不能由于这些原因诱发报警,产生误报。

2. 探测器的灵敏度

不同种类的火灾探测器,其灵敏度有各自的表示方式和调整方法。如离子感烟探测器的灵敏度有三个级别,可以用拨动调节环的方法确定探测高、中(正常)、低三种灵敏度级别中的任何一个。光电感烟探测器的灵敏度分为二级,根据使用环境不同,可以选择A级(禁烟场合)和B级(非禁烟场合)中的任何一个。感温探测器的灵敏度分为三个级别:一级用绿色标记,二级用黄色标记,三级用红色标记。此外,还必须注意到探测器指示系统的动作值、动作时间、保护面的工作环境(风速、温度、湿度)等。

3. 各种探测器的适用条件

离子感烟探测器对安装环境的要求是干净卫生,一旦尘土飞扬就会误报。这是由离子感烟探测器的工作原理决定的。所以在尘埃、粉末和水蒸气大量滞留的场所,有腐蚀气体、易燃易爆气体的场所,温度经常高于50℃、相对湿度经常高于95%、风速大于5m/s、安装高度大于12m的场所,正常条件下有烟和水蒸气滞留的场所,有醇、酮、醚类等有机物的场所,均不宜安装离子感烟探测器。大量产生灰尘、蒸汽、油雾和其他污染物的场所,生产或工艺过程产生烟(主要是白烟)的场所,有高频电磁场干扰的场所等不宜安装光电感烟探测器。离子感烟探测器和光电感烟探测器可以广泛用于那些干净卫生场所,如办公楼、仓库、宾馆、商场、博物馆、古庙、会堂、计算机房、广播与通讯机房、配电室等。

感温探测器,在有可能发生阴燃火灾的场所,火灾危险性大、必须实现早期报警的场所,安装高度大于8m的场所等均不宜选用。另外温度经常在0℃以下的场所不宜使用定温探测器,正常情况下温度变化速度较大的场所不宜选用差温式探测器。机械感温探测器和电子感温探测器适用于:有可能发生无烟火灾的场所,汽车库、小会议室及吸烟室、锅炉房与厨房、发电机房等正常情况下有烟和蒸汽的场所,有粉尘和相对湿度经常大于95%的场所等。

有阳光直射、有电焊操作、有大量发出紫外线(如碘钨灯)照明灯的场所均不宜设置光辐射式探测器。

4. 具有不同特点的几种火灾

(1)初期有阴燃阶段,产生大量的烟和少量热、很少或没有火焰辐射的火灾;

(2)发展迅速,产生大量热、烟和火焰辐射的火灾;

(3)发展迅速,有强烈的火焰辐射和少量烟、热的火灾。

5. 火灾探测器的选择

选择探测器应考虑使用环境,探测火灾的特点,各种探测器的灵敏度和适用条件等因素,并把握灵敏与可靠两个原则。在隧道中选择探测器主要要考虑隧道环境和隧道火灾的特殊性,如隧道中烟尘大、潮湿、各种灯光照射等。

## 二、火灾自动报警器

火灾探测器探测到的火灾信号(电信号),通过放大电路放大后进入报警器的自动控制电路,启动报警器实现报警。在这个系统里,自动报警器和手动报警器的结构和功能基本相同。所不同的是自动报警由自动控制装置(电路)控制。为了保证报警的可靠性,自动控制装置应该具备下述主要功能:

(1)控制报警器进行声光火灾报警并自动记时,报警和记时原理同开关报警系统。

(2)控制报警器进行声光故障报警。在自动报警系统中,当某个区域的探测器或电路有故障时,就无法探测到火灾,因此,控制器必须有一个自检机构,对自动报警系统进行自查,若发现故障,通过声、光信号通知管理人员进行检修,这就是故障报警。故障信号用黄色显示,故障报警声应明显区别于火灾报警声。

(3)当有火灾和故障同时存在时,火灾报警优先;当故障报警在先,火灾报警在后时,故障报警自动让位于火灾报警。

(4)报警器内各主要部件或环节的工作状态应有正常监控指示,并能手动检验。

以上这些功能是通过不同的电路来实现的。火灾自动报警器根据安装的部位不同分为区域报警器和集中报警器。

区域报警器连接一个消防区内的所有火灾探测器,对该区域内火灾进行报警。如楼房的某一层,隧道的某一段;集中报警器连接所有的区域报警器,组成为更大的报警系统,集中报警器安装在中心控制室。

当某点发生火灾时,区域报警器和集中报警器同时动作。在隧道内的区域报警器(通常挂在或靠在隧道壁上)能通知附近的人员迅速灭火或躲避;中心控制室的集中报警器则通知值班人员迅速作出灭火和救灾的准备。

为了节省时间,可将集中报警器与自动消防控制装置连接,实现报警与消防系统联动,形成自动报警消防系统。

各种报警器和自动消防控制装置见表4-5-1和表4-5-2。

**各种自动报警器产品系列表** 表4-5-1

<table>
<tr><th colspan="2">种　类</th><th>型　号</th><th>说　明</th><th>备　注</th></tr>
<tr><td rowspan="12">区域报警器</td><td rowspan="6">配四线制</td><td>JB-QB-20-2700/022</td><td>壁挂式20路</td><td>带端子箱,不带备电</td></tr>
<tr><td>JB-QB-30-2700/022</td><td>壁挂式30路</td><td>带端子箱,不带备电</td></tr>
<tr><td>JB-AQ-40-2700/022</td><td>壁挂式40路</td><td>带端子箱,不带备电</td></tr>
<tr><td>JB-QB-50-2700/022</td><td>壁挂式50路</td><td>带端子箱,不带备电</td></tr>
<tr><td>JB-QG-100-2700/022</td><td>柜式100路</td><td>带端子箱及备电</td></tr>
<tr><td>JB-QG-150-2700/022</td><td>柜式150路</td><td>带端子箱及备电</td></tr>
<tr><td rowspan="6">配二线制</td><td>JB-QB-20-2700/011</td><td>壁挂式20路</td><td>带端子箱,不带备电</td></tr>
<tr><td>JB-QB-30-2700/011</td><td>壁挂式30路</td><td>带端子箱,不带备电</td></tr>
<tr><td>JB-AQ-40-2700/011</td><td>壁挂式40路</td><td>带端子箱,不带备电</td></tr>
<tr><td>JB-QB-50-2700/011</td><td>壁挂式50路</td><td>带端子箱,不带备电</td></tr>
<tr><td>JB-QG-100-2700/011</td><td>柜式100路</td><td>带端子箱及备电</td></tr>
<tr><td>JB-QG-150-2700/011</td><td>柜式150路</td><td>带端子箱及备电</td></tr>
<tr><td colspan="2" rowspan="2">集中报警器</td><td>JB-JG-60-2700/065</td><td rowspan="2">柜式壁挂式</td><td>可配011、022系列区域报警器</td></tr>
<tr><td>JB-JB-60-2700/065</td><td>可配011、022系列区域报警器</td></tr>
</table>

## 各种自动消防控制装置产品系列表

表 4-5-2

| 种类 | 产品名称 | 型号及规格 | 单位 | 数量 | 备注 |
|---|---|---|---|---|---|
| 气体灭火控制柜 | 自动灭火控制装置 | FJ－2714/04（定型产品） | 套 | 1 | 不含控测器、用户另配 |
| | 含：自动灭火控制柜 | | 台 | 1 | |
| | 钢瓶显示分盘 | | 台 | 1 | |
| | 紧急启动盒 | | 台 | 1 | |
| | 气体放出指示器 | | 台 | 1 | |
| | 声光报警盒 | | 台 | 1 | |
| | 自动灭火控制装置 | FJ－2714/08（定型产品） | 套 | 1 | 不含控测器、用户另配 |
| | 含：自动灭火控制柜 | | 台 | 1 | |
| | 钢瓶显示分盘 | | 台 | 1 | |
| | 紧急启动盒 | | 台 | 1 | |
| | 气体放出指示器 | | 台 | 1 | |
| | 声光报警盒 | | 台 | 1 | |
| 消防广播通讯柜 | 消防广播通讯柜 | GT－079（定型产品） | 台 | 1 | |
| | 含：150W 广播扩大机 | | | | |
| | 40 广播分路控制盘 | | | | |
| | 40 门火灾专用电话总机 | | | | |
| | 40 路电话分路控制盘 | | | | |
| | 专用录音设备 | | | | |
| | 稳压电源 | | | | |
| | 直流备电 | | | | |
| | 电话分机 | | | | 用户另订 |
| | 扬声器箱 | | | | 用户另订 |
| 水灭火控制柜 | 水灭火控制柜 | SM－081（推荐产品） | 台 | 1 | |
| | 含：35 个水流指示器指示 | | | | |
| | 喷淋泵启、停控制 | | | | |
| | 40 个消火栓控制 | | | | |
| | 消防泵启、停控制 | | | | |
| | 稳压电源 | | | | |
| | 直流备电 | | | | |
| | 其它联动控制 | | | | |
| | （水幕控制） | | | | |
| | 加压泵启、停控制 | | | | |
| 防排烟控制柜及联动控制盒 | 防排烟控制柜 | （推荐产品） | 台 | 1 | |
| | 可控制：防火门 | | | | |
| | 防火卷帘 | | | | |
| | 防火阀 | | | | |
| | 排烟阀 | | | | |
| | 排烟风机 | | | | |
| | 正压风机等 | | | | |
| | 联动控制盒 | JBK－K－2700/031（定型产品） | 台 | 1 | 具有瞬时、延时功能 |
| | 可控制：防火卷帘门 | | | | |
| | 防火门 | | | | |

## 第六节　火灾的种类与灭火剂的适用性

公路隧道内的小型火情一般是油箱着火，大型火灾则是车载货物的迅速燃烧。为了能够有效地控制火情并扑灭火灾，需要根据造成火灾的可燃物特性对火灾进行分类，并据此选配灭火剂。

### 一、火灾的种类

火灾的种类可分为A类火灾、B类火灾、C类火灾、D类火灾和带电（E类火灾）五种，现分列如下：

1. A类火灾

A类火灾系指含碳固体可燃物，诸如木材、棉、毛、麻、纸张等燃烧造成的火灾。

A类火灾又分为表面火灾和深位火灾两大类。灭火器能扑救的初起火灾主要是A类表面火灾，而深位火灾则需依赖某些灭火系统或用“闷舱”窒息等灭火方法进行扑救。

2. B类火灾

B类火灾系指甲、乙、丙类液体，诸如汽油、煤油、柴油、甲醇、乙醚、丙酮等燃烧造成的火灾。

B类火灾还分为极性有机溶剂和非极性油品的火灾两大类。极性有机溶剂有醇、醛、酮、醚等；非极性油品有汽油、煤油、柴油、重油、机油、动物油、植物油、润滑油等。这两类B类液体所发生的B类火灾应当使用不同的灭火器扑救。

3. C类火灾

C类火灾系指可燃气体，诸如煤气、天然气、甲烷、丙烷、乙炔、氢气等燃烧造成的火灾。可燃气体有甲类和乙类之分。甲类气体有乙炔、氢、甲烷、乙烯、天然气、矿井气、液化石油气、石油伴生气、水煤气、焦炉煤气等，系指爆炸下限小于10%的可燃气体。乙类气体有一氧化碳、发生炉煤气、鼓风炉煤气等，系指爆炸下限大于10%的可燃气体。

4. D类火灾

D类火灾系指可燃的活泼金属，诸如钾、钠、镁、钛、锆、锂、铝镁合金等燃烧造成的火灾。

5. 带电（E类）火灾

带电火灾也称E类火灾，系指电气元件与设备，诸如电器（含家用电器）、电子元件、电子电器设备（电子计算机、复印机、电传打字机、通讯机、发电设备、发动机、变压器、配电盘、电控仪表装置等）及电线电缆等燃烧时仍带电的火灾。

假若带电设备在起火后或开始喷射灭火剂之前确已切断电源，则可视之为不带电火灾，相应按与之同时存在的A或B类火灾进行灭火设计。

### 二、灭火剂的适用性

灭火剂有水型、干粉型、泡沫型、卤代烷型和二氧化碳型等，它们对各类火灾的适用性、灭火机理及不能灭火的主要原因见表4-6-1。

灭火剂的适用性　　表 4-6-1

| 灭火剂类型／灭火机理／火灾种类 | 水型 | | 干粉型 | | 泡沫型 | 卤代烷型 | 二氧化碳型 |
|---|---|---|---|---|---|---|---|
| | 清水 | 酸碱 | 磷酸铵盐 | 碳酸氢钠 | 化学泡沫 | 1211 | |
| A类火灾系指含碳固体可燃物燃烧的火灾。如木材、棉、毛、麻、纸张等 | 适用水能冷却,并穿透燃烧物而灭火、可有效防止复燃 | | 适用粉剂能附着在燃烧物的表面层,起到窒息火焰作用,隔绝空气,防止复燃 | 不适用碳酸氢钠对固体可燃物无粘附作用,只能控火,不能灭火 | 适用具有冷却和覆盖燃烧物表面,与空气隔绝的作用 | 适用目前世界各国均认为它具有扑灭A类火灾的能力,经过试验证明了这一点 | 不适用灭火器喷出的二氧化碳量少,无液滴,全是气体,对A类火灾基本无效 |
| B类火灾系指甲、乙、丙类液体燃烧的火灾。如汽油、煤油、柴油、甲醇、乙醚、丙酮等 | 不适用水流冲击油面会激溅油火,致使火势蔓延,灭火困难 | | 适用干粉灭火剂能快速窒息火焰,具有中断燃烧过程的链反应的化学活性 | | 半适用覆盖燃烧物表面,使燃烧物表面与空气隔绝,可有效灭火。由于极性溶剂破坏泡沫,故不适用 | 适用卤代烷灭火剂能快速窒息火焰,抑制燃烧连锁反应,而中止燃烧。灭火不留残渍,不污染、不损坏设备 | 适用二氧化碳靠气体堆积在燃料表面,稀释并隔绝空气 |
| C类火灾系指可燃气体燃烧的火灾。如煤气、天然气、甲烷、丙烷、乙炔、氢气等 | 不适用灭火器喷出的细小水流对立体型的气体火灾作用很小,基本无效 | | 适用喷射干粉灭火剂能快速扑灭气体火焰,具有中断燃烧过程的链反应的化学活性 | | 不适用泡沫对平面液体火灾灭火有效,但灭立体型气体火灾基本无效 | 适用卤代烷灭火剂能抑制燃烧连锁反应,而中止燃烧。灭火不留残渍、不污染、不损坏设备 | 适用二氧化碳窒息灭火,不留残渍,不损坏设备 |

# 第七节　灭　火　器

灭火器的种类很多,按充装的灭火剂分为卤代烷灭火器、泡沫灭火器、干粉灭火器和二氧化碳灭火器;按使用方式分为固定式和移动式两类。移动式又分车载式和手提式两种,车载式又有消防专用车和手推车之分。本节仅介绍几种在隧道火灾初期使用的灭火器。

## 一、1211 灭火器

1211 灭火器对扑灭可燃液体、可燃气体火灾有很好的效果,也适合扑灭电气、仪表、图书档案及贵重设备的火灾,有手提式和推车式两种类型。

手提式 1211 灭火器由筒身、筒盖两部分组成。国产 1211 灭火器有 1kg、2kg 和 4kg 三种规格,其技术数据如表 4-7-1 所示。

1211 灭火器应放置在干燥阴凉的地方,每隔半年进行一次检查,若质量减少 1/10 以上,应重新装药和充气。灭火器的放置不论采用哪种方式(卡具、放置槽等),都必须保证取用方便。

其贮放箱(柜)的高度,也要保证便于取用。

**手提式 1211 灭火器技术数据** 表 4-7-1

| 1211 型号 | 装药量(kg) | 试验压力(MPa) | 20℃时加压氮气压力(MPa) | 工作温度(℃) | 射程(m) | 喷射时间(s) | 总质量(kg) | 外形尺寸(直径×高)(mm) |
|---|---|---|---|---|---|---|---|---|
| MY1 | 1 | 2 | 1.5 | -40~50 | 2~4 | 10~12 | 2 | 90×281 |
| MY2 | 2 | 2 | 1.5 | -40~50 | 2~4 | 10~12 | 3.2 | 97×425 |
| MY4 | 4 | 2 | 1.5 | -40~50 | 2~4 | 10~12 | 6.5 | 133×490 |

推车式 1211 灭火器由推车、钢瓶、喷射胶管、喷嘴等组成,有 25kg、40kg 两种规格,其技术数据如表 4-7-2 所示。

**推车式 1211 灭火器技术数据** 表 4-7-2

| 1211 型号 | 装药量(kg) | 试验压力(MPa) | 20℃时加压氮气压力(MPa) | 工作温度(℃) | 射程(m) | 喷射时间(s) | 总质量(kg) | 喷射强度(kg/s) | 外形尺寸(直径×高)(mm) |
|---|---|---|---|---|---|---|---|---|---|
| MYT25 | 25 | 3.0 | 1.2 | -25~50 | 7~8 | 25 | 67 | 1 | 465×520×1000 |
| MYT40 | 40 | 3.0 | 1.2 | -25~50 | 7~8 | 40 | 85 | 1 | 465×520×1600 |

MYT25 型喷射胶管长 6.5m;MYT40 型喷射胶管长 7.25m。喷嘴有两种:一种是雾化型,喷雾面积大,可达 2.5m$^2$;另一种是直射型,喷射距离远。灭火器宜放置在干燥和没有腐蚀的地方,要防止剧烈振动和碰撞。每隔三个月检查一次压力,若低于使用压力的 90%时,应重新充气。每隔半年检查一次重量,若低于标明重量的 90%时,应重新装药。

## 二、泡沫灭火器

泡沫灭火器适用于扑灭可燃液体、可燃固体物质的初起火灾,有 MP 型手提式、MPZ 型舟车式、MPT 型推车式三种类型。

MP 型手提式泡沫灭火器主要由筒身、瓶胆、筒盖和提环等组成。MPZ 型舟车式泡沫灭火器结构型式与 MP 型手提式相同,仅筒盖上装有瓶盖启闭机构,以防行车或行船时颠簸而使药液混合。手提式和舟车式泡沫灭火器技术数据如表 4-7-3 所示。

**MP 型手提式泡沫灭火器与 MPZ 型舟车泡沫灭火器技术数据** 表 4-7-3

| 型号 | | 药液总量(l) | 喷射时间(s) | 射程(m) | | 试验压力(MPa) | 质量(kg) | | 外形尺寸(长×宽×高)(mm) | 发泡倍数 | 泡沫持久性 |
|---|---|---|---|---|---|---|---|---|---|---|---|
| 新 | 旧 | | | 集中点 | 最远 | | 有药 | 无药 | | | |
| MP8 | MP11 | 8.3 | 60 | 8 | 10 | 2.5 | 12.6 | 4.1 | 74×163×545 | 8 | 30 分钟内泡沫消失量不超过 50% |
| MP10 | MP11A | 9.55 | 60 | 8 | 10 | 2.5 | 14.55 | 4.1 | 173×199×588 | 8 | |
| MPZ8 | MPZ21 | 8.3 | 60 | 8 | 10 | 2.5 | 12.6 | 4.25 | 174×163×575 | 8 | 30 分钟内泡沫消失量不超过 50% |
| MPZ10 | MPZ21A | 9.55 | 60 | 8 | 10 | 2.5 | 14.39 | 4.85 | 173×199×630 | 8 | |

手提式泡沫灭火器,在运输中应保持竖直向上、不可倾斜,设计搁置位置时要注意这个姿态。灭火时,必须平稳提到火场后,方可颠倒,略加摇晃后,1 号药剂(碳酸氢钠)和 2 号药剂

(硫酸铝)一经混合,即产生泡沫并从喷嘴射出。所以这种灭火器必须在保护对象一旁就近设置。火灾发生时,慌乱中,使用者未必都有使用常识,所以不宜跑动长距离取用,因此设置间隔应小些。使用时,要注意筒盖与筒底绝不可对向人,以免万一发生爆炸伤人。

在维护保养方面要注意:装药一年后必须按技术要求检查一次;存放环境温度保持在-8℃~45℃之间;经常检查喷口是否畅通,滤网每年清洗一次;检查筒身有无腐蚀和泄漏。

MPT型推车式泡沫灭火器由筒身、瓶胆、筒盖、胶管和喷枪等组成,有65L和100L两种,技术数据如表4-7-4所示。

**MPT型推车式泡沫灭火器技术数据** 表4-7-4

| 型号 | 容量(l) | 喷射时间(s) | 射程(m) | | 试验压力(MPa) | 质量(kg) | | 外形尺寸(长×宽×高)(mm) |
|---|---|---|---|---|---|---|---|---|
| | | | 集中点 | 最远 | | 有药 | 无药 | |
| MPT65 | 65 | 170 | ≥15 | ≤17 | 2.5 | 133 | 73 | 291×660×1238 |
| MPT100 | 100 | 175 | ≥16 | ≤18 | 2.5 | 170.5 | 85 | 371×708×1370 |

推车式泡沫灭火器应注意防冻、防日晒、防止筒身和螺钉锈蚀。

维护保养方面要注意:存放环境温度保持在0℃~45℃之间;每月检查喷枪、喷管、滤网及安全阀有无阻塞,各部分有无锈蚀现象;两年更换一次药液并进行筒身耐压试验;每半年检查一次药剂等。

## 三、干粉灭火器

干粉灭火器适用于扑灭可燃液体、可燃气体、电气设备和一般固体物质的初起火灾。干粉灭火器以高压二氧化碳气体为动力,有MF型手提式、MFT型推车式和MFB型背负式三种。

MF型手提式干粉灭火器主要由筒身、二氧化碳小钢瓶、喷枪等组成。手提式干粉灭火器技术数据如表4-7-5所示。

**MF手提式干粉灭火器技术数据** 表4-7-5

| 型号 | 装粉量(kg) | 喷射时间(s) | 喷射距离(m) | 灭火面积(参考)($m^2$) | 适应温度(℃) | 二氧化碳充气量(g) | 绝缘性(10kV) | 外形尺寸(长×宽×高)(直径×高)(mm) |
|---|---|---|---|---|---|---|---|---|
| MF1 | 1 | ≤8 | ≥2 | 0.8 | -10~45 | 25 | 1 | 92×302 |
| MF2 | 2 | ≤11 | 3~4 | 1.2 | -10~45 | 50 | 1 | 112×345 |
| MF4 | 4 | ≤14 | 4~5 | 1.8 | -10~45 | 100 | 1 | 230×140×450 |
| MF8 | 8 | ≤20 | ≥5 | 2.5 | -10~45 | 200 | 1 | 284×171×563 |

干粉灭火器按照二氧化碳钢瓶的安装方式,又可分为外装式和内装式。外装式,小钢瓶悬挂在灭火器筒身外部;内装式,小钢瓶设在灭火器筒身内部。

干粉灭火器应设置在明显、易于取用和通风良好的地方,应每隔半年检查一次干粉质量(是否结块),称一次二氧化碳小钢瓶质量,若小钢瓶质量减少1/10以上,则应补充二氧化碳。每两年进行一次灭火器压力试验。

MFT型推车式干粉灭火器由推车、干粉罐、二氧化碳钢瓶、胶管和喷枪等组成。按二氧化碳钢瓶安装方式,也可分为内装式和外装式两种。推车式干粉灭火器技术数据如表4-7-6所示。

MFT 型推车式干粉灭火器技术数据　　表 4-7-6

| 型号 | 装粉量(kg) | 喷射时间(s) | 喷射距离(m) | 工作压力(MPa) | 外形尺寸(长×宽×高)(mm) |
|---|---|---|---|---|---|
| MFT35 | 35 | 17~20 | 10~13 | 0.8~1.2 | 528×520×1040 |
| MFT50 | 50 | 30~35 | 8~10 | 1.5~2.0 | 600×520×1100 |
| MFT70 | 75 | >30 | 10~13 | 1.4 | 621.5×575×1292 |

推车式干粉灭火器的使用、维护保养与手提式干粉灭火器相同。放置时应注意防潮、防日晒和防高温。

MFB 背负式干粉灭火器主要由三个干粉钢瓶(包括瓶上安全阀、控制阀和发射药室)、电点火系统、输粉管、喷枪和背带等组成,其技术数据如表 4-7-7 所示。

MFB 背负式干粉灭火器技术数据　　表 4-7-7

| 型号 | 装粉量(kg) | 喷射时间(s) | 喷射距离(m) | 工作压力(MPa) | 灭火面积($m^2$) | 总质量(kg) | 外形尺寸(长×宽×高)(mm) |
|---|---|---|---|---|---|---|---|
| MFB9 | 3×3 | 3×3 | 10~12 | 0.8~1.0 | 5~7 | 23 | 388×180×39 |

背负式干粉灭火器的设置环境应选择在干燥通风,气温处于 -10℃ ~45℃之间的地方。钢瓶半年进行一次压力试验。在装填干粉和发射药之前,必须检查机件是否完好、电路是否畅通、管道与喷枪是否阻塞等。

## 四、二氧化碳灭火器

二氧化碳灭火器主要用于扑救贵重设备、仪器仪表、600V 以下电器及油料等初起火灾。有 MT 型手轮式和 MTZ 型鸭嘴式两种。由筒身、筒盖虹吸管、启闭阀和喷头等组成。二氧化碳灭火器技术数据如表 4-7-8 所示。

MT 型手轮式二氧化碳灭火器技术数据　　表 4-7-8

| 型号 | 二氧化碳灌装量(kg) | 灌装系数(kg/l) | 喷射时间(s) | 喷射距离(m) | 二氧化碳纯度(%) | 外形尺寸(长×宽×高)(mm) |
|---|---|---|---|---|---|---|
| MT2 | 1.85~2.1 | 0.72 | ≤20 | 1.2~1.4 | ≥96 | 102×180×565 |
| MT3 | 2.85~3.1 | 0.72 | ≤20 | 1.8~2.0 | ≥96 | 114×180×650 |

手轮式二氧化碳灭火器使用方法比较简便,将手轮逆时针旋转,二氧化碳即可喷出灭火。注意不要逆风使用。

手轮式二氧化碳灭火器的维护保养是每隔三个月检查一次质量,称量后若质量减少 1/10 时,则应查明原因并加足气体;每隔三年钢瓶需进行一次压力试验;存放环境温度不得超过 42℃,并且不能靠近热源。

MTZ 型鸭嘴式二氧化碳灭火器的构造与手轮式二氧化碳灭火器基本相同,仅启闭阀的形式不同、喷筒改用耐低温橡胶、连管改用耐高压胶管。其技术数据如表 4-7-9 所示。

MTZ 型鸭嘴式二氧化碳灭火器技术数据　　表 4-7-9

| 型号 | 二氧化碳灌装量(kg) | 灌装系数(kg/l) | 喷射时间(s) | 喷射距离(m) | 二氧化碳纯度(%) | 外形尺寸(长×宽×高)(mm) |
|---|---|---|---|---|---|---|
| MTZ5 | 4.5~5.1 | 0.72 | ≤45 | 2~2.2 | ≥96 | 152×275×625 |
| MTZ10 | 6.8~7.0 | 0.72 | ≤45 | 2.2~2.5 | ≥96 | 152×275×795 |

鸭嘴式二氧化碳灭火器的维护保养与手轮式相同。

此外,还有酸碱灭火器、清水灭火器、轻金属灭火器等,这里不再一一列举。

## 第八节　灭火器的配置

### 一、灭火器的灭火级别

1. 定义

灭火器的灭火效能用灭火级别表示。灭火器的灭火级别由数字和字母组成,例如,3A、5A、8A、1B、8B、20B 等。数字表示灭火级别的大小,字母 A 或 B 则表示灭火级别的单位及适用扑救火灾的种类。

2. 灭火级别的规格

通常灭火器的规格由其充装的灭火剂量(kg 或 L)表示,如 MP6、MLY2、MF5 等。而灭火级别也可作为灭火器的一种规格表示法,如 5A(MP6)、4B(MLY2)、12B(MF5)等。

3. 灭火级别的系列与鉴定

通常,世界各国均用随机取样的三具灭火器按国家标准规定的试验方法、程序和技术要求来扑救规定级别的标准火灾试验模型,若有两具灭火成功,则鉴定为该灭火器具有与火型级别相等的灭火级别。

灭火器的灭火级别,世界各国仅有 A、B 两类,表征灭火器扑救 A 类火灾、B 类火灾的灭火能力的定量指标;而对 C 类火灾、D 类火灾,各国均无标准火型,也无灭火级别。

我国灭火器的灭火级别有两个标准系列,分别为:

(1)3A、5A、8A、13A、21A、27A、34A、43A、55A;

(2)1B、2B、3B、4B、5B、6B、7B、8B、…、120B。

各国的国家标准关于标准火型与灭火级别的规定互不相同,造成灭火级别单位大小不一致、换算不方便等困难。国际标准化组织已作了多年的努力,力图统一灭火级别的系列与定级值,目前倾向于采用:

(1)立方体木垛火型和 1A、2A、3A、4A、…、等的定级系列;

(2)圆型油盘火型和 1B、2B、3B、4B、…、等的定级系列。

国产灭火器的灭火级别与规格型号见表 4-8-1。

**国产灭火器的灭火级别与规格型号**　　表 4-8-1

| 灭火器类型 | | 灭火剂充装量 | | 灭火级别 | | 规格型号编码 |
|---|---|---|---|---|---|---|
| | | (L) | (kg) | A类火灾 | B类火灾 | |
| 泡沫(化学泡沫) | 手提式 | 6 | — | 5A | 2B | MP6 |
| | | 9 | — | 8A | 4B | MP9 |
| | 推车式 | 40 | — | 13A | 18B | MPT40 |
| | | 65 | — | 21A | 25B | MPT65 |
| | | 90 | — | 27A | 25B | MPT90 |

续上表

| 灭火器类型 | | 灭火剂充装量 | | 灭火级别 | | 规格型号编码 |
|---|---|---|---|---|---|---|
| | | (L) | (kg) | A类火灾 | B类火灾 | |
| 干粉（碳酸氢钠） | 手提式 | — | 1 | — | 2B | MFN1 |
| | | — | 2 | — | 5B | MFN2 |
| | | — | 3 | — | 7B | MFN3 |
| | | — | 4 | — | 10 | MFN4 |
| | | — | 5 | — | 12B | MFN5 |
| | | — | 6 | — | 14B | MFN6 |
| | | — | 8 | — | 18B | MFN8 |
| | | — | 10 | — | 20B | MFN10 |
| 干粉（碳酸氢钠） | 推车式 | — | 25 | 21A | 35B | MFNT25 |
| | | — | 35 | 27A | 45B | MFNT35 |
| | | — | 50 | 34A | 65B | MFNT50 |
| | | — | 70 | 43A | 90B | MFNT70 |
| | | — | 100 | 55A | 120B | MFNT100 |
| 干粉（磷酸铵盐） | 手提式 | — | 1 | 3A | 2B | MFA1 |
| | | — | 2 | 5A | 5B | MFA2 |
| | | — | 3 | 5A | 7B | MFA3 |
| | | — | 4 | 8A | 10B | MFA4 |
| | | — | 5 | 8A | 12B | MFA5 |
| | | — | 6 | 13A | 14B | MFA6 |
| | | — | 8 | 13A | 18B | MFA8 |
| | | — | 10 | 21A | 20B | MFA10 |
| 干粉（磷酸铵盐） | 推车式 | — | 25 | 21A | 35B | MFAT25 |
| | | — | 35 | 27A | 45B | MFAT35 |
| | | — | 50 | 34A | 65B | MFAT50 |
| | | — | 70 | 43A | 90B | MFAT70 |
| | | — | 100 | 55A | 120B | MFAT100 |
| 卤代烷（1211） | 手提式 | — | 0.5 | — | 1B | MLY0.5 |
| | | — | 1 | — | 2B | MLY1 |
| | | — | 2 | 3A | 4B | MLY2 |
| | | — | 3 | 3A | 6B | NLY3 |
| | | — | 4 | 5A | 8B | NLY4 |
| | | — | 6 | 8A | 12B | NLY6 |
| 卤代烷（1211） | 推车式 | — | 20 | — | 24B | MLYT2 |
| | | — | 25 | — | 30B | MLYT25 |
| | | — | 40 | — | 35B | MLYT40 |
| 卤代烷（1211） | 手提式 | — | 2 | — | 4B | MLS2 |
| | | — | 4 | 3A | 8B | MLS4 |
| 二氧化碳（$CO_2$） | 手提式 | — | 2 | — | 1B | MT2 |
| | | — | 3 | — | 2B | MT3 |
| | | — | 5 | — | 3B | MT5 |
| | | — | 7 | — | 4B | MT7 |
| | 推车式 | — | 20 | — | 8B | MTT2 |
| | | — | 25 | — | 10B | MTT25 |

## 二、灭火器的配置基准

灭火器配置设计程序为：首先，根据隧道的重要程度及交通货运情况确定其危险等级，然后确定灭火器的配置基准。灭火器的配置基准系以灭火级别(1A 或 1B)的最大保护面积为定额，通过该基准和灭火器配置场所计算单元的保护面积，即可计算出保护该单元所需灭火级别的合计值。

1. A 类火灾灭火器配置场所配置基准

A 类火灾灭火器配置场所的配置基准可由表 4-8-2 查得。

**A 类火灾灭火器配置场所的配置基准** 表 4-8-2

| 危险等级 | 严重危险级 | 中危险级 | 轻危险级 |
|---|---|---|---|
| 每 A 类最大保护面积($m^2$/A) | 10 | 15 | 20 |

具体计算时可参考表 4-8-3。

**A 类灭火级别的最大保护面积** 表 4-8-3

| 灭火级别 | 最大保护面积 ($m^2$) | | | 灭火级别 | 最大保护面积($m^2$) | | |
|---|---|---|---|---|---|---|---|
| | 严重危险级 | 中危险级 | 轻危险级 | | 严重危险级 | 中危险级 | 轻危险级 |
| 3A | | | 60 | 27A | 270 | 405 | 540 |
| 5A | 50 | 75 | 100 | 34A | 340 | 510 | 680 |
| 8A | 80 | 120 | 160 | 43A | 430 | 645 | |
| 13A | 130 | 195 | 260 | 55A | 550 | | |
| 21A | 210 | 315 | 420 | | | | |

2. B 类火灾灭火器配置场所配置基准

B 类火灾灭火器配置场所的配置基准可由表 4-8-4 查得。

**B 类火灾灭火器置场所的配置基准** 表 4-8-4

| 危险等级 | 严重危险级 | 中危险级 | 轻危险级 |
|---|---|---|---|
| 每 B 类最大保护面积($m^2$/B) | 5 | 7.5 | 10 |

具体计算时可参考表 4-8-5。

**B 类灭火级别的最大保护面积** 表 4-8-5

| 灭火级别 | 最大保护面积 ($m^2$) | | | 灭火级别 | 最大保护面积($m^2$) | | |
|---|---|---|---|---|---|---|---|
| | 严重危险级 | 中危险级 | 轻危险级 | | 严重危险级 | 中危险级 | 轻危险级 |
| 1B | | | 10 | 30B | 150 | 225 | 300 |
| 4B | | 90 | 40 | 45B | 225 | 337.5 | 450 |
| 8B | 40 | 60 | 80 | 90B | 450 | 675 | |
| 12B | 60 | 90 | 120 | 120B | 600 | | |
| 20B | 100 | 150 | 200 | | | | |

## 三、灭火器的保护距离

1. 定义

灭火器的保护距离是指灭火器配置场所内的任一着火点到最近灭火器设置点的行走距离。

在实际应用时,即在进行灭火器配置设计计算时,应将灭火器配置场所内的任一点都为可能着火点考虑,因而要求灭火器设置点到灭火器配置场所内的任一点之间的行走距离均应小于或等于该类灭火器的最大保护距离。

如果一个灭火器配置场所为一个独立的计算单元,则可用保护圆简化设计法确定灭火器设置点的位置和数量。对将若干个灭火器配置场所合并作为一个组合计算单元的情况,只能在平面设计图上对几个可能的最远点(即最不利点)进行实际测量,进而确定两点距离是否满足保护距离的要求。不管什么情况,均要求灭火器设置点到单元(或场所)内的任一点的距离小于等于灭火器的最大保护距离。

2. 基本规定

(1)设置在A类火灾配置场所的灭火器,其最大保护距离应符合表4-8-6的规定。

(2)设置在B类火灾配置场所的灭火器,其最大保护距离应符合表4-8-7的规定。

**A类灭火器的最大保护距离**(m)　表4-8-6

| 危险等级＼灭火器类型 | 手提式灭火器 | 推车式灭火器 |
| --- | --- | --- |
| 严重危险级 | 15 | 30 |
| 中危险级 | 20 | 40 |
| 轻危险级 | 25 | 50 |

**B类灭火器的最大保护距离**(m)　表4-8-7

| 危险等级＼灭火器类型 | 手提式灭火器 | 推车式灭火器 |
| --- | --- | --- |
| 严重危险级 | 9 | 18 |
| 中危险级 | 12 | 24 |
| 轻危险级 | 15 | 30 |

(3)设置在C类火灾配置场所的灭火器,其最大保护距离与B类场所相同。而对设置在D类火灾配置场所的灭火器,其最大保护距离可由设计人员和审查人员协商解决。至于设置在E类火灾配置场所的灭火器,其最大保护距离则与伴随E类火灾的A类或B类火灾场所的距离相同。

## 四、灭火级别的计算方法

灭火器配置设计计算的主体部分是计算扑救地面建筑或隧道内可能发生的初起火灾所必需的最小灭火级别合计值,并进行验算。

(1)灭火器配置场所需配灭火级别;

(2)灭火器设置点需配灭火级别;

(3)验算以上两项的实际配置灭火级别。

计算方法主要依据适用于扑救同一类火灾的灭火器的灭火级别可以等效换算与相加的原理,这一原理系经多次实验的验证。该原理与计算方法既适用于同一类型不同规格的灭火器,也基本上适用于可灭同一类火灾的不同类型不同规格的灭火器。

1. 灭火器配置场所计算单元需配灭火级别

(1)地面建筑

地面建筑灭火器配置场所扑救初起火灾所需的最小灭火级别合计值应按式(4-8-1)计算:

$$Q = K\frac{S}{U} \tag{4-8-1}$$

式中:$Q$——灭火器配置单元的需配灭火级别,A或B;

$S$——灭火器配置单元的保护面积,$m^2$;

$U$——A类火灾或B类火灾的灭火器配置场所相应危险等级的灭火器配置基准,$m^2$/A或$m^2$/B;

$K$——修正系数：

无消火栓和灭火系统的，$K=1.0$；

设有消火栓的，$K=0.7$；

设有灭火系统的，$K=0.5$；

设有消火栓和灭火系统的，$K=0.3$。

(2)地下建筑

地下建筑灭火器配置场所扑救初起火灾所需的最小灭火级别合计值应按式(4-8-2)计算：

$$Q=1.3K\frac{S}{U} \tag{4-8-2}$$

式中：符号意义同上。

(3)计算单元

①对独立计算单元，上述两个算式中的 $S$ 即为一个灭火器配置场所的保护面积。

②对组合计算单元，上述两个算式中的 $S$ 即为该单元所包括的若干个灭火器配置场所的保护面积之和。

2. 灭火器设置点需配灭火级别

在计算出灭火器配置场所独立计算单元或组合计算单元的需配灭火级别后，用保护圆简化设计法确定独立计算单元的灭火器设置点数和各个设置点的位置，用实际测算法确定组合计算单元的灭火器设置点数和各个设置点的位置。接着用式(4-8-3)计算每个灭火器设置点的需配灭火级别。要求将该单元的需配灭火级别均衡分配至每个灭火器设置点，其计算值即为每个灭火器设置点扑救初起火灾所需的最小灭火级别：

$$Q_e=\frac{Q}{N} \tag{4-8-3}$$

式中：$Q_e$——灭火器配置场所每个设置点的需配灭火级别，A 或 B；

$Q$——灭火器配置场所扑救初起火灾所需的最小灭火级别合计值，A 或 B；

$N$——灭火器配置场所中设置点的数量。

3. 验算

在完成灭火器配置的初步设计计算之后，还应按规定验算实配灭火级别。

(1)每个灭火器配置场所的独立计算单元或组合计算单元实际配置的所有灭火器的同类灭火级别的总和，不得小于根据式(4-8-1)(地面建筑)或式(4-8-2)(地下建筑)所得的计算值。即：

$$Q_t=\sum_{i=1}^{n}Q_i\geqslant Q \tag{4-8-4}$$

式中：$Q_i$——该单元实际配置的各具灭火器的灭火级别，A 或 B；

$n$——该单元实际配置的所有灭火器的总具数；

$Q_t$——该单元实际配置的灭火级别，A 或 B；

$Q$——灭火器配置场所扑救初起火灾所需的最小灭火级别合计值，A 或 B。

(2)每个灭火器设置点实际配置的所有灭火器的同类灭火级别的总和，不得小于根据式(4-8-3)所得的计算值，即：

$$Q_s = \sum_{i=1}^{n'} Q'_i \geq Q \tag{4-8-5}$$

式中：$Q'_i$——该设置点实际配置的各具灭火器的灭火级别，A 或 B；

$n'$——该设置点实际配置的所有灭火器的总具数；

$Q_s$——该设置点的实配灭火级别，A 或 B；

$Q$——灭火器配置场所扑救初起火灾所需的最小灭火级别合计值，A 或 B；

### 五、灭火器配置设计的步骤

归纳起来，灭火器配置设计的步骤如下：

1. 确定灭火器配置场所的危险等级
2. 确定灭火器配置场所的火灾种类
3. 划分灭火器配置场所的计算单元
4. 测算各单元的保护面积
5. 计算各单元的需配灭火级别
6. 确定各单元的灭火器设置点
7. 计算每个灭火器设置点的需配灭火级别
8. 确定每个设置点灭火器的类型、规格与数量
9. 验算各设置点和各单元实际配置的所有灭火器的实配灭火级别
10. 确定每具灭火器的设置方式和要求

## 第九节　其他灭火设施

### 一、消防车

消防车按装载的灭火剂分为普通消防车和专用消防车两类。

1. 普通消防车

普通消防车以水作为灭火剂，水来源广泛，价格便宜，在一般中小公路隧道中配备这种消防车就可满足要求。

根据我国的消防体制，消防车辆由消防武警管理使用。若隧道安全管理需要配备消防车时，可以同消防单位协商建立某种关系。一般城市隧道无需设置消防专门机构或指定隧道专用消防车辆，隧道灭火作业由城市消防机构承担，由该机构执行隧道管理部门预先制定的灭火作业方案；在远离城市的重要公路隧道，则需要考虑设立专门的消防机构，配备消防员和消防专用车辆。消防员属于隧道管理部门的编制，他们的任务是在火灾时进行灭火和救援，灾后进行现场清理，平常负责隧道防火设施的检查和维护修理工作。

2. 专用消防车

专用消防车是专门用于某种特殊火灾（如燃油、燃气火灾）的消防车。在一些长大公路隧道、重要城市道路隧道以及专用线公路隧道中，需要考虑扑灭可燃气体、可燃液体火灾时，应配备专用消防车。它和自动灭火系统相比较，具有机动性好，价格便宜等优点。

表 4-9-1 所列是目前常用的几种消防车型号、性能和用途。

几种主要消防车规格性能表 表 4-9-1

| 型号名称 | 主要规格性能 | 用途 | 产地 | 备注 |
|---|---|---|---|---|
| GG18/30A型水罐泵浦车 | 满载总质量(不包括乘员) 7550kg<br>水罐容量 ≥3600L<br>水泵形式:BS30 型中置式双级离心泵<br>进水口径 100mm<br>出水口径 65mm<br>最大流量 30L/s<br>最大扬程 110m | 适用于消防队扑救一般物质火灾 | 上海<br>北京<br>长春 | 采用解放牌CA10B 型载重汽车底盘 |
| GGG36/42型水罐泵浦车 | 满载总质量(不包括乘员) 10000kg<br>水罐容量 ≥3600L<br>水泵形式:BG35 型中置式车用高级压泵<br>进水口径 100mm<br>出水口径 80mm<br>最大流量(低压) 41.7L/s<br>(高压) 4.5L/s | 适用于消防扑救一般物质火灾,并可采用高压喷雾水扑救油类、电气设备等火灾 | 湖北 | 采用东风牌EQ140 型载重汽车底盘 |
| GGG40/42型水罐泵浦车 | 满载总质量(包括 8 名乘员) 10479kg<br>水罐容量 4000L<br>水泵 同(GGG36/42)型 | 同 GGG36/42型 | 长春 | 采用 CA10CDS 型汽车底盘 |
| GG70/60 型水罐泵浦车 | 满载总质量 17000kg<br>水罐容量 7000L<br>水泵形式: BD60 型中置式单级离心泵<br>进水口径 150mm<br>出水口径 80mm<br>最大流量(低压) 60L/s | 装有大型水罐水泵和水泡,可边行进,边射水,适于消防队扑救一般物质火灾 | 上海 | 采用"罗曼"牌R10-215 型汽车底盘 |
| CP10A 型泡沫消防车 | 满载总质量(不包括乘员) 7870kg<br>水罐容量 1380L<br>泡沫液罐 900L<br>最大泡沫供给量 150L/s<br>水泵形式: BS30 型中置式双级离心泵<br>进水口径 100mm<br>出水口径 65mm<br>最大流量 30L/s<br>最大扬程 110m | 主要供消防队扑救石油产品等易燃液体火灾,也可用于扑救一般物质火灾 | 长春<br>上海 | 解放牌汽车底盘 |
| CPP30 型泡沫消防车 | 满载总质量 14448kg<br>水罐容量 1500L<br>泡沫液罐 3000L<br>水泵形式: BD50 型后置式单级离心泵<br>进水口径 150mm<br>出水口径 80mm<br>最大流量(低压) 50L/s<br>最大扬程 145m | 装有发射泡沫设备,用于消防队扑救易燃液体火灾,也可用于扑救一般物质火灾 | 上海 | 黄河牌汽车底盘 |
| CEP2/2 型干粉泡沫联用车 | 满载总质量 28700kg<br>干粉罐容量 2000kg<br>泡沫液罐 2000L<br>水罐 6500L<br>泡沫炮射程:泡沫 60m<br>水 70m<br>水泵形式: BD70 型中置式单级离心泵<br>进水口径 150mm<br>出水口径 80m<br>最大流量 70L/s<br>最大扬程 145m | 主要用于机场、石油化工企业及大、中城市消防队扑救易燃液体,可燃气体、带电设备和一般物质火灾 | 上海 | 交通牌 SH361 型汽车底盘 |

续上表

| 型号名称 | 主要规格性能 | 用途 | 产地 | 备注 |
|---|---|---|---|---|
| CF10 型干粉车 | 满载总质量 7900k<br>干粉系统、干粉罐装粉量 1000kg<br>发射强度(枪) ≥50N/s<br>(泡) ≥20kg/s<br>射程(枪) 12~15m<br>(泡) 40~50m<br>水泵:最大流量 30L/s<br>最大扬程 110m | 主要用于扑救易燃液体、可燃气体,带电设备等火灾,也用于扑救一般物质火灾 | 宝鸡 | 解放牌汽车底盘 |
| CF 型干粉车 | 满载总质量 2130kg<br>干粉碳装粉量 100kg<br>水泵:最大流量 16.7L/s<br>最大扬程 90m | 主要用于扑救易燃液体、可燃气体,带电设备等火灾,也用于扑救一般物质火灾 | 北京 | 北京牌 BJ212A 型越野车改装 |

## 二、消火栓

消火栓是一种用于初期火灾的灭火设施,是一个固定的截止阀。根据安装位置不同分为室内消火栓和室外消火栓两种。室内消火栓可设在隧道边墙上,室外地下消火栓可设在隧道侧沟内。

室内消火栓主要由阀体、密封垫、阀门、阀杆、阀盖、手轮、进出水接口等部件组成。SN 型室内消火栓规格性能如表 4-9-2 所示。

**SN 型室内消火栓规格性能** 表 4-9-2

| 型号 | 进水口 | | 出水口 | | 强度试验压力(MPa) | 密封试验压力(MPa) | 密封试验压力(MPa) | 质量(kg) | 外形尺寸(长×宽×高)(mm) |
|---|---|---|---|---|---|---|---|---|---|
| | 形式 | 口径(英寸) | 形式 | 口径(mm) | | | | | |
| SN50 | 管牙 | 2 | 内扣式 | 50 | 1.5 | 1.0 | ≤1.0 | 4.25 | 165×125×190 |
| SN65 | 螺纹 | 2.5 | | 65 | | | | 5.3 | 180×140×210 |

室内消火栓配合水带、水枪使用。

水带是连接消火栓或消防泵与水枪的一种输水软管。它按材料可分为麻织、棉织涂胶、尼龙涂胶三种;按口径可分为 50、65、80、90mm 四种;按承受压力可分为甲、乙、丙、丁四级,承受最大工作压力分别为≥1、0.8~0.9、0.6~0.7、≤0.6MPa。选择水带时要注意到各种接口的型号、规格与性能,以便配套使用。

水枪是增加水流速度、射程和改变水流形状的射水灭火工具,按喷射水流不同,可分为直流水枪、开关直流水枪、开花直流水枪、喷雾水枪、带架水枪等。直流水枪是用来喷射密集充实水流的水枪;开关直流水枪是在直流水枪上安装控制开关,能控制水流大小和增加水流射程的水枪;开花直流水枪是一种既可喷射充实水流,又可喷射伞形开花水流的水枪,开花水流能隔离辐射热,能掩护消防员以充实水流进行灭火;喷雾水枪是在直流水枪的枪口上安装一个双级离心喷雾头,使水流在离心力作用下,将压力水变成雾状水流,可适用于扑救油类火灾及电器设备火灾。雾状水流能吸收大量辐射热,可以掩护消防员接近火源,提高灭火效率;带架水枪由枪管、旋转盘、操纵杆、底架等主要部件构成，适用于大面积火场及高层建筑等。

隧道内设置消火栓时，可参考以下数据：设置间隔为单侧 50m 或交错 100m；放水压力不小于 0.3MPa；放水量 130L/min；水带的形式为鼓轮式橡胶水带或架式帆布水带；水带长度 30m；水枪采用喷雾水枪；水库容量能确保 3 个消火栓同时放水 40min 以上。

## 三、隧道内喷水灭火系统

喷水灭火系统可用于高层建筑、地下工程、工厂、仓库、化工装置等场所。由于水喷雾头的改进，一些电器设备、油类贮存场所也被采用。喷水灭火系统具有工作性能稳定、灭火效率高、使用寿命长、不污染环境、维护保养方便等特点。我国上海的几座新建越江隧道都设置了喷水灭火系统。喷水灭火系统按使用要求和环境不同可分为湿式、干式，预作用式三种类型。水喷雾设备的基本作用是把水喷洒在保护对象表面上，使温度降低到燃点以下，从而阻止火势蔓延，属于阻火、防火设施。

湿式喷水灭火系统主要由水喷雾头、配水管、灭火水泵、重力水箱、报警阀、水轮报警器、控制盘等组成。在供水管网中经常充满保持一定压力的水，在保护区内发生火灾后，报警装置即产生相应动作，水喷雾头被打开自动喷水。湿式喷水系统具有灭火迅速和防止火灾蔓延的特点。但是在严寒地区水冻结后不但失去灭火功能，而且可能使管网胀裂，所以不适用于严寒地区。

水喷雾灭火系统在隧道内以 50m 内同时放水为标准。一个火灾区间的火灾影响范围按 20～30m 考虑，即一个大型车的全长（如 CQ662 型铰接式公共汽车的全长为 14.55m），加上两端的余量。放水区间的放水控制方式，应考虑隧道长度、隧道构造、水源容量、通风方式、交通方式、检测器种类等，应针对具体场合采用适宜的方式。如果条件许可，按两区段同时放水设计更为可靠。设计中可以考虑以下几种方案：

（1）50m 区间同时放水

该方式在放水区间每隔 50m 设一自动控制阀，开启自动控制阀后，可在 50m 区间同时放水。这种方式对两区段交接处附近的火灾效果差。

（2）25m 区间两区段同时放水

该方式在放水区间每隔 25m 设一自动制阀。能按火灾探测器信号自动选择两区段同时放水。虽然自动控制阀的数量增加一倍，但是能准确选择放水区间，比 50m 区间放水优越，见图 4-9-1。

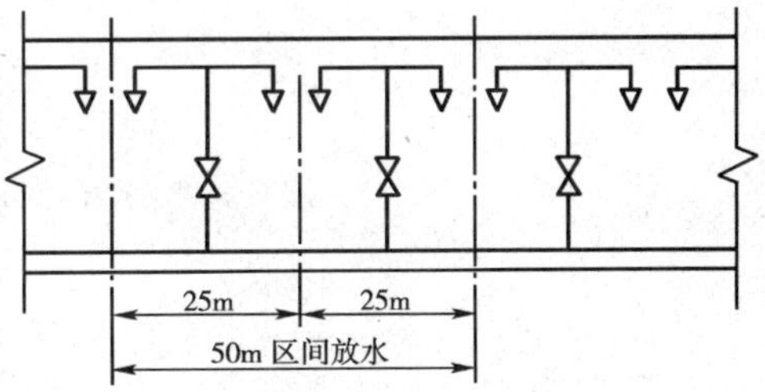

图 4-9-1　25m 区间两段同时防水

此外，还有 75m 区间同时放水，这种方式在相邻区间为重叠放水。另一种是 50m 区间两区段同时放水，比 25m 区间两区段同时放水控制范围大，但耗水量也相应增大。

水喷雾头有两类，一类是易熔合金喷淋头，喷头压力为 0.07～0.703MPa，相应流量为 1.13～3.65L/s。另一类是玻璃球喷淋头，喷口压力为 0.035～0.7MPa，相应流量为 0.78～3.37L/s。水喷雾应当在被保护面积上均匀分布，所以喷头的数量和间距应该认真选择。

水喷雾控制方式有全自动和半自动之分。完全由火灾探测器的信号控制的为全自动型。半自动的放水控制是由控制室工作人员手控启动放水的。当得到探测器的报警信号、应急电话的报警信号，或由闭路电视监视获得的火灾信息后，经过工作人员的分析判断，确定放水区间，启动放水。

干式喷水灭火系统是供水管网内平时不充水，而充压缩空气，压缩空气通过空气阀把水阻在环境温度低于0℃的管网之外，可防止系统结冰。主要缺点是水来得迟缓，要等压缩气先从开放的喷头排净，水才能通过空气阀进入管网。当然增加压缩空气系统后，也相应增加了投资。

预作用式喷水灭火系统是干式系统的改进型，它在干式系统上附加一套报警装置。喷淋头和探测器都是感温元件。探测器的控制温度应选择低一些，发生火灾时先行动作，发出警报并打开进水阀使水充满管网。当火场温度继续上升，有感温元件的喷淋头也达到动作温度时才开始喷水。该系统省去了压缩空气系统。克服了干式系统喷水迟缓的缺点，也克服了湿式系统不可避免的渗漏弊病。

喷水灭火系统在隧道内安装使用很少，这一方面是由于造价高，在隧道内安装和维护费用高；另一方面也是由于在长度很大的隧道内使用，技术上比较复杂。

其他各类自动灭火系统，如干粉灭火系统、泡沫灭火系统、1211灭火系统等，在隧道内使用就更少。

## 思考与练习

1. 公路隧道防火设施是如何分类的？
2. 隧道救灾设施的设置标准受哪些因素影响？
3. 人工报警装置有哪些？如何工作？
4. 简述火灾自动报警系统的组成和工作原理。
5. 常用的火灾探测器有哪些？各有什么特点？
6. 简述常用灭火设备的分类、灭火剂的种类。
7. 火灾是怎样分类的？共分哪几类？
8. 简述灭火器的灭级别。
9. 试述灭火器配置设计的基本步骤。

# 第五章 隧道给排水与供配电

## 第一节 给 水

### 一、给水用途

公路隧道给水系统的任务是提供隧道内发生火灾时的消防用水、隧道内部的冲洗用水、维护管理人员的生活用水以及自备电源(柴油机发电站)所需的冷却用水等。

1．隧道消防用水

一些重要的公路隧道,为了避免或减轻发生火灾时可能造成的人员伤亡与经济损失,在隧道内部设有复杂的消防系统,其中包括消火栓和喷水雾系统等。因此,为了在发生火灾时能够及时扑救,需要在隧道内敷设供水管网,并提供可靠的消防水源。

2．隧道内部冲洗用水

隧道通行车辆一段时间后,要根据墙面和路面被污染的程度进行冲洗。冲洗的办法有:一是采用冲洗车定时冲洗,若通过车辆密度在每小时1000辆以下,可采用此法;二是专门设置给水管网定时进行冲洗,行车密度在每小时300辆以上时,可采用此法。若隧道较长时,可分段设置给水管网,分段进行冲洗。

3．维护管理人员生活用水

有的特长隧道通风机房设在洞内,洞内长期有人看管和维修设备,在隧道内设有卫生间,供工作人员使用,洞内卫生间需要冲洗用水。隧道外的生活区应设置供水管网,并应设高位蓄水池,以调节用水。

4．电站冷却用水

个别隧道因特殊原因采用柴油发电机组给隧道供电。柴油机发电站内所需冷却水可用空调冷却系统和柴油机冷却系统供给。根据电站内机组情况,可考虑电站最大用水量和正常用水量。水温一般可采用15℃。

### 二、给水水源

1．隧道的消防给水

公路隧道一般都远离城市,隧道的消防给水水源可采用溪水、河水、隧道涌水及地下水等。当取用地下水时可设管井取水,设备、管理较简单,造价也不高。当利用天然水源时,应确保枯水期最低水位时的消防用水,且应设可靠的取水设施。我国南方某隧道长3千余米,原设计在隧道进口处山洞里滚水坝蓄水,当隧道贯通后,原先山洞丰富的水源消失了,在枯水季节甚至出现断流。后来,隧道的消防给水改用隧道涌水,在隧道出口处设一个200$m^3$的集水池,将集水池之水抽至高位水池备用,解决了水源问题。

隧道消防的用水量取决一次火灾的规模与持续时间,我国《公路隧道交通工程设计规范》

(JTG/T D71—2004)要求隧道消防用水量不应小于表 5-1-1 的规定。

**隧道消防用水量** 表 5-1-1

| 隧道长度 $L$(m) | 隧道内消火栓一次灭火用水量(L/S) | 同时使用水枪数量(支) | 火灾延续时间(h) |
|---|---|---|---|
| $500 \leqslant L < 1000$ | 15 | 3 | 2 |
| $1000 \leqslant L < 3000$ | 20 | 4 | 4 |
| $L \geqslant 3000$ | 20 | 4 | 6 |

注:每支水枪最小流量为 5L/S

隧道消防用水的供水方式,当有地形条件可利用时,一般情况下将消防水池设于高处,利用重力供水,一则消防供水较为安全,二则可减少用泵加压造成运行费用增加及维护工作量。在设置高位水池的情况下,应采用遥测装置监测水位,其目的在于使值班人员能随时直接观察到水池的水位,避免由于管道或水池漏水、自动抽水失灵等原因造成水池无水的现象。水位监测可用远距离水位显示仪等。当无条件设置高位水池时,应采用自动加压供水。

顺便指出,隧道消防供水管道是隧道消防供水的一个重要环节,如果供水管道出现问题,则整个消防系统便无法正常工作,所以对隧道消防管道有以下要求:

(1)隧道内的消防给水管道宜采用内外壁热镀锌钢管或无缝钢管。

(2)隧道内的消防给水管道宜采用沟槽式连接件(卡箍)或丝扣、法兰连接。

(3)相邻双洞隧道的消防给水管道应布置成环状。

(4)隧道内消防给水管道应设检修阀,当管径不小于 100mm 时,宜采用软密封闸阀。

(5)设有固定水成膜泡沫灭火装置的隧道,在给水管道引入隧道前宜设置管道过滤装置。

(6)隧道内消防给水管道可根据需要设置管道伸缩器。

(7)消防给水管道穿越路面时应有保护措施。

(8)寒冷地区的消防给水管道必须有防冻保温措施。

2. 设备冷却剂生活用水

供给电站冷却用水及生活区用水的水源可在河滩地建井,也可收集裂隙水于水池,但要进行水质分析,以防用水被污染。若柴油机发电站机组较大较多时,可另建水源,必要时电站本身可修建两个水源,一个供水,一个备用。一般不宜直接采用河水和支沟水等地表水作为电站水源,以免损害设备。在缺水地区,地下打不出水井或水源较远,修建管线太长、高差较大时,也可采用地表水作水源。在此情况下,应在隧道内建水池,储存一定体积的水,以备急需。地表水的水质处理、净化和软化等措施要有保证。隧道内修建较大水池时,例如,储水量在 2000$m^3$ 以上时,水池应分"仓"修建,以便于维护清理。这样,在其中之一"仓"存在问题时,其他水"仓"还可继续供水。

## 三、给水泵站

给水泵站可修建成半地下或地下给水泵站。若把水泵站修建在河滩地,应防止常年洪水的冲刷淹没。泵站建筑结构可采用混凝土箱式密封结构,用斜通道伸出河滩地。斜通道入口处的标高,应相当于百年一遇的洪水位,并应高出地坪 0.5m,防止地面雨水倒灌。为了防止洪水冲刷和箱体漂浮,泵站四周应采用料石砌筑。泵站形式如图 5-1-1 所示。

某水下公路隧道给水泵采用两台 2DA8×5 型离心式水泵,一台工作,一台备用。水泵吸水管伸入管井套管中,采用自制底阀。水泵启动采用压水管倒灌充水。因该给水泵站属于中

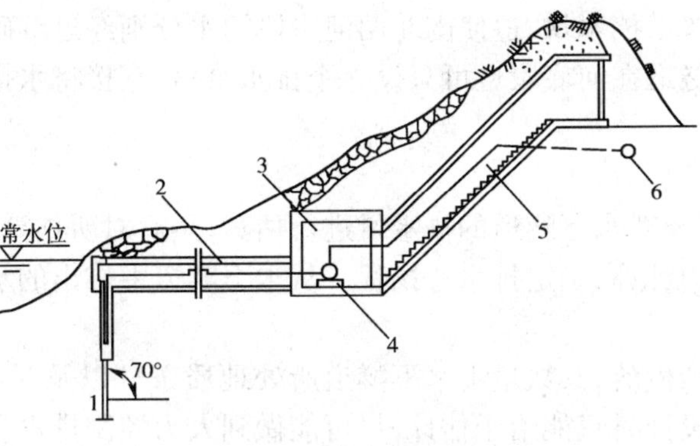


图 5-1-1　给水泵站示意图

1-管井;2-吸水管廊;3-泵房;4-离心水泵;5-斜通道;6-输水管

小给水泵站,单台水泵的供水能力为每小时 15.9m³,两台水泵并联工作的供水能力可达每小时 20m³,基本满足电站的需要。该给水泵站的水温四季恒定,为 15℃,水质较好,适宜作生活用水和冷却机械,补给水源为地下砂岩裂隙水,泵站比较经济、适用。

## 第二节　排　　水

### 一、排水系统

山岭隧道一般具有单面坡或人字坡,排水比较容易。水下公路隧道会遇到排水问题,其纵剖面若设计成"W"形,一般在两个凹点分设排水泵房。如某水下隧道,在南北两通风斜井平坡段上各设置一个排水泵房和一个沉砂池,如图 5-2-1 所示。南排水泵房汇集北河岸段、南通风斜井和河底段北半部的来水,然后从南通风斜井排出。北排水泵房汇集南河岸段、北通风斜井和河底段南半部的来水,然后从北通风斜井排出。

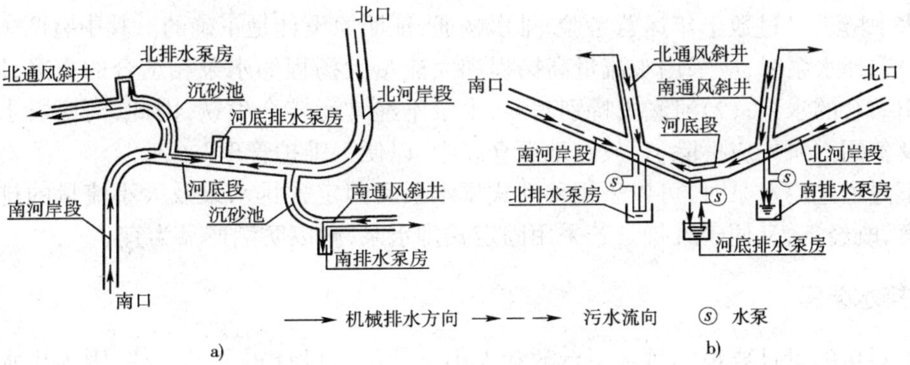


图 5-2-1　排水系统示意图

a)平面图;b)纵剖面图

有时为了增加水下隧道河底段岩层的厚度,保障施工与运营(防冲刷)安全,增加固结注浆范围,将隧道纵剖面"W"形改为"V"形(如图 5-2-1 纵剖面),隧道最低点便移到了河底段中央。因此,在最低点又设一个排水泵房,以承担河底段的排水。河底排水泵房的任务是收集河底段的渗漏水,并将其排入北排水泵房,再经北风井排至隧道外。

为了避免南北两河岸段的水都沿着"V"形坡流入水池容量较小的河底排水泵房,在斜井与河岸段的接头处设置了挡水坎,迫使南北两河岸段的水分别经过沉砂池流入南、北排水泵房的水池。中小型水下隧道在河底段也可只设一个排水泵房,直接将水排至隧道外。

## 二、排水泵的选择

选择排水泵,首先要对水下隧道的排水量进行估算,然后对所估算的排水量及各排水泵的排水几何高程进行水力计算,确定排水总扬程。从水下隧道中排出的水有以下三种。

1. 衬砌渗漏水

这部分水是连续产生的,其数量由水下隧道所处地质条件以及衬砌经防水处理后的防渗能力等因素确定。在设计时只能给予估计,尽可能做到人为控制排水和准确计算。

2. 冲洗污水

不论采用清洗车冲洗隧道,或是用给水管网冲洗隧道,这部分污水的产生时间和数量都可以人为控制。

3. 洪水侵袭隧道时从防洪水门缝隙漏入的水

这部分水的数量视洪水淹没隧道口的高度和持续时间,以及防洪水门的密闭性能等因素而定。但只要防洪水门能及时关闭和不被破坏,渗入的洪水数量是有限的。

排水量就是指上述三种水的数量,并考虑到一定的富裕量。如某水下隧道南北两排水泵房的排水泵每台排水量估计为每小时 $35m^3$,河底排水泵房的排水泵每台排水量估计为每小时 $40m^3$。估计排水量后,再根据各排水泵的排水几何高程,进行不同口径排水管的水力计算,然后再确定合理的排水总扬程及相应的排水管口径。最后,根据估计的排水量和确定的排水总扬程选择排水泵。因此,该隧道南北两排水泵房的排水泵选定为 3DA—8 × 7 型多级离心泵,河底排水泵房的排水泵选定为 3BA—9 型离心泵。

所选的排水泵均为清水泵,这不仅因为清水泵比较适合高扬程排水(若用污水泵排水,由于其扬程较小,必须多次接力排水),而且因为地质水系砂岩裂隙水,经常排除的又是经过沉砂池沉淀的比较洁净的渗漏水,所以选用清水泵较为合适。

该水下隧道经过数十年运营考验,排水畅通,证明原设计是正确的。其中有两条经验应该吸取:(1)选择水泵时,应采用小流量高扬程和大流量大扬程的水泵相结合的方案,即采用大、小流量相结合的水泵;(2)河底段特别潮湿,水泵不经常运转会生锈,因此,河底段水泵房多余的水泵及备用水泵均应拆除,存放在地面仓库中,以便于维护管理。

水下隧道选用水泵时,可以采用移动式排水泵和固定式排水泵及大小流量的排水泵相结合的方案,既经济,又便于维护。若采用固定式排水泵,则以防潮产品为宜。

## 三、排水泵房

排水泵房的设计要根据排水泵台数和大小尺寸尽量设计得紧凑一些,因为排水泵房一般构筑在河床下的巷道式房间内,随时需要"防塌、防水",如果排水泵房设计得过于宽敞,则"防塌、防水"的要求难以满足。水泵房内一般安装三台排水泵,一台工作,两台备用。为保证排水起见,水下隧道设置备用泵是完全必要的。必要时可采用由汽车牵引的应急移动式排水泵排水,所以水泵房内应预留位置。排水泵房附近应留停移动水泵车的位置,也可和事故停车道结合考虑,以利排水。

水泵房一般采用两层楼形式,上层为水泵工作间,下层为蓄水池。各排水泵房内均有电气控制间。排水泵房内还应有一定的检修设备的位置。河底水泵房因排水泵较小,为了尽量缩小跨度，一般不设检修位置。各排水泵房的水池容积可由排水泵房平面布置情况和地下工程水文地质条件所确定的积水深度来确定。

若水下公路隧道冲洗机会少，水池清泥周期较长。河底排水泵房可利用预设的反冲洗管冲起积泥，然后由排水泵排至排水泵房。两岸排水泵房的积泥可用临时反冲清管冲洗，然后用移动泥浆泵排出，或用人工清除积泥。

若水下隧道分期修建或根据交通量的发展趋势而逐步扩建，则排水泵房要考虑相应的扩建措施，并应预留改换大容量水泵的基础和大口径的穿墙管。两引道段排水泵房应结合施工期排水修建，发挥一站多用的作用。

### 四、排水干管直径的选择

排水泵房的排水能力一般是按一台水泵工作、两台水泵备用来设计的。但在水下隧道的排水设计中，由于无法准确计算排水量，所以除在估计排水量时要适当考虑富裕量外，还应考虑备用泵的充分利用，以提高水泵房的排水能力。排水干管直径宜大不宜小。

## 第三节　隧道供配电

隧道是公路交通的要塞，若隧道的应急照明中断供电，隧道内突然漆黑一片，容易出现车辆追尾、撞车等重大交通事故，造成人员伤亡和交通阻塞。若隧道的交通监控设施、电光标志、通风及照明控制设施、紧急呼叫设施、火灾的监测、报警、控制设施及中央控制设施中断供电，监控中心无法了解隧道的运行状况，对经过隧道的车辆难以及时进行引导、指示和控制，将造成交通阻塞。若此时隧道内发生火灾、交通事故等，监控中心将无法确定隧道内事故发生的具体位置，难以合理地调度人力、物力进行施救，这将可能扩大事故的发生范围，造成严重的政治影响和经济损失，所以，隧道的供配电十分重要。隧道的供配电由供电系统和配电系统两部分组成。在设计中，供电系统主要包括确定隧道电力负荷的级别及其对电能质量的要求；确定供电电源的供电方式、电压等级、变电所的选址与设置等。配电系统主要包括确定高、低压配电系统的配电方案；选择配电变压器与配电装置；确定配电回路的保护方式，导线的型号、规格及敷设方式；确定高、低压配电系统的防雷、接地及安全保护措施等。

隧道供配电设施设计的指导思想有两条：一是供配电设施设计应注意安全性、可靠性、合理利用能源；二是从全局出发，统筹兼顾，合理划分隧道电力的负荷等级。隧道供配电设施设计涉及工程面广，设计时可按以下顺序实施：

(1)收集有关的隧道土建、通风、照明、监控、通信等方面的设计文件，以及交通、气象、环境、地质、地形、地物等基础资料。

(2)根据隧道交通工程的级别，确定供配电系统的规模。

(3)认真执行国家技术经济政策，从安全、技术、经济、维护等方面进行方案比选。

### 一、隧道供电

1. 隧道电力负荷分级

由于隧道内不同的用电设备的重要性不同，在隧道供电中应区别对待。为此，隧道供电工程中根据供电可靠性和中断供电在社会、经济上所造成的损失或影响程度，对所有用电设备进行了电力负荷分级，如表 5-3-1 所示。

**隧道重要电力负荷分级** 表 5-3-1

| 序号 | 电力负荷名称 | 负荷级别 |
|---|---|---|
| 1 | 应急照明<br>电光标志<br>交通监控设施<br>通风及照明控制设施<br>紧急呼叫设施<br>火灾检测、报警、控制设施<br>中央控制设施 | 一级[①] |
| 2 | 消防水泵<br>基本照明<br>排烟风机 | 一级 |
| 3 | 通风机[②] | 二级 |
| 4 | 其余隧道电力负荷 | 三级 |

注:①该一级负荷为特别重要负荷。

②此处系指除作为一级负荷以外的其他通风机。

2. 隧道供电要求

按照电力负荷重要性的不同,隧道供电应满足以下要求:

(1)隧道一级负荷应由两个电源供电,当一个电源发生故障时,另一个电源应不致同时受到损坏。一级负荷容量不大时应优先采用从邻近的电力系统取得第二低压电源,亦可采用应急发电机组作为备用电源。

(2)对于隧道一级负荷中特别重要的负荷,除上述两个电源外,还必须设置不间断电源装置(UPS)作为应急电源,并严禁将其他负荷接入应急供电系统。

(3)隧道二级负荷的供电系统宜由两回线路供电。

需要说明的是,简单地从电力网引接两回路电源进线的供电方式,不能满足一级负荷中特别重要负荷对供电可靠性及连续性的要求。因为有的发生全部停电事故是由内部故障引起,有的是由电力网故障引起,因地区大电力网在主网电压上部是并网的,所以用电部门无论从电网取几回电源进线,也无法得到严格意义上的两个独立电源。因此,电力网的各种故障,可能引起全部电源进线同时失去电源,造成停电事故。当有自备发电站时,虽可利用低周解列措施,提高供电的可靠性,但运行经验证明,仍不能完全避免全部停电的事故发生。由于内部故障或继电保护的误动作交织在一起,造成自备电站电源和电网均不能向负荷供电,低周解列装置无法完全解决这个问题。因此,正常与电网并列运行的自备电站,一般不宜作为应急电源使用,对一级负荷中特别重要的负荷要由与电网不并列的、独立的应急电源供电。

为了保证对一级负荷中特别重要负荷的供电可靠性,应尽量减少应急电源的容量,所以严禁将其他负荷接入应急电源系统。

隧道中特别重要负荷要求采用交流电源供电,允许停电时间为毫秒级。该负荷容量不大,可采用静态交流不间断电源装置作为应急电源。另外,具有应急电源蓄电池组的静态交流不间断电源装置,其正常电源是经整流环节变为直流才与蓄电池组并列运行的,在对蓄电池组进行浮充储能的同时经逆变环节提供交流电源,当正常电源系统故障时,利用蓄电池组直流储能放电而自动经逆变环节不间断地提供交流电源,但由于整流环节的存在因而蓄电池组不会向正常电源进线侧反馈，也就保证了应急电源的专用性。

3. 隧道供电电源与变配电所

为隧道直接供电的变配电所的设置应注意以下几点：

(1)变配电所设置在良好的空气流通环境中，变配电所如果设在隧道行车出口处或两座间距较近且空气流通状况不良的连续隧道间隔路段旁时，汽车尾气形成的大量的烟雾将笼罩在变配电所周围，直接危害变配电所值班人员的身体健康并使所内变配电设备受到腐蚀，短缩使用寿命，并可能产生错误动作。

(2)隧道内机电设备供电电缆的截面选择与其供电距离有密切关系，供电距离越远，电缆的线路压降就越大。为了保证机电设备端电压处在允许偏差值以内，则需加大供电电缆截面，以减少线路压降。经验表明，单端供电的隧道其长度超过1.3km、两端供电的隧道其长度超过3km时，洞内的小负荷需要大电缆供电的情况便相当突出，这不符合国家相关的技术经济政策。此时，需在隧道口或洞内再增设变配电所，以缓解上述矛盾。

某公路隧道长1298m，该隧道单端设变配电所时，洞内用电设备供电电缆造价要比两端设变配电所的高出86.9万元。此费用与在隧道另一端再设一个相应规模变配电所的费用相当。目前我国隧道供配电设计的普遍做法是，1.3km及以下的隧道单端设一座变配电所，1.3～3km的隧道两端各设一座变配电所，3km以上的长隧道视具体情况在洞中再增设若干个变配电所。

4. 隧道电压选择和电能质量

目前我国公用电力系统逐步由10kV取代6kV电压，采用10kV配电电压可以节约有色金属，减少电能损耗和电压损失等，为了与外电网配合，隧道的高压配电电压宜采用10kV。但对于采用轴流风机通风的长大隧道，由于轴流风机的供电电压一般为6kV，当隧道的供电电压为35kV及以上时，如采用10kV高压配电，则轴流风机一般经10/6kV中间变压器供电。由于轴流风机容量较大，10kV配电方案中所需的中间变压器容量及其损耗就较大，开关设备和投资也增多，采用10kV配电电压反而不经济，而采用6kV是合理的。因此，在工程实际中，应根据轴流风机在隧道用电负荷中所占比重，经过技术经济比较，确定高压配电的电压是采用10kV还是6kV。

在隧道供配电系统设计中，正确选择供电元件和系统结构可以在一定程度上减少电压偏差，提高电能质量，具体做法如下：

(1)由于电网各点的电压水平高低不一，合理选择变压器的变压比和电压分接头，即可将供配电系统的电压调整在合理的水平上。但这只能改变电压水平而不能缩小偏差范围。

(2)供电元件的电压损失与其阻抗成正比，在技术经济合理时，减少变压级数，增加导线截面，采用电缆供电，可以减少电压损失，从而缩小电压偏差范围。

(3)产生电压偏差的主要因素是系统滞后的无功负荷所引起的系统电压损失。因此，当负荷变化时，相应调整电容器的接入容量就可以改变系统的电压损失，另外，隧道照明中通常采用的高压钠灯与荧光灯功率因数都较低，且灯具的数量众多，需在单灯中采用接入无功补偿电容器或采取其他可靠措施提高功率因数，以降低隧道照明回路的计算电流，减少照明供电线路的电压降，从而缩小电压偏差范围。

(4)隧道的低压配电一般采用三相四线制，系统中如三相负荷分布不均，(相线对中性线)将产生零序电压，使零点移位，若一相电压降低，另一相电压升高，便增大了电压偏差，因此设计中应尽量使三相负荷分布均匀。

(5)目前隧道通风中采用的通风机的单机容量均较大，且通风机在使用(特别在火灾发生)

时，需在相当短的时间内全部起动，才能及时把烟气等有毒气体排出洞外。而通风机正常启动时的起动电流一般为其额定电流的7~8倍。隧道通风机在短时间内全部起动对隧道供配电系统的冲击相当大，将使系统电压大幅波动，影响其他设施的正常运作及运行寿命。故隧道通风机应采用减压起动装置，以减小通风机起动电流对隧道供配电系统的冲击。

## 二、隧道配电

隧道是个拥有烟雾、粉尘、腐蚀性气体，阴暗、潮湿环境比较恶劣的场所。隧道内配电设施的选择除应满足常规要求外，还应注意其是否具有必要的防水、防尘、防腐蚀性能。隧道内配电箱、柜的防护等级应达到IP55。隧道配电设施各部分要求如下：

1. 隧道配电回路

(1)隧道各类电力负荷应根据性质、功能的不同各自设置单独的配电回路。

(2)隧道应设置供维修和养护作业用的配电回路，该回路末端应设置漏电保护装置。

(3)正常运行情况下公路隧道内用电设备端子处电压偏差允许值(以额定电压的百分数表示)宜按±5%验算。少数距隧道变配电所较远的电动机(含通风机)，如电动机端电压低于额定值的95%时仍能保证电动机温升符合有关规定，且堵转转矩、最小及最大转矩均能满足传动要求，则电动机的端电压可低于95%，但不得低于90%。

2. 配电线路要求

(1)变配电所低压配电屏至隧道内配电箱的低压配电干线回路宜采用电缆。

(2)隧道内配电线路布设应符合下列要求：

①隧道内配电线路采用金属管布线时，宜采用供水钢管或煤气钢管；

②三根以上绝缘导线穿于同一根金属管时，其总截面积(含外护层)不应超过管内面积的40%；

③穿金属管的交流线路，应将同一回路的所有相线和中性线穿于同一根管内；

④不同回路的线路不宜穿于同一根金属管内，但符合下列情况之一时可穿于同一管内，但管内绝缘导线的总数不应多于8根：a.标称电压为50V以下的回路，b.同一设备的电力回路和无防干扰要求的控制回路，c.同类照明的几个回路；

⑤隧道内配电线路采用电缆桥架布线时，应根据腐蚀介质的特点对电缆桥架采取相应的防护措施，并宜选用塑料护套电缆；

⑥在电缆桥架上可以无间距敷设电缆，电力电缆在桥架内横断面的填充率不应大于40%；

⑦下列不同电压、不同用途的电缆，不宜敷设在同一层桥架上：a.1kV以上和1kV以下的电缆，b.同一路径向一级负荷供电的双路电源电缆，c.应急照明和其他照明的电缆，d.强电和弱电电缆，如受条件限制需安装在同一层桥架上时，应用隔板隔开。

3. 配电变压器选择

(1)当隧道的动力和照明采用共用变压器严重影响照明质量及灯泡寿命时，宜设照明专用变压器。

(2)隧道宜选用Dyn11接线组别的三相配电变压器。

4. 不间断电源

(1)隧道特别重要负荷应采用在线式不间断电源，其电池维持供电时间应不小于30min。

(2)不间断电源应设有手动、自动旁路装置。

(3)不间断电源应配置密封式免维护铅酸蓄电池组,并且具有对电池组进行测量及显示的功能。

(4)不间断电源输出端的中性线(N极)必须与由接地装置直接引来的接地干线相连接,做重复接地。

## 三、某运河水下隧道供电方式简介

为了确保水下隧道供电安全可靠,运河隧道设有三路外电(自三个不同方向引进),又在隧道两端设置两个(东岸和西岸分设)自备柴油机发电站。

1. 用电负荷

运河隧道用电设备主要有送风机、排风机、水泵、照明和控制监视装置等。安装台数及容量如表5-3-2所示。

**隧道用电主要设备负荷统计表** 表5-3-2

| 设备名称 | 台数 | | 每台功率(kW) |
|---|---|---|---|
| | 东岸 | 西岸 | |
| 一级可变速送风机 | | | |
| 二级可变速送风机 | 2 | 2 | 160/25 |
| 一级送风机 | 2 | 2 | 175/25 |
| 二级送风机 | 4 | 4 | 160 |
| 一级排风机 | 2 | 2 | 160 |
| 二级排风机 | 4 | 4 | 175 |
| 风门控制电动机 | 2 | 2 | 175 |
| 过滤通风机 | 4 | 4 | 1 |
| 口部排水泵 | 6 | 6 | 6 |
| 消防水泵 | 2 | 2 | 25 |
| 雨水贮水池水泵 | 1 | 1 | 50 |
| 污水泵 | 1 | 1 | 10 |
| 照明及控制监视装置等 | 2 | 2 | 5 |

2. 供电系统

主接线系统见图5-3-1。整个隧道采用分段供电方式,以隧道中心为界,东端由东岸变电所及自备柴油机发电站供电。西端由西岸变电所及自备柴油机发电站供电。西岸外电,引入两条11kV电缆接至母线。

东岸外电,引入一条11kV电缆接至母线。11kV系统采用单母线分段。为保证电压质量,在母线间跨接一台带负荷的调压变压器,容量为4500kVA。当外电电网电压质量不合乎要求时,可以调压。

为保证东西两岸供电不间断,两主变电所还敷设了11kV电缆作为备用线。

送风机、排风机等动力配电电压为380V,东西两端各由三台1500kVA、11kV—380/220V变压器供电;照明电压为220V。由于供电距离长,为减少电压损失,采用3.3kV供电,然后接至

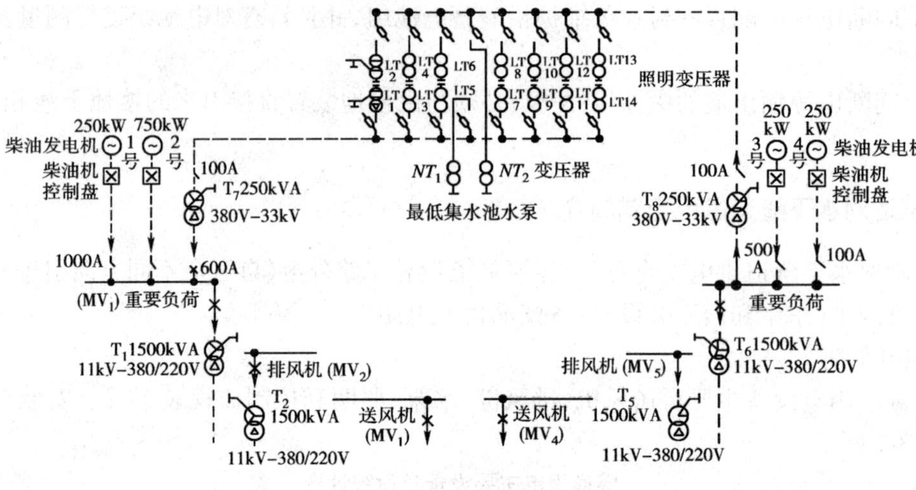


图 5-3-1 某运河水下隧道供电系统

30kV 降压变压器(3.3kV—390/225V),东西两端各安装 7 台。

东西两岸自备电站各安装 2 台柴油发电机组,每台功率为 250kW,主要供照明、控制监视装置等用。

3. 柴油发电机的选择要求

(1)柴油发电机的工作环境

柴油发电机安装在隧道口部的柴油发电站内,其环境条件如下:

标高:海平面。

气候:热,潮湿。

气温:最低 0℃,最高 45℃;夏季平均气温 35℃,冬季平均气温 10℃。

相对湿度:夏季平均为 50% ~ 55%,冬季平均为 53% ~ 56%。

(2)工作体系及操作准则

①柴油发电机组系作为备用电源,因而要求当外电源中断时能够自启动发电。当柴油发电机组达到额定速度及电压以后,控制盘内的断路器即自动合闸,供主要用电负荷。当外电源恢复供电时,柴油发电机在可调节的延时继电器的控制下自动关闭。此延时继电器能在 30 秒到 30 分的范围内进行调节,并按下列程序动作:

a. 打开柴油发电机控制盘的断路器;

b. 关闭供应主要用户配电盘 380V 的空气断路器;

c. 将发电机关闭。

②当周围气温为 45℃、功率因数 0.8 时,柴油发电机连续发电功率为 250kW;同时,在气温 45℃。该机组能在 12h 以内,不超过 1h 的期间,在功率因数为 0.8,能超载 10%(275kW)运行。根据运行经验,地下电站可考虑室温 + 45℃运行,以节省能源。电站室温问题,应根据机组性能来定。

③柴油发动机额定转速为 1500r/min。进气口装有空气滤清器。排气系统设有隔离火花的栏板及消音器。柴油发动机采用水冷却,散热器将是适合于周围有高温的热带式散热片。

④交流发电机为 3 相、50Hz、380V、四线 Y 形连接的自励磁形式,额定功率为 250kW。

⑤自动电压调整器为半导体式,能提供自动电压调整。

## 思考与练习

1．隧道给水有哪些用途？给水系统由哪些部分组成？

2．哪类隧道需设专门排水系统？设计时应注意哪些问题？

3．简述隧道电力负荷分级的意义和作用。

4．隧道供电系统应满足哪些要求？

# 第六章 隧道养护与安全管理

随着高等级公路的发展，公路隧道日益增多，公路隧道养护工作的重要性逐渐凸现。公路隧道既是道路工程构造物又是地下工程结构，它涉及工程地质、结构力学、空气动力学、光学、自动控制和工程机械等多种学科，技术较为复杂，这就增大了养护维修及其管理的难度。而且，公路隧道一般都处于崇山峻岭之中，无绕行可能，如果隧道内出现严重渗漏水、衬砌开裂或设施故障等情况，就会妨碍交通，使整个交通线完全处于中断状态，给公路交通造成恶劣影响，因此，隧道的养护管理比一般路段的养护管理更为重要。隧道养护管理包括土建结构养护、机电设施养护与安全管理等。本章重点介绍隧道土建结构养护，内容包括隧道清洁维护、结构检查、结构保养维修、病害处理，对于机电设施养护和隧道安全管理，由于涉及机电、管理等专业基础知识，本章只作简要介绍。

## 第一节 隧道清洁维护

隧道内环境的洁净对保障行车安全与舒适极为重要。隧道内安装有通风设施、照明设施和监控设施，这些设施通常只能在洁净的环境下才能较好地发挥作用。如果隧道内尘土飞扬，枝叶等杂物到处漂浮，则通风机可能会损坏，光线透过率会减少，照明效率会降低，各种检测器工作可靠性会下降。与其他公路结构物相比，隧道呈长管状，烟尘等污染物不易散发，隧道内的路面和结构表面容易脏污。因此，只有通过清洁养护，才能为车辆提供良好的通行环境。

1. 路面清扫

为了保持路面干净整洁，提供安全舒适的通行环境，需要经常清扫路面。隧道内路面由于无雨水冲刷，较易脏污，而路面的整洁与隧道的服务质量密切相关。因此，一般要求隧道内路面应定期清洁：高速公路隧道清扫应不少于1次/日，其他公路隧道可根据具体情况，确定适宜的清扫频度，但不宜少于1次/月。

隧道内空间有限，要求迅速而有实效地实施清扫作业，因此适宜以路面清扫车进行清洁。路面清扫车有刷式和真空式两种。刷式清扫车适用于砂土较多的路面，而真空式清扫车适用于要求高速作业的环境。目前我国人工扫路还很普遍，先以扫帚清扫路面，然后用车辆将垃圾运出，这种情况在我国公路隧道路面的清扫中仍很常见。清扫路面时，应注意路面脏污部位的清扫。路面两侧边缘应清扫到位，对紧急停车带、人行横洞洞口应减速慢扫，必要时辅以人工清扫。当路面被油类物质或其他化学品污染时，应及时采取必要的措施清除污垢，并用清洁剂清洗干净。

2. 顶板清洁

为了经常保持顶板和内装的外观整洁，维护舒适的通行环境，提高照明系统的功效，需要定期对顶板和内装进行清洁养护。对顶板和内装的清洁周期一般要求是，顶板的清洁不少于1次/2年；内装修的清洁不少于1次/季度；高速公路内装的清洁可以1次/月。隧道顶板与内装修的清洁频度取决于其脏污程度，而脏污程度又与隧道的交通量、隧道所处的地理环境等因素有关,因此,实际落实的清洁频度可在一般规定的基础上,根据隧道的具体情况灵活调整。如成渝路重庆段的中梁山隧道、缙云山隧道,因未设顶板,故很少清扫拱顶;内装为瓷砖镶面,清洗周期约为1次/月。

清洁的方式有湿法和干法两种。湿法清洁目前应用较广,但是需要设置清洗废水的沉淀池,将废水处理后再排放;干法清洁无需处理废水,但会产生大量的尘埃,恶化隧道环境,作业时需要使用集尘装置或对车辆加以引导。表6-1-1简单列出了两种清洁方式的特点。

**湿法、干法清洁的特点** 表6-1-1

| 项目 \ 清洁方式 | 湿法清洁 | 干法清洁 |
| --- | --- | --- |
| 设备 | 需设置废水沉淀池 | 设备相对简单 |
| 作业规模 | 较大 | 较小 |
| 对内装板的影响 | 清洁压力小 | 清洁压力较大,可能损伤内装板 |
| 对通行车辆的影响 | 污水散流,但可控制,对交通有一定影响 | 清扫时产生大量尘埃,影响交通 |
| 清洁效果 | 较好 | 较差,飞散的尘埃可能再次附着 |

在湿法清洁时,尘土仅用清水冲洗即可去除,而沉积的烟灰和油状的(燃烧)残留物,尤其是来自柴油发动机的油烟,可能需要使用清洁剂和清洁器具才能洗掉。为了给清洁剂留有充分的反应时间,最好单独设置一辆小卡车用于喷洒清洁剂溶液。为此,卡车配有一个容量约为1.2$m^3$的容器、动力泵和喷嘴等设备。清洁剂宜尽量采用中性的药剂,以减少对隧道内养护工作人员、结构和设施的危害。通常,隧道清洗车装备有一定容量的水箱,一台能提供约120Pa压强的水泵,以及喷嘴、旋转刷等设备。根据经验,刷毛比较硬且长的旋转刷可提高清洗效率。

此外,高压喷水枪也用于顶板和内装修的清洁,以替代刷子。其方法是:先喷洒清洁剂溶液,待其与污垢发生反应后,再将清水在500~600Pa的压强下,由细小的喷嘴喷出,以高压进行冲刷。此法在美国Potapsko River隧道中使用过,据报道效果良好。

3. 排水设施疏通

隧道排水设施需经常进行清理、疏通,以保持其良好的排水功能,确保水流畅通无阻,及时排泄隧道内漏水、污水、汽车挟带的泥水以及其他积水,防止积水影响行车,损害隧道结构或设施。具体的清洁周期应根据隧道的具体情况,综合考虑确定。《公路隧道设计规范》(JTG D70—2004)规定:隧道内的纵坡应不小于0.3%。当坡度在0.3%~0.5%时,水流缓慢,杂物易淤积,水沟易被堵塞,因而需特别注意;隧道的洞口段容易积聚垃圾和各类杂物,易于在边沟内淤积而影响排水,需特别留意。

此外,对于隧道的标志标线,也应定期进行清洁维护,保持其清晰醒目,确保交通信息传递清楚无误。

## 第二节 隧道结构检查

隧道土建结构在长期服务过程中,由于围岩压力的变化、车辆行驶的影响、材料性能的劣化、隧道水环境的变异等原因,隧道结构会出现开裂、错位、脱皮、掉块、渗漏水等病害。对于上述病害必须及时发现,合理处置,方能保证隧道结构安全,减少维修费用。对隧道结构的检查是及时发现结构病害的基本途径之一。土建结构的检查工作分为日常检查、定期检查、特别检查和专项检查四类。这四类检查是逐渐深入的,为了使此过程有条不紊地根据先行检查的结论确定后行检查如何进行，可将日常检查、定期检查和特别检查的结果分为三级，如表 6-2-1 所示；将专项检查的结果分为四级，如表 6-2-2 所示。土建结构检查工作可按图 6-2-1 流程进行：

**日常、定期和特别检查结构的判定** 表 6-2-1

| 判定分类 | 检查结论 |
|---|---|
| S | 情况正常（无异常情况，或虽有异常情况但很轻微） |
| B | 存在异常情况，但不明确，应作进一步检查或观测以确定对策 |
| A | 异常情况显著，危及行人、行车安全，应采取处治措施或特别对策 |

**专项检查结构的判定** 表 6-2-2

| 判定分类 | 检查结论 |
|---|---|
| B | 结构存在轻微破损，现阶段对行人、行车不会有影响，但应进行监视或观测 |
| 1A | 结构存在破坏，可能危及行人、行车安全，应准备采取对策措施 |
| 2A | 结构存在较严重破坏，将会危及行人、行车安全，应尽早采取对策措施 |
| 3A | 结构存在严重破坏，已危及行人、行车安全，必须立即采取紧急对策措施 |

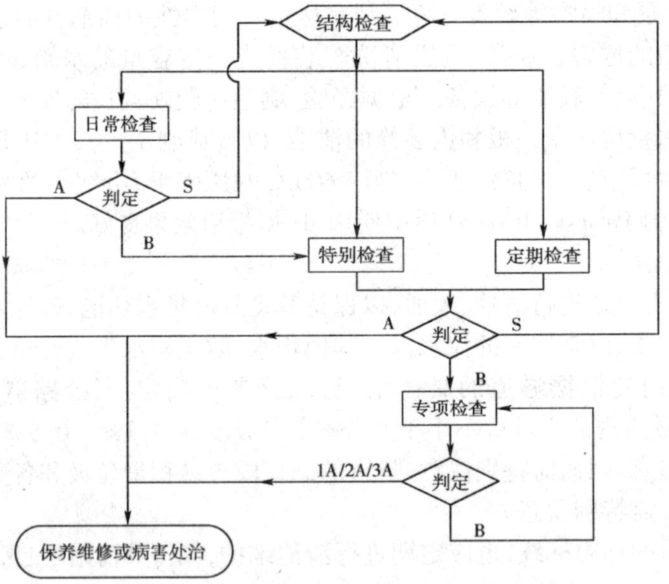


图 6-2-1 土建结构检查工作流程图

注：S-Safe，安全/正常；B-Back，返回、需进一步检查或观测/异常情况不明；A-Alert，警报/异常情况；根据异常情况的严重程度，专项检查进一步区分为：1A-破损；2A-较严重破损；3A-严重破损

1．日常检查

日常检查主要是通过目测或采用简单的工具，对土建结构的外观状况进行日常巡视检查，其目的是及时发现结构的早期破损、病害或其他异常情况，并确定对策措施。检查的频度应不少于 1 次/月，高速公路隧道应不少于 1 次/周。遇雨季、冰冻季节或其他特殊情况时，应加强日常检查工作。日常检查的内容及判定分级标准如表 6-2-3 所示。

日常检查以定性判断为主，检查结构及时填入“日常检查记录表”，详细记录检查项目的破损类型，估计破损范围和程度以及养护工作量，进行分级，并采取相应对策。

**日常检查内容及判定表** 表 6-2-3

| 项目名称 | 检查内容 | 判定 | |
|---|---|---|---|
| | | B | A |
| 洞口 | 边(仰)坡有无危石、积水、积雪；洞口有无挂冰；边沟有无淤塞；构造物有无开裂、倾斜、沉陷等 | 存在落石、积水、积雪隐患；洞口局部挂冰；构造物局部开裂、倾斜、沉陷，有妨碍交通的可能 | 坡顶落石、积水漫流或积雪崩塌；洞口挂冰掉落路面；构造物因开裂、倾斜或沉陷而致剥落或失稳，边沟淤塞，已交通的可能 |
| 洞门 | 结构开裂、倾斜、沉陷、错台、起层、剥落；渗漏水(挂冰) | 侧墙出现起层、剥落；存在渗漏水或结冰，尚未妨碍交通 | 拱部及其附近部位出现剥落；存在喷水或挂冰等，已妨碍交通 |
| 衬砌 | 结构裂缝、错台、起层、剥落 | 衬砌起层，且侧壁出现剥落状况，尚未妨碍交通，将来可能构成危险 | 衬砌起层，且拱部出现剥落状况，已妨碍交通，并有继续恶化的可能 |
| | (施工缝)渗漏水 | 存在渗漏水，尚未妨碍交通 | 大面积渗漏水，已妨碍交通 |
| | 挂冰、冰柱 | 存在结冰现象，尚未妨碍交通 | 拱部挂冰，形成冰柱，已妨碍交通 |
| 路面 | 落物、油污；滞水或结冰；路面拱起、坑洞、开裂、错台等 | 存在落物、滞水、结冰、裂缝等，尚未妨碍交通 | 拱部落物，存在大面积路面滞水、结冰或裂缝，已妨碍交通 |
| 检修道 | 结构破损；盖板缺损；栏杆变形、损坏 | 栏杆变形、损坏；道板缺损；结构破损，尚未妨碍交通 | 栏杆局部毁坏或侵入建筑限界；道路结构破损，已妨碍交通 |
| 排水设施 | 破损、堵塞、积水、结冰 | 存在破损、堵塞、积水或结冰，尚未妨碍交通 | 沟管堵塞、积水漫流，结冰，设施破损严重，已妨碍交通 |
| 吊顶 | 变形、破损、漏水(挂冰) | 存在破损、漏水，尚未妨碍交通 | 破损严重，或从吊顶板漏水严重，已妨碍交通 |
| 内装 | 脏污、变形、破损 | 存在破损，尚未妨碍交通 | 破损严重，已妨碍交通 |

2. 定期检查

定期检查是按规定周期对土建结构的基本状况进行全面检查，检查的周期一般为 1 次/年，检查的时间应安排在隧道病害多发季节。对于大多数地区，雨季是病害多发期；对于寒区隧道，春融期是各种病害的多发期。

定期检查的目的是掌握结构的基本技术状况、评价结构物的功能状态，为制定养护计划提供依据。定期检查也是以目测或简单测量为主，必要时配备其他检查工具或设备。检查时，应尽量靠近结构，依次检查各个结构部位，注意发现异常情况或原有的异常情况的发展变化情况，并在结构上的适当位置和隧道展示图上做出标记。定期检查的内容及评定分级标准如表 6-2-4 所示。

定期检查应尽量量化，检查结果及时填入“定期检查记录表”，将检查数据和病害绘入“隧道展示图”，详细记录各类结构的基本技术状态，分析病害的成因，给出评定分级，并采取相应对策。

**定期检查内容及判定表** 表 6-2-4

| 项目名称 | 检 查 内 容 | 判 定 | |
|---|---|---|---|
| | | B | A |
| 洞口 | 山体有无滑坡、岩石有无崩塌征兆;边坡、碎落台、护坡道等有无缺口、冲沟、潜流涌水、沉陷、塌落等 | 存在滑坡、崩塌的初步迹象,尚不危及交通 | 山体开裂、滑动,岩体开裂、失稳,已危及交通 |
| | 护坡、挡土墙有无裂缝、断缝、倾斜、鼓肚、滑动、下沉或表面风化、泄水孔堵塞、墙后积水、周围地基错台、空隙等 | 存在此类异常情况,尚不妨碍交通 | 挡土墙、护坡等产生开裂、变形、位移等,可能对交通构成威胁 |
| 洞门 | 墙身有无开裂、裂缝 | 墙身存在轻微开裂,尚不妨碍交通 | 由于开裂,衬砌存在剥落的可能,对交通构成了威胁 |
| | 衬砌有无起层、剥落 | 存在起层、剥落,尚不妨碍交通 | 在隧道洞部发现起层、剥落,有可能妨碍交通 |
| | 结构有无倾斜、沉陷、断裂 | 墙身存在轻微的倾斜或下沉等,尚不妨碍交通 | 通过肉眼观察,即可发现墙身有明显倾斜、下沉等,或洞门与洞身连接处有明显的环向裂缝,有外倾的趋势,对交通构成了威胁 |
| | 混凝土钢筋有无外露 | 存在轻微的外露现象,尚不妨碍交通 | 混凝土保护层剥落,钢筋外露,受到锈蚀,对交通构成了威胁 |
| 衬砌 | 衬砌有无裂缝、剥落 | 在拱顶或拱腰部位,存在裂缝且数量较多,尚不妨碍交通 | 衬砌严重开裂,混凝土被分割形成块状,存在掉落的可能,对交通构成威胁 |
| | 衬砌表层有无起层、剥落 | 存在起层,并有压碎现象,尚不妨碍交通 | 衬砌严重起层、剥落,对交通构成威胁 |
| | 墙身施工缝有无开裂、错位 | 存在这类异常现象,尚不妨碍交通 | 接缝开口、错位、错台等引起止水板或施工缝砂浆掉落,发展下去可能妨碍交通 |
| | 洞顶有无渗漏水、挂冰 | 存在渗漏水,未妨碍交通,但影响隧道内设备的安全 | 衬砌大规模漏水、结冰,已妨碍交通 |
| 路面 | 路面上有无塌(散)落物、油污、滞水、结冰或堆冰等;路面有无拱起、沉陷、错台、开裂、溜滑等 | 存在这类异常现象,尚不妨碍交通 | 路面出现严重的拱起、沉陷、错台、裂缝、溜滑等,以及漫水、结冰或堆冰等,已妨碍交通 |
| 检修道 | 道路有无毁坏、盖板有无缺损;栏杆变形、锈蚀、破损等 | 道路局部破损,栏杆有锈蚀,尚未妨碍交通 | 道板毁坏、碎物散落,栏杆破损变形,可能侵入限界,已妨碍交通 |
| 排水设施 | 结构有无破损,中央窨井盖、边沟盖板等是否完好,沟管有无开裂漏水;排水沟(管)、积水井等有无淤积堵塞、沉沙、滞水、结冰等 | 存在沉沙、积水,尚不妨碍交通 | 由于结构破损或泥沙阻塞等原因,积水井、排水沟(管)等淤积、滞水,已妨碍交通 |
| 吊顶 | 吊顶板有无变形、破损;吊杆是否完好等;有无漏水(挂冰) | 存在此类异常情况,尚不妨碍交通 | 存在严重的变形、破损、漏水,已妨碍交通 |
| 内装 | 表面有污脏污、缺损;装饰板有无变形、破损等 | 存在此类异常情况,尚不妨碍交通 | 存在严重的污染、变形、破损,已妨碍交通 |

3．特别检查

特别检查是在隧道遭受地震、山体滑坡或崩塌等自然灾害、交通事故或其他异常情况后，对受影响的土建结构部分立即进行的详细检查。

特别检查的目的是掌握隧道遭受各种灾害等异常情况后的受损情况和技术、安全状态，检查应根据异常情况的影响情况，选择检查方法、工具和设备，对受影响的结构或结构部位做重点检查。特别检查的分项内容、判定方法和记录与定期检查相同。

4．专项检查

专项检查是根据定期检查、特别检查的结果而对某些破损或病害进行更深入的检测。通过专项检查，应完整掌握破损或病害的详细资料，为其是否实施处治以及采取何种处治措施提供技术依据。因此，专项检查有以下要求：(1)应由具备相应检测资质的专业结构实施；(2)应根据定期检查和特别检查的结构，开展有针对性的检查；(3)检查前应查阅各种设计、施工、养护等档案资料，掌握破损或病害的发展过程，确保检查的针对性和检查结构的正确性。

根据破损或病害的不同，专项检查可选择表6-2-5中一项或多项进行专门检查，并按表6-2-6进行结果判定。

**专项检查的项目与内容** 表6-2-5

| 检查项目 | | 检查内容 |
|---|---|---|
| 结构变形检查 | 道路线性、高程检查 | 道路中线位置、路面高度、缘石高度以及纵、横坡度等测量 |
| | 隧道横断面检查 | 隧道横断面测量，周壁位移测量(与相邻或完全好断面比较) |
| | 净空变化检查 | 隧道内壁间距测量(自身变化比较) |
| 裂缝检查 | 裂缝简易检查 | 裂缝的位置、宽度、长度、开展范围或程度等 |
| | 裂缝变形检查 | 裂缝的发展变化趋势及其速度；裂缝的方向及深度等 |
| 漏水检查 | 漏水简易检查 | 漏水的位置、水量、浑浊、冻结及原有防排水系统的状态等 |
| | 漏水检测 | 水温、pH值检查、电导度检测、水质化学分析 |
| 材质检查 | 衬砌强度检查 | 强度简易测定，钻孔取芯，各种强度试验等 |
| 衬砌及围岩状况检查 | 无损检查 | 无损检测衬砌厚度、空洞、裂缝和渗漏水等，以及围岩状况 |
| | 钻孔检查 | 钻孔测定衬砌厚度等、内窥镜观测衬砌及围岩内部状况 |
| 荷载状况检查 | 衬砌应力及拱背压力检查 | 衬砌不同部位的应力及其变化，拱背压力的分布及其变化 |

**专项检查结果的判定因素** 表6-2-6

| 判定类别 | 判定因素 | | | | 对策 |
|---|---|---|---|---|---|
| | 破损程度 | 破损发展趋势 | 对行人、行车安全的影响 | 对结构、设施安全的影响 | |
| B | 轻微 | 无或趋于稳定 | 无或轻微 | 无或轻微 | 监视、观测 |
| 1A | 一般 | 较慢 | 暂无，将来可能构成危险 | 暂无，将来可能构成危险 | 准备采取对策措施 |
| 2A | 较重 | 较快 | 已有一定的威胁，比较危险 | 已有一定的威胁，比较危险 | 尽快采取对策措施 |
| 3A | 严重 | 迅速 | 危险 | 危险 | 立即采取紧急对策措施 |

(1)结构变形检查

结构变形检查主要检查道路线性、高程、隧道横断面,采用的工具主要为经纬仪、水准仪、花杆、卷尺、隧道断面仪等各种测量设备。

(2)裂缝检查

根据检查要求的不同,将裂缝检查分为简易检查和变形检查:

1)裂缝简易检查:使用简易的测量器具或方法,查明裂缝形状有无发展变化。图 6-2-2 所示为四种简易检查方法:

①砂浆扁饼——横跨裂缝涂以拌和砂浆(扁饼),观察裂缝有无新的发展(由于振动等原因,砂浆扁饼可能掉落,因此不宜设置在隧道拱部);

②标记——目测裂缝末端位置并标记,用油漆等标明检查日期;

③裂缝测量计——横跨裂缝设置机械式宽度测量计,测量裂缝宽度变化;

④标点——横跨裂缝设置标点,用卡尺测量其间距变化。

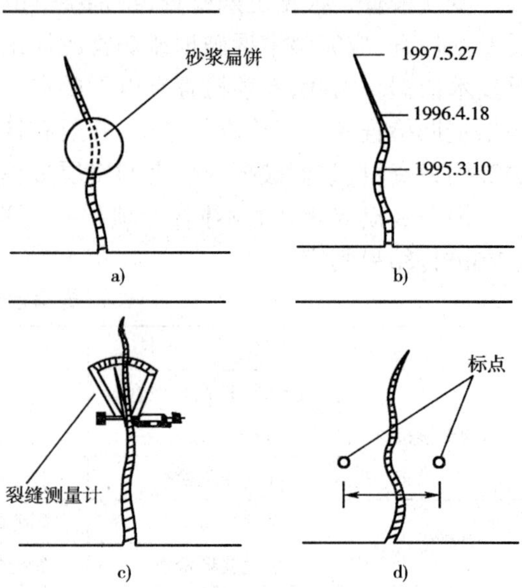

图 6-2-2 裂缝简易检查方法

a)砂浆扁饼;b)标记;c)裂缝测量计;d)标点

2)裂缝变化检测:主要针对裂缝的发展变化进行连续观测,可采用电阻丝应变型的裂缝变形计进行测量,图 6-2-3 为裂缝变化检测示例。由于季节的变化,裂缝宽度会随着混凝土的热胀冷缩而变化,因此宜连续测量 1 年以上的时间,将检查结果按时间顺序记录整理,掌握裂缝发展速度及其规律等。检查时间和周期可参考以下:

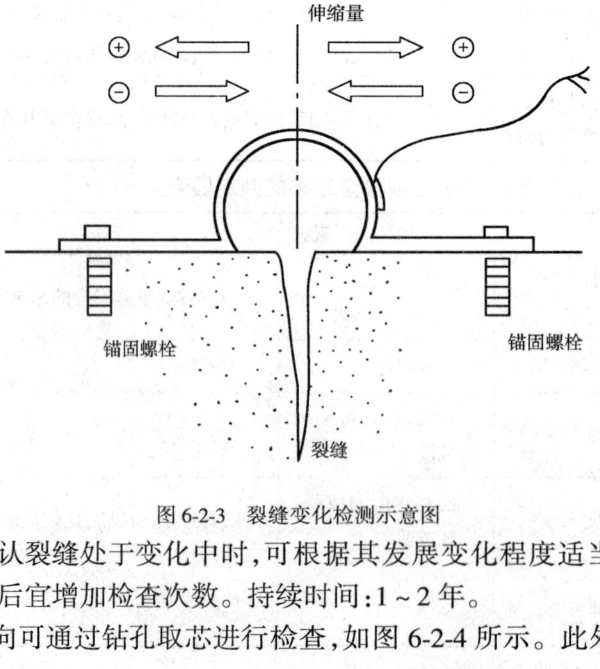

图 6-2-3 裂缝变化检测示意图

周期:1 次/月——设置后 3 个月内;1 次/3 个月——3 个月后;当确认裂缝处于变化中时,可根据其发展变化程度适当增加检查次数;地震(4 度以上震级)、暴雨后宜增加检查次数。持续时间:1 ~ 2 年。

裂缝的深度和方向可通过钻孔取芯进行检查,如图 6-2-4 所示。此外,超声波无损检测也应用于裂缝检查：根据超声波在衬砌混凝土中的传播速度，得出行程时间曲线；然后，超声波发射器位置固定，使接收器沿衬砌某一方向移动，根据裂缝位置处超声波传播时间的变化如延迟时间等，即可计算出裂缝深度，如图6-2-5所示。超声波检测方法简便易用，对检测结构无损害，应在结构检查中推广应用。

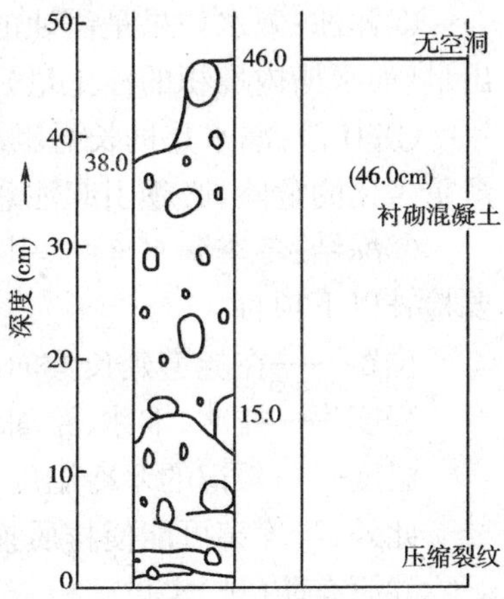


图6-2-4 钻孔取芯结果示例

(3)漏水检查

根据检查的内容、要求等，将其分为两类检查。

1)漏水简易检查

检查漏水的位置、数量、浑浊、冻结以及原有防(排)水设施的状况，内容主要包括：

①位置：检查漏水位置是否会阻碍车辆行驶和妨碍坑洞内设施的功能。特别是在寒冷地区的春融期，漏水结冰，会严重影响安全行车。检查清楚后，将漏水位置和范围标记于隧道展示图上。

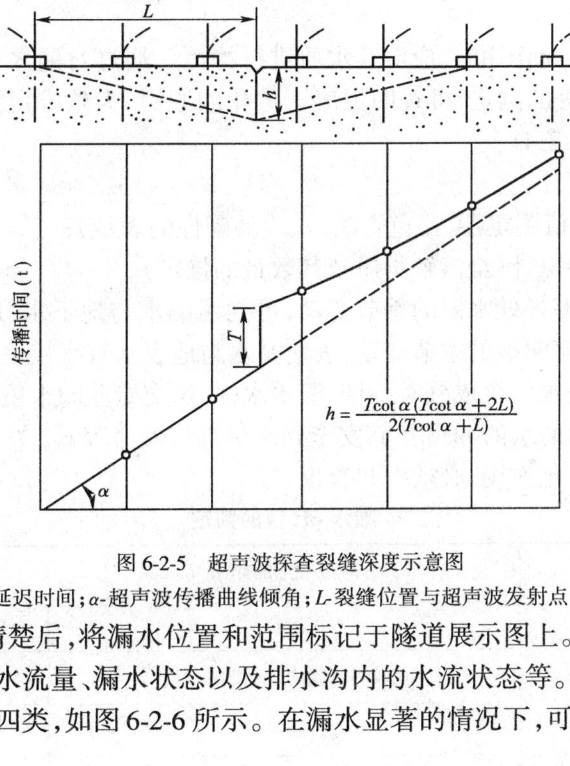


$$h=\frac{T\cot\alpha\,(T\cot\alpha+2L)}{2(T\cot\alpha+L)}$$

图6-2-5 超声波探查裂缝深度示意图

注：$T$-超声波传播延迟时间；$\alpha$-超声波传播曲线倾角；$L$-裂缝位置与超声波发射点的距离；$h$-裂缝深度

②漏水量：检查漏水流量、漏水状态以及排水沟内的水流状态等。根据漏水压力、流量等因素，将漏水状态分为四类，如图6-2-6所示。在漏水显著的情况下，可用秒表和计量容器等测定其流量。

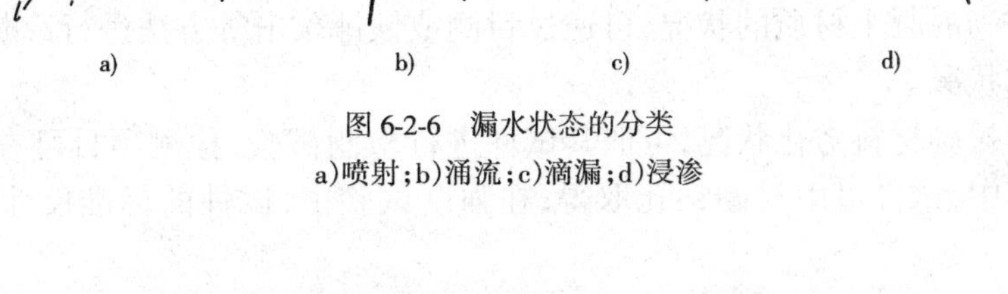


图6-2-6 漏水状态的分类

a)喷射；b)涌流；c)滴漏；d)浸渗

③浑浊：漏水如果是浑浊的，需要检查砂土是否和漏水一起流出；如有，需测定每处砂土流出量（如水槽内堆积的沙土量）。降雨后出现漏水浑浊的隧道，有必要进行详细的检查。

④pH 值：漏水是助长衬砌材质劣化的原因之一，特别是当漏水显示出强酸性时，混凝土有严重劣化的危险，必须引起注意。检查时，一般使用 pH 试纸对漏水的酸碱度作简易测定。

⑤冻结：冬季漏水冻结，引起衬砌混凝土发生冻害、路面结冰和堆冰等，妨碍交通安全。主要检查以下项目：

位置——在隧道延长方向和断面方向的分布；

程度——挂冰、堆冰、路面结冰等的规模大小和发展速度；

温度——累记的寒冷温度、最低温度、长隧道内的温度分布等。

此外，当冻害可能使材质损坏时，还需对衬砌材质进行检测试验。

⑥原有防（排）水设施检查

检查原有防（排）水设施的设置及技术状况，其功能是否发挥正常，能否满足现在的防（排）水要求。

2）水质检测

当漏水可能具有劣化作用时，应对其水质进行检测。通过对漏水和流入隧道中的地表水的温度、pH 值、导电度等的测定，可查明混凝土劣化的原因，大致推定漏水的流径。简单的漏水检测一般需要如下的工具：

水温检查——温度计；

pH 值检查——pH 值测定器、比色管法（水的酸碱性的表示）；

导电度检查——导电计（全溶解物质及其数量的推定）。

通过测量水温，掌握各处水温的季节变动，可判明漏水与地下水、地表水的关系。在同一地点，如确认漏水温度有明显的季节变动，表明漏水与地表水有直接关系。

当需要详细检查漏水所含成分时，可取漏水水样，送交专业的水质检测机构进行详细的水质分析。与混凝土接触的水的 pH 值，其安全判断标准可参考表 6-2-7。当漏水具有强酸性时，对混凝土具有很强的劣化作用，必须引起警惕。

**漏水 pH 值的判定** 表 6-2-7

| pH 值 | 对混凝土的作用 | 判 定 结 果 |
|---|---|---|
| 4.0 以下 | 水泥溶解崩溃 | 危险 |
| 4.1～5.0 | 在较短时间内表面凹凸不平 | 危险 |
| 5.1～6.0 | 表面易损坏 | 注意 |
| 6.1～7.9 | 在混凝土使用初期要注意 | 较安全 |
| 8.0 以上 | —— | 安全 |

（4）结构材质检查

结构材质检查主要是对衬砌混凝土强度进行检测，目的在于掌握衬砌混凝土材质的劣化和强度变化。衬砌混凝土材质的状况，可通过目测或铁锤敲击等方法进行诊断，能在一定程度上了解其劣化的状况。

要准确掌握衬砌材料劣化状况，可取其试件进行检测试验，检测项目可参考表 6-2-8 所示的内容进行。其中，试件可由衬砌钻孔取得；在强度试验中，试件的标准尺寸为 $\Phi = 1000$mm，

$L = 200\text{mm}$,数量宜不少于 3 个。

**衬砌混凝土的检验项目** 表 6-2-8

| 检验项目 | 检测内容 |
|---|---|
| 单轴压缩试验 | 单轴压缩强度 $\sigma_c$、静弹阻模量 $E_s$、静泊松比 $\mu_s$ |
| 超声波传播速度检测 | P 波速度 $V_p$、S 波速度 $V_s$、动弹性模量 $E_D$、动泊松比 $\mu_D$ |
| 单位体积重量试验 | 单位体集中量 $\gamma_t$、含水率 $W(\%)$ |
| 单轴拉伸试验 | 单轴拉伸强度 $\sigma$ |

(5)衬砌及围岩状况检查

此项检查的目的在于查明衬砌混凝土厚度及其背后围岩状况,分析混凝土劣化的原因,并提供处治设计所需的资料。

1)无损检查

土建结构的无损检测一般通过敲击、超声波、电磁波等方式进行。

①敲击法:通过测量敲击声的强度、频率、音质等,判断结构有无异常情况。在衬砌厚度、拱背空洞、有无剥离以及混凝土劣化等检查中应用效果较好。

②超声波法:通过测量超声波的反射行程时间,计算出衬砌厚度,并且根据其传播速度可推算混凝土的强度和劣化状态,其探查原理如图 6-2-7 所示。

③电磁波法:将数 MHz ~ 数 GHz 的高频电磁波由衬砌表面向混凝土中发射,并接收反射回来的电磁波;经过对电磁回波的处理、分析,从而获得衬砌厚度、拱背空洞等结构物的信息,其探测模式如图 6-2-7 所示。

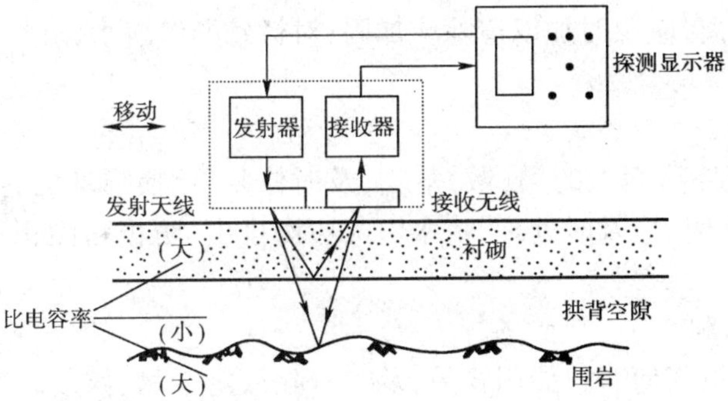


图 6-2-7 电磁波探察示意图

2)钻孔检查

通过钻孔直接观察和测定衬砌厚度、空洞深度和墙背的地质状况等,检查时,利用内窥镜插入钻孔观察结构内部与衬砌背后的各种状况、利用钻孔取样可进行材料强度等有关试验,钻孔检查分两步进行。

①钻孔取芯:钻孔的位置和深度,因检查目的不同而异。检查衬砌厚度、拱背空洞和地质状况时,深度一般为从衬砌表面到岩体内 1m;制定处治对策或进行材料强度等有关试验时,必须掌握隧道围岩的地质状况,钻孔深度可为 3 ~ 10m,此时需使用较大型的钻孔机械。

②孔内观察:钻孔完成后,可将内窥式观察镜插入钻孔中,观察衬砌内部状况、衬砌背面空洞和围岩地质状况等,并可连接摄像机进行记录。

(6)结构荷载状况检查

为了查明结构的受力状况及其变化规律，需要测量衬砌应力和拱背压力。衬砌应力和拱背压力可用仪器直接测量，不同的设置方式，测量的结果可能有所差异。测量衬砌应力，可将应力测定仪安装在混凝土内进行测量。对于已建成的隧道，可将测量仪安装在结构表面进行测量。测量衬砌压力或拱背土压，通常将压力盒安装在待测位置。

通常，测量仪器的设置方式对检测结果有较大影响，要想得到准确的结果比较困难。需要注意的是，测得数值并非原有应力或压力，而是仪器安装后的应力或压力。此外，压力的大小还因测量支架和衬砌的刚度不同而异。因此，在测量时，需要注意影响测量结果的各种因素。

## 第三节　结构保养维修

土建结构的保养维修是为了保持结构的完好状态，维持其正常使用功能而进行的经常性或预防性的日常养护工作。当日常检查的判定结果为 A 时，就应及时对土建结构进行保养和维修。结构的不同部位有不同的特点，因此保养维修时要针对各部位的结构特点分别进行。

1. 洞口

及时清除洞口边仰坡上的危石、浮土，冬季应清除积雪和挂冰，保持洞口边沟和边坡、仰坡上截（排）水沟的完好、畅通，修复洞口挡土墙、护坡、排水设施和减光设施等结构物的轻微损坏，维护洞口花草树木的正常生长。

2. 洞身

无衬砌隧道出现的碎裂、松动岩石和危石，应本着少清除多稳固的原则加以处理；围岩的渗漏水，应开设泄水孔接引水管，将水导入边沟排出；冬季应及时清除洞顶挂冰。有衬砌隧道出现的衬砌起层或剥离，应及时加以清除或加固；对衬砌的渗漏水，可将水流引入边沟排出；冬季应及时清除洞顶挂冰等。

3. 路面

及时清除隧道内外路面上的塌（散）落物，及时修复、更换损坏的窨井盖或其他设施的盖板；当路面出现渗漏水时，应及时处理，将水引入边沟排出，防止路面积水或结冰；冬季应及时清除洞口积雪。

4. 人行和车行横洞

横隧道内严禁存放任何非救援用物品，及时清除散落杂物，修复轻微破损结构，定期保养横洞门，确保横洞清洁、畅通。

5. 斜（竖）井

及时清除井内可能损伤通风设施或影响通风效果的异物；维护井内排水设施的完好，保持水沟（管）的畅通；对井内的检查通道或设施进行保养，防止其锈蚀或损坏。

6. 风道

清理送（排）风口的网罩，清除堵塞网眼的杂物；定期保养风道板吊杆，防止其锈蚀或损坏；及时修复风口或风道的破损，更换损坏的风道板。

7. 排水设施

维护隧道内外排水设施的完好，发现破损及时修复；排水管堵塞时，可用高压水或压缩空气疏通。

8. 吊顶和内装修

吊顶和内装修应保持完好和整洁美观，如有破损、缺失应及时修补恢复，不能修复的应及时更新。

9. 人行道或检修道

维护人行道或检修道的完好和畅通，道板如有破损或缺失，应及时进行修复和补充；定期保养人行道或检修道护栏，防止其锈蚀、损坏。

10. 防冻防雪设施

寒冷地区隧道的防冻保温设施应做好保养维护，如有损坏及时维修，确保其正常使用功能。

洞口设有防雪设施的隧道，应做好防雪设施的保养维护，并在大雪降临前完成设施的维修加固。

11. 交通标志

隧道的交通标志应保持外观完整、清晰、醒目，保持位置、高度和角度适当，确保交通信息传递无误。应做到：(1)及时清洗标志牌面的脏污，清除遮挡标志的障碍；(2)及时修补变形、破损的标牌，修复弯曲、倾斜的支柱，紧固松动的连接构件；(3)对锈蚀损坏、老化失效的标志，应及时更换，缺失的应及时补充。

12. 交通标线

隧道的交通标线应保持完整、清洁和醒目。应做到：(1)及时清洗脏污的标线，对破损严重和脱落的标线应及时补画；(2)清除突起路标的脏污和杂物，及时紧固松动的路标，发现损坏或丢失的，应及时修复或补换。

## 第四节　结构病害处理

随着使用时间的延长，隧道结构的各种病害逐渐产生并不断发展，若不及时对病害加以处治，便有可能最终导致重大交通事故或造成巨大经济损失，因此，应在结构检查的基础上，针对病害产生的原因，及时进行处治。同一病害往往有不同的处治方案，制订方案时一定要坚持安全、经济、合理的原则。经过分析归类，隧道结构病害的产生原因可分类如下：

(1)松弛土压(含突发性崩溃)

(2)偏压

(3)地层滑坡

(4)膨胀性土压

(5)承载力不足

(6)静水压

(7)冻胀力

(8)材质劣化

(9)渗漏水

(10)衬砌背面空隙

(11)衬砌厚度不足

(12)无仰拱

上述不同原因可能在同一结构病害中同时出现，有时互为因果。除此之外，设计的欠缺，材料性质和施工不当，常常也会引起各种病害。在选择病害处治方法时，可参考表 6-4-1。

## 病害处治选择表

表 6-4-1

| 处治方法 | 病害原因 | | | | | | | | | | | | 病害现象特征 | 预期效果 |
|---|---|---|---|---|---|---|---|---|---|---|---|---|---|---|
| | 外力引起的变化 | | | | | | | 材料劣化 | 渗漏水 | 设计与施工 | | | | |
| | 松弛压力 | 偏压 | 地层滑坡 | 膨胀性土压 | 承载力不足 | 静水压 | 冻胀力 | | | 衬砌背面空隙 | 衬砌厚度不足 | 无仰拱 | | |
| 衬背注浆 | ★ | ★ | ★ | ★ | ★ | ★ | ★ | | ○ | ★ | | | 衬砌裂纹、剥离、剥落 | 衬砌与岩体紧密结合，荷载作用均匀，衬砌和围岩稳定 |
| 防护网 | | | | | | | | ★ | | | | | 1.衬砌裂纹、剥离、剥落;2.衬砌材料劣化 | 防止衬砌局部劣化 |
| 喷射混凝土 | ○ | ☆ | | ☆ | ☆ | ○ | ○ | ☆ | | | ☆ | | 1.衬砌裂纹、剥离、剥落;2.衬砌材料劣化 | 防止衬砌局部劣化 |
| 锚杆加固 | ☆ | ★ | ☆ | ★ | ★ | ○ | ☆ | ○ | | | ☆ | ★ | 1.拱部混凝土和侧壁混凝土裂纹，侧壁混凝土挤出；<br>2.路面裂缝，路基膨胀 | 1.岩体改善后岩体稳定性提高，防止松弛压力扩大；<br>2.通过施加预应力，提高承受膨胀性土压力和偏压的强度 |
| 排水止水 | ○ | ○ | ☆ | ○ | ○ | ★ | ★ | | ★ | | | | 1.衬砌裂纹或施工缝漏水增加；<br>2.随衬砌内漏水流出大量砂土 | 1.防止衬砌劣化，保持美观<br>2.恢复排水系统功能，降低水压 |
| 套拱 | ○ | ☆ | ☆ | ☆ | ☆ | ○ | ○ | ☆ | | | ★ | | 1.衬砌裂纹、剥离、剥落;2.衬砌材料劣化 | 由于衬砌厚度增加，衬砌抗剪强度得到提高 |
| 绝热层 | | | | | | | ★ | | | | | | 1.拱部混凝土和侧壁混凝土裂缝，侧壁混凝土挤出；<br>2.随季节变化而变动 | 1.由于解冻，防止衬砌劣化<br>2.防止冻胀压力的产生 |
| 滑坡整治 | | ☆ | ★ | | | | | | | | | | 1.衬砌裂缝、净空宽度缩小;2.路面裂缝，路基膨胀 | 防止岩层滑坡 |
| 围岩注浆 | ○ | ○ | | | | ○ | | ○ | ☆ | ☆ | ☆ | | 1.拱部混凝土和侧壁混凝土裂纹，侧壁混凝土挤出；<br>2.路面裂缝，路基膨胀 | 周边围岩改善，提高了围岩的抗剪强度和粘结力 |
| 灌浆锚固 | ☆ | ★ | ★ | ★ | ★ | | | | | | ○ | ★ | 1.拱部混凝土和侧壁混凝土裂纹，侧壁混凝土挤出；<br>2.路面裂缝，路基膨胀 | 由于施加了预应力，提高膨胀性岩层、偏压岩层的强度 |
| 增设仰拱 | | ★ | ☆ | ★ | ★ | ○ | ☆ | | | | | ★ | 1.拱部混凝土和侧壁混凝土裂纹，侧壁混凝土挤出；<br>2.路面裂缝，路基膨胀 | 提高对膨胀性围岩压力和偏压围岩压力的抵抗能力 |
| 更换衬砌 | ☆ | ☆ | ☆ | ☆ | ☆ | ☆ | ☆ | ★ | ☆ | ☆ | ★ | ★ | 1.拱部混凝土和侧壁混凝土裂纹，侧壁混凝土挤出；<br>2.路面裂缝，路基膨胀 | 更换衬砌，提高耐久性 |

注：(1)符号说明：★-对病害处治非常有效的方法；☆-对病害处治较有效的方法；○-对病害处治有效效果的方法；

(2)松弛压力中包括突发性崩溃的情况。

1. 衬背注浆

衬背注浆主要用于充填衬砌背后因施工或渗水冲掏形成的孔洞。采用衬砌背面注浆方法处治病害,应注意以下几点:

(1)应根据专项检查结果,确定空隙部位,合理布置注浆孔。

(2)应根据不同的围岩条件、地下水条件和注浆目的等,合理选择浆液类型、配比和注浆工艺。

(3)注浆压力应小于0.5MPa,在注浆过程中应加强监测。当发生衬砌变形或排水系统堵塞等异常情况时,可降低注浆压力或采用间歇注浆。

(4)注浆效果检查可采取钻孔取芯、超声波或雷达检测等方法。

2. 铺挂防护网

铺挂防护网用以防护隧道衬砌局部混凝土材料劣化,防止局部掉块影响交通。采用该方法处治病害,应注意:

(1)防护网必须选用耐火的材料。

(2)施工前应凿除衬砌剥离劣化部分。

(3)防护网可用锚栓固定在衬砌表面上,应固定牢固。

3. 喷射混凝土

喷射混凝土主要用于无衬砌隧道病害治理和有衬砌隧道的局部裂纹、剥离的防护。喷射混凝土的有素混凝土、钢筋网喷射水泥砂浆、钢筋网喷射混凝土和钢纤维喷射混凝土等,应根据病害程度和施工条件等因素进行选择。选用喷射混凝土进行病害治理应注意:

(1)喷射混凝土必须有足够的强度和附着率,其配合比应通过实验确定,喷射机的工作风压,应满足喷头处的压力在0.1MPa左右。

(2)当采用钢筋网喷射混凝土时,钢筋网必须有恰当的保护层厚度。

(3)喷射混凝土终凝2h后应喷水养护,养护时间应不少于7d;当隧道内相对湿度大于85%时,可采用自然养护,寒冷地区的养护应按相关规范进行。

(4)当喷射混凝土作业完成后,应对喷射混凝土层进行检测,强度指标应达到设计要求。

4. 锚杆加固

锚杆加固主要通过增强围岩承载能力来治理隧道结构损伤。通过围岩内部打入锚杆,可以起到增强隧道拱部围岩的稳定性,增强基底承载力,增强围岩结构面的强度的作用。锚杆的种类很多,如常见的有全长锚固水泥砂浆锚杆、早强药卷锚杆、预应力锚杆、中空注浆锚杆等,不同类型的锚杆其作用机理各不相同,各有特点,在病害治理时应根据需要选择。

选用锚杆加固时,还用注意:

(1)锚杆的长度和间距应根据病害原因和地质情况确定。

(2)当采用水泥砂浆锚杆时:注浆开始或中途停止超过30min,应用水或稀水泥浆润滑注浆罐及其管路;杆体插入后,若孔口无砂浆溢出,应及时补注。

(3)当采用自进式锚杆时:安装前,应检查锚杆中孔和钻头的水孔是否畅通,若有异物堵塞,应及时清理;锚杆灌浆料采用纯水泥浆,地质条件差时可灌入聚氨脂、硅树脂。

(4)锚固质量可通过锚杆抗拔力试验来检查。

5. 采用排水、止水方法处治病害

应根据渗漏水类型、水量,合理选择“堵、排、截”方法中的一种或几种进行处理,具体要求如下:

(1)当隧道局部出现涌水病害时,宜采用外置排水管和开槽埋管的排水法处治。其施工应注意以下事项:

1)水管的位置、间距应根据涌水量的大小和位置等情况确定;

2)水管不得堵塞,管道材料应具有抗老化性和足够强度;

3)当采用开槽埋管法时,衬砌表面可用氯丁橡胶等材料覆盖;

4)当采用外置排水管时,可用固定装置将U型排水管固定在衬砌表面,将水引入管内排出;

5)外置排水管的设置不得侵入建筑限界,并严禁在设置机电设施的地方开凿排水沟槽;

6)设置外置排水管应尽量减少对隧道外观的破坏。

(2)当地下水沿衬砌裂纹、施工缝以滴水形式漏出时,宜采用向衬砌内注浆的止水法。其施工应注意以下规定:

1)衬砌内注浆宜采用水泥浆液、超细水泥浆液、化学浆液;

2)注浆时采用低压低速注浆,化学注浆压力宜为0.2~0.4MPa、水泥浆注浆压力宜为0.4~0.8MPa;

3)注浆后待缝内浆液初凝而不外流时,方可拆下注浆嘴并进行封口抹平;

4)衬砌裂缝的注浆施工质量检验可采用渗漏水量测,必要时采用钻孔取芯、压水(或空气)等方法检查。

(3)当漏水量小且呈表面渗透状时,可设置防水板进行处治。施工时应注意以下要求:

1)防水板材料应具有耐热和耐油性,一般有聚乙烯(PE)、乙烯醋酸共聚体(EVA)、橡塑、橡胶板等;

2)防水板不得侵入建筑限界;

3)施工前应清除粉尘并保护好电缆等设施;

4)防水板的搭接处理应牢固,不漏水;

5)有裂纹需要检查的部位,可在防水板上设置检查观察窗。

(4)当地下水特别发育并有稳定来源时,可采取在隧道内设置排水孔、水平钻孔、加深排水沟和深井降水等措施。施工时应注意以下规定:

1)应采用过滤性良好的材料,防止排水孔堵塞;

2)应根据地下水位,确定排水沟加深的深度;

3)排水孔和排水沟之间应有管道联系;

4)排水钻孔的位置,必须根据围岩的地质条件和地下水的状况决定。

6. 套拱加固

当原有衬砌结构因变形开裂、严重冻害、材料劣化而失效,且采用其他方法不能治理或待价过高时,同时,隧道净空有足够富裕量时,可选择套拱加固方法处治病害。增设套拱应符合下列要求:

(1)套拱设计不得侵入建筑限界;

(2)为确保衬砌与套拱结合牢固,施工前应凿除衬砌劣化部分,衬砌内面应涂抹界面剂,并设置联系钢筋;

(3)当套拱厚度较大时,可在套拱与衬砌之间设置防水层;

(4)当隧道净空无富余时,可在衬砌的裂纹处贴碳素纤维,提高衬砌承载能力。

7. 设置绝热层方法

寒区隧道受冻害严重时,需要增设或更换绝热层。绝热层的使用应注意:

(1)应选用导热系数小和耐高温的绝热材料。

(2)绝热层的厚度和延长幅度应根据气象数据、岩体和绝热材料的性质确定。

8. 滑坡整治

隧道遭受滑坡威胁或已经受滑坡影响时发生病害时,应先整治滑坡。采用滑坡整治方法处治病害,可采用以下方法:

(1)洞口段边、仰坡出现裂缝,可用粘土等填实,必要时可采用锚杆加固;

(2)滑动面以上地层厚度不大时,可在滑动面下端设置抗滑锚固桩;

(3)对洞顶山体进行保护性开挖,减轻下滑力;

(4)在滑动面下方修筑挡土墙,进行保护性填土,土方应夯实并不积水。

9. 围岩注浆

围岩注浆即以一定的压力向围岩内部灌注水泥浆、水泥砂浆、水泥—水玻璃浆等浆液。围岩注浆可分为加固注浆和堵水注浆,前者通过注浆胶结衬背松散围岩、增加基底承载力以及加固围岩滑动面来加固隧道围岩和衬砌;后者通过充填衬砌背后的孔洞、围岩裂隙,从而阻止地下水向隧道方向渗流,降低静水压力和因渗水引起的冻胀力。采用围岩注浆方法处治病害,应符合下列要求:

(1)围岩注浆压力应比静水压力大 0.5~1.5MPa。

(2)注浆材料宜采用水泥浆液、超细水泥浆液等。

(3)围岩注浆可采取钻孔取芯法对注浆效果进行检查,必要时进行压(抽)水试验,当检查孔的吸水量大于 1.0L/(min·m)时,必须进行补充注浆。

(4)注浆结束后,应将注浆孔及检查孔封填密实。

10. 增设仰拱

增设仰拱主要用于防治隧道基底承载力过低或侧压力过大,有膨胀性围岩挤入的病害。

采用增设仰拱方法处治病害,应符合下列要求:

(1)仰拱的厚度可根据围岩情况确定。

(2)应使用拱架模板浇筑仰拱混凝土。

11. 更换衬砌

在原有衬砌严重破坏、承载力不足时,并没有增设套拱空间时,应更换衬砌。更换衬砌时应注意:

(1)衬砌的内轮廓线必须与原衬砌内轮廓线一致。

(2)施工前应收集衬砌背面空洞和围岩垮塌资料,必要时可用超声波进行检测。

(3)拆除衬砌时,应根据围岩的地质情况及时进行支撑。

## 第五节　隧道机电设施养护

隧道机电设施包括供配电设施、通风设施、照明设施、消防及救援设施、监控设施等,这些设施在长期运营过程中,一方面会出现自然老化和磨损,导致效率降低甚至损坏,另一方面,还可能因运营环境恶劣在造成锈蚀、腐蚀以及其他损伤和故障。为了使隧道机电系统的正常运转,保障交通安全和降低运营维护费用,必须经常检查机电设施的运行状态、按设备要求按时进行保养，及时发现各种故障和安全隐患并进行处理，这就是机电设施的养护。机电设施的养护包括日常检查、经常性检修、定期检修、分解性检修和应急检查等。

日常检查指在巡视车上或通过步行目测对机电设施外观和运行状态进行的一般巡视检查，高速公路隧道应不少于1次/日，其他各级公路隧道可按1次/1日~1次/3日进行。

经常性检修是指通过步行目测或使用简单的工具，对设施仪表读数、运转状态或损伤情况进行的检查，可按1次/1~3月进行；对破损的零部件应及时进行维修更换。

定期检查是指通过检测仪器对仪表进行的标定，和对连接及装配状态等机电设施运转情况和性能进行的较全面检查和维修，一般为1次/年。

分解性检修是指通过对设备分解拆卸而进行的重点检修，可按1次/3~5年进行。

应急检查是指公路隧道内或相邻处发生重大事故或自然灾害后对机电设施进行的检查。应急检查没有固定周期，只要发生重大事故或灾害，都必须立即开展。一般配合土建结构检查一起进行。

为了保证隧道的正常运营，我国《公路隧道养护技术规范》(JTG H12—2003)对各项机电设施的完好率都提出了要求，具体为：

(1)供配电设施：高速公路隧道不低于98%，其他公路隧道不低于95%。

(2)通风设施：设备完好率不应低于98%，通风能力应满足设计要求。

(3)照明设施：高速公路隧道照明设施完好率不低于95%，其他公路隧道不低于90%。

(4)消防与救援设施：消防设施的设备完好率应达到100%，救援设施的设备完好率应不低于98%。

(5)监控设施：高速公路隧道不低于98%，其他公路隧道不低于95%。

1. 供配电设施养护

供配电设施包括：高压断路器柜、高压计量柜、高压电压互感器、避雷器柜、高压隔离开关、高压负荷开关、电力变压器、高低压熔断器、高低压电力电容器柜、低压开关柜、信号屏、微机继电保护装置、高低压母线、电力电缆、控制电缆、各种金属构件、自备发电机等各种为隧道用电设施服务的供配电及辅助设施等。由于供配电设施繁杂，专业性强，具有一定的危险性，因而一般需要由持有特殊工种上岗证的专业人员，配备专门的电工检修工具，严格按照相关设备的检修规程进行作业。

高速公路隧道、其他公路长隧道和特长隧道，以及特别重要或安全要求较高的中短隧道，都应开展日常检查。日常检查主要针对变压器、高低压配电柜及变配电室相关设备外观及一般运行状态进行，通过外观、声响、发热、气味、火化等现象，及时发现设备故障。

供配电设施的经常性检修、定期检修、分解性检修应全面涵盖供配电系统的所有设施，各项设施的检修内容和频率应遵循《公路隧道养护技术规范》(JTG H12—2003)和其他相应规范。

应当指出的是，供配电养护作业具有一定的危险性，进行检修尤其是异常情况处理时，应注意通知相关电力部门，并做好隧道内外供配电室、中心控制室之间的协调工作。

2. 通风设施养护

通风设施的日常检查主要是通过观察设备运转有无异常，确定设备是否存在隐患，并及时排除故障。

通风设施的经常性检修、定期检修、分解性检修可按表6-5-1要求进行，在进行检修时应注意以下几点：

**通风设施经常性检修、定期检修、分解性检修主要项目** 表 6-5-1

| 设施名称 | 检查项目 | 主要检查内容 | 经常性检修 | 定期检修 | 分解性检修 |
|---|---|---|---|---|---|
| | | | 1次/1~3月 | 1次/年 | 1次/3~5年 |
| 轴流风机及离心风机 | 全部 | 1.运转状态有无异响和异常振动 | √ | | |
| | | 2.各计量仪器、仪表读数是否正确 | √ | | |
| | | 3.基础螺栓及连接螺栓的状态有无异常 | | √ | |
| | | 4.轴承温度、油温、油压有无异常 | | √ | |
| | | 5.振动测试有无异常 | | √ | |
| | | 6.逆转1h以上的工作状况有无异常 | | √ | |
| | | 7.与监控测试联动试验 | | √ | |
| | | 8.手动旋转的平衡状态 | | √ | |
| | | 9.正、反转间隔一定的试验 | | √ | |
| | | 10.叶片安装状态检查 | | √ | |
| | 减速机 | 1.油量是否正常 | √ | | |
| | | 2.有无异响、油温是否正常 | | √ | |
| | | 3.润滑油老化试验 | | √ | |
| | | 4.更换油脂 | | √ | |
| | 润滑油冷却装置 | 1.配管、冷却器、交换器、循环泵的状态 | √ | | |
| | | 2.运转中有无振动、异响、过热现象 | √ | | |
| | 气流调节装置 | 1.动作状态有无异常 | √ | | |
| | | 2.内翼有无损伤、裂纹 | | √ | |
| | | 3.密封材料状态 | | √ | |
| | 动翼、静翼及叶轮 | 1.翼面有无损伤、剥离 | | √ | |
| | | 2.焊接部有无损伤 | | √ | |
| | | 3.检查叶轮液压调节装置 | | √ | |
| | 导流叶片及异型管 | 有无生锈、涂装剥离、螺母松动 | | √ | |
| | 驱动轴 | 1.接头、齿轮润滑状态有无异常 | √ | | |
| | | 2.传动轴的振动与轴承温度有无异常 | √ | | |
| | | 3.加油脂 | | √ | |
| | 电动机 | 1.运转中有无异响、振动、过热 | √ | | |
| | | 2.连接部的工作状态 | √ | | |
| | | 3.绝缘测试 | | √ | |
| | | 4.三相电流平衡试验 | | √ | |
| | 消音器 | 1.清扫消音器内壁灰尘 | | √ | |
| | | 2.噪声检测 | | √ | |
| | | 3.吸音材料检查与变质材料更换 | | | √ |
| | 其他 | 1.仪表的检查、校正和更换 | | | √ |
| | | 2.供油装置的检验 | | | √ |
| | | 3.必要时的金属探伤 | | | √ |
| | | 4.组装、检查后的试运转及风速、推动测试 | | | √ |

续上表

| 设施名称 | 检查项目 | 主要检查内容 | 经常性检修 | 定期检修 | 分解性检修 |
|---|---|---|---|---|---|
| | | | 1次/1~3月 | 1次/年 | 1次/3~5年 |
| 射流风机 | 全部 | 1.风机运转过程中有无异响 | √ | | |
| | | 2.风机运转时电流值是否在额定值内 | √ | | |
| | | 3.风机反转是否正常 | √ | | |
| | 各安装部位 | 有无松动、腐蚀现象 | | √ | |
| | 叶片 | 1.叶片有无损伤与裂纹、叶片是否清洁 | √ | | |
| | | 2.叶片与机壳有无摩擦 | √ | | |
| | | 3.叶片涂装有无剥离 | √ | | |
| | 电动机 | 1.转动轴有无振动、异响、过热 | | √ | |
| | | 2.润滑油的检查、更换及轴承清洗 | | √ | √ |
| | | 3.电机的拆卸检查、轴承清洗与油脂更换 | | | √ |
| | | 4.防护情况检查 | | √ | |
| | | 5.绝缘测试 | | √ | |
| | | 6.三相电流平衡试验 | | √ | |
| | | 7.运行中的电动机温升是否正常 | | √ | |
| | 其他 | 拆卸组装后的风速及推力测试 | | | √ |

(1)严格按设备操作规程操作,做好安全管理工作。

(2)配备专用电工工具和机修工具,必要时配备风压计、风速计、声级计等。

(3)养护作业对隧道通风有影响时,应根据隧道交通流量和通风能力,对交通进行必要的组织和限制。

(4)在进行定期或分解性检修后,应对隧道通风设施的效率进行全面的测试。

3. 照明设施养护

隧道照明设施包括灯具、托架、标志及信号灯、洞外路灯和照明线路等为隧道营运提供照明服务的设施。

照明设施日常检查主要是对设施使用及损坏情况进行的巡检登记。对中间段连续坏灯2盏以上,洞口加强段连续坏灯3盏以上应及时进行更换或维修。

隧道照明设施经常性检修、定期检修按表6-5-2的要求进行,可不进行照明设施的分解性检修。

**照明设施经常性检修、定期检修主要项目** 表6-5-2

| 设施名称 | 检查项目 | 主要检查内容 | 经常性检修 | 定期检修 |
|---|---|---|---|---|
| | | | 1次/1~3月 | 1次/年 |
| 隧道灯具 | 全部 | 1.电压是否稳定,灯的亮度是否正常 | 1次/季 | |
| | | 2.灯泡的损坏与更换 | 1次/季 | |
| | | 3.灯具的清洁 | 1次/季 | |
| | | 4.引入线检查,电磁接触器、配电盘是否积水 | 1次/季 | |
| | | 5.开关装置定时的准确性与动作状态有无异常 | 1次/季 | |
| | | 6.脱漆部位补漆及灯具修理更换 | | √ |
| | | 7.补偿电容器、触发器、镇流器、金属器是否损坏 | | √ |
| | | 8.对地绝缘检查 | | √ |
| | 各安装部位 | 有无松动、腐蚀 | | √ |
| | 密封性 | 灯具内是否有尘埃、积水、密封条是否老化 | | √ |
| | 检修孔、手孔 | 有无积水 | | √ |
| | 照度测试 | 清洁后进行照度测试,是否满足设计指标 | | √ |

续上表

| 设施名称 | 检查项目 | 主要检查内容 | 经常性检修 | 定期检修 |
|---|---|---|---|---|
| | | | 1次/1~3月 | 1次/年 |
| 标志及信号灯 | 全部 | 1.指示灯的损坏与更换 | √ | |
| | | 2.灯具的清洁与维护 | √ | |
| | | 3.灯的亮度是否正常 | √ | |
| | | 4.设置状态是否有误 | | √ |
| 洞外路灯 | 灯杆 | 1.外观有无裂纹、焊接及连接部位状况 | | √ |
| | | 2.有无损伤及涂装破坏 | | √ |
| | | 3.接地端子有无松动 | | √ |
| | 基础 | 1.设置状况是否稳定 | | √ |
| | | 2.有无开裂、损伤 | | √ |
| | | 3.锚具、螺栓有无生锈、松动 | | √ |
| | 灯体 | 1.有无损坏、亮度目测是否正常 | √ | |
| | | 2.灯具的清洁 | | √ |
| | | 3.防护等级检查 | √ | |
| 照度计 | 全部 | 1.动作状态是否有误 | √ | |
| | | 2.感光部的清洁维护 | √ | |
| | | 3.安装是否松动等 | √ | √ |
| | | 4.光度计校正 | | |
| 照明线路 | 全部 | 1.回路工作是否正常 | √ | |
| | | 2.有无腐蚀及损伤 | | √ |
| | | 3.托架是否松动及损伤 | | √ |
| | | 4.对地绝缘检查 | | √ |

4. 消防与救援设施养护

消防与救援设施指用于预防隧道火灾和进行必要救援的设施，包括火灾报警装置、紧急电话、消防设施、横通道设施等。

消防与救援设施的日常检查主要对隧道内的消防设备、报警设备、洞外消防设施的外观进行巡视，及时处理设施的异常情况。对消防与救援设施的经常性检修、定期维修也应按规定的频度开展。消防设施一般不进行分解性检修。

5. 监控设施养护

监控设施主要包括烟雾探测器、CO 检测仪、交通检测仪、车高仪、电视监控设施、播音设施、可变情报板、限速标识设施、信息处理设施以及控制软件等。

监控设施的日常检查是对隧道内各种监控传感器、信息板及信号标识、监控室的各种监视设备进行的一般外观和工作状态巡视，发现异常情况立即处理。

与消防设施一样，监控设施也需要定期开展经常性检修和定期维修，但一般不进行分解性检修。

## 第六节　隧道安全管理

隧道安全管理包括运营安全管理、事故状态管理、养护作业管理等。

1. 正常运营安全

保证隧道运营安全的基本途径是消除各种安全隐患。给隧道提供足够的风量，将有害气体与烟雾浓度稀释到规范要求的浓度以下，避免洞内空气污浊影响司乘人员与洞内工作人员的健康，提高洞内的能见度，以利安全行车；保证各照明区段灯具的完好性，并按设计要求控制灯具的开启，根据洞外亮度合理调节入口段和过渡段的亮度，使驾驶员的视觉能自然舒适地完成暗适应过渡，并在照明中间段有合理的路面平均亮度与亮度均匀度，为安全行车提供良好的看视条件；通过交通监控设施，检测并控制经过隧道时的速度，降低因速度失控而引发交通事故的几率；加强对超限运输和危险品运输车辆的管制，当此类车辆通过隧道时，必须办理有关手续，采取适当的保安措施，确保其顺利通行。雨雪天路面湿滑，隧道洞口段会受到一定程度的影响，因此，应加强雨雪天洞口段的路面清理与交通管理。

2. 事故时安全管理

尽管人们采取了多种措施保证隧道运营的安全，但是，不论是国内还是国外，隧道内的交通事故与火灾仍时有发生。在隧道运营管理过程中，必须对隧道内可能出现的交通事故与火灾有所准备，制定出切实可行的交通事故处理与火灾扑救预案。一旦隧道内某种以外出现，隧道管理机构就能紧张而有秩序地进行应对，防止次生灾害的发生，及时抢救被困人员，减少经济损失。隧道的防灾救灾预案比较复杂，其结构体系如图 6-6-1 所示：

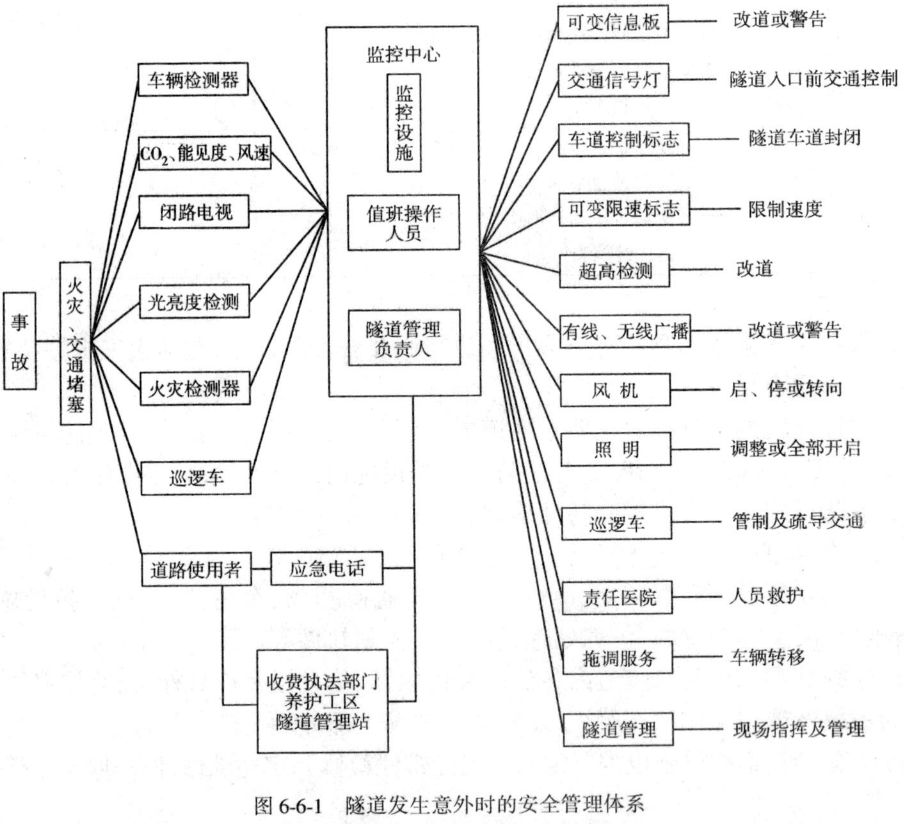


图 6-6-1 隧道发生意外时的安全管理体系

在隧道出现意外的情况下，为了能够安全、快速、有效地进行救援，高速公路长、特长隧道及其他公路特长隧道需要进行防灾实地演习。在隧道内发生意外交通事故或火灾事故时有关方面需做出最快、最适当的反应，以降低意外事故对隧道造成的损失。防灾实地演习的人员可以由管理人员或社会人员组成。有特殊要求的隧道可以设置专门的救援队伍，救援队伍可设置成四班，每班若干人，并应配有消防车、吊车、指挥车及足够的干粉灭火器等。

消防预案的内容应包括发生火灾时隧道各管理部门在不同情况下的职责，例如，由何人统一指挥，由何人组织义务救援、灭火行动、人员救护，由何人怎样控制和组织交通，由何人通知消防部门，以及在火灾事故发生后的损失记录和原因分析等。各岗位人员在通过消防预案演习后，才能冷静、有效地应对在发生火灾时的复杂情况，从而尽力防止事故的扩大和后续事故的发生，减少火灾事故带来的损失。

3．养护作业安全

隧道内空间狭小，有时还有车辆通过，作业环境较差，因此，进行养护作业时，一定要注意作业期间的各种安全问题，应执行《公路养护安全作业规程》（JTG H30）的有关规定。养护作业的安全防护包括作业人员与作业机械的防护。

养护作业应选在交通量较小的时段进行，作业前，应做好以下工作：

(1)制定周密的施工组织计划，确定合理的工作区。

(2)作业人员必须接受专门的安全教育和作业规程训练。

(3)检测隧道内 CO、烟雾等有害气体的浓度及能见度是否会影响施工安全。

(4)观察隧道结构状况是否会影响作业安全，如有危险，应先处理，后作业。

(5)检查施工信号灯是否准确、明显、施工标志设置是否规范。

(6)对养护机械、台架，应进行全面的安全检查，并在机械上设置明显的反光标志，在台架周围设置防眩灯，以反映作业现场的轮廓。

在隧道内进行养护作业时，应遵守以下规定：

(1)养护作业区划定后不得随意变更。

(2)作业人员不得在施工路段外活动，或将任何施工机具、材料置于养护维修作业控制区以外。

(3)养护施工路段内的照明应满足施工要求。

## 思考与练习

1．简述隧道养护的意义。

2．简述隧道清洁的方法及特点。

3．隧道结构检查有哪几类？各自采用什么方法？有什么要求？

4．简述隧道病害治理的主要方法及其适用条件。

5．我国《公路隧道养护技术规范》（JTG H12—2003）对隧道机电工程养护有何要求？

6．简述隧道安全管理的主要内容。

# 参 考 文 献


[1] 中华人民共和国交通部标准.《公路隧道通风照明设计规范》(JTJ 026.1—1999).北京:人民交通出版社,2000

[2] 中华人民共和国交通部标准.《公路隧道养护技术规范》(JTG H12—2003).北京:人民交通出版社,2003

[3] 中华人民共和国交通部标准.《公路隧道交通工程设计规范》(JTG/T D71—2004).北京:人民交通出版社,2004

[4] 王毅才主编.隧道工程(上册).北京:人民交通出版社,1987

[5] 王毅才主编.隧道工程(下册).北京:人民交通出版社,1993

[6] 薛殿华主编.空气调节.北京:清华大学出版社,1991

[7] 赖涤泉编著.隧道施工通风与防尘.北京:中国铁道出版社,1994

[8] 贲荣光,史惠昌编.建井通风与安全.北京:煤炭工业出版社,1980

[9] 李庆宜主编.通风机.北京:机械工业出版社,1981

[10] 俞丽华,朱桐城编著.电气照明.上海:同济大学出版社,1990

[11] 陈小丰编著.建筑灯具与装饰照明手册.北京:中国建筑工业出版社,1995

[12] 李恭慰等编著.混光照明设计手册.北京:中国建筑工业出版社,1990

[13]《防火检查手册》编辑委员会编.消防灭火设施.上海:上海科学出版社,1984

[14] 蒋永琨主编,高层建筑消防设计手册.上海:同济大学出版社,1995

[15] 董国贤编著,水下公路隧道.北京:人民交通出版社,1984

[16] 陈辉基,隧道通风控制方案研讨.公路隧道,1982

[17] 西安公路研究所.靠椅山左线隧道通风与照明设计,1996

[18] PIARC.REPORT OF TECHNICAL COMMITTEE ON ROAD TUNNELS,1991

[19] 李满航,马坚生.珠江沉管隧道照明设计研究.世界隧道,1996

[20] 邓顺熙著.公路与长大隧道空气污染分析方法.北京:科学出版社,2004

# 21世纪交通版高等学校教材、教学参考书（公路类）目录

## 交通工程专业

| 序号 | 教 材 名 称 | 主编学校 | 定价 |
|---|---|---|---|
| 1 | 国家规划教材 交通工程学 | 北京工业大学 | 42元 |
| 2 | 交通工程总论（第二版） | 东南大学 | 32元 |
| 3 | 交通运输工程导论 | 同济大学 | 22元 |
| 4 | 国家土木工程专业规划教材<br>道路工程（土木、交通工程） | 同济大学 | 40元 |
| 5 | 交通工程专业英语 | 哈尔滨工业大学 | 28元 |
| 6 | 交通调查与分析（第二版） | 长安大学 | 38元 |
| 7 | 道路通行能力分析 | 长安大学 | 27元 |
| 8 | 城市交通网络分析 | 华中科技大学 | |
| 9 | 道路交通工程系统分析方法 | 东南大学 | 28元 |
| 10 | 交通影响分析 | 华中科技大学 | |
| 11 | 交通系统仿真技术 | 北京工业大学 | 26元 |
| 12 | 交通流理论 | 吉林大学 | 21元 |
| 13 | 城市总体规划原理 | 同济大学 | |
| 14 | 交通枢纽规划与设计 | 哈尔滨工业大学 | |
| 15 | 交通规划与设计 | 东南大学 | |
| 16 | 公路网规划 | 哈尔滨工业大学 | 27元 |
| 17 | 停车场规划设计与管理 | 北京工业大学 | 30元 |
| 18 | 交通设计方法与运用 | 同济大学 | |
| 19 | 交通工程设施设计 | 东南大学 | 35元 |
| 20 | 交通工程设计理论与方法 | 长安大学 | 40元 |
| 21 | 机电工程系统 | 华南理工大学 | |
| 22 | 国家规划教材 交通管理与控制（第三版） | 同济大学 | 32元 |
| 23 | 交通与环境 | 长安大学 | |
| 24 | 智能运输系统概论 | 吉林大学 | 25元 |
| 25 | 道路交通安全 | 哈尔滨工业大学 | 32元 |
| 26 | 道路交通安全管理法规概论及案例分析 | 哈尔滨工业大学 | 29元 |
| 27 | 环境经济学 | 长安大学 | 32元 |
| 28 | 运输经济学 | 同济大学 | 40元 |
| 29 | 客运交通系统 | 同济大学 | |
| 30 | 物流学 | 同济大学 | |
| 31 | 城市轨道交通 | 同济大学 | |
| 32 | 交通工程计算示例 | 湖南大学 | |
| 33 | 交通工程专业课程设计指导书 | 同济大学 | |
| 34 | 交通工程专业生产实习指导书 | 哈尔滨工业大学 | 7元 |
| 35 | 交通工程专业毕业设计指导书 | 长安大学 | |
| 36 | 综合运输系统规划（研） | 哈尔滨工业大学 | |
| 37 | 交通安全系统分析（研） | 哈尔滨工业大学 | |

**标有估价者为即将出版**

## 土木工程专业（道路工程专业方向）

| 序号 | 教材名称 | 主编学校 | 定价 |
|---|---|---|---|
| | 一、基本知识技能层次教材 | | |
| 1 | 土质学与土力学（第三版） | 同济大学 | 26元 |
| 2 | 道路建筑材料（第四版） | 同济大学 | 35元 |
| 3 | 公路工程地质（第三版） | 长安大学 | 23元 |
| 4 | 测量学（第二版） | 长安大学 | 34元 |
| 5 | 土木工程概论 | 同济大学 | |
| 6 | 道路工程制图（第四版） | 同济大学 | 估价 36元 |
| 7 | 道路工程制图习题集（第四版） | 湖南大学 | 估价 25元 |
| 8 | 专业英语（第二版）（土木、路桥工程专业） | 湖南大学 | 30元 |
| 9 | 工程经济学原理与应用 | 长沙理工大学 | |
| 10 | 道路勘测设计（第二版） | 长安大学 | 40元 |
| 11 | 公路施工组织及概预算（第二版） | 长沙理工大学 | 27元 |
| 12 | 公路工程项目管理 | 长安大学 | |
| 13 | 路基路面工程（第二版） | 东南大学 | 52元 |
| 14 | 公路经济学教程 | 长沙理工大学 | 23元 |
| 15 | 道路结构力学 （上册、下册） | 长安大学 | 50元 |
| 16 | 国家土木工程专业规划教材－路面工程 | 东南大学 | |
| 17 | 道路经济与管理（第二版） | 长安大学 | |
| 18 | 公路施工技术与管理 | 重庆交院 | 估价 35元 |
| 19 | 道路工程（桥隧方向） | 重庆交院 | 32元 |
| | 二、知识技能拓展及提高层次教材 | | |
| 1 | 城市道路设计（第二版） | 华中科大 | 22元 |
| 2 | 道路经济与管理决策 | 华中科大 | |
| 3 | 软土与软土地基处理 | 同济大学 | |
| 4 | 路基路面工程检测技术 | 长沙理工大学 | 46元 |
| 5 | 交通地理信息系统 | 华南理工 | |
| 6 | 公路工程计算机辅助管理 | 长安大学 | |
| 7 | 沥青路面 | 长安大学 | |
| 8 | 水泥混凝土路面 | 同济大学 | |
| 9 | 公路养护与管理 | 长安大学 | |
| 10 | 道路与桥梁工程计算机绘图 | 长安大学 | 31元 |
| 11 | 公路土工合成材料原理与应用 | 东南大学 | 22元 |
| 12 | 道路管理与系统分析方法 | 东南大学 | 估价 42元 |
| 13 | 地基处理 | 东南大学 | |
| 14 | 路基设计原理与计算 | 东南大学 | 40元 |
| 15 | GPS测量原理及其应用 | 东南大学 | 28元 |
| 16 | 公路几何设计与交通安全 | 长安大学 | |
| 17 | 公路防排水与水毁防治技术 | 长安大学 | |
| 18 | 高速公路（第二版） | 同济大学 | 21元 |
| 19 | 公路工程造价编制与管理 | 重庆交院 | 31元 |
| 20 | 工程项目招标与投标 | 重庆交院 | 30元 |

| | | | |
|---|---|---|---|
| 21 | 公路环境与景观设计 | 长沙理工大学 | 30元 |
| 22 | 道路设施管理 | 同济大学 | |
| 23 | 道路规划与几何设计 | 同济大学 | |
| 24 | 特殊地区路基工程 | 长安大学 | |
| 25 | 现代加筋土理论与技术 | 长安大学 | 估价 28元 |
| 26 | 高速公路设计 | 长安大学 | 估价 34元 |
| 27 | 现代土木工程施工 | 重庆交院 | |
| 28 | 土木工程造价控制 | 长安大学 | |
| 29 | 公路工程监理 | 山东交通学院 | |
| 30 | 公路测设新技术 | 长安大学 | 36元 |
| 31 | 道路勘测设计一体化 | 北京工业大学 | |
| 32 | 集成化道路、桥梁工程CAD | 大连理工大学 | |
| 33 | 路基防护与加固工程 | 重庆交院 | |
| 34 | 公路小桥涵勘测设计 | 重庆交院 | 31元 |
| 35 | 道路与桥梁工程病害诊断与处治 | 北京工业大学 | |
| 36 | 道路与桥梁检测技术 | 福州大学 | |
| 37 | 水泥与水泥混凝土 | 长安大学 | 30元 |
| 38 | 道路工程结构分析数值方法（研） | 长沙理工大学 | |
| 39 | 路面设计原理（研） | 同济大学　长沙理工大学 | |
| 40 | 路基设计原理（研） | 长安大学　长沙理工大学 | |
| 41 | 公路路线设计原理与方法（研） | 华南理工　长安大学 | 估价 32元 |
| 42 | 现代道路工程材料（研） | 华南理工　重庆交院 | |
| 43 | 工程经济学（研） | 同济大学 | |
| 44 | 路线CAD原理与方法　（研） | 东南大学 | |
| 45 | 路面断裂与损伤（研） | 长安大学 | |
| 46 | 高等土质学（研） | 长安大学 | |
| 47 | 沥青与沥青混合料（研） | 长安大学 | |
| 48 | 路面功能设计（研） | 东南大学 | |
| 49 | 道路景观设计（研） | 东南大学 | |
| 50 | 路面新技术（研） | 东南大学 | |

## 土木工程专业（桥梁与隧道工程专业方向）

| 序号 | 教材名称 | 主编学校 | 定价 |
|---|---|---|---|
| 一、基本技能层次教材 | | | |
| 1 | 桥梁工程（桥方向）（上、下） | 同济大学 | 上册42元 |
| | | 重庆交院 | 下册30.8元 |
| 2 | 桥梁工程（路方向） | 同济大学 | |
| 3 | 桥梁工程（土木、交通工程） | 湖南大学 | 52元 |
| 4 | 基础工程（第二版） | 长安大学 | 33元 |
| 5 | 结构设计原理（第二版） | 东南大学 | 51元 |
| 6 | 隧道工程（第二版）（上） | 长安大学 | 65元 |
| 7 | 桥涵水文(第三版) | 长安大学 | 24元 |
| 8 | 钢桥 | 同济大学 | 估价 35元 |
| 9 | 斜弯桥设计与分析 | 同济大学 | |
| 10 | 水力学 | 长安大学 | 19元 |
| 11 | 轨道交通桥梁 | 同济大学　重庆交院 | |

| | | | |
|---|---|---|---|
| 12 | 工程弹塑性力学（研） | 浙江大学 | |
| 二、知识技能拓展与提高层次 | | | |
| 1 | 桩基设计与计算 | 湖南大学 | |
| 2 | 桥梁检测与加固 | 华中科大 | 27元 |
| 3 | 桥梁钢－混凝土组合结构设计原理 | 哈工大 | 26元 |
| 4 | 桥梁结构试验 | 同济大学 | 22元 |
| 5 | 桥梁抗震 | 同济大学 | 15元 |
| 6 | 桥梁抗风 | 同济大学 | |
| 7 | 桥梁工程CAD及信息技术 | 湖南大学 | |
| 8 | 桥梁施工技术 | 同济大学 | |
| 9 | 桥梁施工组织管理 | 长安大学 | |
| 10 | 大跨与新型桥梁 | 福州大学 | |
| 11 | 斜拉桥的设计、施工与控制 | 长沙理工大学 | |
| 12 | 大跨度桥梁结构计算理论 | 长沙理工大学 | 18元 |
| 13 | 服役桥梁动态可靠度理论与维修加固策略 | 长沙理工大学 | |
| 14 | 公路隧道勘察设计 | 长安大学 | |
| 15 | 隧道结构力学计算 | 长安大学 | 29元 |
| 16 | 大跨度桥梁极限承载力分析 | 长沙理工大学 | |
| 17 | 现代大跨拱桥 | 重庆交院 | |
| 18 | 隧道施工（第二版） | 长安大学 | |
| 19 | 工程结构试验 | 同济大学 | |
| 20 | 公路隧道运营管理 | 长安大学 | 28元 |
| 21 | 桥梁工程概论（土木、交通工程） | 长安大学 | 27元 |
| 22 | 桥梁结构分析建模方法与应用 | 长安大学 | |
| 23 | 桥梁加固理论与方法 | 长安大学 | |
| 24 | 桥梁结构电算（本、研） | 同济大学 | |
| 25 | 高等工程结构试验（研） | 同济大学 | |
| 26 | 箱梁理论（第二版）（研） | 福州大学 | |
| 27 | 结构工程数值方法 （研） | 长安大学 | |
| 28 | 桥梁健康状态监测 （研） | 同济大学 | |
| 29 | 结构分析的有限元方法与程序设计（研） | 浙江大学 | |
| 30 | 桥梁结构动力计算（研） | 福州大学 | |
| 31 | 桥梁结构稳定理论与计算（研） | 福州大学 | |
| 32 | 桥梁施工控制与监测 （研） | 湖南大学 长沙理工大学 重庆交院 | |
| 33 | 高等混凝土结构理论（研） | 湖南大学 重庆交院 | |
| 34 | 现代预应技术－理论与实践（研） | 福州大学 重庆交院 | |
| 35 | 轨道交通桥梁结构理论 （研） | 同济大学 | |
| 36 | 高等隧道与地下工程结构理论（研） | 同济大学 长安大学 重庆交院 | |
| 37 | 高等钢筋混凝土结构 （研） | 重庆交院 | 27元 |
| 38 | 高等桥梁结构理论（研） | 同济大学 | 35元 |

## 公路工程管理专业

| 序号 | 教材名称 | 主编学校 | 定价 |
|---|---|---|---|
| 1 | 建设项目投资控制与管理 | 长沙理工大学 | |

| | | | |
|---|---|---|---|
| 2 | 管理信息系统 | 重庆交院 | 31元 |
| 3 | 工程项目融资 | 长沙理工大学　华南理工 | 29元 |
| 4 | 公路建设项目可行性研究 | 东南大学 | 估价 30元 |
| 5 | 工程风险管理 | 湖南大学 | 21元 |
| 6 | 公路工程定额原理与估价 | 长安大学 | 34元 |
| 7 | 工程质量控制与管理 | 长安大学 | 29元 |

## 工程机械管理专业

| 序号 | 教材名称 | 主编学校 | 定价 |
|---|---|---|---|
| 1 | 工程机械底盘设计 | 长安大学 | 36元 |
| 2 | 工程机械设计 | 长安大学 | 38元 |
| 3 | 公路工程机械化施工与管理 | 重庆交院 | 40元 |
| 4 | 工程机械维修 | 长安大学 | 38元 |
| 5 | 施工机械概论 | 长安大学 | 35元 |
| 6 | 工程机械专业英语 | 长安大学 | 估价 35元 |

## 四、教学指导书与示例丛书

| 序号 | 教材名称 | 主编学校 | 定价 |
|---|---|---|---|
| | 一、路、桥隧专业方向课程设计、毕业设计指导书 | | |
| 1 | 《道路勘测设计》毕业设计指导 | 长安大学 | 30元 |
| 2 | 《基础工程》毕业设计指导书 | 长安大学 | |
| 3 | 土木工程专业毕业设计指南《道路工程分册》 | 长沙理工大学 | |
| 4 | 土木工程专业毕业设计指南《隧道与地下工程分册》 | 长安大学 | |
| 5 | 土木工程专业毕业设计指南《桥梁工程分册》 | 重庆交院 | |
| 6 | 土木工程专业毕业设计指南《岩土工程分册》 | 湖南大学 | |
| 7 | 交通工程专业毕业设计指南 | 长安大学 | |
| | 二、设计计算示例 | | |
| 1 | 桥梁计算示例丛书 | | |
| ① | 拱桥（1） | 华中科大 | 36元 |
| | 拱桥（2） | 重庆交院 | |
| | 钢管混凝土拱桥 | 华南理工 | |
| ② | 连续梁桥（1） | 重庆交院 | |
| | 连续梁桥（2） | 华南理工 | |
| ③ | 斜拉桥 | 重庆交院 | |
| ④ | 悬索桥（第二版） | 重庆交院 | 16元 |
| ⑤ | 混凝土简支梁（板）桥（第二版） | 同济大学 | 27元 |
| ⑥ | 桥梁地基与基础 | 湖南大学 | 16元 |
| 2 | 道路结构计算示例 | 长安大学 | |
| 3 | 简明桥梁施工计算示例 | 重庆交院 | |
| 4 | 隧道设计示例 | 长安大学 | |
| 5 | 《结构设计原理》计算示例 | 东南大学 | |
| 6 | 公路小桥涵设计示例 | | |
| | 三、工程实习指导书 | | |
| | 《桥梁工程》 | 重庆交院 | |